ドイツ都市計画の
社会経済史

馬場 哲 ── [著]

東京大学出版会

SOCIAL AND ECONOMIC HISTORY OF
TOWN PLANNING IN GERMANY
Satoshi Baba
University of Tokyo Press, 2016
ISBN978-4-13-046117-7

目　次

ドイツ帝国の地図（1871～1918年）

序　章 ………………………………………………………………………… 1

第Ⅰ部
ドイツ近代都市史研究の展開と課題

第1章　ドイツ近代都市史・都市化史研究の成立と展開 ………… 7
　　　　　――研究史と前提

　はじめに　7
　1.　「都市」と「都市化」の概念　7
　2.　ドイツにおける近代都市史・都市化史研究の成立と発展　11
　3.　ドイツにおける都市化の時期区分と都市の諸類型　20
　4.　「自治体給付行政」論の進展　30
　5.　1990年代以降の展開――文化史への傾斜とその射程　31
　おわりに　35
　補　論　日本におけるドイツ近代都市史研究について　36

第2章　ドイツ都市計画の社会経済史 …………………………… 43
　　　　　――本書の基本的視角

　はじめに　43
　1.　都市化の進展と近代都市の成立　44
　2.　自治体給付行政の成立　50

3. 「生存配慮」 54
4. 上級市長 57
5. 社会都市と社会政策的都市政策 62
6. 広義の都市計画 65
    (1) 住宅政策 67　(2) 土地政策 68
    (3) 合併政策 69　(4) 交通政策 72
7. 都市計画と社会政策との交錯 76
8. ドイツ近代都市史におけるフランクフルトの位置 78
9. ドイツ都市政策の国際的反響——イギリスの場合 82
おわりに 85

第II部
フランクフルトの都市発展と都市政策

第3章　アディケスの都市政策と政策思想 … 89

はじめに 89
1. フランクフルト上級市長着任まで 91
    (1) 生い立ち 91　(2) ドルトムント時代 92
    (3) アルトナ時代 93
2. フランクフルト時代の都市政策 98
    (1) 都市計画関連法 98　(2) 合併政策と土地政策 101
    (3) 住宅政策 103　(4) 交通政策 105
    (5) 工業振興策・インフラ整備 110　(6) 社会政策 111
3. アディケスの政策思想 113
    (1)「都市拡張」論 113　(2)「都市社会主義」論 116
おわりに 119

第4章　工業化・都市化の進展と合併政策の展開 … 121

はじめに 121

1. フランクフルトの経済構造と工業化　122
    (1) 商業・金融都市フランクフルトの発展　122
    (2) フランクフルトにおける化学工業の発展　125
2. 1877 年と 1895 年の合併　127
    (1) 1877 年のボルンハイム合併　127
    (2) ボッケンハイムにおける工業化の進展　128
    (3) 1895 年のボッケンハイム合併　131
3. 1900 年と 1910 年の合併　133
    (1) 1900 年の合併　133　　(2) 1910 年の合併　134
4. 1928 年の合併　140
    (1) 周辺自治体における化学工業の発展　140
    (2) 1928 年の合併——ヘヒストを中心に　149
    (3) 合併法の成立と合併の実施　155
    (4) IG ファルベンの成立と合併問題　157

おわりに　161

第 III 部
フランクフルトの都市計画とその社会政策的意義

第 5 章　都市交通の市営化と運賃政策　…………… 165
　　　——生存配慮保障の視点から

はじめに　165
1. 世紀転換期ドイツにおける市街鉄道の運賃問題　167
2. 市営化後のフランクフルト市街鉄道における運賃制度の改定　171
    (1) 片道切符の運賃改定　171　　(2) 定期制度の改定問題の登場　175
3. 労働者用週定期の導入過程　178
    (1) 定期制度改定案をめぐる見解の対立　178
    (2) 特別委員会の提案と市議会での決議　184
4. 運賃改定後のフランクフルト市営市街鉄道の経営　188
5. 割引運賃の対象拡大の抑制　192

6.　第一次世界大戦期の度重なる値上げ　195
　おわりに　200

第6章　都市土地政策の展開とその限界　205
　　　――「社会都市」から「社会国家」へ

　はじめに　205
　1.　都市土地政策とは何か　208
　2.　フランクフルトにおける都市土地政策の成立とその実施機構　212
　3.　市有地拡大と土地取引の概観　217
　　　（1）市有地の拡大　217　　（2）土地取引の概観　224
　4.　土地購入取引の具体的様相　225
　　　（1）土地購入取引のプロセス　225　　（2）購入目的と理由　230
　　　（3）価　格　232　　（4）大規模地所の購入　233
　5.　市有地の「活用」　236
　　　（1）市有地の売却　236　　（2）地上権の設定　240
　6.　土地政策の評価　247
　おわりに　253

第7章　都市当局と公共慈善財団の相補関係　257
　　　――都市計画への土地提供と財政基盤の確保

　はじめに　257
　1.　フランクフルトにおける公共慈善財団の成立　258
　2.　フランクフルトのプロイセン編入と公共慈善財団　263
　3.　都市土地政策と公共慈善財団　265
　4.　公共慈善財団の土地所有の推移と土地取引　267
　　　（1）孤児院（Waisenhaus）　269
　　　（2）聖霊施療院（Hospital zum Heiligen Geist）　272
　　　（3）ザンクト・カタリーネン＝ヴァイスフラウエン財団
　　　　　（St. Katharinen- und Weißfrauenstift）　274
　　　（4）一般慈善金庫（Der Allgemeine Almosenkasten）　275

　　　　(5) 養老院（Versorgungshaus）　276
5. フランクフルトの都市建設と財団所有地　277
　　　　(1) 東河港——市による財団所有地の購入　277
　　　　(2) レープシュトック飛行場——市による財団所有地の賃貸　280
　　　　(3) グートロイトホーフ——以前の財団所有地の利用　283
　　　　(4) 住宅政策——地上権による財団所有地の利用　286
おわりに　287

第 IV 部
イギリスにおけるドイツ都市行政・都市政策認識

第 8 章　ホースフォールの活動と思想 291
　　　——ドイツ的都市計画・都市行政の紹介と導入の試み

はじめに　291
1. 19 世紀末〜20 世紀初頭のマンチェスター　295
　　　(1) 産業構造の変化　295　　(2) 人口の増加と郊外化　296
　　　(3) 市域の拡張　297
2. ホースフォールのフィランスロピー活動と社会改良思想　300
　　　(1) 初期のフィランスロピー活動　300
　　　(2) ホースフォールの社会改良思想　304
3. 住宅改良運動・住宅政策への関与　307
　　　(1) マンチェスターにおける住宅政策　307
　　　(2) ホースフォールと住宅改良運動　310
4. ホースフォールのドイツ都市計画・都市行政認識　314
　　　(1) 『ドイツの範例』から都市計画運動へ　314
　　　(2) ホースフォールのドイツ認識の特徴　319
おわりに　327
　　　(1) イギリスからみたドイツの都市行政・都市政策の優れた特徴　327
　　　(2) アディケスとホースフォールの都市政策思想の共通性　329
　　　(3) イギリス側の認識とドイツにおける実態の乖離　330

第9章　ネトルフォールドの活動と思想 ……………………… 333
　　　　――市営住宅反対論とドイツ的都市計画の融合の試み

　はじめに　333
　1.　住宅問題への関与とバーミンガム・カウンシル住宅委員会委員長
　　　への就任　334
　2.　住宅委員会の基本的立場　339
　3.　ネトルフォールドの住宅政策思想　343
　4.　ネトルフォールドの住宅政策への評価　346
　5.　ホースフォールとドイツの「都市拡張計画」からの影響　349
　6.　1905年夏のドイツ視察と1906年7月の住宅委員会報告　351
　7.　ネトルフォールドの住宅政策・都市計画思想の特徴　356
　　　――ホースフォールとの比較
　　　（1）ドイツから何をどう学ぶか　356
　　　（2）フィランスロピーと都市計画　358
　　　（3）都市行政と都市社会主義　361
　　　（4）帝国主義と住宅政策・都市計画　362
　おわりに　362

終　章　本書の総括と今後の課題 ……………………………… 365

文献目録　374
図表一覧　406
あとがき　408
人名索引　414
事項索引　417

ドイツ帝国の地図

(1871〜1918年)

序 章

　19世紀初頭以降の工業化の進展と並行して，ドイツでも都市化（都市の数と都市人口の増大）が進展し，同世紀後半ともなると，都市行政の転換と労働者・低所得層の増大を経て，近世都市とは区別される近代都市が成立してきた．本書はこの過程を，ドイツ全体を視野に収めつつ，フランクフルト・アム・マイン（以下，フランクフルト）を主たる事例として，1870年代から1920年代，なかでも1890年代から1910年代の時期について考察することを課題とする．本書では，上級市長を頂点とする，都市行政主導の近代都市への社会的・物的改造を，広い意味での都市計画と捉え，建築規制やゾーン制といった狭義の都市計画手段とともに，住宅政策，合併政策，交通政策，土地政策といった関連政策にも注目する．そして，これらの政策がそれぞれに社会政策的意図ないし意義を併せもっていたこと，また都市行政が慈善団体の活動・運営とも独特な関係を築いていたことを明らかにする．さらに，フランクフルトがケルンなどの他の都市とともに鎬を削って推進したドイツの都市行政システムや，都市計画を含む都市政策が，当時から国際的にも注目されていたことから，そのひとつの例としてイギリスでドイツの都市行政・都市政策がどのように認識されていたのかを検討する．

　本書は，4部から構成される．第Ⅰ部では，研究史の検討とそれを踏まえた本書の課題が設定される．第1章では，1970年代に成立し，1980年代以降急速に進展したドイツにおける，近代都市史・都市化史研究の展開過程を概観する．また，日本におけるドイツ近代都市史研究の現在にいたる状況についても，補論で検討する．第2章では，本書の基本的視角を，フランクフルトだけでなくドイツ全体の近代都市史に関わる先行研究と関連づけながら整理する．

　第Ⅱ部では，フランクフルトの事例に即して，ドイツ近代都市確立期の都

市政策および都市化と工業化の具体的様相を検討する．第3章では，フランクフルトが近代都市の形姿をほぼ完成させるうえできわめて重要な役割を果たした第3代上級市長フランツ・アディケス（Franz Adickes, 1891～1912年在任）に焦点を合わせて，彼の都市官僚としてのキャリア，フランクフルト在任中に彼が実施した諸政策，そしてそれを背後で支えた彼の政策思想を，前任者・スタッフとの関係・比較も交えて検討する．第4章では，中世以来商業・金融都市として発展したフランクフルトが，19世紀後半～20世紀初頭に他のドイツ諸都市と同様に，自治体合併による市域拡張を数次にわたり実施して住宅用地や緑地を確保すると同時に，工業の発展していた周辺地域を併呑して工業都市としての性格をも併せもつようになったことを明らかにする．

　第Ⅲ部では，上記の広義の都市計画に関連する諸政策の社会政策的意義を，同じくフランクフルトの事例について，一次史料を積極的に用いて検討する．第5章では，19世紀末～20世紀初頭の市営化と電化を受けて都市公共交通の運賃制度が改定されたことにより，「社会政策的」運賃が導入され，有償ではあるが普遍的なサービスが労働者層にまで拡大されたことを，「生存配慮」概念を念頭に置きながら明らかにする．第6章では，19世紀末～20世紀初頭のドイツの諸都市で実施された土地政策を，住宅政策，交通政策を含む広い意味での都市計画の前提条件の創出を目指すものと位置づけて，フランクフルトにおけるその実施過程，成果，限界を詳しく検討する．その際，都市レベルで土地・住宅政策を進めることの限界が次第に明らかになり，第一次世界大戦を経て国家レベルの政策へと展開していく過程を，「社会都市」から「社会国家」への移行という文脈で捉える．第7章は，中世以来，慈善・救貧の重要な担い手であった慈善団体が，活動の原資として広大な土地を所有していたことから，フランクフルトでは，19世紀に入って市当局が慈善団体に対する監督を強化して，その所有地が近代都市建設のために役立てられたことに着目し，都市計画と社会政策の独特な相補関係を明らかにする．

　第Ⅳ部では，ドイツの都市行政・都市政策にもっとも注目した国のひとつであるイギリスを取り上げ，イギリスでドイツの都市行政・都市政策がどの

ように認識されていたのか，またそれらがどのように導入されようとしていたのかについて検討する．第8章では，マンチェスターのフィランスロピストであったT・C・ホースフォール（Thomas Coglan Horsfall）が，世紀転換期にドイツを視察後『ドイツの範例』を出版してドイツの都市行政・都市政策を高く評価し，そのイギリスへの導入を主張するとともに，イギリス住宅改革運動・都市計画運動の有力な担い手となったことを明らかにする．第9章では，バーミンガムのカウンシル議員・住宅委員長を務めたJ・S・ネトルフォールド（John Sutton Nettlefold）が，ドイツ視察をきっかけとして，持論の市営住宅反対論をドイツの土地購入政策・都市拡張論を取り入れた都市計画論へと発展させ，全国立法を求めてホースフォールらの都市計画運動に合流する過程を解明する．

第Ⅰ部

ドイツ近代都市史研究の展開と課題

第1章
ドイツ近代都市史・都市化史研究の成立と展開
——研究史と前提

はじめに

　本章の課題は，ドイツ近代都市史（moderne Stadtgeschichte）および都市化史（Urbanisierungsgeschichte）の展開を整理し，次章で設定する本書の課題と視角の前提を明らかにすることである．ドイツではこの分野の研究は1970年代以降急速な発展を示しており，最近はこの分野の成立・発展を牽引した第1世代に続く第2世代によって新たな局面が切り開かれつつある．わが国における研究も，近年着実に増えつつある．そこで，ドイツにおける近代都市史という比較的新しい研究分野の成立・発展の過程を概観するとともに，これまでこの分野においてどのようなテーマがどのような観点から取り上げられ，また今後どのような課題と可能性をもっているかを展望することにしたい．そのうえで，補論で日本における研究状況をサーヴェイする[1]．

1.「都市」と「都市化」の概念

　まず問題となるのが，「都市」や「都市化」とは何かということであるが，実はこれが面倒な問題を抱えている．なによりも「都市」を定義することが容易でなく，都市に関する専門的研究においても，この課題の途方もなさが強調されたり，定義が最初から放棄されたりすることが多い[2]．ロイレッケ

---

[1] ドイツにおける近代都市史の動向をいち早く紹介したものとして，藤田幸一郎（1991）がある．
[2] 都市概念がすでに19世紀から一義的なものでなかったことは，プロイセンの統計が

(Jürgen Reulecke) は「それを少しでも変える展望」はなく，「この歴史において無限に多様で多面的な現象への時期的・部門的接近だけが常に可能であるように見えるにすぎない」と悲観的である．また，ニートハンマー（Lutz Niethammer）も「都市」の定義としては，それを人口，人口密度，機能，統治形態といった基準で規定する方向がまず考えられるが，その場合には分類や境界設定が恣意的になってしまう傾向があり，他方，都市を「農村的生活（ländliches Leben）」や「地方性（Provinzialität）」と対比された「都市的生活（städtisches Leben）」や「都市性（Urbanität）」といった「主観的知覚」によって定義する方向も，「都市的なもの」が社会全体に浸透するにつれて意味を失いつつある，と考えている．

こうした閉塞状態を脱却しようとする試みがないわけではない．ニートハンマーは，様々なタイプの都市やそこでの生活に共通するパラメーターとして，人口，雇用，住居，インフラストラクチャーといった構造のレベルの密度，並びに経験や行為のレベルなどを含む，多元的な意味での「密度（die Dichte）」が重要であると指摘する．そしてそのうえで「都市的なもの（das Urbane）は，本質的に空間的な社会の集合状態であり，空間的なものの意義は，技術的条件や経済状態によって画定され，階級の固定化や期待の越境（Entgrenzung）によって記述される時代に頂点に達した」と総括している．ロイレッケも，都市化史研究は今後理論的な基礎固めが必要であるが，その場合都市は分離可能なものとしてではなく，集合状態として捉えられるべきであるとして，ニートハンマーの先の総括を引用している[3]．このように，都市の捉え方はその多面性・多様性を包摂できるようなものへと変化しつつあるが，ロイレッケも認めているように，まだ萌芽的段階にすぎない．したがって，われわれも「都市」概念の一義的な定義はさしあたり断念せざるを

1910／1925年に至るまで，都市と農村を法的に区別しているのに対して，帝国統計が1867／1871年以来，人口2,000人以上のゲマインデ（Gemeinde）をすべて都市と見なしていることからわかる（H. Matzerath 1985, S. 23）．

3) L. Niethammer（1986），S. 113-114, 127-129; J. Reulecke（1982），S. 15;（1993a），S. 66. ここで「空間」とは，地理的空間だけでなく，経験空間，情報伝達・社会化空間，行動空間，アイデンティティ空間，扶養・経済空間などを含む包括的なものと理解されている．

えない．

　次に「都市化」概念に移ろう．トイテベルク (Hans-Jürgen Teuteberg) は，この言葉も多面的かつ多義的で共通項を見出すことは難しく，広く受け入れられている定義はないと述べているが，他方この言葉を説明するもっとも重要な観点として，①農村から都市への人口移動とそれと同時に進展する全般的人口増加，②農業から工業・サービス業への経済的重心の移動，③新しい社会構造の形成と空間的・社会的流動性の強化，④社会全体への都市的メンタリティの拡散，の4つを挙げている[4]．固有の「都市」に関わることばかりでなく，農村を含む社会全体，あるいはメンタリティや生活スタイルに関わるものが含まれており，その限りで，「都市」概念の多義性と同様の問題が存在することがわかる．こうしたなかで，ロイレッケやニートハンマーは，同じ都市化という場合にも，Verstädterung と Urbanisierung（以下，それぞれVとUと略す）を区別して用いている．

　まずロイレッケは，中心地が移住者を吸引し人口の増大を引き起こしても，城壁に囲まれ多様な規則や伝統に縛られた「旧都市」の質を変えない現象を「都市成長 (Städtewachstum)」と規定し，19世紀以降の工業化による新たな社会経済的構造転換に伴う，都市への人口集中と「開放市民都市」への質的転換を意味する「都市化 (=V)」と区別している．しかし，このような転換を伴いつつも，都市化とは本質的には量的な過程であり，新しいタイプの大都市や集積空間の形成をもたらし，そこから「都市社会化 (=U)」概念が導き出される．都市社会化とは，都市化が社会全体の社会文化的制度に作用することによって，都市性がもはや都市に限定されない支配的な「近代的」生活スタイルになることを意味する．そしてロイレッケは，19世紀から第一次世界大戦期までのドイツ社会の近代化を，「都市化から都市社会化へ」の移行として描こうとする．したがって，都市化は都市と農村の対立をさしあたり強化するが，都市社会化は長期的にはこの緊張関係を，村落，小都市，中都市，大都市の社会文化的ミリューの違いを完全には消し去らないまでも緩和することになる[5]．トイテベルクはVとUをロイレッケほど明確には

---

　[4] H.-J. Teuteberg (1983), S. 2-3, 31-32.
　[5] J. Reulecke (1977), S. 269-271; (1985), S. 10-11; (1993a), S. 56-57; ロイレッケ (2004),

使い分けていないが，都市化は人口学的側面だけでは説明できず，都市的な生活スタイルの形成という文化的側面をも考慮すべきであり，「結局のところ都市化は，すべての社会的行為，規範，制度の総体である」とロイレッケとほぼ同じ認識に達している[6]．したがって，両者を区別することは十分意味があるということになる．

なお，ロイレッケは，都市史と都市化史との関係についても留意している．ロイレッケによれば，「都市史は，個々の都市および一群の都市，あるいは都市制度を，それぞれの歴史的にはっきりした特徴において研究する」のに対して，都市化史は「ひとつの対象を取り扱うというよりも，社会全体の発展を鳥瞰することへの道を開く」ものであり，「歴史的実在を，特定の局面のもとでわれわれに伝えられた全体性のなかで知覚する」．もちろん，両者は密接に関わっており，ロイレッケの表現に従えば，両者は「同じメダルの両面」の関係にあり，しかも互いに上位－下位関係に立つものでもない[7]．

このように，都市史と都市化史を区別することがとくに19世紀以降について有効であることは以上からも明らかと思われるが，都市化の過程で「都市的なもの」が都市の境界を超えて広がっていくとすれば，次に問題となる

3-4頁；L. Niethammer (1986), S. 129-130, Anm. 3. VとUの理解や区別の必要については，意見が分かれている．クラッベ（Wolfgang R. Krabbe）は，ロイレッケが都市成長をVと区別しているのは正当としながらも，UとVは同義と考えている．クラッベによれば，都市成長とは工業の吸引効果によって引き起こされた都市の人口と面積の増大を意味し，都市の内部構造に作用する変化過程を指すのに対して，VないしUは社会の全体構造に関する変化過程を指す限りで区別されないのである（W. R. Krabbe 1985, S. 14; 1989, S. 69）．これに対してレンガー（Friedrich Lenger）はVとUの区別は重要と考えている（F. Lenger 2002, p. 6）．他方，マッツァラート（Horst Matzerath）はVとUをあまり厳密に使い分けていないが，Uを都市人口が平均以上に増加する（総人口に占める都市人口の割合が上昇する）ことと理解し，Vはそれと区別する場合には都市人口の増加の意味で使われているとしている（H. Matzerath 1985, S. 21）．また，フェール（Gerhardt Fehl）は，Vを農業的に利用されていた土地の，非農業的＝都市的利用への転換と理解している（G. Fehl 1992, S. 268）．

6) H.-J. Teuteberg (1983), S. 30-31.

7) J. Reulecke (1989a), S. 36; (1993a), S. 55. ロイレッケは，都市史と都市化史のこうした関係は，女性史とジェンダー史，メディア史とコミュニケーション史，若者史とジェネレーション史についても妥当するとしている．なお，都市史と都市化史とのこうした関係が前近代の都市にも適用できるかどうかについては，ロイレッケは慎重である．後に見る前近代都市と近代都市との連続と断絶という問題との関連で留意に値する．

のは，都市を含む空間としての「地域」を対象とする「地域史（Regional-geschichte）」と都市史の関係であろう．この点に関して，ロイレッケは「都市史」と「都市・地域史」という2つの表現を区別なく用いている．実際彼は，「都市史・集落史（Ortsgeschichte）・地域史の間に，厳密で，論理的に明快で，方法的に根拠づけられた区別を確認することはもはやでき」ず，「それらは……全体としてほぼ同義に用いられる」とさえ述べている．こうした見解の背後にあるのは，都市を行政的に限定された空間として捉える中世都市史研究と違って，近代都市研究では地理的空間に限定されない多様な「空間」が問題となるため，都市と地域とは「生活空間」として一括できるという認識である[8]．しかし，国民経済（国家）の下位概念（空間）として「地域」を捉えるならば，都市と地域をほとんど同義に理解することには当然異論が出てくるであろう．また，「地域」をひとつないし複数の都市を中心とする空間と考えるならば，やはり都市と地域は区別されるべきということになる．

2. ドイツにおける近代都市史・都市化史研究の成立と発展

　ドイツ（さしあたり旧西ドイツ）において，近代都市史・都市化史が本格的な発展を開始したのは，1960年代末〜70年代のことであった[9]．いうまでもなく，ドイツにおける都市史研究は19世紀初頭以来の分厚い伝統をもっており，とくに1820年代と1890年代に研究の高揚を示した．しかし，その対象は主として中・近世都市であった．また，ヴァイマル期には地方自治思想・制度の研究やW. Christaller（1933）による「中心地理論」の提唱などの新たな展開が見られたものの，ナチス期に入ると，ナチズムの反都市主義や農本主義のために，近代都市史研究は足踏みを余儀なくされた[10]．

　8）J. Reulecke（1981），（1982）．こうした理解はJ. Reulecke（1993a），（1993b）でも維持されている．
　9）J. Reulecke（1989a），S. 22, 30;（1993a），S. 57; H. Matzerath（1985），S. 17;（1989a），S. 62; W. R. Krabbe（1989），S. 5.
　10）J. Reulecke/ G. Huck（1981），pp. 39-42; H.-J. Teuteberg（1983），S. 5-25; J. Reulecke（1989a），S. 21-26; H. Matzerath（1989b），S. 25-26.

ロイレッケは近代都市史・都市化史研究の発展を，戦後のドイツ歴史学の大きな流れと関わらせつつ，3つの局面に分けて考えている[11]．第1局面は1950年代～60年代初頭に至る時期である．この時期には，戦前からの「歴史主義」に立脚する狭義の政治史や理念史を中心とする伝統史学が，依然として支配的であった．もちろん，その枠内でコンツェ（Werner Conze）の「構造史（Strukturgeschichte）」のような新しい動きも生まれつつあった．コンツェは，対象としては，個々の人間や行為よりも個人を超えた状態や過程，あるいは個々の現象よりも集合的な現象に目を向け，方法的にも数量的・類型的・比較史的手法の導入や体系的社会科学との協力によって，伝統史学を乗り超えようとしたのである．近代都市史は，こうした新たな方法に適合的な研究対象であった[12]．実際，「西ドイツにおける都市社会史のプロトタイプ」ともいうべきケルマン（Wolfgang Köllmann）による19世紀のバルメン都市社会史研究の序文で，コンツェは以下のように述べている．すなわち，社会史とは「歴史的形成物の内的構造の叙述」のことであるが，都市史研究はこの目的にとってとくにやりがいがある．「というのは，ある都市の『歴史的形成物』はわれわれにとって比較的見通しの効く単位だからである」．「工業成長の時代の各都市のモノグラフィーの魅力は，常に新しく性格の異なる一回性のなかでの一般的典型の歴史的具体化にある」[13]．

　ケルマンの著作以外の1950年代後半～60年代前半の近代都市史・都市化史研究における重要な貢献としては，イプセン（Gunther Ipsen）による都市史の発展の理論的・類型学的考察，ブレポール（Wilhelm Brepohl）によるルール地域の都市化のメンタルな帰結に関する研究，地方自治研究の伝統を受け継ぎつつ，旧来の理念史的・制度史的枠組みを突破しようとしたクローン（Helmuth Croon）やホフマン（Wolfgang Hofmann）の仕事などを挙げることができる[14]．また，この時期には研究組織や雑誌の発刊といった制度的基礎

---

11) J. Reulecke (1993b), S. 13-14. この3局面区分は大局的な流れを基準とするものであり，第1局面における「構造史」，あるいは第3局面における「日常史」の意義を高く評価しつつも，それをもって独自の局面とはみなしていない．
12) J. Reulecke/ G. Huck (1981), p. 43; J. Reulecke (1989a), S. 28; L. Niethammer (1986), S. 117-119.
13) W. Köllmann (1960), S. V.

が形成されはじめ，1962年に『自治体学雑誌（Archiv für Kommunalwissenschaften）』が発刊された．その創刊号で，ヘルツフェルト（Hans Herzfeld）は，19～20世紀の都市自治体史研究が重要かつ有望な領域であるにもかかわらず，自治体学のなかで歴史的研究，とりわけ理念史・制度史に比して社会史・経済史研究が遅れていることを指摘して，「この魅力的なテーマの『緑の芝生（grüne Weide）』がこれまで非常に頑強に無視されてきたことに驚かざるをえない」と述べている[15]．事実この雑誌は近代都市史研究の発展に寄与する可能性を秘めるものであったが，ケルマンらの業績がなお例外的だったのと同様に，この雑誌に掲載された論文も現実の自治体政治に関するものが多かった[16]．

さらに，レーリヒ（Fritz Rörig），プラーニッツ（Hans Planitz），エネン（Edith Ennen），マシュケ（Erich Maschke），シュトゥープ（Heinz Stoob）といった代表的都市史家が依然として中・近世の都市史研究に従事した．このため，「緑の芝生」はなおしばらくの間ほとんど手つかずの状態が続いた．第二次世界大戦直後より，近代都市や都市化は社会学，地理学などによって学際的な関心を集めてきたものの，歴史学にとってはなお周辺的な研究対象にとどまったのである[17]．

第2局面は，以上の動きと時期的には一部重なる形で，1960年代初頭の

---

14) G. Ipsen (1956); W. Brepohl (1957); H. Croon (1960); W. Hofmann (1964).
15) H. Herzfeld (1962), S. 35. ヘルツフェルトは，そこで歴史的研究を待望されているテーマとして，上級市長職の発展，工業化過程の帰結，自治体合併などを挙げているが，これらはその後の研究方向を暗示しており，その先見性には驚嘆せざるをえない．
16) ここで，自治体学と近代都市史・都市化史との関係に言及しておきたい．自治体学は，Kommunalwissenschaftenと複数形をとっていることからも理解されるように，地方自治体を，歴史学，法学，政治学，行政学，経済学，経営学，地理学，社会学，建築学などの多様な学問と連携しつつ多面的かつ学際的に研究する学問領域のことであるが，通例農村自治体よりも都市自治体により大きな関心が向けられるため，その歴史的研究は都市史研究と大きく重なっているということができる．自治体学は20世紀初頭に成立・発展したが，個別学問の自律的発展やナチス期における地方自治の崩壊の煽りを受けて大学で地歩を固めるには至らず，研究の中心は大学外の自治体学研究センター（後のドイツ都市学研究所）が担うことになった．『自治体学雑誌』はその機関誌である．こうしたなかで，自治体学は60年代末頃から地方自治の再評価という現実的要請の高まりを背景として，自治の実践との結びつきを強める一方で，その学際的性格を一層鮮明にしながら，大きく発展することになった（J. J. Hesse 1989）.
17) J. Reulecke (1980), S. 11; (1982), S. 9-10; (1989a), S. 26-29; J. Reulecke/ G. Huck

「フィッシャー論争」を転機として始まった．周知の通り，この論争は第一次大戦の勃発にドイツがどの程度責任を負っていたかをめぐって，基本的には伝統史学の枠内でおこなわれたものであるが，それをきっかけとして新しい世代の歴史家は，第二帝政期の社会的・政治的支配の深層にあるもの，あるいは経済的近代化と社会政治的近代化の非同時性の帰結に取り組むようになり，1960年代後半〜70年代における「歴史的社会科学（historische Sozialwissenschaft）」ないし「社会構造史（Gesellschaftgeschichte）」台頭への道が開かれた．しかし，こうしたドイツ歴史学のいわばパラダイム転換に近代都市史・都市化史研究はうまく乗ることができず，低迷を続けることを余儀なくされた．新しい潮流は理論やモデルへの志向性を強くもっていたために，個別都市史の研究は後退を強いられたからである[18]．

ところが，1970年代に入ると近代都市史・都市化史研究はにわかに活気を帯びるようになり，第3局面が始まることになった．その指標としては，以下のような出来事を挙げることができる[19]．①1970年にケルンで開かれたドイツ歴史家会議に際して都市史のセクションが設けられ，19世紀の地方自治がテーマとなったこと[20]．②同年10月にベルリンの「ドイツ都市学研究所（Deutsches Institut für Urbanistik）」からエンゲリ（Christian Engeli）を編集者とする『近代都市史情報（Informationen zur modernen Stadtgeschichte）』が発刊され，これ以後19〜20世紀の都市の歴史という意味での「近代都市

(1981), p. 44; H.-J. Teuteberg (1983), S. 25-27; L. Niethammer (1986), S. 117-119; H. Matzerath (1989b), S. 23, 27.

18) J. Reulecke/ G. Huck (1981), p. 46; J. Reulecke (1982), S. 10; (1989a), S. 29-30; (1993a), S. 58.

19) H. Herzfeld/ C. Engeli (1975), S. 14-15; J. Reulecke (1980), S. 13-14; 1982, S. 10-11; (1989a), S. 30-31; J. Reulecke/ G. Huck (1981), pp. 44-45; H. Matzerath (1989a), S. 62-63; (1989b), S. 23-24, 28-29; L. Niethammer (1986), S. 120-122．この他，1973年にハノーファーに「空間研究アカデミー（Akademie für Raumforschung）」が設立され，地理学者と歴史家の共同作業を次々と公刊し，1960年の発足以降主として中世都市史研究に従事していた南西ドイツ都市史研究会も1972年の年次大会で「南西ドイツ諸都市における工業化の歴史」をテーマに取り上げて以後19〜20世紀の研究に着手した．

20) H. Croon/ W. Hofmann/ G. C. v. Unruh (1971) は，その際の報告と討論を公刊したものである．また，都市史のセクションは1974年と1980年のドイツ歴史家大会でも設けられたが，J. Reulecke (1980) は，前者の報告者とオーガナイザーの論文をまとめたものである．

史」が歴史学におけるひとつの領域として地歩を固めたこと（なお，同研究所は 1974 年より『自治体学雑誌』の編集をも自治体学協会から引き継いだ）．③同じく 1970 年にミュンスター大学のシュトゥープによって「比較都市史研究所（das Institut für vergleichende Städtegeschichte）」が設立されたこと．この研究所は元来中・近世都市研究のセンターであったが，次第に民俗学者，地理学者，近代都市史研究者を包摂し，1974 年に「工業化時代の都市制度の諸問題」というテーマのコロキウムを開催した．④ 1974 年に『都市史，都市社会学，史跡保護雑誌（Zeitschrift für Stadtgeschichte, Stadtsoziologie und Denkmalpflege）』（78 年に『昔の都市（Die alte Stadt）』に改称）が発刊されたこと．

　こうした組織的基礎の拡大を背景として，1970 年代以降，個々の都市史あるいは様々な都市制度の研究が多数現れることになった．ヘルツフェルトが 1975 年にエンゲリと共同執筆したサーヴェイ論文の末尾には，「今日中・近世都市と並んで『近代』都市が歴史家の関心を集めていることを，全体として確認できる」と述べられており，近代都市史をめぐる環境がこの時期変化しつつあったことが伺われる[21]．もっとも，この時期の研究は，歴史発展の長期的傾向や社会全体のレベルで作用するメカニズムを究明することを重視する「歴史的社会科学」（ないし「社会構造史」）の枠組みのなかで取り扱われることが多く，その限りで，それはなお第 2 局面の大枠のなかでの変化にとどまっていた．実際，1970 年代に若い世代の歴史家によって多く取り上げられた，都市史のテーマのひとつである都市自治の問題は，一般的な政治的発展を地方政治の権力構造や指導的人物と結びつけるという形で分析され，もうひとつの重要テーマである諸都市の経済的・人口学的状態の分析も，工業化，都市化あるいは国内人口移動といった一般的な過程の事例として検討されたのである[22]．

　ところで，以上のような近代都市史・都市化史研究の活性化を刺激した学問的背景として指摘しておきたいのが，(1)諸外国の研究動向，(2)隣接学問

---

21) H. Herzfeld/ C. Engeli (1975), S. 19.
22) J. Reulecke (1980), S. 12; (1982), S. 10; (1989a), S. 30; (1993a), S. 58. たとえば，ロイターは 1978 年に「都市史叙述は全社会的な過程への地域毎に異なる関与の研究と叙述としておこないうる．この観点から見れば，都市史は重要な理論的インプリケーションをもつ経済・社会史の一部になっている」と述べている（H.-G. Reuter 1978, S. 68）．

分野，(3)第一次大戦前のドイツ都市史研究の方法的遺産，の3つである[23]．以下，若干敷衍しておこう．

(1)では，イギリスの社会史的都市史研究，フランスのアナール学派あるいはアメリカのコミュニティ社会学をまず指摘できるが，なかでも大きな影響力をもったのがアメリカの「新都市史 (New Urban History)」である．トイテベルクは，S. Thernstrom/ R. Sennett (1969) が刊行された頃がドイツ近代都市史・都市化史研究のひとつの画期であったとさえ主張し，そのインパクトをきわめて重視している．彼によれば，この潮流の研究目標は，①物語的叙述に代わる数量的叙述，②社会学理論と歴史的データの結合，③都市化における重要な画期の探究，④都市および都市制度の比較による伝統的な都市モノグラフィーの代替，⑤普通の人々の日常生活の都市史への利用，の5点に整理できる[24]．この潮流に対しては，社会経済的枠組みとの結びつきの弱さ，一面的に数量化された記述，分析枠組みの粗さといった批判が出されており，トイテベルクも数量化に馴染まない法的・政治的制度，文化的メンタリティといった要因を放棄することは本末転倒であると述べているが[25]，この「新都市史」がドイツにおける都市史研究に一定の影響を与えたことは否定できない．W. H. Schröder (1979), R. Tilly/ T. Wellenreuther (1985), R. Tilly (1986) などは，「新都市史」から影響を受けた近代ドイツ都市史研究の代表例といえよう[26]．また，近代都市史研究は国際比較も盛んであり，J. Reulecke (1989a) を所収している C. Engeli/ H. Matzerath (1989) は，その代表的な成果ということができる．

次に(2)の隣接学問分野からの刺激であるが，これは都市という対象の多面的な性格に関わるものである．第二次大戦後都市は，地理学，都市計画，建築学，法学，人口学，社会学，民俗学等々の多様な学問分野から注目され

---

23) J. Reulecke (1980), S. 10; (1982), S. 7-9, 13-14; (1989a), S. 21, 26-27, 33-34; (1993a), S. 57-61; L. Niethammer (1986), S. 119-120.
24) H.-J. Teuteberg (1983), S. 27-28.
25) H.-J. Teuteberg (1983), S. 34.
26) なお，H. Matzerath (1989b), S. 42 は，「新都市史」がドイツでもかなりの影響力をもったことを認めつつ，それが社会的・空間的移動にテーマを局限したために支持を失ったと述べている．この他「新都市史」については，J. Kocka (1978) を参照．

る研究対象となったが,歴史学では以上のような経緯から他の分野と比べて取り組みが遅れた.しかし,こうした隣接学問における都市研究の進展は,近代都市史・都市化史研究の興隆にとって不可欠の前提となった.とりわけ地理学の果たした役割は大きく,H.-J. Teuteberg (1983) では,その副題が「歴史的・地理学的諸局面」となっていることからも明らかなように,歴史学と地理学の連携が目指されている[27].こうして近代都市史・都市化史研究は,歴史学のなかでももっとも学際的な性格が強い分野となったが,研究の進展とともに,都市建設や都市形態,あるいは都市における生活スタイル,文化,メンタリティ,コミュニケーションなどが研究テーマとして取り上げられるようになった.

最後に(3)の第一次大戦前のドイツ都市史研究の方法的遺産であるが,ここで問題となるのは,理論への志向性に乏しかった「新歴史学派」の方法が優勢だったなかで進められた,ヴェーバー (Max Weber) やゾンバルト (Werner Sombart) らによる都市制度の理論的解明の試みである.とりわけ,ヴェーバーは都市の発展過程を合理化,官僚制化,近代化といった概念と結びつけて捉えようとし,こうした理解の枠組みは,現在の近代都市史・都市化史研究の枠組みにも大きな影響を及ぼしている[28].

1980年代に入ると,近代都市史・都市化史は一層の進展を示した.第1に,1970年代の研究の活性化を前提として,種々の共同研究の成果(E. Rausch 1983, 1984; H. Matzerath 1984; H.-J. Teuteberg 1983, 1986; M. Glettler/ H. Hausmann/ G. Schramm 1985; H. Stoob 1985),単独の著者による総合的・概観的な書物(J. Reulecke 1985; H. Matzerath 1985; W. R. Krabbe 1989)あるいは詳細な文献目録(B. Schröder/ H. Stoob 1986)などが続々と公刊されたことが挙げられる[29].これは,近代都市史・都市化史研究が中間総括を可能とする段階に入ったこ

---

27) ただし,経済学と政治学の影響は限られたものであった(C. Engeli/ H. Matzerath 1989, S. 13-14).またマルクス主義的観点も,旧西ドイツの都市史研究には浸透しなかった(H. Matzerath 1989b, S. 41).
28) J. Reulecke/ G. Huck (1981), p. 41; H.-J. Teuteberg (1983), S. 16-18; H. Matzerath (1985), S. 9; J. Reulecke (1985), S. 146.
29) ヴィッシャーマン(Clemens Wischermann)は,これを「ドイツ都市史の成熟」の現れとみている(C. Wischermann 1993, p. 159).

とを意味する．第2に指摘できるのが，1970年代に入ってから「日常史（Alltagsgeschichte）」あるいは「下からの社会史」と呼ばれる新たな研究潮流がドイツ歴史学の内部で台頭したことの影響である．周知の通り，「日常史」は，構造や過程あるいは「政治の社会史」を重視する「歴史的社会科学」に対して，人々の体験，価値観，行動様式，あるいは政治・社会・経済の一般的な枠組みに対する彼らの関係に注目することによって歴史学に新風を送り込んだが，都市はそうした視点にとって格好の対象となったのである．そして，住居，家政，家族生活，余暇，さらに都市化に伴う社会的分離，様々な社会グループのメンタルな適応・分化過程あるいは社会的抗議の表現や社会的紛争の決着の形態などがテーマとなった．こうして「日常史」は，「日常」という概念の曖昧さに弱点をもちつつも，都市史研究に新たな視点を提供し，そのスペクトルを大きく広げることに貢献したのである[30]．

しかしここで注目したいのは，それにもかかわらず近代都市史・都市化史研究が，個別性・特殊性の描写に埋没してしまったわけではないということである．そもそも都市史・地域史は，19世紀以降のドイツ歴史学のなかにあって，常に一般性と個別性の緊張関係を強く反映する分野であったといえるが，1960年頃までは個別性が強調され，それ以後1970年代までは一般性が重視されたのに対して，その後は両者の緊張関係を，都市あるいは地域に即して研究する必要性が広く認識されるようになったのである．すなわち，近代都市史は，近代化や工業化といった歴史的転換のなかで生じたコンフリクト，負担，適応を，空間的に限定された具体的な「場」に即して研究する上で極めて有利な対象なのであり，その結果歴史学における周辺的状態から脱出するとともに，歴史学全体の認識を深化・拡大することにも貢献しうる分野となったのである[31]．マッツァラートは，1970～80年代の近代都市史

---

30) J. Reulecke/ G. Huck (1981), p. 46; J. Reulecke (1980), S. 12, 14; (1982), S. 12-14; (1989a), S. 33-34, 36; (1993a), S. 58-59, 60; (1993b), S. 13-15; L. Niethammer (1986), S. 121-122; H. Matzerath (1989b), S. 24.
31) J. Reulecke (1980), S. 9; (1982), S. 3-4; (1989a), S. 30. しかし，様々な方法や概念の実験場として利用されることによって近代都市史研究の重要性が高まったことは，独自の方法や概念がそのことを通じて開発されたことを意味するものではない．ロイレッケもマッツァラートもこの点に関しては否定的である（J. Reulecke 1989a, S. 31; H. Matzerath 1989a, S. 88; 1989b, S. 41）．

研究が「全体として生産的かつ発展的」であったと総括している[32]．

近代都市史・都市化史研究の前進を刺激したもうひとつの要因は，学問外的な必要から生じた．ロイレッケは，この問題を，先にみた戦後ドイツ歴史学の展開と公衆（Öffentlichkeit）との関係の変遷として整理している[33]．すなわち，第1局面では公衆は歴史学に歴史の批判的分析を求めなかったために，歴史家は戦前に敷かれた軌道の上を走ることになった．歴史学界内部の様相が大きく変化した第2局面でも，歴史学と公衆との関係は基本的に同じであり，公衆は，60年代末の学生運動に積極的に関わった世代をも含めて歴史学にほとんど何も求めようとせず，せいぜい「宮廷道化師」的な役割を期待したにすぎなかった．第3局面に入ると，歴史学への関心はかなり高まったが，当初歴史は国家，団体，自治体の行動の正当化のための手段として位置づけられることが多く，歴史学と公衆との関係はなお幸福なものとはいいがたかった．

ところが，都市史は地域史とともに「故郷史」として捉え直されることによって，歴史学と公衆との望ましい関係を模索するうえで重要な役割を次第に果たすようになった．すなわち，「地元に歴史的な根があるという意識，『故郷』の価値への回帰，急速に変化する環境や技術に直面して，近隣の環境のなかに視角的・感覚的拠点を出来るだけ多く維持しようとする願望」が，都市自治体，市民運動，伝統的な歴史協会，あるいは若い世代のいわゆる歴史工房運動の様々な活動を動機づけることになったのである．たとえば，いくつかの都市の行政当局や市議会は，市民の歴史的欲求を満たすために，若い歴史家を一定期間雇用して，学問的に基礎づけられ，しかも市民にも理解できる都市史を編纂することを企画しており，それとともに「地元の歴史家（Historiker vor Orte）」という新たな職業像が形成されることになった[34]．彼

---

32) H. Matzerath (1989b), S. 43. Vgl. H. Matzerath (1989a), S. 62.
33) J. Reulecke (1982), S. 13; (1993a), S. 62-63, 67-68; (1993b), S. 15-18, 20-21.
34) マッツァラートは，これとは別に都市史の外部への委託の可能性を指摘しており，具体例としてヴェストファーレンのリップシュタット（W. Ehbrecht 1985）とシュペンゲ（W. Mager 1984），およびベルリン（W. Ribbe 1987）の都市史編纂事業を挙げている（H. Matzerath 1989a, S. 84-86; 1989b, S. 43）．その後も個別都市の通史は，ハンブルク（H.-D. Loose 1982; W. Jochmann 1986），ビーレフェルト（R. Vogelsang 1988），フランクフルト（Frankfurter Historische Kommission 1991; R. Roth 2013），マインツ（F.

らに求められた役割は，集合的な記憶を歴史的コミュニケーションによって内側から活性化することであったが，それは地元の世界の特殊性や個性を認識するだけでなく，その相対性や限界をも同時に認識することを目指していた．こうした動きは，都市史，都市化史，地域史は「われわれの具体的な生活圏の歴史性と一般的な過程の推移，全面的な構造転換，事件との架け橋」であるという，「日常史」の台頭以後，近代都市史・都市化史研究が歴史学のなかで重要性を高めた理由に対応するものである．実際ロイレッケは，日常史の貢献のひとつとして，それが「故郷の再獲得」を目指すことによって，個人の新たな社会的・空間的位置づけを志向したことを挙げている．したがって，こうした学問外的な要因の登場は，歴史学内部の変化とパラレルな関係にあったということができよう．

　最後にこの点と関連して確認しておきたいのは，以上にみてきたような近代都市史・都市化史研究の興隆と展開は，「都市の危機」あるいは「脱都市化」という言葉に集約される，都市の発展に伴う諸問題の深刻化，あるいは都市への懐疑の高まりとも深く関わっているということである．都市からの人口流出，制御不能となった都市成長，都市域から周辺への都市的機能の移動といった都市レベルの問題だけでなく，経済危機，生態学的危機，失業の増大とそれに伴う将来への不安といったより大きなレベルの問題が，それがもっとも集中的に現れる都市への関心，さらにはこうした問題を歴史に探究しようとする近代都市史・都市化史への関心を高めているのである[35]．

3. ドイツにおける都市化の時期区分と都市の諸類型

　都市化史研究において，もうひとつ論争的なテーマとして指摘しなければならないのが，時期区分の問題である．その際，その指標との関連で重要なのが，都市化と工業化・近代化との関係である．後にみるように，ロイレッ

　　Dumont/ F. Scherf/ F. Schütz 1998)，ドレスデン (H. Stark 2006)，マンハイム (U. Niess/ M. Caroli 2007-2008)，ケルン (H. Matzerath 2009) など数多く刊行されている．
35) J. Reulecke (1993a), S. 62-63; H. Matzerath (1989a), S. 62-64; 藤田幸一郎 (1991), 213-214 頁．

ケもマッツァラートも，都市化を工業化の開始・進展を指標として時期区分しており，都市化は何よりも工業化を起動力として展開したと認識しているからである．しかも彼らに共通しているのは，工業化を近代化と同格の独立変数として捉えるのではなく，むしろそれを都市化とともに全般的な近代化過程の一部として捉えるという視点である．

とくにマッツァラートはこの点に詳しく論及している．彼によれば，近代化は，形式的には成長，流動化，革新，合理化，分業，分化，専門化によって特徴づけられ，内容的には，都市の人口成長，教育，コミュニケーション，参加，国家・国民形成，経済成長（工業化），官僚制化，世俗化，地域的流動性，新しい出生様式，サービス部門の成長といった現象を包摂している．工業化は近代化の一部と位置づけられていることがわかるであろう．他方，都市の人口増加が含まれていることから，都市化が近代化の一部とみなされていることもまた間違いない．しかし，都市化は，単に人口増加という側面だけでなく，都市制度・都市のトポグラフィー・都市的定住体の変化，都市経済の成長と構造変化，メンタリティを含む住民の流動性と社会構造，都市施設の発展，行政の形態と組織，行政課題の範囲，参加の様式の変化などの多様な側面から考察されるべきであるとマッツァラートは主張し，しかも「都市化の部分諸局面が近代化の部分諸過程と広範囲に対応している」ことに注目する．都市化史研究は，近代化の諸過程を歴史的に検証するうえで好適な研究領域であるというわけである．このように，都市化，工業化，近代化の関係は必ずしも単純ではないが，都市化が工業化に牽引されつつ近代化を推進したという限りで，この3つの過程が互いに密接に関わっていたことは否定できない[36]．

さらに，付け加えておきたいのは，ロイレッケやマッツァラートにあっては，以上のように都市化が工業化・近代化と密接に結びつけられているため，当然のことながら中世・近世都市と近代都市との断絶が想定されているとい

---

[36] H. Matzerath/ K. Ogura (1975), S. 252-253; H. Matzerath (1985), S. 20-23. もちろん，マッツァラートも断わっているように，近代化概念には「伝統」から「近代」への累積的な変化という想定が基礎にあるわけであるが，現実の過程は不均等かつ部分的で，阻害ないし逆行もしばしば生じたことはいうまでもない．ロイレッケも同様の理解を示している (J. Reulecke 1977, S. 272)．

うことである．ロイレッケは，近代都市史を「人間の共同生活の特殊な組織形態としての都市の転換」，あるいは「19世紀半ば以降のドイツ都市制度の猛烈な改造」の過程と捉えており，エンゲリ／マッツァラートも近代都市を中・近世都市からはっきり区別している[37]．ここで中世以降の都市化の連続性を強調する見解を検討する余裕はないが[38]，中世・近世都市と近代都市との連続と断絶という問題は，個々の都市の歴史的事情に大きく規定されていると思われるし，プロト工業化論のような，工業化とそれ以前の経済発展とを，断絶の可能性を認めた上で基本的には連続的に捉える見方に照らすならば，あまり固定的に理解すべきではないだろう．

　そこで，都市化の時期区分の検討に入る．まずマッツァラートは，1815～1914年におけるプロイセンの都市化に関する包括的な研究を，①1815年から1840年頃までの助走ないし移行の局面，②1870年代初頭までの突破局面，③第一次大戦勃発をもって終わる本来的都市化局面，という時期区分のもとにおこなっている．①の局面が助走ないし移行局面と位置づけられるのは，プロイセン改革による営業の自由の導入や都市名望家を担い手とする地方自治の萌芽的形成といった新しい動きが一方でありながら，なお統一的な都市法が存在せず，都市と農村の法的区別を復活させようという動きさえあったというように，プロイセン当局の政策志向が一貫していなかったこと，あるいは西部では都市人口が平均を上回って上昇したのに対して，東部では農村人口の増加率のほうが高かったというように，都市化はＵとＶのいずれの意味でもなお語ることができなかったことなどが理由として挙げられる．しかし，1840年代初頭以降の②の局面に入ると，人口は西部だけでなく東部においても都市で顕著に増加し，Ｖとしての都市化は確固たるものとなった．こうした都市の発展を引き起こしたのは，いうまでもなく工業化によるものであるが，それは雇用の増大を意味し，鉄道の発達にも助けられて，都市への人口集中が急速に進展したのである．また，それに伴って都市内部においても社会的分極化，都市の空間的拡大，諸施設の建設，市民的名望家による

---

37) J. Reulecke (1985), S. 7, 9; C. Engeli/ H. Matzerath (1989), S. 11.
38) マッツァラートは，そうした見解を代表する著作として，P. M. Hohenberg/ L. H. Lees (1985) と J. de Vries (1984) を挙げている（H. Matzerath 1989a, S. 67-70)．

自治体行政の進展などがみられた．

　さらに③の本来的工業化局面に入ると，人口増加はほとんどもっぱら都市に有利に作用し，農村→都市，東部→西部という人口移動が大きく進展した．それに伴って「大都市」が成立し，都市的発展は自治体合併などの形で周辺にも広がった．また，都市内部では②の局面から始まっていた機能分化がさらに進展した．都市自治は名望家に代わって自治体官僚によって担われるようになり，都市間競争によって増幅されつつ，衛生・住宅・社会制度，あるいはガス・水道・電気・道路といったインフラストラクチャーの整備が進んだ．こうした発展の原動力が依然として工業化であったことはいうまでもないが，この時期の特徴として重要なのは，Uという意味での都市化が工業化過程から次第に独立して進展したということである．すなわち，都市的生活様式や都市の経済力が都市の境界を越えて社会全体に浸透していったのである．こうして，プロイセンは第一次大戦前に都市化された国家になった[39]．

　次にロイレッケによれば，「19世紀半ば以降のドイツ都市制度の猛烈な転形」としての都市化は，古典劇の構成をもっている[40]．第1幕は，18世紀末から1850年代半ば頃までの大転換の「爆発」である．この局面では，多くの点で，法的・政治的基礎が創出され，社会経済的方向の転換がはかられた．1870年代半ばに至る第2幕では，こうして準備された不可逆的な発展が進行した．この局面では，工業化，VおよびUの端緒が全般的近代化の他の過程と分かちがたく結びついて展開した．発展の本来的頂点は，第一次大戦前の30〜40年に当たる第3幕においてであった．この局面において，伝統的な都市制度は全般的都市化によってほとんど完全に転形し，ドイツは近代工業国の地位を達成した．第4幕は，二度の世界大戦と1945年以後の再建の時代に当たるが，この局面は，都市人口の一層の増大にもかかわらず，

---

39) H. Matzerath (1985), S. 9-12. 統計上の都市概念を用いるならば，ドイツではすでに1910年に全人口の59.9%が都市に住んでおり，人口10万人以上の大都市の数も1800年に2，1850年に4だったのが，1871年に8，1890年に26，1910年に48，1939年に69と急速にその数を増し，大都市人口の全人口に占める比率も1871年の5%から1939年の32%へと顕著に増加しており，こうした数字からもドイツが1870年代〜1930年代，とりわけ第一次大戦前に急速な都市化を経験したことがわかる（H. Matzerath/ K. Ogura 1975, S. 235）．

40) J. Reulecke (1985), S. 9-10.

多くの退行的影響によって特徴づけられる．すなわち，Ⅴの過程は完全に停滞したわけではなかったものの，第一次大戦後国内移動には決定的な変化が生じたのである．1960年代に始まった第5幕は現在なお進行中であり，その結末も明らかではない．しかし，「郊外化」「脱都市化」「反都市化」「脱集中化」といった新たな概念がこの局面になって登場しており，ポスト工業化に入ったことにより，ドイツの高度工業化局面において成立した都市制度が大きな転換過程に入っていることがわかる．第一次大戦以降の都市化の退行ないし脱都市化の問題をも視野に収めている点が注目されるが，ここではロイレッケもマッツァラートと同様，大戦前に第二帝政期がドイツにおける都市化の本来的時期であると考えていることに留意したい．

最後に，クラッベの時期区分を検討するが，それは以下の3つの時期から構成される[41]．①1800～1870年の準備期：近代都市制度の法的・経済的・社会的基礎が形成された．②1870～1920年の興隆期：ドイツは都市化された工業化社会となり，都市自治が高度な政治力を達成し，今日の都市インフラストラクチャーが具体化した．③1920年以降の守勢期：干渉国家の優位の増大に対する都市とその自治の比重の低下，がそれである．第1期は準備の時期であっただけでなく，伝統的な都市制度が没落した変革の時期であり，1808年のプロイセンを先頭として，1830年代半ばまでに他の諸邦においても近代的地方自治が導入された．しかし，都市は相変わらず，家屋・土地を所有するか営業をおこなう名望家によって支配される「市民ゲマインデ（Bürgergemeinde）」であり，彼らの行政活動の内容は，以前とあまり変わらなかった．しかし，19世紀後半に入ると，都市化と工業化の進展によって自治体政策の条件が変化しはじめ，ドイツの都市制度は大きく変化することになった．第二帝政期とほぼ重なる第2期にこうした発展は頂点を迎え，「市民ゲマインデ」は広範な階層が市民権を獲得した「住民ゲマインデ（Einwohnergemeinde）」に拡大した．それとともに，都市は新しい課題に直面するようになり，自治体行政は都市の発展に大きく介入するようになった．同時に都市は各種の給付行政システムを拡充して，いわゆる「都市社会主義（Munizipalsozialismus, Municipal Socialism）」を展開し，現代福祉国家を多くの

---

41) W. R. Krabbe (1989), S. 176-182.

点で先取りするサービスの中心地に発展した．それは，自治体行政の官僚制化・専門職化を伴う「治安・財産行政」から，「給付行政」への展開を意味した．また，世紀転換期以降になると自治体の政党政治化が進んだ．

　第一次大戦直後の時期は，都市制度の頂点であると同時に転換点でもあった．ヴァイマル共和政の成立によって民主主義的な政治体制がともかくも成立し，「市民ゲマインデ」から「住民ゲマインデ」への発展は完成した．しかし，1920 年のライヒ (Reich) 財政改革によって自治体の財政的自立性は大幅に失われ，それは地方自治の興隆の終焉を意味するものであった．そしてクラッベは，これを画期としてドイツ都市化の第 3 期が始まったと考えている．すなわち，これ以後ドイツの地方自治は，国家に対して後退を続けることになったのである．見られるとおり，地方自治，自治体政策ないし「都市社会主義」研究の専門家らしく，都市自治の在り方やそれと国家との力関係が時期区分の重要な指標となっている点に特徴があるが，ロイレッケやマッツァラートと同様に，第一次大戦前後をドイツ都市化史研究の重要な画期としている点は同じである．

　次いで，近代ドイツ都市の諸類型についても検討しておこう．ただし，この問題については，ロイレッケとマッツァラートよりも体系的な議論を展開しているガッセルト (Gottlieb Gassert) とブローテフォーゲル (Hans Heinrich Blotevogel) の所説を取り上げることにする[42] (図 1-1)．まず，ガッセルトは，都市を何よりも「消費都市」と見なすゾンバルト説と，「生産都市」と見なすヴェーバー説を念頭に置きつつ，1907 年の帝国統計におけるドイツの大

---

42) もちろん，マッツァラートは工業都市，港湾都市，行政・文化都市，宮廷都市，大学都市といった様々なタイプの都市があることに簡単にではあるが言及しており (H. Matzerath/ K. Ogura 1975, S. 235-237)．ロイレッケも，都市人口の年齢構成に基づいて，19 世紀末〜20 世紀初頭のドイツの都市を次の 3 つのタイプに分けている．①ベルリン，ミュンヒェン，ハノーファー，ハンブルク，フランクフルトなどの長い伝統をもち，中間層人口の割合が高い首都・商業都市 (15 歳以下約 25%，15〜60 歳約 70%，60 歳以上約 5%)，②オーバーハウゼン，ゲルゼンキルヒェン，ケーニヒスヒュッテといったライン＝ヴェストファーレンとオーバーシュレージエンの「新」工業都市 (15 歳以下の人口が帝国平均を明らかに上回る一方で老齢者の割合が極端に低い)，③バルメン，エルバーフェルト，クレーフェルト，ケムニッツのような大体は繊維工業を中心とする「旧」工業都市とデュッセルドルフのような 19 世紀後半に急速に成長した行政都市 (①と②の中間的比率を示す) (J. Reulecke 1985, S. 76-77)．

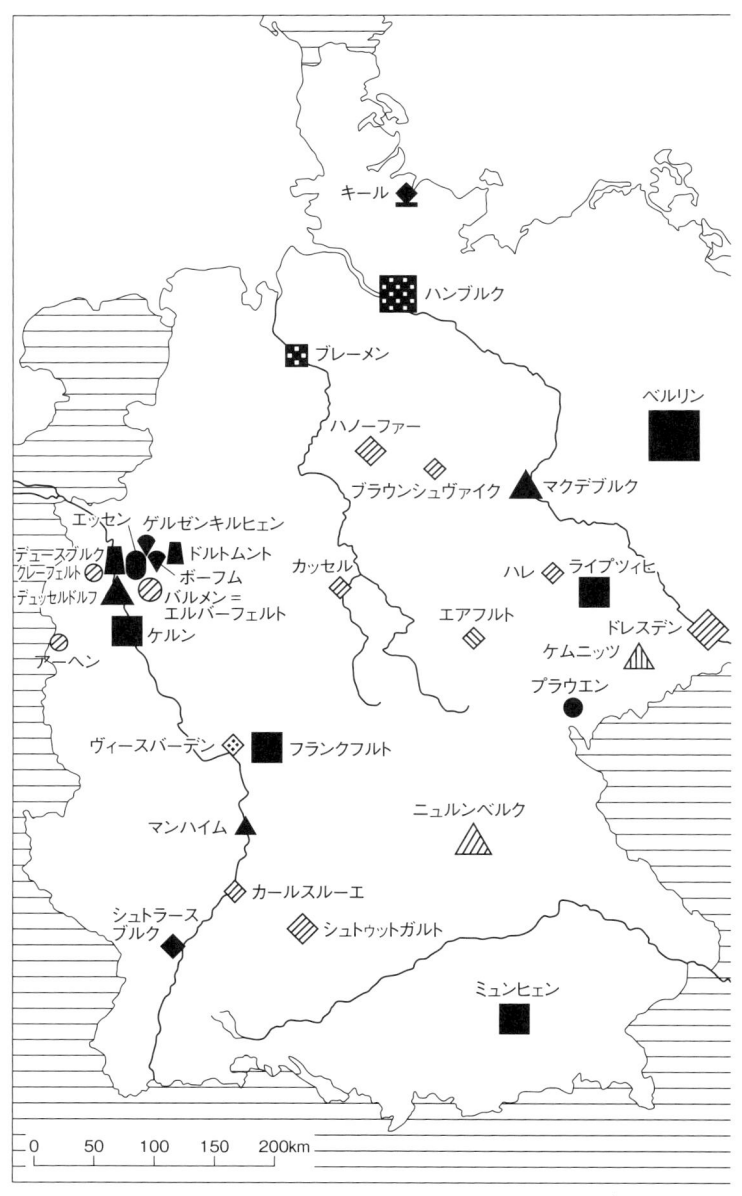

26　第Ⅰ部　ドイツ近代都市史研究の展開と課題

図1-1　ドイツ帝国の機能的

出典：H. H. Blotevogel (1979), S. 254.

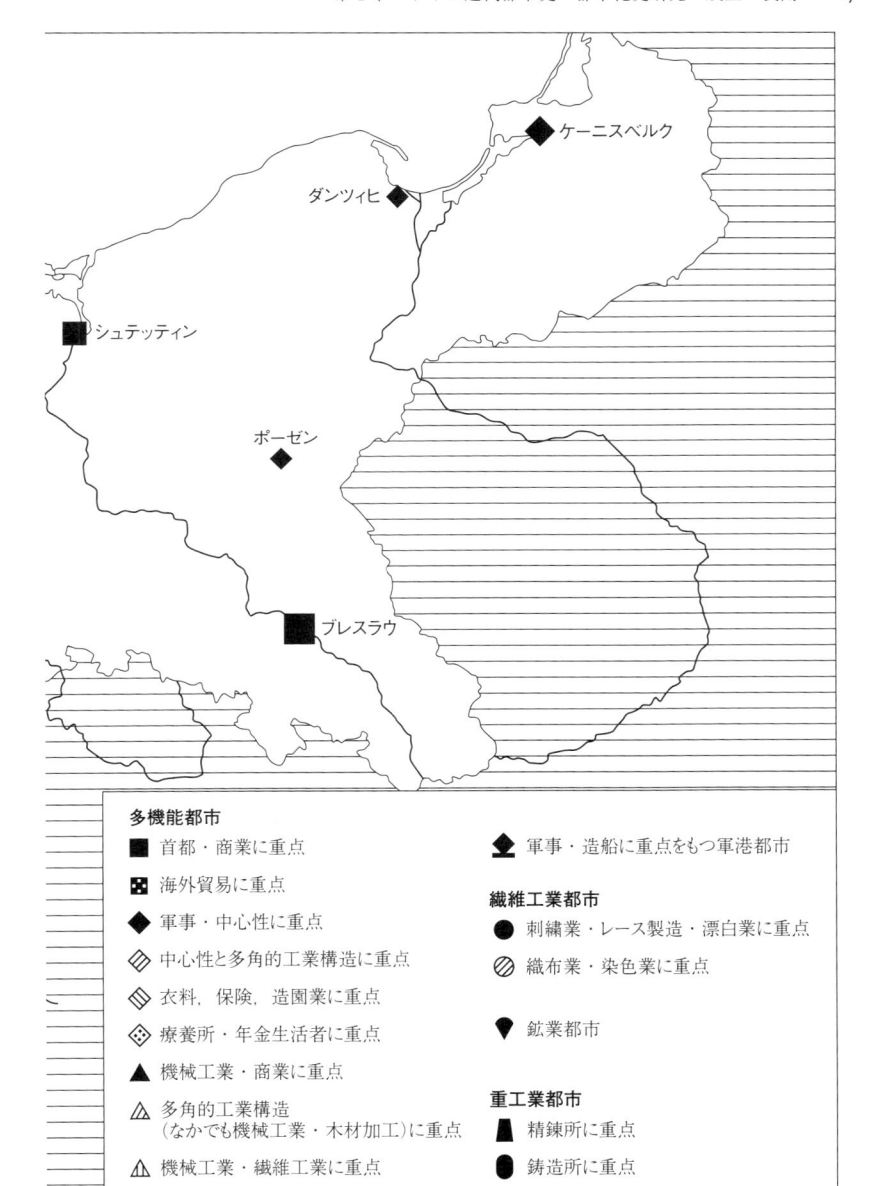

第1章　ドイツ近代都市史・都市化史研究の成立と展開　27

```
多機能都市                               
■ 首都・商業に重点            ⚓ 軍事・造船に重点をもつ軍港都市
▨ 海外貿易に重点              
◆ 軍事・中心性に重点          繊維工業都市
◇ 中心性と多角的工業構造に重点  ● 刺繍業・レース製造・漂白業に重点
◇ 衣料，保険，造園業に重点    ◎ 織布業・染色業に重点
◇ 療養所・年金生活者に重点    
▲ 機械工業・商業に重点        ▼ 鉱業都市
△ 多角的工業構造              
  （なかでも機械工業・木材加工）に重点  重工業都市
△ 機械工業・繊維工業に重点    ▲ 精錬所に重点
                              ● 鋳造所に重点
```

都市類型（1907年）

都市の職業構造を都市の核となる職業の比率の計算に基づいて分析し，主要な36の都市を7つ（大きくは4つ）のグループに分類している．彼の結論は「近代都市の典型が消費都市であるということはほとんど主張できない」というものであるが，それはともかくとして，彼による分類結果は以下のようになる[43]．

1. レントナー・官吏都市：ヴィースバーデン，シュトラースブルク，ケーニヒスベルク，ポーゼン，ミュンヒェン，ハノーファー．
2. 工業都市：
   a. 重工業都市：ゲルゼンキルヒェン，ボーフム，エッセン，デュースブルク，ドルトムント．
   b. 繊維工業都市：プラウエン，クレーフェルト，アーヘン，バルメン＝エルバーフェルト，ケムニッツ．
   c. 機械工業都市：デュッセルドルフ，マンハイム，ニュルンベルク，マグデブルク，ライプツィヒ．
   d. 機械工業・レントナー・官吏・軍事都市：キール，ハレ，カールスルーエ，カッセル，ブラウンシュヴァイク，エアフルト．
3. 中心地都市：ケルン，シュトゥットガルト，ベルリン，ブレスラウ，ドレスデン．
4. 商業都市：ハンブルク，ブレーメン，フランクフルト，シュテッティン．

次にブローテフォーゲルも，同じく1907年の帝国統計を資料として，42の大都市の機能的類型化を試みている．ブローテフォーゲルの分類方法は，まず工業ないしサービス業就業者の割合にしたがって，都市を「サービス都市」（鉱工業就業者45.5％以下），「多機能都市」（鉱工業就業者45.5～55％），「工業都市」（鉱工業就業者55％以上）に大別し，それをさらに3～4つに細分する（その基準は省略）というものである．その分類結果は以下の通りである[44]．

---

43) G. Gassert (1917).
44) H. H. Blotevogel (1979). もうひとつ都市の類型化を試みているものとして H.-D.

1. サービス都市
    1.1 混合構造を伴うサービス都市：シュテッティン，シャルロッテンブルク，ハノーファー，ミュンヒェン．
    1.2 レントナー都市：ヴィースバーデン．
    1.3 行政・軍事都市：ケーニヒスベルク，ダンツィヒ，シェーネベルク，ポーゼン，キール，カールスルーエ，シュトラースブルク．
    1.4 商業都市：ハンブルク，アルトナ，ブレーメン，フランクフルト．
2. 多機能都市
    2.1 重点のない多機能都市：ドレスデン，カッセル，ケルン，シュトゥットガルト．
    2.2 衣料工業に重点のある多機能都市：エアフルト，ブレスラウ，ベルリン．
    2.3 機械工業に重点のある多機能都市：マグデブルク，マンハイム，ブラウンシュヴァイク，デュッセルドルフ，ライプツィヒ，ハレ．
3. 工業都市
    3.1 混合構造をもつ工業都市：リュクスドルフ，ニュルンベルク．
    3.2 繊維工業都市：プラウエン，ケムニッツ，バルメン，エルバーフェルト，クレーフェルト，アーヘン．
    3.3 鉱山・重工業都市：ゲルゼンキルヒェン，ボーフム，エッセン，デュースブルク，ドルトムント．

差異を含むとはいえ，この分類結果はガッセルトのものとほぼ一致する．

Laux（1983）がある．分類の特徴を挙げれば，①資料はやはり帝国統計であるが，1907年だけでなく1882年の統計も利用して25年間の変化にも留意していること，②考察対象に大都市だけでなく中小都市をも含めているが，逆にプロイセン邦の都市（1880年と1905年の人口調査に基づきそれぞれ69と87）に限っていること，③都市分類の基準を，「サービス都市」（サービス業就業者53.32％以上），「工業都市」（工業就業者57.88％以上），「多機能都市」（前二者に該当しない都市）としていることとなる．この基準そのものはブローテフォーゲルのものとそれほど違わないが，分類結果はかなり異なり，たとえば，ハノーファー，ケルン，シュテッティンは商業都市，ハレはレントナー・大学都市，デュッセルドルフ，エアフルトは重点のない多機能都市となる．

その際いずれの場合にも，都市の類型化の基準が職業構造，とりわけ鉱工業とサービス業の就業者比率に求められており，都市化やそれに伴う都市の社会経済的構造に及ぼした工業化・近代化の影響がここでも重視されていることが注意されるべきである．

4.「自治体給付行政」論の進展

　本書のテーマとも密接に関わる論点が，19世紀後半～ヴァイマル期における「自治体給付行政（kommunale Leistungsverwaltung）」の展開である．この概念は，第一次大戦前に「都市社会主義」とも称された都市行政の現実を捉えようとする過程で，住民の「生存配慮（Daseinsvorsorge）」のための課題を含む公的な行政活動として定式化された．E・フォルストホフ（Ernst Forsthoff）に遡る生存配慮概念については，第2章で詳しく検討するが，自治体給付行政の理論的研究としてはH. Gröttrup（1973），歴史的研究としてはW. R. Krabbe（1979, 1983, 1985）が代表的である[45]．これらによれば，19世紀後半以降ドイツ（とりわけプロイセン）では都市化と工業化の進展とともに都市行政の性格が大きく変わり，社会問題や衛生・健康問題をはじめとする様々な都市問題が発生したが，これに対して都市は，租税の徴収に基づいて公的課題を果たすための法的枠組みを整えながら，とりわけ1890年代以降給付行政を急速に拡大し，第一次大戦前夜にその本質的特徴を備えるにいたった．その領域は広範であり，ガス，上下水道，電気といった供給事業，港湾，倉庫，近距離交通などのインフラストラクチャー，ゴミ処理場，畜肉処理場といった衛生施設，職業紹介所のような社会施設，さらに教育・文化にまで及んだ．こうした給付行政の発展は，1808年のシュタイン都市条例以降の都市制度の法的整備と並んで近代都市の成立にとって重要な意味をもち，またヴァイマル期，さらには戦後の時期にも適用できるという意味で，この議論は近代都市史研究の進展を大きく促進したということができる．

---

45) W. R. Krabbe（1989）は，自治体給付行政についての自らの研究を踏まえた19～20世紀ドイツ都市史の概説であり，H. H. Blotevogel（1990）は，クラッベを含むこのテーマに関する共同研究の集成である．

ところで「自治体給付行政」論は，1990年代に入ると①「サービス中心地としての都市（Die Stadt als Dienstleistungszentrum）」論，②「都市の投資（Investitionen der Städte）」論，③「（最初の）ネットワーク化（(ursprüngliche) Vernetzung）」論という形で，力点の置き方を変えながら深められつつある．②は，19世紀後半～第一次大戦前の時期における給付行政の発展という事実が，同時に都市による投資活動の活発化を意味し，そのことが，都市，さらにはドイツ全体におけるインフラストラクチャーの近代化に大きく貢献したことに着目する[46]．①も同様に，公共・民間サービスの需給と自治体インフラストラクチャーと新たな社会的生存配慮の構築の関係を問うことによって，「現代の社会国家性（Sozialstaatlichkeit）」の成立過程を探ろうとしている[47]．

他方③は，情報・通信技術の発達という現代社会との対比において，同じ時期の都市化の歴史的意義に光を当てようとする議論である．すなわち，「自治体給付行政」の対象となった諸事業は，電信・電話を含めてこれ以後の社会経済の発展の在り方を根底において規定しかつ支えたインフラストラクチャーであり，それが都市を舞台とし，担い手としてこの時期にネットワーク化されたことは，現代の「ケーブル化（Verkabelung）」にも比肩されるべき大きな歴史的変化であったということになる[48]．なお，①②③の議論は「市営化」，「都市社会主義」への傾向が弱かった英独以外の国にも適用できる利点も併せてもっている点も指摘しておきたい．

5. 1990年代以降の展開——文化史への傾斜とその射程

ドイツ近代都市史研究は，1990年代以降も発展を続けている．ここではショット（Dieter Schott）の最新のサーヴェイ[49]を手がかりに，1990年代以降のドイツ近現代都市史の研究動向を辿っておこう．

---

46) K. H. Kaufhold (1997).
47) J. Reulecke (1995). なお，ロイレッケが同書で提起する「社会都市（Sozialstadt）」論については第2章5節で取り上げる．
48) D. Schott/ H. Skroblies (1987); D. Schott (1999).
49) D. Schott (2013), S. 120-147.

まず，1990年代には都市史研究の国際化が進んだ．すでに1989年にはヨーロッパ都市史協会が設立されており，1992年以来隔年でヨーロッパ都市史会議が開催されていることは，その現れということができる．また，会議を通じて，歴史学，建築史，文化史，都市社会学，地理学，人類学といった諸分野の学際的研究も進展した．ドイツ国内では，2000年に19世紀および20世紀の都市史を学際的協力のもとに研究することを目的として「都市史・都市化研究学会」(Gesellschaft für Stadtgeschichte und Urbanisierungsforschung e.V. (GSU)) がホフマン，ロイレッケ，ライフ (Heinz Reif)，ザルダーン (Adelheid von Saldern) らによって設立され，IMS が機関紙の役割を果たすようになり，現在は第2世代（ショット，ツィンマーマン (Clemens Zimmermann)，ベルンハルト (Christoph Bernhardt)，レンガーら）がその編集を引き継いでいる．

　1990年代に世界で起きた大きな変化としては，ソ連・東欧の社会主義体制の崩壊とその後のグローバル化の進展を挙げることができるが，こうした変化は当然都市史研究にも影響を与えた．1970年代～80年代にはヨーロッパの都市に対する悲観的な診断（脱工業化，大量失業，ゲットーの形成）が支配的であったが，1990年代以降は，都市更新を経て新しい都市文化の舞台となった都市中心部 (Innenstadt) が，ふたたび注目を集めるようになった．全体として，ツーリスト，さらに高所得の都市プロフェッショナルをめぐりますますグローバル化する競争という文脈のなかで，文化という要因が，新たな価値を獲得するようになった．これは，文化史への傾斜という歴史学全体の動向に対応するものでもあった．ここでいう文化史とは，文化的転回，言語論的転回という意味であり，意味の生産，理想像，価値観，知覚モデルの研究に関心が向けられる．都市史でいえば空間的転回（spatial turn）ということになる．その場合空間とは，もはや都市の発展や都市の計画で充たされうる器としてではなく，そのつど主体とアクターの実践によって構築される合理的空間として理解される．こうした変化に伴い，GSU の機関誌である IMS もニュースレターから学術誌（ただし，長文の本格的な論文は掲載されていない）へと形式を改め，取り上げるテーマも社会史から文化史へと重心を移動させている[50]．

---

50) D. Schott (2013), S. 127.

それでは，都市史の文化史への傾斜はどのような地平を切り開いたといえるだろうか．すでに言及したロイレッケの概説書は，都市化の社会史・経済史・自治体史的側面に焦点を合わせた優れた書物であるが，ショットによれば，ロイレッケ自身はその欠陥を自覚していた．すなわち，彼は序論で「都市化では，特殊な種類の空間の獲得（Raumaneignung）と空間の支配（Raumbeherrschung）も問題であ」り，「その際，『空間』は地理的な空間としてだけでなく，それぞれの時代の人間の経験，行動，自己同一化，コミュニケーション，社会化の空間としても理解できる」と述べているからである[51]．そしてロイレッケは，その後「サービス中心地としての都市」のプロジェクトと並んで，知覚（Wahrnehmung）についての共同研究を発表している．前者についてはすでに触れたので，ここでは後者について立ち入っておこう．

　ロイレッケは，ツィンマーマンとの共編著でこの問題に取り組んでいる．世紀転換期のドイツの大都市は，一面で，都市化と工業化の進展の結果として，「生存配慮」に基づく「自治体給付行政」に転換し，社会政策の導入とインフラ整備を推し進めた．それは，公共性のなかで活動した無数の実際的・改良主義的集団・組織とも連携しつつ，近代都市の進歩的側面を示しており，そうした側面を歓迎する文書や言説が多数現れた．しかし他面で，世紀転換期の大都市は，近代批判と結びついた「根本的でイデオロギー的な批判」やルポルタージュの対象でもあった．ドイツに限ったことではないが，反都市主義的な言説もまた，この時期に先鋭化した．そして注目すべきは，都市の近代性を擁護するにせよ，批判するにせよ，マスメディアによって都市のイメージが作られ，それが波及していったことである．知覚とは，実態から区別された大都市に対する様々な認識・イメージを指している[52]．エンゲリも都市のイメージは新聞，文学，絵画などに媒介されて，現実とは区別された大都市知覚が形成されたと述べている[53]．

　ところで，ショットのいう文化史への傾斜や都市に対する知覚といった視点は，それまでの社会経済史や地方行政史的な視点とは区別されるが，両者

---

51) J. Reulecke (1985), S. 11-12. Vgl. D. Schott (2013), S. 125.
52) C. Zimmermann/ J. Reulecke (1999), S. 7-15.
53) C. Engeli (1999), S. 14.

に接点がないわけではない．彼のネットワーク化論についてはすでに紹介したが，クラッベが都市の社会経済構造の違いにもかかわらず，自治体給付行政の構築という方向に大きな違いはなかったと見るのに対して，ショットは，それは外見上のことにすぎず，形式的には同じインフラストラクチャーであっても，都市によってまったく異なる動機の産物であったり，異なる作用をもったりすると主張した[54]．すなわち，たとえば交流か直流かという特定の技術システムの選択，および都市行政がそれを実施する様式・方法とその結果は，決して技術的選択のロジックだけに従うものではない．技術の決定過程は，望ましい都市発展の局地的モデルに組み込まれ，それによって特殊な意味をも獲得する．電気供給や公共近距離交通のような技術インフラは，「都市の生産」の中心的装置であったことがわかる．文化史に傾斜した研究では，技術論争は，願望，ヴィジョン，危惧に関する生成しつつある近代の自己省察のための思考空間と理解される．電化をめぐる議論では，電気によって実現される空間的分散，石炭と蒸気による工業化の時代の克服，激しい階級対立の緩和ヴィジョンが結びついているのである．新しい技術の普及は，通例，都市的現象であり，その程度に応じて，そうした議論は都市性と都市についての言説の構成要素ともなるのであり[55]，自治体給付行政研究に奥行きを与えることにもなろう．

　こうした大都市の知覚を形成し媒介するものとしてメディアが重視されているが，この点をさらに追究しているのがツィンマーマンである．メディアの発達は，都市の境界を超えて農村にも拡散し，両者の違い，言い換えれば，「中心性」とも関連して「都市性」とは何かということを改めて問うことになる．都市化の進展は，1900年以降周辺への影響力を強めた．電気のような文化的な財，市街電車のような都市に集中するサービスなどが都市の中心性を高め，農村で生産された農産物の販売や，電力の都市からの供給により，都市と農村地域との結びつきが強まった．この結果，農村社会にも都市の文化が広がるようになった．このことは，今日の郊外化につながる19世紀末以降の農村から都市への通勤者（Pendler）の増大にも表れている．それとと

---

54) D. Schott (1999), S. 32-35.
55) D. Schott (2013), S. 140.

もに，大小の都市を含む地域の凝集性が高まることになったが，こうした都市＝農村関係の緊密化を促進したのが様々な通信手段，メディアであった．ツィンマーマンは，20世紀初頭にそうした機能を果たしたものとして電話を挙げているが，さらに，日刊紙や映画が農村の「都市化」を推し進めるうえで重要な役割を果たしたと考えている．こうした動きはナチス期から第二次大戦後にかけて，自動車，テレビなどを通じてさらに進展し，都市と農村の格差が消滅したわけではないにせよ，都市と農村の行動様式や価値観の均等化が進展することになった[56]．

おわりに

ドイツ近代都市史研究の成立と発展を辿ってきたが，以上はあくまで筆者の関心に基づく整理であり，本書のテーマや視点と関係の深いものにほぼ限定されている．最後に，なお紹介しておくべき近年の動向に触れておこう．

まず指摘するべきは，ドイツ近代都市史を論じる場合にも，先にみた国際化に対応してヨーロッパ都市史の一環として論じる傾向が強くなっており，ドイツ都市史研究者の手になるヨーロッパ都市史の概説書が次々と刊行されていることが挙げられる[57]．これはヨーロッパ統合の拡大という現実に規定されているが，そのなかで都市とは何か，他の地域と比較した場合のヨーロッパ都市の特徴とは何かということが様々な形で検討されている．

また時期的にも，これまでの研究が高度工業化＝都市化時代，すなわち1870～1914年に集中する傾向があったのに対して，戦間期，さらに第二次大戦後の時期の都市史研究の必要性が強く主張されている．レンガーの仕事

---

56) C. Zimmermann (1999), S. 141-143, 158-159; C. Zimmermann (2012) は，都市とメディアというテーマを中世から現代にいたる長期的な視点から論文集であるが，そのなかで A. v. Saldern (2012) が両大戦間期におけるラジオと都市の関係を論じている．

57) A. Lees/ L. H. Lees (2007); F. Lenger (2012), (2013); D. Schott (2014). このうちショットの書物は，中世から叙述を始める長期的な視点および副題が「環境史入門」であることが示すように，都市環境史という新たな分野への案内という位置づけがなされている点に特徴がある．都市環境史のテーマは環境汚染，物質代謝，動物の役割など多様であるが，水の循環が都市にもたらす結果と対応という問題を介して，公衆衛生や病気，あるいはネットワーク化や自治体給付行政といった，これまでの近代都市史研究における中心的テーマに接続している (D. Schott 2013, S. 136-138). そのほか D. Schott/ B. Luckin/ G. Massard-Guilbaud (2005); D. Schott/ M. Toyka-Seid (2008) などを参照．

は，その代表的なものといえよう[58]．このように，ドイツ近代都市史研究はその研究の蓄積を基礎としながら，ヨーロッパ都市史全体のなかへの位置づけや，現代都市研究への重心移動という形で視野を広げつつある．すでに第一次大戦開戦から100年経過し，ドイツの再統一とソ連を中心とする東欧の社会主義体制が崩壊してから25年経ち，多くの東欧諸国がEUの加盟国となっていることからも明らかなように，それには十分な理由があり，われわれの今後の研究テーマと方向を決めるうえでも考慮すべき問題であると思われる．

補　論　日本におけるドイツ近代都市史研究について[59]

　ドイツにおいて近代都市史研究が活発になったのは1970年代以降のことであるが，日本でドイツ近代都市史の研究が本格化したのは，寺尾誠（1974）のような先駆的な業績も存在するとはいえ，1980年代に入ってからのことであった．その成果としては，まず以下の3著を挙げるべきであろう．

　藤田幸一郎（1988）は，「中世都市の市民身分団体としての閉鎖性」が18世紀後半〜19世紀末の近代都市への変容の過程でどのような「断絶と連続」を示したかを，マルク地方のイザーローンその他の諸都市の分析を通じて明らかにしたものであり，①経済，社会，政治にわたる包括的な分析，②国家とゲマインデ，市民的公共，市民と下層民，自発的結社といった論点の提示，③一次史料の積極的利用やドイツの研究のいち早い摂取という点で，日本におけるドイツ近代都市史研究の先駆けというに相応しい仕事ということがで

---

58) F. Lenger/ K. Tenfelde（2006）; F. Lenger（2013）．レンガーは，20世紀のヨーロッパ都市史を，(1)1880年代の大都市における大衆社会の成立から第一次大戦とその後の革命的危機に至る時期，(2)両大戦間期，(3)第二次大戦の終結から1973年の石油危機までの時期，(4)石油危機から1990年の社会主義諸国の解体までの時期，(5)1990年代以降東欧の諸都市の「西欧化」が進み，ヨーロッパの都市システム全体の空間構造が変化している時期の5つに区分している（F. Lenger 2006, S. 11-17）．

59) 日本における都市史・住宅史研究の最新のサーヴェイとして，北村昌史（2014）がある．本補論と重なる点も多いが，力点の置き方や視点の違いもあるので，本補論とは補完的な関係に立つものと考える．なお本章では，単著の収められた初出論文についても，重要と思われるものは取り上げている．

きる．しかし，19世紀末で議論が終わっており，大都市・首都を選ばず，あえて小工業都市に対象を定めているため，「自治体給付行政」の成立のような第一次大戦前のドイツ都市の変貌については十分に論じられていない．

　川越修（1988）は，逆に19世紀前半におけるドイツ最大の都市ベルリンに関心を集中させ，諸社会層の構成，それらと3月革命の関係，コレラと革命の関係などの分析を経て，革命後に「社会国家」への道が開かれたという展望を示しており，続編に当る川越修（1995）も，世紀転換期の性病問題を切り口として「近代社会システム」が定着する過程を論じている．まぎれもなく都市を対象とし，疾病・衛生問題に焦点を当てるという一貫した視角からのユニークな社会史研究であるが，近代都市史というよりは都市を素材とした「近代社会」論という性格が強い．

　北住炯一（1990）は，19世紀初頭から1910年代までのプロイセン地方自治制度の展開を包括的・体系的に論じたものであるが，都市条例の展開過程，都市行政とその「社会的公共化」あるいは「都市の政治化」の過程といった問題にもかなりのスペースを割いており，都市史研究に対しても大きな貢献となっている．地方自治制度が，プロイセン国家と関わりつつ，19世紀の過程で「地方団体化・官僚化」，さらには「地方行政の公共化」を進行させるという見方は，ヴァイマル期や戦後の「社会国家」との関連を強く意識しており，独自の日独比較の視点の提示にもつながっている．しかし，逆に19世紀以前の都市自治との関連が十分考慮されていない憾みがある．

　その後ドイツ近代都市史に関する著作はしばらく途絶えていたが，1997年に2著が刊行された．まず関野満夫（1997）は，第二帝政期からヴァイマル期の都市行財政に関する先駆的な研究であり，治安・財産行政から給付行政への転換，都市専門官僚の形成，都市公共部門の発展，それと民間経済やラント（Land），ライヒとの関係，あるいは都市間競争のようなこの時期のドイツ都市史を語る上で欠かせない論点をいち早く提示している．しかし，研究史上の立場が必ずしも明確でなく，利用された文献・資料も基本的なものにとどまっているため，全体として掘り下げが甘いこと，第二帝政期とヴァイマル期の断絶面が過度に強調されていることなどの問題点を指摘できる．

　三成賢次（1997）は，19世紀，とくに3月前期におけるプロイセンの地方

自治制度の展開と特徴を，ライン州を中心として法制史的に跡付けたものであるが，地方自治の性格を国家とゲマインデの具体的関係に即して解明するという視点から都市，とりわけケルンの都市法制や行財政の変化についても1870 年代までについて考察されている．

　もっとも，個別論文にまで視野を広げれば，1990 年代，とくに後半以降にドイツ近代都市史に関わる研究はにわかに増えはじめたことがわかる．そのなかでもっとも多くの研究者の関心を引きつけてきたテーマは，現代の社会問題とも密接に関わり，社会史，日常生活史など多様なアプローチを可能にする住宅問題・住宅政策であろう．日本では，ヴィルヘルム期の公的住宅建設を論じた後藤俊明（1986）が先駆的な業績であり，1920 年代のフランクフルトの社会的住宅建設に関する後藤俊明（1995）もすぐれた研究である．ただし，後藤の主たる関心は，一連の論文の集大成である後藤俊明（1999）にみられるように，住宅問題を切り口としてヴァイマル期の中間層問題を政治社会史的に分析することに向けられており，必ずしも都市史研究を意図したものではない．

　フランクフルトについては，北村陽子（1999）が第二帝政期の住宅政策と社会扶助との架橋を試みており，馬場哲（2015）が，1920 年代後半のマイ（Ernst May）の団地建設事業を，19 世紀末以降のフランクフルトの都市発展と関わらせて論じている．ベルリンについては，19 世紀の住宅問題，住宅改革運動，住宅改革構想を詳細に検討した北村昌史（1992, 1993, 1994）をはじめとする一連の研究がまず挙げられる．ヴァイマル期については，都市計画・住宅建設を労働者文化との関わりで捉えた相馬保夫（1995a, 1995b）があるが，北村昌史（2009, 2015）も，ブルーノ・タウトに焦点を合わせて 1920年代後半のベルリンの住宅建設を論じている．このほか，稲垣隆也（2002, 2004）がベルリンを事例に民間建設業者の活動や住宅監督制度といった住宅史研究で手薄であったテーマを扱っている．ルール地方の諸都市については，大場茂明（1994, 1995）がある．また，永山（柳沢）のどか（2004, 2007, 2008 ほか）が，ゾーリンゲンを事例とする 1920 年代の非営利住宅建設の諸相を丁寧に検討し，住宅問題の複合性や入居の実態を明らかにしている．

　都市救貧制度については，救貧負担をめぐる国家と都市の関係，あるいは

国家から自治体に最初に委任された行政領域という観点から，藤田幸一郎（1988），川越修（1988），北住炯一（1990）でも取り上げられており，都市レベルでもケルンに関する棚橋信明（1996）が挙げられる．また，ドイツの都市救貧制度史において重要な意味をもつエルバーフェルト制度の成立と展開を詳細に分析した加来祥男（1991, 1994, 1996-1997）が注目される．同制度は約60年間基本的枠組みを維持したが，20世紀に入ると，名誉職の貧民扶助員と並んで有給の専門扶助員が重要性を増し，分権主義に代って権限の一定の集中化傾向を示すシュトラースブルク制度が成立してくる．辻英史（2007）は，この過程を「共和主義」理念と関連づけて論じている．ドイツでは，疾病保険をはじめとする社会保険立法は，他国に先行しながら，国家レベルの失業保険の導入が遅れたことは良く知られている．第二帝政期にそれをカバーしたのが，労働組合の失業給付を利用した都市失業保険であり，とくにガン・システム（Das Genter System）が有名であるが，第一次大戦勃発後の戦時失業扶助の運営も都市に委ねられた．この過程は森宜人（2011a, 2011b, 2014）によって明らかにされている．北村陽子（2006）は，フランクフルトを事例として戦時扶助体制と女性動員を論じ，森とともに大戦後の「社会国家」を先取りする「社会都市」の実態に迫っている．

次に取り上げたいのが都市計画である．都市計画とは「都市の健全な発展と秩序ある整備を図るための土地利用，都市施設の整備及び市街地開発事業に関する計画」を意味し，住宅政策その他の様々な都市政策がその実現のために実施される．このため，都市史のなかでもとくに学際的な性格が強い．ドイツでは，19世紀後半以降の都市化の進展に伴って顕在化した都市問題に対応するなかで，当初の「都市拡張」から20世紀初頭の「都市建設」へと都市計画の概念が総合的・体系的なものに発展していき，戦後ドイツの都市計画制度の原型となるとともに，日本の都市計画にも少なからぬ影響を与えた．こうしたドイツにおける都市計画概念・関連立法の展開については，大村謙二郎（1984），北住炯一（1990），大場茂明（1992）がある．また，都市計画の前提となる土地政策については，関野満夫（1992）〔ウルム〕，大場茂明（1993）〔デュースブルク〕，馬場哲（2009a）〔フランクフルト〕，合併政策については馬場哲（2000, 2003）〔フランクフルト〕，馬場哲（2004b）〔ドイツ全体〕，

棚橋信明（2006）〔ケルン〕を挙げることができる．馬場哲（2012）は，中世以来都市の慈善活動を担ってきた公共慈善財団の所有地がフランクフルトの都市インフラの整備に利用されたことに着目している．緑地政策も都市計画の重要な一環であり，ケルンを取り上げた斎藤光格（1998）があるが，穂鷹知美（2004）は，ライプツィヒのクラインガルテン施設を事例に，都市住民と緑の関わりを，利用者の視点も入れて考察している．ドイツでは都市環境史が一定の広がりを見せているが，日本ではいまのところそれに対応する動きはないようである．

　自治体給付行政の柱であるとともに，都市環境とも結びついて現在注目されているのが市街鉄道であるが，市街鉄道の成立と発達の過程を，ドイツを中心に英仏米と比較しながら概観した馬場哲（1998），フランクフルトの場合について市街鉄道の拡張を自治体合併と関連づけた馬場哲（2002a），市街鉄道の電化を扱った森宜人（2007），市営化後の低所得者用週定期導入の社会政策的意義を探った馬場哲（2013）がある．西圭介（2013）は，ビーレフェルトの事例について，市街鉄道と並んで通勤手段として労働者のあいだで自転車が普及したことを重視している．都市交通と同様に都市の「ネットワーク化」を担った各種供給事業に関する研究も日本では意外に少ない．上下水道については，川越修（1988）がベルリンにおけるコレラ対策との関連で言及している程度であり，ガスについてももっとも市営化が早かった分野であるにもかかわらず，関野満夫（1985）が世紀転換期のベルリンの公営事業の概観のなかで言及しているにとどまる．電力業については，小坂直人（1993, 1995）や田野慶子（1999）が指摘するように，都市発電所が20世紀初頭よりライン＝ヴェストファーレン電力株式会社（RWE）のような「公私混合企業」による広域電気事業との競争にさらされたため，都市史の枠に収まりきれないという事情が存在するが，森宜人（2004, 2005, 2008ほか）によって，フランクフルトを事例とする都市化と電化の関係が，第二帝政期からヴァイマル期にかけての連続的発展という文脈のなかで具体的に明らかにされた．

　こうした一連の「自治体給付行政」を効率的に遂行するための前提として重要だった都市行政機構の再編も，重要なテーマである．このことは救貧行政のところでも示唆したように，名誉職的行政から有給の都市専門官僚への

重心移動という形を取ったが，なかでもその頂点に位置する上級市長の役割は重要であった．ここでも関野満夫（1986）の先駆性が光るが，やはり問題の概略を示すにとどまっている．第二帝政期のドイツを代表する上級市長であったアディケスについては馬場哲（2004a）がある．個々の都市における政策体系・理念を知るためにも，また国家行政と都市行政の関係あるいは都市相互の関係を解明するためにも，上級市長の活動・思想の解明は不可欠と思われる．なお，武田公子（1995）は，政府間財政関係論の視点から世紀転換期における都市行財政の変化を税制改革問題と関連させて論じている．このほか，ベルリン近郊農村が都市化の影響を受けつつ，ペンドラーの提供などによってその進展を支えるとともに，「自治」という点でも一定の内実を備えていたとし，都市史と農村史の架橋を提唱する加藤房雄（2001, 2002）も重要である．人口動態も都市化を語る際に逸することのできないテーマであるが，近代ドイツ全体の人口動態のなかに都市化を位置づけた桜井健吾（2001），人口の自然動態に着目した棚橋信明（2007, 2008），ベルリン市内の人口移動を扱った稲垣隆也（1998）を挙げることができる．

　ところで，こうした近代都市史研究と並行して発展した分野として市民層研究がある．両者は一応独立して進展したが，市民の活動が都市を舞台としていた以上，交錯するのは当然のことであった．市民層ないし市民社会については，藤田幸一郎（1988）や川越修（1988）がつとに取り組んでいたが，ドイツにおける研究は「特殊な道」論争を背景としてその後も引き続き活発であり，それがコッカ（Jürgen Kocka）とガル（Lothar Gall）をそれぞれオーガナイザーとする2つの研究プロジェクトの成果に代表されることは，森田直子（2001）が整理している通りである．そして，市民層の全盛期とされる19世紀半ばについて，市民層の問題を個別の都市の事例に即して明らかにしたものとして，ケルンを対象とする棚橋信明（1995, 2000）と，ベルリンを対象とする北村昌史（2001）がある．しかし，市民層研究は，都市化が本格化する19世紀後半，とりわけ1870年以降について相対的に手薄であり，そのことが都市史研究との十分な総合を制約していることもまた事実である．たしかに世紀転化期は市民層にとっては衰退期であったかもしれないが，この時期に市民層がどのような役割を果たしたのか，あるいは自由主義的－市

民的支配がどのように維持され，また変容したのかが解明される必要がある．また，上級市長を頂点とする自治体専門官僚と市議会との関係は，教養市民と経済市民の関係に置き換えて考えることもできる．

　以上に言及した研究のなかには，大場茂明（2003），北村昌史（2007），森宜人（2009a），永山のどか（2012）のように一書にまとめられたものもあり，住宅史，都市計画史，エネルギー史，市民層研究，福祉（社会）国家成立史などの分野への貢献となる一方，日本におけるドイツ近代都市史研究の着実な進展を可視的なものとしている．ドイツにおける研究状況でも触れたように，今後は第二次大戦期以降の都市史研究が増えると予想され，すでに永山のどか（2015），白川耕一（2015）のような研究が現れている．同様に，ヨーロッパ都市史全体のなかにドイツを位置づける作業および日本や他の欧米諸国との比較も依然として重要であるが，日本以外の諸外国については全体として遅れており，個別研究の一層の積み重ねが望まれる．

第2章
ドイツ都市計画の社会経済史
―― 本書の基本的視角

はじめに

　本章では，第1章での研究史の整理を踏まえて，本書の課題と基本的視角を提示する．本書の出発点となる事実認識は，19世紀から20世紀初頭にかけての，ドイツにおける都市化の進展に伴う近代都市の成立である．まず1節では，都市化の進展をドイツ（プロイセン）および個別都市の人口の推移に基づいて確認したのち，都市化の要因について検討する．2節では，近代都市に対応する行政形態である自治体給付行政の成立，および供給事業や都市交通の市営化の過程を概観し，3節では，給付行政を支えた理念である「生存配慮」について検討する．自治体給付行政への転換は都市行政の官僚制化，専門職化，政党政治化を伴ったが，4節では，都市専門官僚の頂点に立って自治体給付行政を推進した上級市長の役割に注目する．

　5節では，第一次世界大戦前のドイツの都市が，ヴァイマル期に基礎づけられ，第二次世界大戦後に本格的に実施された「社会国家」を先取りする「社会都市」としての機能を果たしたという，ロイレッケの問題提起を検討する．なかでも本書が重視するのは，救貧などの狭義の「都市社会政策」よりも，都市住民全体に関わる「社会政策的都市政策」であるが，6節では，そうした政策として広義の都市計画を構成する住宅政策，土地政策，合併政策，交通政策を検討し，さらに7節ではその社会政策的意義に注目する．

　最後に，8節で本書の主たる検討対象であるフランクフルト・アム・マインのドイツ近代都市史における地位を明らかにし，9節では，ドイツの都市政策・都市計画が19世紀末〜20世紀初頭の時期に国際的にも注目されてい

表2-1　1816～1910年における

	年	総人口 (1,000人)	都市人口	
			法律上* (%)	統計上* (%)
プロイセン	1816	10,320	27.9	―
	1849	16,331	28.1	―
	1871	24,640	32.5	37.2
	1910	40,167	47.2	61.5
ドイツ帝国	1871	41,010	―	36.1
	1910	64,929	―	60.0

注：＊法律上の都市とは都市法をもつすべての集落（人口2,000人未満を含む）．
　　＊＊括弧内の数字はそれぞれのカテゴリーの都市の数を示している．
出典：J. Reulecke (1985), S. 202, Tabelle 2.

たことを重視して，イギリスにおいてそれがどのように認識されていたのかという，外側からの視点を提示する．

1. 都市化の進展と近代都市の成立

　ドイツにおける都市化は19世紀，とりわけ後半に進展した．第1章で述べたように，「都市化」とは都市人口や都市数の増大，都市規模の拡大，さらに社会における都市人口比率の上昇といった量的な意味と，社会全体に都市的な生活様式が拡大する「都市社会化」という質的な意味をもっている（VとU）が，まず19世紀～20世紀初頭に至る都市化に関わる量的指標を確認しておこう．

　表2-1は，1816～1910年における都市人口と都市数の増加を示したものである（ただし1849年までは，最大の領邦であるプロイセンの数字のみとなっていることに注意）．この表から読み取れる事実を列挙すれば，以下のようになるであろう．

　①当面プロイセンに限られるが，1816～49年の時期には都市人口の比率は27.9％から28.1％へとわずかしか増加していない．人口増加率は33年間で58.2％とかなり高いことからみても，農村から都市への人口移動はまだそれほど大量現象とはなっていなかったといえる．19世紀前半

都市人口と都市数の増加

人口規模別のゲマインデの比率				
～2,000 (%)	2,000～5,000 (%)	5,000～20,000 (%)	20,000～50,000 (%)	100,000～ (%)
—	—	4.2	4.1 (11)**	1.8 (1)**
—	—	8.5	4.8 (18)	3.3 (2)
62.8	12.3	11.9	7.8 (45)	5.4 (4)
38.4	10.2	14.1	14.7 (155)	22.4 (33)
63.9	12.4	11.2	7.7 (75)	4.8 (8)
40.0	11.2	14.1	13.4 (223)	21.3 (48)

統計上の都市とは法的地位に関わりなく人口2,000人以上のすべての集落と定義される．

においてはなお都市人口は総人口の30％弱で，農村と比べてとくに増えていなかったことになる．周知の通り，イギリスでは1854年に都市人口が農村人口を凌駕しており，ドイツはイギリスに半世紀近く遅れていたのである．

② しかし，19世紀後半になると都市人口の割合は増えはじめる．このことはとくに統計上の都市（人口2,000人以上のゲマインデ）の数字を見るとさらに明らかになる．なお過半に満たないとはいえ，1871年には都市人口の割合は37.2％にまで増えていることがわかる[1]．

③ 都市人口の割合は第二帝政期にさらに進展し，1910年には法的な都市に限っても47.2％，人口2,000人以上の統計上の都市では61.5％に達し，農村人口を凌駕している．

④ 次に人口2万～10万人の都市は中都市，人口10万人以上の都市は大都市と呼ばれているが，その数がとくに第二帝政期に急増している．すなわち，プロイセンの中都市は11→18→45→155，大都市は1→2→4 33，ドイツ帝国全体でも中都市が75→223，大都市が8から48へと顕

---

[1] ここで注釈しておけば，都市概念は元来法的なものであり，都市法を取得したゲマインデのことである．しかし，ルール地方に典型的にみられるように，工業化の過程で法的には農村であっても法的な都市よりもはるかに人口が多いゲマインデが出現するようになったため，法律上の都市以外に統計上の都市の数字が算定されるようになった．プロイセンの統計は20世紀に至るまで都市と農村を法的に区別していたが，帝国統計では1871年より人口のみを都市概念の基準としていた．

46　第I部　ドイツ近代都市史研究の展開と課題

表2-2　ドイツ諸都市の人口増加（1816～1910年）

	1816/19年頃	1850年頃	1871年	1910年
1 ベルリン	198,000	412,000	799,491	2,071,257
2 ハンブルク	128,000	175,000	297,308	931,035
3 ミュンヒェン	54,000	107,000	167,200	596,467
4 ライプツィヒ	35,000	63,000	105,261	589,850
5 ドレスデン	65,000	97,000	175,144	548,308
6 ケルン	50,000	97,000	128,371	516,527
7 ブレスラウ	75,000	111,000	205,912	512,105
8 フランクフルト・アム・マイン	42,000	65,000	89,700	414,576
9 デュッセルドルフ	23,000	27,000	68,600	358,728
10 ニュルンベルク	26,000	54,000	82,660	333,142

注：順位は1910年の人口数による．
出典：Statistisches Jahrbuch deutscher Städte, Jg. 11, 1903, S. 108; Jg. 24, S. 79; J. Reulecke (1985), S. 203, Tabelle 3.

著に増えている（1939年は69）．そして大都市に住む人は1871年の4.8%から1910年の21.3%へと伸びている（1939年は32%）．5人に1人以上が大都市に住んでいたことになる．

　次に個別都市の人口増加を示した表2-2をみていただきたい．1816/19年，1850年頃，1870/71年，1910年の人口数の上位10都市を辿ると以下のようになる．①首都ベルリンが首位であるが，ロンドン（そしてパリ）ほど抜きん出ていない（2位の2倍強）．②ハンブルクは常に2位で安定しているが，ブレスラウ，ケーニヒスベルク，ダンツィヒといった東部の都市が後退し，ライプツィヒ，ニュルンベルク，デュッセルドルフ，フランクフルト，シュトゥットガルトといった他の地域の工業都市が代わりに上位に入ってきていることが目を引く．

　このように，都市化は社会の近代化，とりわけ工業化によるところが大きい．19世紀，とくにその後半にドイツが急速な工業化を遂げたことは改めて述べるまでもないが，ここでは工業化が都市化とどのように関わっていたかを辿っておくことにしたい．

　16～18世紀のヨーロッパはプロト工業化の時代と呼ばれ，農村工業が広く展開したが，工場制工業の成立とともに工業はふたたび都市に集中しはじめた．その径路は大きく2つに分けることができる．第1に，蒸気機関の普及とともに動力が水力のような自然条件に制約されなくなり，資本や労働力

が相対的に多く，交通の利便性にも恵まれた旧来の都市が工業立地としての優位性を回復したという径路が挙げられる．繊維工業，とりわけ綿紡織業は，機械化の進展につれて農村から都市へと重心を移動させた．19世紀初頭までは北西ドイツ・ラーヴェンスベルク地方における農村麻織物工業の仕上げ・輸出の立地であったビーレフェルトが，19世紀後半以降の麻紡織業の機械化とともに，縫製業や機械工業にも進出して工業都市へと変貌した経緯は，その典型的事例といえる[2]．金属・機械工業でもベルリンのボルジッヒ，エッセンのクルップなどのように都市近郊に工場群が建設された事例は多い．第2に，石炭・鉄鉱石などの自然資源に恵まれた地方の集落で工業が発展しはじめ，こうした「工業村落」が次第に都市へと上昇していく径路がある[3]．ゲルゼンキルヒェンやボーフムのようなルール地方の諸都市は，その典型である．

1840～1871年の時期にもっとも増加率の高かったのが製鉄業・機械工業をもつ都市であり，該当する11のプロイセン都市の平均は年4%であり，エッセン，ヘルデ，ドルトムントでは6%を超えた．これに対して繊維工業都市の増加率はかなり低く，クレーフェルト，エルバーフェルト，バルメンの増加率は平均を上ったが，該当する24のプロイセン都市の平均で1.8%に，多様な工業の混合する8つの都市では平均1.7%にとどまった．目立った工業をもたないが鉄道駅のある都市の平均は1.6%で，大体同じであった[4]．

非工業都市の成長率は明らかに低いが，例外は多くの機能をもち，工業の立地であることもある地域の中心都市であり，ベルリン，ケーニヒスベルク，ポーゼン，ブレスラウ，マグデブルク，ケルンなどがそれに当たり，平均2%であった．バルト海沿岸の海港都市の増加率はさらに低く，メーメル，ダンツィヒ，シュテッティンでは平均1.3%にすぎなかった．行政・文化都市の増加率も低く，該当する8都市の平均は1.2%であった．1840年に軍関係者の人口が20%を超えていた13の軍事都市（Garnisonstadt）の増加率は，わずか0.9%であった．人口増加率がもっとも低かったのが農耕市民都市で，

---

2) この経緯の詳細については，馬場哲（1997），（1999）を参照．
3) H. Matzerath (1985), S. 131, 133-138.
4) H. Matzerath (1985), S. 138-139.

表2-3 1895年のプロイセンにおけるゲマインデの規模別就業構造

(単位：%)

	プロイセン	10万以上大都市	2万～10万中都市	5千～2万小都市	2千～5千農村都市	2千以下農村ゲマインデ
農林水産業	36.1	1.3	3.3	9.3	24.9	64.8
鉱工業	35.9	50.6	50.5	53.3	45.2	20.8
商業・運輸業	10.2	22.8	16.1	12.8	10.7	4.1
家事奉公・日雇い	2.3	5.0	4.3	3.4	2.4	0.7
公務員・自由業	6.2	10.1	14.3	9.5	6.2	2.2
その他	9.2	10.1	11.5	11.6	10.7	7.4
合　計	100.0	100.0	100.0	100.0	100.0	100.0

出典：H. Matzerath (1985), S. 262.

該当する47都市の平均は0.8%であったが地域差が大きく，東部では平均1%，中部で0.8%だったのに対して西部では0.1%であった．これは東部の都市が，なお中心地機能を維持していたからと考えられる[5]．

　工業化が都市化の進展を促したことは，1871年以降のいわゆる「高度資本主義期」にも継続して観察できる．しかし，都市の規模によって無視できない特徴を指摘することができる．表2-3は，1895年のプロイセンのゲマインデの規模別の就業構造を示したものである（ここでは人口のみによって区分されていることに注意）．この表から読み取れることを確認しておこう．まず都市で鉱工業の比率が高く，農村で農林水産業の比率が高いという違いを指摘できるが，両者の境界に位置する農村都市（人口2,000～5,000人）でも工業の比率は45.2%と都市と比べてもそれほど見劣りしない点が目を引く．ただし，農林水産業の比率も都市よりはかなり高く24.9%であり，都市と農村の性格を兼ね備えていたことがわかる．

　都市内部でも，規模によって興味深い違いを検出することができる．大都市，中都市，小都市とも鉱工業の就業者比率は50%を超えるが，小都市でもっとも高く，機械工業，皮革工業，被服・洗濯工業，印刷・工芸工業は大都市，金属工業，化学工業は中都市，鉱山業・繊維工業は小都市，土石業，食品・嗜好品工業は農村都市というように，都市規模毎に割合の高い工業の

---

5) H. Matzerath (1985), S. 139-140.

種類にも違いがあった．また産業別の構成では，大都市では商業・運輸業就業者の比率がもっとも高く（22.8%），中都市では公務員・自由業の割合がもっとも高く（14.3%），行政・軍事都市としての性格をもっていた．農林水産業の比率はいずれも都市カテゴリーでも低いが，大都市では1.3%とほとんどネグリジブルであった[6]．

最後に大都市に関心を集中すると，以上のような大都市の一般的特徴にも関わらず，個々の都市の性格にはかなりのばらつきがあった．いま1895年の28の大都市についてみると，鉱工業の比率は35.9%（ケーニヒスベルク）〜74.5%（バルメン），商業・運輸業の比率は16.1%（クレーフェルト）〜37.4%（ハンブルク），公務員・自由業で3.4%（バルメン）〜29.3%（シュトラースブルク），家事奉公・日雇いで1.1%（バルメン）〜15%（ケーニヒスベルク），農林水産業で0.6%（ベルリン）〜3.5%（シュトラースブルク）とかなりの幅があることがわかる[7]．

要するに，都市化が工業化によって進展することは確かであるとはいえ，大都市の形成は工業化のみによるわけではない．たしかに大都市においても工業の比率は50%を超えるが，中小都市も同様であり，工業就業者の比率は大都市のほうが若干低い．むしろ大都市の就業構造で特徴的なのは，ほとんど完全な農林水産業の欠如，商業・金融業の発展，さらに運輸業の発達などである．いずれにせよ大都市になるために工業は必要だが，それだけでも不十分であり，第3次機能や中心地機能が大事であったことに注意が必要である[8]．もっとも，こうした一般的特徴もすべての大都市にあてはまるわけではなく，あくまで平均的な大都市像にすぎない．

そこでフランクフルトの場合をみてみよう．鉱工業（1882年36%，1895年40.6%，以下同様），商業・運輸業（27.8%，28.2%），公務員・自由業（8.7%，8.2%），家事奉公人・日雇い（3.9%，5.6%），農林水産業（3.4%，2.6%），その他（Dienende）（20.2%，14.9%）となる．大都市の平均値と比較すると，鉱工業では低いが，商業・運輸業と農林水産業で高いということになる[9]．より具体

---

6) H. Matzerath (1985), S. 261-264.
7) Statistik des Deutschen Reichs, Bd. 111, S. 55.
8) H. Matzerath (1985), S. 378.

的な分析は本論に譲るが，フランクフルトが商業・金融都市として発展し，商業・金融利害がツンフト的手工業と連携して工業の導入には否定的であり，1870年にドイツ金融の中心地がベルリンに移って以後合併を繰り返すことによって次第に工業的性格を徐々に強めていったこと，およびフランクフルトが多くの市有地・財団所有地をもち，その一部が農地として借地に出されたことを想起するとき，こうした特徴は十分納得できるものといえよう．

ゾンバルトは工業時代の都市のタイプとして，①商業・交通都市，②工業都市，③工業的部分都市，④多機能都市としての大都市を挙げているが[10]，ここからも，人口10万以上の大都市の成立には工業と並んで商業，金融，交通などの機能が大きな役割を果たしたことがわかる[11]．しかも，発展の順序も一様ではなく，工業に商業・金融・交通が加わるとは限らず，工業的性格があとから付け加えられることによって，大都市としての発展が促進されることもあったことに注意したい．フランクフルトの事例はそれに当たるが，この点は第4章で検討することにしたい．

2. 自治体給付行政の成立

工業化と都市化の進展に伴う経済社会の変化の結果，ドイツでは，中・近世都市からの歴史的遺産を一面で受け継ぎつつも，周辺農村や他地域からの人口流入による「都市成長」とは歴史的性格を異にする，「都市化」の過程が始まった．たしかにこの過程は，工業化に伴う雇用機会の増大によって集まってくる都市への人口集中という「都市成長」と同様の量的変化からまず始まったが，その結果としての工業都市の形成は，それまでには経験されたことのない社会経済的，衛生的，技術的な諸問題を生み出した[12]．

この結果，都市は都市行政の質的転換を迫られた．都市行政はそれまでの純粋に自己維持を目的とするものから，都市住民全体の「生存配慮」を担う

---

9) Statistik des Deutschen Reichs, Bd. 111, S. 55.
10) W. Sombart (1955), S. 399-411; H. Matzerath (1985), S. 266.
11) H. Matzerath (1985), S. 271.
12) J. Reulecke (1985), S. 9-11.

「自治体給付行政」へと性格を大きく変えたのである．そのきっかけとなったのは，1808年のシュタイン都市条例をはじめとする19世紀前半のドイツ諸邦における都市・ゲマインデ条例であり，それに基づいて，国家の監督下とはいえ都市に警察以外の公共事務の権限が委譲された結果，自治体給付行政の発展を促す枠組みが創出された．もっとも，1860年代までの都市行政の任務はなお限られたものであり，「治安・財産行政」および救貧・学校制度を主な柱としていた．このうち前者は固有の自治体行政や道路維持・照明，消防などを含み，財源も自治体財産や租税によって賄われ，都市行政の在り方もなお名望家的名誉職行政と特徴づけられるものであった．ところが1870年代に入ると，工業化と都市化の一層の進展，あるいは「大不況」下での保護主義・国家干渉思想の台頭を背景として，名誉職的行政を一部に残しながらも，自治体給付行政が本格的に始まった．それは，具体的には上下水道，ガス工場，発電所，市街鉄道などの領域での自治体活動の拡大を内容とするものであり，多くの場合市営化 (Kommunalisierung) の進展と市営企業収益という，新たな財源の獲得という帰結を伴った．それゆえ，今日に至る都市行政の起点はこの時期に求めることができる[13]．

　自治体給付行政の初期の代表的事業は，上下水道とガス供給であった．両事業は，設立当時の19世紀半ばに支配的だった自由主義的観念に沿って，まず民間企業によって担われた．プロイセンでは給水は当初工業経営と見なされたが，19世紀末に都市に清潔な水を供給することが法的に義務づけられて以後市営化が進み，20世紀初頭には，ドイツ全体の上水道の94%が都市当局によって提供されていた．こうした上水道の市営化は，さしあたり不衛生な飲料水を原因とする疾病問題，あるいは人口増加や工業発展を背景とする水需要の増大への対応であったが，水洗トイレの普及などを介して都市当局による下水道の整備とも結びつくものであった．他方，石炭ガスは当初街路照明エネルギーとして利用され，1820年代以降諸都市にガス工場が次々と設立された．1870年代における石油ランプの登場はガス照明に対する大きな脅威となったが，ガスモーターの開発によってガスは動力・熱エネルギ

---

13) J. Reulecke (1985), S. 118-131; W. R. Krabbe (1979 = 1987), S. 267-271, 邦訳54-58頁; (1985), S. 13-17; (1989), S. 99-128; (1990), S. 133-134; K. H. Kaufhold (1997), S. XI-XII.

ーへと転換し，1880年代の電気照明の導入後も，価格の安さや白熱ガス灯の発明によって競争力を保つことができた．ガス工場もいくつかの例外を除いて当初は民間の手にあったが，独占による高価格などが原因となって都市当局と深刻な対立に陥り，1860年代から1874年に至る市営化の第1の波が始まった．その動機はガス工場の収益性の高さという経済的なものであり，都市当局が経済活動に積極的に関与するきっかけとしてガス工場の市営化は重要な意味をもっていた．1885～1900年にそれは第2の波を経験したが，その際には社会政策的な動機も加わり，ガス料金の引下げが実施された[14]．

このようにガス工場の市営化には2つの波があり，それぞれ自治体給付行政の発展の2つの局面に対応していたが，1880年代以降の第2局面を代表したのが発電所と市街電車であった．発電は1866年のジーメンスによるダイナモ発電機の発明を起点とし，エジソンの白熱電球の発明によって実用への道が開かれた．しかし，ガスが主要なエネルギーであった中間層・低所得層の家庭への照明用電気の供給はあまり重要でなく，電気はむしろ工場経営などの営業用エネルギーとして利用された．そして，その需要が増大するなかで1880年代後半，特に1891年にフランクフルトで開かれた「国際電気工学博覧会」以降諸都市で発電所が建設されるようになり，20世紀初頭には人口5万人以上の都市すべてに存在した．発電所は民営の場合もあったが，電気の生産コストがガスに比べて高かったため利益が上がらず，しかも都市発展の在り方に対して電気が戦略的意義をもっていたこともあり，大部分は最初から市営であった．ただし発電所の場合には，個々の都市の枠を越えて1898年に設立されたライン＝ヴェストファーレン電力株式会社（RWE）のような広域発電所へと発展することも多かった[15]．

こうした市営発電所の設立を前提とし，またその発展を促したのが市街電車の登場とその市営化であった．市街電車については後段であらためて論じ

---

14) J. Reulecke (1985), S. 56-62, 123-124; W. R. Krabbe (1979 = 1987), S. 271-272, 275-277, 邦訳58-59, 62-64頁；(1985), S. 23-36, 40-49；(1989), S. 114-118；(1990), S. 123-124．

15) J. Reulecke (1985), S. 125-127; W. R. Krabbe (1979 = 1987), S. 272-273, 邦訳59-60頁；(1985), S. 49-61；(1989), S. 118-119；(1990), S. 125-127, 130-133；田野慶子 (2003), 第8章；森宜人 (2009a), 第2章, 第4章．

表2-4　ドイツにおける都市規模別市営事業の分布（1908年）

都市人口	都市総数	市営事業の比率（%）				
		上水道	ガス工場	発電所	市街電車	食肉処理場
～2,000人	615	33.5	3.1	3.6	—	9.1
2,000～5,000人	873	46.3	20.6	17.6	—	25.5
5,000～20,000人	602	70.8	55.3	18.6	2.8	58.5
20,000～50,000人	134	91.8	83.6	46.3	20.2	75.4
50,000～100,000人	44	93.2	72.7	68.2	38.6	97.7
100,000人～	41	92.7	80.5	80.5	43.9	95.1

出典：W. R. Krabbe (1989), S. 121.

るが，ここでは発電所と市街電車の市営化が密接に関連しながら進展したことに注意したい．たとえば，1900～1901年のベルリンの電力供給の57%は市街電車のためのものであり，ハンブルクでも第一次大戦まで最大の電力消費者は市街電車であった．都市規模と事業毎の市営事業の比率を示した表2-4から明らかなように，1908年の時点でも市街電車の市営化は他の事業と比べると遅れていたから，発電所と市街電車の市営化が常に結びついたわけではないが，発電所と市街電車の市営化をもって，自治体給付行政は19世紀末から20世紀初頭にかけてクライマックスを迎えることになったのである[16]．

　このような第一次大戦前の自治体給付行政の拡大と市営化の進展は，「都市社会主義」と呼ばれることがある．この言葉はイギリスのフェビアン社会主義の目標のひとつであったが，ドイツではそれが換骨奪胎され，上述のような事実それ自体を指すものとして用いられた．都市社会主義は，「社会政策学会」を拠点とする「講壇社会主義」に対応する呼称であったが，後者と同様に体制安定志向的・社会改良主義的発想に立つものであり，都市経済の資本主義的性格の体制的変革を目指すものではなかった．都市社会主義の傾向は，新たな自治体活動の拡大に牽引された財政規模の膨張に明瞭に表現された．名望家的行政の時代には財政支出の抑制が基本とされ，自治体税も低く抑えられたのに対して，自治体給付行政への転換とともに自治体財政の規模は拡大し，1849～1913年の時期にプロイセンで35.72倍，ドイツ全体で

---

16) W. R. Krabbe (1979 = 1987), S. 273-275, 邦訳60-62頁；(1989), S. 119-121；(1990), S. 126-127.

も 24.53 倍に膨れ上がった．また，市官吏・労働者の数の増大も同じ傾向の現れであり，たとえばデュッセルドルフの都市労働者の数は，1890 年の 534 人から 1910 年の 1,614 人を経て 1907 年 3,035 人へと顕著に増えている[17]．

3.「生存配慮」

ドイツにおける自治体給付行政を支える理念として，近代都市史研究でも頻繁に使われているのが「生存配慮」概念である．この概念は，1938 年にドイツの行政法学者フォルストホフによって提唱されたが，近代都市史研究にとってそれがもった含意をここで検討しておきたい．

19 世紀以降の人口増加とそれに伴う都市的生活様式の結果，人間の生活財からの分離が生じた．フォルストホフはこれを「披支配空間（beherrschter Raum）」と「活動空間（effektiver Raum）」の分離と言い換え，19 〜 20 世紀の産業的・技術的発展は，現代的な交通手段の発達によって後者の拡大をもたらし，他方前者の縮小が都市，とくに大都市の生活様式を特色づけると指摘する[18]．

この結果，「社会的必要（soziale Bedürftigkeit）」が高まり，人間は必要な生活財を所有物の利用によってではなく「専有（Appropriation）」（ヴェーバー）という方法で獲得するようになる．そしてこの専有の必要を充たすため施策（Veranstaltungen）が「生存配慮」であり，それを充足するための責任が「生存責任（Daseinsverantwortung）」である[19]．フォルストホフが，工業化と都

---

[17] J. Reulecke (1985), S. 123-124, 130; W. R. Krabbe (1979 = 1987), S. 265-267; 邦訳 51-54 頁；(1985), S. 18, 77-101；(1989), S. 121-126；関野満夫 (1989-1990)；(1997)，第 1 章．

[18] E. Forsthoff (1938), S. 4-5; 1959, S. 25. なお，E. Forsthoff (1958), S. 4-5 では「生活空間（Lebensraum）」を用いている．「披支配（生活）空間」とは人間が所有し，主人となれるような空間を指し，「活動（生活）空間」は生活が披支配空間を超えて実際におこなわれている空間を指す．この点については，H. Gröttrup (1973), S. 64-65, 塩野宏 (1989), 300-301 頁，角松生史 (2000), 267-268 頁も参照．

[19] E. Forsthoff (1938), S. 5; (1959), S. 25-26. Vgl. H. Gröttrup (1973), S. 65.「専有」概念に立ち入る余裕はないが，ヴェーバーによれば，閉鎖的な社会関係が成員に独占的なチャンスを保障する際に，個人や集団に永続的かつ不可譲的に専有するものとしてそれを保障する場合があり，「専有されたチャンスは権利と呼ばれる」．「専有」の主体としては「特定の共同社会と利益社会」や「諸個人」などが挙げられる（M・ヴェーバー

市化に伴う人間生活空間の変化，およびそれが行政に新たな任務と責任を課したことに注目しているのは明らかである．

　生存責任は，資本主義の始動期には個人が担っていたが，19世紀半ばに大きな社会的緊張が発生すると，適正な賃金をめぐる闘争が始まり，個人の生存可能性は社会集団の連帯においてのみ保障されるようになった．こうした社会制度は，ヴァイマル期に頂点に達したが，国民社会主義のもとでは，この集団的生存保障を越えて国家や政党といった政治権力が生存責任の担い手になった．

　政治権力の担い手は，公正で社会的に適切な専有配当の機会を目指す義務を負ったが，それは，①賃金と価格の適切な関係の保証，②需要，生産，販売の管理，③近代の大衆的な生活形態をとる人々が生活上必要な給付の提供，に分けられ，③が生存配慮と呼ばれるものであった．具体的には，水道，ガス，電気の供給だけでなく，あらゆる種類の交通手段の用意，郵便，電話・電信，公衆衛生，老齢・廃疾・疾病・失業への配慮などに及んだ．

　生存配慮概念がナチス期に提起された背景には，ヴァイマル期に入ってからの「国家機能の増大」にもかかわらず「それに対する理論的把握の不備」があったことがある．たしかにフォルストホフは，国家はすでに自由主義的な理念や憲法秩序のもとで権力を異常に増大させており，19世紀以来人々の国家への依存度も格段に高まっていたので，国家権力を合法的に掌握するために生存配慮の組織を掌握することが必要であり，その限りでナチスの革命も合法的なものであったと理解している[20]．したがって，ナチス体制との関連は否定できないが，生存配慮概念の登場は19世紀以降の長期的傾向の帰結とみるべきであり，この概念が第一次大戦前についても妥当するのみならず，第二次大戦後も存続できた理由もその点に求められる[21]．

　次に問題となるのは，フォルストホフが生存配慮概念における地方自治体（ゲマインデ）の役割をどのように考えていたのかということである．フォル

　　（1972，71-72頁）．詳しくは，名和田是彦（1984）を参照．清水幾太郎は「私有」と訳しているが，ここでは名和田に従って「専有」とする．
20）E. Forsthoff (1938), S. 6-10; (1959), S. 26-30.
21）塩野宏（1962），331-338頁．

ストホフは，1958年に刊行された「生存配慮と地方自治体」という講演記録で，1938年の論文の内容を前提としてこの問題に立ち入っている．すなわち，産業的・技術的発展に伴う披支配生活空間の収縮によって人々は生存安定化の本質的手段を自由にできなくなり，最広義の国家にこの課題と責任が課せられることになったが，そのための行政の最初の担い手として問題に立ち向かったのが地方自治体であった[22]．ここで注意すべきは，地方自治体が最広義の（原文では括弧に入れられている）国家（Staat）に含まれていることである．

　ところで，ヴァイマル期に入って国家と経済の相互同化の過程が急速に進展し，経済の官僚制化に国家組織も適応したが，それに伴って地方自治体の自治権能が国家ないし国家官庁に移されたわけではなく，自治体は生存配慮のサービスを社会的必要に弾力的に適応させた．たしかにエネルギー供給や交通部門といった生存配慮の領域で国家立法が出されたが，ここで問題なのは立法ではなく行政であり，地方自治体がそれを担うことは歴史的発展に照らして適切であった[23]．

　しかしそれは，シュタイン（Heinrich Friedrich Karl vom Stein）が考えていたような地方自治が20世紀に入っても生きているからではない．地方自治は中央集権化のなかで，とくに大都市では19世紀後半には意味を失っている．しかし，政党政治の浸透によって地方自治体も変化したとはいえ，自治体政治は地方自治体固有の領域として残されたのである．こうして，中央集権化の進展にもかかわらず，生存配慮の担い手として地方自治体の役割の正当性は揺るがず，生存配慮の適正な秩序にとって国家とゲマインデに本質の違いはなく，ゲマインデからラントを経てライヒ（ブント）に至る連続的な序列ができあがることになった[24]．このようにフォルストホフは，生存配慮の領域における地方自治体，なによりも大都市と国家を連続的に捉えていたのであり，「社会都市」から「社会国家」への移行に際しても，都市が一

---

22) E. Forsthoff (1958), S. 4-6, 9.
23) E. Forsthoff (1958), S. 13-16. ここで念頭に置かれているのは1934年の人員輸送法や1935年エネルギー産業法である（E. Forsthoff 1938, S. 36-37）．この二法については，G. Ambrosius (2003), 田野慶子 (2009) も参照．
24) E. Forsthoff (1958), S. 16, 19-20.

定の役割を維持したという本書の主張とも重なる認識を示していたとみることができる．

　最後に，フォルストホフが「社会的必要は経済状態から一定程度独立しており，したがって，貧困，疾病その他の困窮の場合の扶助である社会扶助と等値してはならない．」と述べていることに注意したい[25]．すなわち，「社会的必要」を満たすための「生存配慮」は「（社会）扶助」とは区別されるのであり，その根拠は後者が「個人的な窮乏状況にあるものに与えられる」のに対して，前者は「属人的窮乏状況から全く独立している」からであり，「生存配慮は扶助を含むが，それに含まれるものではない」ということになる．実際 1935 年の段階では「生存扶助あるいは日常的なるもののための事前配慮（Daseinsfürsorge und Vorsorge für das Alltägliche）」という表現が用いられていたが，重点は後者にあり，「生存配慮」は両者をひとつの概念に統合したものであった[26]．しかし，救貧が都市社会政策の重要な柱であり，19 世紀に公的救貧の再編があったことも事実とはいえ，19 世紀以降の「給付行政」を何よりも特徴づけたのはエネルギー供給や交通手段などにあったことに改めて注目したい．フォルストホフにあっては「大衆化を根拠として，ヴォランタリーな援助の限界と，官僚的処理の不可避性が強調されている」[27]のであり，「社会的に地位の高い人々，たとえば大企業の裕福な経営指導者も彼の従業員のメンバーと同じ程度に……生存配慮の給付に依存していた」ことも指摘されているからである[28]．

4. 上級市長

　自治体給付行政への転換と市営化の進展によって，市官吏・労働者の数が増大した．とくに救貧・学校行政では名誉職的性格が長く残ったが，有給官吏は，その供給源を名望家や市民だけでなく，労働者層にまで広げることに

---

25) E. Forsthoff (1938), S. 6, Anm. 6; (1959), S. 26, Anm. 6; H. Gröttrup (1973), S. 65-66.
26) E. Forsthoff (1935), S. 400, 角松生史 (2000), 282 頁.
27) 角松生史 (2000), 282 頁.
28) E. Forsthoff (1959), S. 43.

よって急速に増大した．それに伴い都市行政の官僚制化（Bürokratisierung），専門職化（Professionalisierung），政党政治化（Politisierung）も進み，専門官僚によって構成される市参事会（Magistrat）の名誉職的市民の代表機関である市議会（Stadtverordnetenversammlung）に対する優位を決定的なものにした．とくに市参事会の頂点に立つ上級市長（Oberbürgermeister）は，都市行政の膨張と性格転換を一身に体現する存在であった[29]．

　上級市長の制度化も，ドイツ近代都市の成立と同様に1808年のシュタイン都市条例にまで遡る．ドイツにおける自治体の首長の地位は，プロイセンに限っても単一ではなかったが，同条例では，市長を合議機関の長と位置づけ，任期6年で有給とした．なかでも人口1万人以上の都市の市長には上級市長という称号が与えられた．その選任のプロセスは，市議会の推薦にもとづき，1853年以降はプロイセン国王が任命するという形をとった．19世紀初頭の上級市長の地位は低かったが，1853年と1855年の都市条例で任期12年となり，次第に専門職化が進んだ．20世紀初頭には大都市の上級市長が地元出身であることは稀になり，法律家や行政専門家によって占められるようになった．たとえば，ベルリンでは1809〜1912年に10人の上級市長が在職したが，いずれも法律を学び行政経験を積んだ人物であった．このことは，上級市長が市議会や地元の名望家からも相対的に独立した立場をとり，労働者や下層中間層の利害にも配慮した政策を実施することを可能にしたが，婚姻を通じて地元エリートに統合されることもあった[30]．

　他方で，上級市長は地方自治体の首長でありながら，プロイセンでは，政府と密接な関係をもっていた．事実，懲戒法（Disziplinarrecht）にもとづき

---

29) 市参事会や市議会といった都市機関は，1808年シュタイン都市条例に基づき設置されたが，両者の権限範囲が不明確だったため，1831年の修正都市条例によって両者には対等の地位が与えられた．こうした関係は19世紀末まで維持されたが，1870年代以降の都市行政の拡大と複雑化に伴い有給市参事会員が増大するにつれて，市参事会の優位が明瞭となった．フランクフルトでは，1867年には有給市参事会員4人，無給市参事会員6人だったのに対して，1900年にはそれぞれ11人，13人であった（W. R. Krabbe 1989, S. 137-139; 関野満夫 1986; 北住炯一 1990, 18, 42-45頁）．

30) W. Hofmann (1981), S. 32-41, 46; J. Reulecke (1985), S. 121-122, 137-142; W. R. Krabbe (1989), S. 139-140; B. Ladd (1990), S. 15-17, 32-33; 北住炯一 (1990), 54頁．ライン地方の市長は行政の単独の指導的決定者と位置づけられ，市議会の議長でもあったが，ラッドによれば，市議会と市参事会との二元的制度と実質的な違いはなかった．

上級市長は間接的な国家官吏であり，プロイセンの諸都市が上院にもつ議席は通例上級市長によって占められていた．後にみるように，アディケスが土地区画整理法（アディケス法）を成立させるために奮闘した舞台もプロイセン上院であった．もっとも，国王からの任命を受ける必要があったことからもわかるように，帝政期の上級市長は，そのキャリアや高い威信から，社会的・政治的に君主制国家に強く統合されていた．このため，市議会も国家の意に沿う候補者を出さざるをえず，ベルリンの進歩派やフランクフルトの民主派も，ホープレヒト（Arthur Hobrecht），フォルケンベック（Max Franz August von Forckenbeck），ミーケル（Johaness Miquel）のような国民自由党員か，キルシュナー（Martin Kirschner）やアディケスのような政党政治から距離を置いた専門官吏を推薦することで満足した．しかし，20世紀に入って上級市長の非政党的な専門職化がさらに進んだため，ヴァイマル期には社会民主党・民主党系の上級市長が現れることもあった[31]．こうして上級市長は，国家の利害と地元（とりわけ市議会）の利害を考慮しつつも，任期の長さにも助けられて，どちらからも相対的に独立して，独自の理念・構想にもとづいて各種の都市政策を遂行することができたのである．たとえば住宅政策の領域では，上級市長をはじめとする自治体官僚は，土地・家屋を所有する市民から構成され，市による住宅政策の実施に抵抗した市議会と違って，住宅改革運動に独自の関心を示して積極的な姿勢をとり，専門職化の進展のなかで市議会に対する優位を強めながら，政策を実施した[32]．一般に市議会は労働者用小住宅を市内に建設することに否定的だったが，フランクフルトでも，1909年にある市議は，労働者は郊外に居住し続けるべきだという見解を表明している[33]．

ところで，19世紀後半以降ドイツの諸都市は，様々な団体（協会）を通して都市化に伴って生起した共通の問題に立ち向かうとともに，討議と情報交換を通じてその克服をはかった．都市会議は，1863年に設立されたシュレ

---

31) W. Hofmann（1981），S. 42-51; J. Reulecke（1985），S. 120; W. R. Krabbe（1989），S. 139-140.
32) A. v. Saldern（1979），S. 355-358;（1988），S. 75-76.
33) W. Steitz（1983），S. 399.

ージエン都市会議を嚆矢とするが，他の領邦や州にも広がり，1896 年にプロイセン都市会議，1905 年には人口 2.5 万人以上の都市のほとんどにあたる 144 都市が参加するドイツ都市会議が結成された[34]．さらに，社会政策学会（1872 年設立），公衆衛生学会（1873 年設立）などの団体でも，都市の代表は学者と並んで調査などで重要な役割を果たした．有能な上級市長が，任期途中でより大きな都市に引き抜かれることが多かったのも，こうした都市相互の情報ネットワークの存在を抜きにして理解することができない．評価の高い上級市長は，より大きく重要な都市の上級市長へと異動し，出世していったのである[35]．

こうした動きは「都市間競争」に動機づけられる一方で，「都市間競争」をさらに駆り立てるものでもあった．このことは，多くの政策領域にあてはまった．租税政策については，「税率，公債，公共サービス水準，をめぐっての都市間競争」があったことが，すでに関野によって指摘されているが[36]，合併政策の実施に際しても，諸都市は他都市の動向に大きな注意を払った．たとえば，1909 年 3 月 16 日のフランクフルト市議会での租税・合併特別委員会の報告は，1900 年以降も多くの都市が合併を実施しており，フランクフルトの市域面積は現在ケルンに次いで第 2 位であるが，近々デュッセルドルフとマグデブルクに追い抜かれること，フランクフルト農村郡全体を合併すればそれをふたたび凌駕しうること，適時の合併を逸して当時なおわずか 6,350 ha の市域しかもたないベルリンの轍を踏んではならないことを指摘している[37]．

ドイツ近代都市行政において重要な業績をあげた上級市長の名は枚挙に暇がない．帝政期では，W・ベッカー（Wilhelm von Becker）（ハルバーシュタット，ドルトムント，デュッセルドルフ，ケルン），H・ベッカー（Hermann Heinrich Becker）（ドルトムント，ケルン），シュヴァンダー（Rudolf Schwander）（シュトラースブルク），シュー（Georg von Schuh）（エアランゲン，ニュルンベルク），ヴ

---

[34] W. Hofmann (1971), S. 82-83, 85; J. Reulecke (1985), S. 118-119.
[35] フォルケンベックほか数人のベルリン上級市長は，ブレスラウの上級市長を経験していた（D. Lehnert 2014, S. 25）．
[36] 関野満夫（1997），26 頁．
[37] 馬場哲（2000），28 頁．

ァイマル期では，ベス（Gustav Böß）（ベルリン），アデナウアー（Konrad Adenauer）（ケルン），ルッペ（Hermann Luppe）（ニュルンベルク）らを挙げることができる[38]．そうしたなかで，フランクフルトも有能な上級市長を多く輩出した都市であった．プロイセンの都市となってからナチスが政権をとるまでにムム（Daniel Heinrich Mumm von Schwarzenstein），ミーケル，アディケス，フォークト（Georg Voigt），ラントマン（Ludwig Landmann）の5人が就任したが，なかでもミーケル，アディケス，ラントマンは有名である．本書がとくに注目するアディケスは，フランクフルト上級市長として広い政策領域で積極的な都市政策を実施したが，それと並んで社会保険，都市計画，法律などの分野で著作活動を行ったり，ドイツ都市会議で基調報告を行ったりと多彩な活動を展開し，第二帝政期を代表する上級市長であったということができる[39]．

上級市長の伝記的研究は，フランクフルトでいえば，E. Adickes u.a.（1929）〔アディケス〕，H. Herzfeld（1938）〔ミーケル〕のように，回想の域を超えたものも戦前からあったが，近代都市史研究の一環としては，高度工業化時代の地方自治研究の進展とともに，1970年代に入って本格化した．W. Hofmann（1971, 1974）は先駆的な研究であり，K. Schwabe（1981）は上級市長論の射程がはやくもヴァイマル期・ナチス期にまで及んでいることを示している．また，これと並行してC. Engeli（1971）〔ベス〕，D. Rebentisch（1975a）〔ラントマン〕，H. Hanschel（1977）〔ルッペ〕といった都市史研究者による本格的なヴァイマル期の上級市長研究も同じ時期に次々と現れた．その後上級市長研究は一時期ほど刊行されなくなったが，フランクフルトについてはE. Brockhoff/L. Becht（2012）やL. Gall（2013）が，またホフマンの研究の集大成であるW. Hofmann（2012）も刊行されており，上級市長への関心は依然として持続している．

なお，ここで言い添えておけば，こうした上級市長の活動は優れた市参事

---

38) C. Engeli（1971）; K. Schwabe（1981）所収論文; W. R. Krabbe（1989）, S. 140-141.

39) アディケスに関する文献は第3章で挙げるが，アディケスを含むフランクフルトの歴代上級市長については，A. Varrentrap（1915），A. Fischer（1995），E. Brockhoff/L. Becht（2012），森宜人（2009a，第1章）などを参照．近年の研究では，ムムやフォークトを再評価する動きもある（R. Roth 2012, S. 154; L. Becht 2012, S. 178）．

会員との協力と対抗のもとに進められた．アディケスの時代には，救貧局長フレッシュ（Karl Flesch），ルッペ，市有財産局長ファレントラップ（Adolf Varrentrapp），ラントマンの時代には，定住局長マイ（Ernst May）を代表的な人物として挙げることができる．市参事会員は無給市参事会員と有給市参事会員からなり，都市行政の拡大・複雑化に伴って後者の割合と重要性が高まっていたが，彼らのなかには上級市長との対立を辞さない者さえいた．アディケスが2期目の任期途中で上級市長を退任したのは，表向きは健康上の理由だったとはいえ，フレッシュやルッペといった左派自由主義の市参事会員の突き上げがあったからといわれている[40]．この意味でも上級市長は，都市行政の官僚制化・専門職化・政党政治化を象徴する存在だったということができる．

5. 社会都市と社会政策的都市政策

ドイツでは，いわゆる福祉国家は「社会国家（Sozialstaat）」と称されてきたが[41]，ロイレッケは，「社会都市（Sozialstadt）」という用語を用いて，第一次大戦期までのドイツの都市政策が，ヴァイマル期に基礎づけられ第二次大戦後に本格的に実施された「社会国家」のための実験場となったことに注意を喚起している．彼はすでに1985年の時点で，第二帝政期のドイツ都市による社会衛生事業について論じた箇所で「こうした形態の干渉と誘導を実現した地方自治，とりわけ都市社会主義的志向をもつ自治体官僚は，この領域で都市の人々の生活条件に影響を及ぼそうと試みたが，結局後の社会国家の課題の一部を先取り的に実現することになった」と述べ，「社会国家のル

---

40) H. K. Weitensteiner (1976); S. 12-18; H. Hanschel (1977), S. 12; J. Palmowski (1999), pp. 141, 236.

41) ここでは「社会国家」を，リッター（Gerhard A. Ritter）に従って「工業化や都市化が進んだ結果ますます複雑になった社会的・経済的諸関係を調整する必要の増大，とりわけ家族のなかでの生存配慮の伝統的形態の意義が低下し，階級対立が激化したことに対する対応である．その目標は，社会保障，平等の強化，政治的・社会的な共同決定権を通じて住民を統合すること，また既存の政治・社会・政治体制を絶えざる適応過程によって安定させると同時に進化させることである」と理解する（G. A. Ritter 1989 = 1993, S. 19-20, 邦訳14頁）．リッターもまた「生存配慮」を用いていることに注意したい．

ールは都市で予め形成され，都市化の質的な帰結は，一群の規制・克服戦略を刺激し，後に全体としての国家に委譲された」と述べている[42]．

ロイレッケは，1995年の編著でも「社会都市」の含意について立ち入って説明している[43]．第二帝政期に国家によって導入された社会保険制度は，社会の現状維持を目的とするものであり，国家を社会国家の方向へと社会改良主義的に再編するものではなかった．むしろ公共的社会活動は，都市自治体による「生存配慮」理念にもとづく「給付行政」によって担われ，都市社会の危機，すなわちとくに生存を脅かされている集団，階層，階級の危機をサービスのネットワークによって除去ないし緩和する努力が払われた[44]．この点はすでに述べた．

もちろん，第二帝政期のなかでも都市給付行政は変化を内包していた．たとえば，救貧制度において，無給の名誉職を基礎とするエルバーフェルト制度から，有給の専門職を担い手とするシュトラースブルク制度への移行が，19世紀末に始まっていたことは良く知られている．そして，第一次大戦期に都市と農村，さらに都市のなかでも大都市と地方都市の間で財政的格差が生じ，自治体間の不均衡を調整するために国家の役割が大きくなるとともに，戦時期に国家機構や官僚制が拡大したことを背景として，都市社会政策は大きな転機を迎えた．1919年12月3日のヴァイマル議会で，蔵相エルツベルガー（Matthias Erzberger）が「将来の社会国家」を政府の中心目標として宣言したことによって，社会政策においても国家の役割が前面に出ることになったのである[45]．

本書は，第二帝政期の都市政策がヴァイマル期の「社会国家」のもとでの政策を先取りしていたという，ロイレッケのこの視点を積極的に受け継ぐが，さらに留意すべきは，それが，現代ドイツにおける「社会都市」プログラム

---

42) J. Reulecke (1985), S. 129, 131. クラッベも，都市による「生存配慮」ないし「給付行政」が1879年以降のドイツにおける干渉国家の発展に先んじていたと考えている（W. R. Krabbe 1989, S. 111-112）．
43) J. Reulecke (1995). J. Reulecke (1996) でも，かなりの重複を含みつつ論点の拡張を試みている．
44) J. Reulecke (1995), S. 6-7; (1996), S. 59.
45) J. Reulecke (1996), S. 57, 60-62.

として受け継がれていることである.「社会都市」プログラムとは，1999年から採用された「特別な開発の必要をもつ都市地区——社会都市」という連邦＝州プログラムのことである．その背景となった事態は，都市内の市区 (Stadtteil, Quartier) 間で経済的格差が拡大し，「社会空間的な分裂や排除の傾向」が耐えがたいレベルに達したことであり，そうした傾向を阻止して都市社会を統合するために，貧困や失業の集中によってとくに深刻な問題をかかえる地区に密着した，統一的施策が試みられたのである[46]．

　われわれにとって関心があるのは，「社会都市」プログラムと第二帝政期の「社会都市」とはどのように関係しているのか，ということである．クレマー (Jürgen Krämer) によれば，劣悪な労働環境のもとに孤立して就業している人々を市区社会にふたたび統合する試みと解釈できる[47]．その際注目すべきは，クレマーが都市，とりわけ大都市において展開し，「都市社会政策 (städtische Sozialpolitik)」とは区別された「社会政策的都市政策 (sozialpolitische Stadtpolitik)」に，その歴史的起源を見出そうとしていることである．都市社会政策は救貧の伝統に由来し，国家社会政策とは反対に，貧困者，ホームレス，中毒患者，長期失業者，逸脱行動者のような特別な問題をもつ集団に関わるものであり，その手段としては社会扶助，緊急宿泊所，相談所などが挙げられる[48]．

　これに対して，社会政策的都市政策が課題としたのは，すべての都市住民，ある程度まではすべての都市にいる人々に対する「扶養 (Versorgung)」と社会統合であり，とりわけ大都市は伝統的な救貧を抑制する一方，サービスと施設の提供および都市住民・訪問者同士の直接的コミュニケーション機会の創出という，非市場的な手段によって包括的なネットワークを組織することで，この課題を達成しようとした．社会政策的都市政策によって，都市で生活する人々の市場における地位や所得の不平等は除去できないとしても，生活の質と社会的結束への不利な影響は回避ないし緩和されると期待されたのである．具体的にいえば，社会政策的都市政策の形成期は1870〜1920年

---

46) U.- W. Walther (2002), S. 7-8; U. Strauß (2005), S. 6-8, 14.
47) J. Krämer (2002), S. 195.
48) J. Krämer (2002), S. 197-198.

であり，病院，老人ホーム，幼稚園，小学校，図書館，保健衛生，職業紹介所，社会的住宅建設の前身，公園などのオープン・スペースが建設された．また，救貧を中心とする都市社会政策とは異なり，社会政策的都市政策は下層の人々だけでなく中上層をも支援する点に特徴があり，この点が，都市社会の統合を目指す今日の「社会都市」プログラムに受け継がれているということができる．実際，第二帝政期におけるガス，電気などの供給事業，都市公共交通などの社会インフラ整備は，都市住民全体を対象とするものであり，救貧制度とはいくぶん性格を異にしていた[49]．

「社会都市」プログラムは，こうした社会政策的都市政策の伝統が，1980年代以降の「社会国家」体制の再編のなかで変質を迫られながらも，新たな都市問題の解決のために編み出されたものであり，連邦と州が自治体と対等に財源を拠出しているという点で，戦後の「社会国家」体制の推移のなかで顕在化した問題への対応とみることもできる．

筆者は，多様な都市政策がそれぞれに社会政策的な意図・機能をもっていることを重視して，それらが全体として「社会都市」を支えたと考えるが，そのなかでも「都市社会政策」よりも「社会政策的都市政策」のほうに「社会都市」プログラムの起源を求めるクレマーの見方は，筆者の見方を補強するとともに，社会インフラの整備の重要性にあらためて光を当てているということができる[50]．

6. 広義の都市計画

都市計画という用語は，都市に関わる諸分野で広く用いられている．たとえば，日本の都市計画法では「都市の健全な発展と秩序ある整備を図るための土地利用，都市施設の整備及び市街地開発事業に関する計画」（第4条）とされており，都市計画とは，都市への人口・諸機能の集中に伴い，市街地が

---

49) J. Krämer (2002), S. 198-199, 201.
50) J. Krämer (2002), S. 199-201. クレマー自身「社会政策的都市政策」はフォルストホフの「生存配慮」概念と「かなりの程度」重なると述べているが，クレマーの場合には病院，老人ホーム，公園などの建設に力点があり，供給事業や交通部門を重視するフォルストホフとの間には微妙なずれもある．

無秩序に拡大することを防止するために，計画的な市街地の開発・誘導を目指す（既成市街地の再開発を含む）法・技術体系とさしあたり定義することができよう．たしかにドイツ（プロイセン）の都市では，建築線法，ゾーン制建築条例，土地区画整理法（アディケス法）のような狭義の都市計画法（ないし間接的土地政策）が制定されている．本書でもこうした法律ないし条例が都市計画の基本であったと考えているが，それと関連して，そうした狭義の都市計画の効果を高め，都市住民に快適な生活環境を保障するための関連政策をも含めて都市計画を広く捉えることにしたい．その場合，上下水道やガス・電気などの供給事業の提供，道路の整備，オープン・スペースの確保なども重要であるが，本書でとくに重視されるのは，住宅政策，合併政策，土地政策，交通政策である．

ここではアディケスが，「この郊外鉄道と合併問題は，比較的大きな都市では非常に近い関係にある．……合併問題は住宅問題とも関係している」と述べていることに注目したい．すなわち，郊外鉄道の発達によって労働者住宅が郊外に広がると，郊外自治体は救貧と学校の負担を危惧するが，合併はこの危惧を除去するとともに，道路建設や郊外鉄道の路線や駅の位置などを住宅建設計画と関連づけることも可能にするからである．また，土地政策による市有地の増大や，地上権の設定による市有地の提供が多くの困難に遭遇していることを認めつつ，「私の考えでは，それは住宅建設に関しても，支援する形で介入するための，もっとも確実な手段である」と述べている[51]．つまり，これらの領域は相互に密接に関連していたのである．

ドイツでは，「都市拡張（Stadterweiterung）」は1874年以後，「都市計画」を指す用語として頻繁に使われるようになったが，それまでの都市計画が単なる道路拡張・建設計画だったのに対して，住宅政策を明確に目標として組み込んでいた点にその段階的特徴があり，より総合的・広域的なStädtebau（都市の空間的・物的発展）やStadtplanung（計画的観点に基づく都市の建築環境の形成）という用語は20世紀以降に登場した[52]．Städtebauについては，アーヘン工科大学（RWTH Aachen）のフェールとロドリゲス゠ロレス（Juan

---

51) F. Adickes (1901c), S. 181, 184-185.
52) 大村謙二郎 (1984), 35-52頁.

Rodrigues-Lores）らによる一連の共同研究（G. Fehl/ J. Rodrigues-Lores 1980, 1983; J. Rodrigues-Lores/ G. Fehl 1985, 1988）が，住宅政策とも関連して本書にとって重要である．

(1) 住宅政策

1970年代以降のドイツ住宅史研究については，住宅改革運動に焦点を合わせた北村昌史によるすぐれたサーヴェイ[53]があるが，ここでは小編ながら示唆的なザルダーンの論文を手がかりに，第一次大戦前の住宅政策の特徴を押さえておきたい．

住宅問題，とくに労働者階級・下層中間層向けの住宅不足と居住環境の劣悪さは都市問題のなかでもとくに重大なものであり，それゆえ，住宅政策は公衆衛生政策と並ぶ初期のもっとも重要な都市政策であった．また，都市計画の目標が無秩序な市街地拡張の防止であった以上，住宅政策が都市計画の中心に位置したことも疑いを入れない．しかし，英仏をはじめとするヨーロッパ諸国にも共通することであるが，地方や中央の政府による住宅政策の実施は遅れた．住宅問題の解決は市場経済に委ねるべきであるという観念が長らく支配的で，都市当局，なかでも家屋・土地所有者である上層市民から構成される市議会が，住宅・土地市場への公的介入に抵抗したこともあるが，自治体官僚もこの分野には消極的であり，自ら住宅建設を推進するよりも公益的住宅建設活動を奨励する方針をとった．しかし，住宅政策への対応はプロイセン内部でも，市議会や市参事会内部の政治的勢力配置の違いなどによりかなりの幅があり，建築条例の遵守以上のことをしない都市もある一方で，ヴァイマル期の社会的住宅建設につながる動きを開始していた都市もあった[54]．

こうしたなかで，フランクフルトの住宅政策はこの時期のドイツにおける都市住宅政策の標準的なスタンスを示している．この点の詳細も本論に譲る

---

53) 北村昌史（2007），31-46頁．近年の研究でもっとも注目すべきは，ドイツ住宅史研究の集大成ともいうべき Wüstenrot Stiftung Deutscher Eigenheimverein（1996-1999）であろう．

54) A. von Saldern（1988），S. 75-77, 81-84.

が，市職員住宅を別とすれば，ウルムなどのように市自らが住宅建設を進めることはなく，公益的住宅建設会社への出資，地上権（Erbbaurecht）の設定に基づく市有地の提供，「市営地上権物件貸付金庫」による建設資金の融資などの間接的支援策が講じられたからである．こうした政策の成果については意見が分かれているが，イギリスのような市営住宅ではなく，都市当局を窓口とする公益的住宅建設会社に対する国家資金の投入という，第一次大戦後のドイツの住宅政策の原型が，この時期にすでに形成されていたことに注意する必要がある．フランクフルトの住宅政策については，F. Adler（1904），E. Cahn（1912, 1915），H. Kramer（1978），W. Steitz（1983），G. Kuhn（1998），後藤俊明（1995），北村陽子（1999）など先行研究が多いが，本書では，土地政策，合併政策，交通政策と関連づけて論じることにしたい．

(2) 土地政策

1990年代にドイツ都市土地政策史研究に重要な貢献をしたベーム（Hans Böhm）は，都市土地政策（städtische Bodenpolitik）（ないし「自治体土地政策（kommunale Bodenpolitik）」）を，「間接的土地政策」と「直接的土地政策」に分けている．建築線法，ゾーン制建築条例，アディケス法などが前者に含まれるが[55]，いうまでもなく固有の土地政策は後者，すなわち自治体による土地の取得・利用・売却を内容とするものであった．都市土地政策は19世紀から実施されていたが，自治体による土地の私法的処分の自由は，ドイツ帝国のすべてのラントで都市・ゲマインデ条例によって制限されていた．しかしベームによれば，プロイセンでは1901年3月19日の大臣布告（Ministerialerlaß）によって，土地政策の目標が大きく変わった．そこでは「今日支配している窮状の主な原因は不健全な土地投機にある．もちろんその一部は立法の変更によってのみうまく克服することができる．しかし，土地投機を抑制するのに効果的な手段は，現在もすでに自治体による多くの土地の巧みな獲得に示されている」という現状認識と方策が示されていた[56]．この大臣布告は，ラント政府が自治体に，現実の住宅不足を克服するために

---

55) H. Böhm（1995），S. 24-25;（1997），S. 64-70.
56) Zit. in: W. v. Kalckstein（1908），S. 1-2.

積極的な土地政策をとることを要求したものということができる．それ以前からアルトナやフランクフルトをはじめ，土地取引を実施する都市は存在したが，さらに多くの都市がこれをきっかけとして積極的な土地政策へと転じることになった[57]．

土地政策は，住宅政策とも密接に関わっていた．グレッチェル（Gustav Gretzschel）は，1910年にウィーンで開催された第9回国際住宅会議における基調講演「ドイツの自治体住宅政策」で，隣接領域をも含めた住宅政策を住宅査察の実施，住宅市場の監視，住宅事情の調査，住宅融資の支援など11に分類しており，シュタイツ（Walter Steitz）もこれを踏まえつつ，郊外との交通機関の整備やエネルギー供給などをさらに加えて13に分類している．そして両者とも，そのなかに土地政策を含めている[58]．土地政策が住宅政策と密接に関わるのは，都市自治体が土地政策を通じて住宅制度に影響力を行使でき，とりわけ小住宅建設のために，賃貸住宅を建設する公益的住宅建設組合に土地を安価に提供したり，地上権契約に基づいて土地を提供したり，分譲住宅を建設する民間の個人・企業や公益的住宅建設会社に買戻権を留保して，安く売却したりすることができるからであった[59]．フランクフルトの土地政策も，住宅建設はできるだけ自由な市場に委ねつつ，地上権設定による市有地の提供を通じて土地・建設投機を阻止して，小住宅建設と公益的住宅建設を側面から促進するために住宅政策を補完するものとして，都市レベルで実施することに伴う限界をもちつつも，一定の意義をもつものであった[60]．

(3) 合併政策

自治体合併とは，一般的には「経済的にひとつの単位を形成する複数の自治体を，法的な単位に，完全にかつ唯一満足すべき形でまとめる措置」と定義できる．帝国裁判所の1908年1月17日の判決も，自治体合併の本質を

---

57) H. Böhm（1990），S. 155, 157;（1995），S. 25, 31;（1997），S. 70-73.
58) G. Gretzschel（1911），S. 3-4; W. Steitz（1983），S. 396-397.
59) G. Gretzschel（1911），S. 15-16.
60) W. Steitz（1983），S. 403-404, 417-421.

「2つの独立する自治体が，通例両者の間で締結された協定に基づき，ラント権力の命令によって統合され，そのために定められた時点から，ひとつの自治体・自治団体として考慮されること」に求めている[61]．当面の文脈に即して言い換えれば，それは行政区域の変更を伴う都市の市域拡張を意味し，大きく3つの形態に分けることができる．

第1の形態は，自治体の一部の他の自治体への編入（Umgemeindung）であり，小規模な編入・割譲は頻繁に実施された．第2の形態は，ある自治体全体の他のより大きな自治体への併合（Einverleibung）であるが，都市化の進展にとってもっとも重要で，かつもっとも頻繁に行われたのは，この併合形態による合併であった．併合は通例隣接する自治体同士で行われたが，飛地を併合することもあった．第3の形態は，複数の自治体の新たな自治体への合同（Vereinigung）である[62]．自治体合併は「ラントが高権をもつ行政行為（Staatshoheitsakt）」であり，同じラントに属する自治体の間でのみ可能であったから，たとえ隣接して経済的に密接な関係をもっていても，ラントが違えば合併は不可能であった[63]．したがって自治体合併は，関係自治体だけでなくラントの利害や意向とも密接に関わっており，この点で支配領域の拡張を意味する中・近世における帝国都市の領域政策（Territorialpolitik）[64]とは区別された．

ドイツにおける自治体合併の起点となったのは，1831年のプロイセン修正都市条例だったといわれている．すなわち，1794年の一般ラント法では都市は郊外市（Vorstadt）を除く狭義の都市に限定されたが，1808年のシュ

---

61) Hasse (1918), S. 572.
62) O. Landsberg (1912), S. 43-44; W. R. Krabbe (1980), S. 368; H. Matzerath (1980), S. 67, 79-80; J. Lilla (1999), S. X-XI, 10-35.
63) Hasse (1918, S. 572)．ラントとは，第二帝政期の邦，ヴァイマル共和政期の州を指している．領土や国制上の地位に違いがあるが，ともに自治体合併政策に高権をもっていた点を重視して，本書ではラントで統一する．なお，隣接して経済的に密接な関係をもっていても，ラントが違ったために合併が不可能だった例として，フランクフルト（プロイセン）とオッフェンバッハ（ヘッセン），ウルム（ヴュルテンベルク）とノイウルム（バイエルン），マンハイム（バーデン）とルートヴィヒスハーフェン（プファルツ）を挙げることができる（O. Landsberg 1912, S. 44）．ただし，1937年のハンブルクのアルトナ（プロイセン）合併は重要な例外である（馬場哲 2004b, 25頁）．
64) 中世都市の領域政策については，小倉欣一（1995），佐久間弘展（1999）を参照．

タイン都市条例では郊外市が含まれ，1831年の修正都市条例第5条ではさらに共同耕地（Feldmark）も都市に含まれるようになった．また，同第6条では，それまで市域に属していなかった地所や飛地を，ラントの命令によって併合する可能性がはじめて与えられた．そしてこの規定は，1831年4月21日の大臣布告によって都市近郊の農村自治体にも適用されるようになり，自治体合併への道が開かれた[65]．

ドイツにおける合併の実施過程や法的規定は，ラント毎に，またラント内部でも違いがあったが，プロイセンの場合，合併の実施過程の出発点となったのは，合併に関わる自治体同士の間で締結された合併協定であった．その内容は多岐にわたっており，合併されることによって独立性を失う自治体が，合併後に諸団体，市参事会，市議会などで利害をいかに代表させていくかという問題，合併される自治体の官吏・職員を引き受け，その勤務期間と給与をどのように定めるかという問題，合併される自治体における学校，墓地などの公共施設の建設，上下水道に関する取り決め，建築計画，建築条例，道路建設に関する取り決め，ガス・電気の供給あるいは市街鉄道の建設に関する規定なども合併協定に含まれた．しかしもっとも重要だったのは，合併後の租税制度に関する取り決めであった[66]．

ところで，都市の合併による拡張は，しばしば反対に遭遇した．合併の影響を直接に受ける農村郡，とりわけラント議会の代表（保守的な農業家）であった．都市の拡張は，農村の犠牲のもとで進められると考えられたからである[67]．このほか，状況によっては反対に回る潜在的反対勢力として，大都市の郊外自治体，ラントの行政官庁[68]，都市内部では市議会[69]を挙げることができる．このため，合併を推進するためには，「状況の現実性を認識し，巧みな交渉力とカリスマ的な人格を備えた有能で活動的な自治体政治家」，多くの場合都市行政の頂点に立つ上級市長の役割がここでも大きな意味をも

---

65) Hasse (1918), S. 573.
66) Hasse (1918), S. 575; O. Landsberg (1912), S. 50-53.
67) Hasse (1918), S. 573-576; O. Landsberg (1912), S. 56-62; W. R. Krabbe (1980), S. 376-377.
68) W. R. Krabbe (1980), S. 375-378.
69) W. R. Krabbe (1980), S. 379-380; D. Rebentisch (1980), S. 101-106.

った[70].

合併政策研究も，同時代文献（L. Cron 1900; O. Landsberg 1912; Hasse 1918）や1960年代の先駆的業績（L. A. Tolxdorff 1961; R. Hartog 1962）があるが，近代都市史研究の発展とともに，1980年前後から研究が盛んになった．概観としては，H. Matzerath（1980）およびW. R. Krabbe（1980）が代表的である．

(4) 交通政策

都市化の進展に，住宅政策，土地政策，合併政策が加わって市街地が拡大すると，都市公共交通手段の整備・拡充が必要となった．最初の都市公共交通手段である乗合馬車（Omnibus）の導入は，ドイツでは1838年のドレスデンを皮切りに徐々に進んだが，1865年のベルリンを嚆矢として，一部に蒸気鉄道もあったとはいえ，少なくとも95%は馬車鉄道（Pferdebahn）に取って代わられた．馬車鉄道は1890年までに66の都市で開通しており，このうちの37都市の合計値は，路線延長1,020キロ，軌道延長1,447キロ，8,900万車輛キロ，利用者数約3億5,300万人に達した[71]．馬車鉄道は，乗合馬車よりも速く運賃も安く，郊外まで延びて多くの都市住民の行動範囲を広げたが，馬を牽引力として用いることによる限界を免れず，経費の半分を馬の購入・維持費が占めたうえに，病気や排泄物による衛生上の問題が加わった．こうして，こうした難点を克服する電気市街鉄道（市街電車）の登場が待望されることになった[72]．

市街電車の開発はすでに1880年頃から始まっていたが[73]，ブレーメン，

---

70) W. R. Krabbe (1980), S. 380.
71) J. P. Mckay (1976), pp. 10-11, 18; K. H. Kaufhold (1990), S. 220-221; H. Jäger (1996), S. 11.
72) A. Sutcliffe (1996), S. 232-233. なお，本書ではTrambahnないしStraßenbahnには「市街鉄道」の語を当てる．世紀転換期以降のフランクフルトの市街鉄道は，電気市街鉄道ないし市街電車と同義と考えてさしつかえないが，馬車鉄道，蒸気鉄道を指すこともあるので，必要があれば区別する．Straßenbahnの意味としてもうひとつ重要なのは，フランクフルトの市域内を走るということであり，市域外を走る「郊外鉄道(Vorortbahn)」と区別された．ただし，郊外自治体が自治体合併によって市域内に編入されれば「市街鉄道」になったので，両者の境界は流動的であった．
73) J. P. Mckay (1976), pp. 35-51; W. Hendlemeier (1981), S. 36-40; W. R. Krabbe (1985), S. 62-63; W. R. Krabbe (1989), S. 120-121; A. Sutcliffe (1996), S. 234; 馬場哲 (1998),

ハレ，ゲーラを嚆矢として次々とドイツの諸都市に導入されたのは1890年代に入ってからであり，1898年に69，1904年に126の都市が運行させていた．小都市も含めて，市街電車敷設のピークは1895〜1914年だったということができる．導入に際して特に強調されたのは輸送能力の飛躍的な向上であり，それは社会全体の要請に合致するものでもあった．さらに，市街電車は馬車鉄道よりも動力・労働力経費が低く，それに伴う乗客1人当たりの経費の低下は，収益の増大と運賃の引下げを可能にした[74]．

馬車鉄道から市街電車への転換と関連してもうひとつ指摘しておきたいのが，自治体給付行政のところでも触れた市営化の問題である．ヨーロッパにおける市街鉄道は，当初より国家・都市当局の強い規制のもとにあったが，そうした固有の事情や他の事業，とくに発電所の市営化の趨勢を背景として，1890年代以降の電化の過程で市営への転換および市営路線の新設の動きが活発化した．そして1900年には26の市営市街鉄道が走っており（路線総延長は386キロ），1910年には119（路線総延長は1,741キロ）にまで増大した．しかし，全体に占める比率は1910年の経営数でも45％にとどまった．市営化の進展が緩慢だった理由としては，市街鉄道が第一次大戦前には収益性の高い事業部門に属していたため，都市当局が財政基盤の強化を意図して市営化に乗り出したものの，長い契約期間にも守られて民間会社がすぐにはこれに応じなかったことが挙げられる[75]．

しかし，市街鉄道の敷設は都市計画（郊外住宅地開発，地価規制，市街地整理）に決定的な影響を及ぼすものでもあったから，利益追求を優先する民間鉄道会社の利害と一致しなくなったことも市営化の理由として重要である．実際，市営新設路線は採算よりも，都市計画の必要上建設されることが多かった．このため，市街鉄道の市営化は緩慢ながらも着実に進展し，第一次大戦後に

187-189頁．

74) J. P. Mckay (1976), pp. 74-80; W. Hendlemeier (1981), S. 39; W. R. Krabbe (1985), S. 63; K. H. Kaufhold (1990), S. 223; H. Jäger (1996), S. 14-15. ただし，市街鉄道の電化は既存の電気ネットワークへの接続ですむものではなく，多くの場合新たな電力ステーションの建設を伴った．また馬車鉄道の軌道も，市街電車にそのまま転用できたわけではなかった．

75) W. R. Krabbe (1985), S. 70-77; W. Hendlemeier (1981), S. 46; K. H. Kaufhold (1990), S. 229-232.

全面化することになった．

　それでは，こうした市街鉄道の普及が都市化の進展，さらに「都市社会化」はどのように作用したのであろうか．第1に，都市公共交通が都市住民の日々の生活においてはるかに身近な位置を占めるようになった．1890年代のドイツの主要19都市の1人当たりの乗車回数は平均39回であったが，1910年の主要21都市のそれは平均137回であり，市街鉄道の利用が市民にとって習慣化し，市民のより迅速で広範囲の移動が可能になったことがわかる．この傾向は大都市にほど強く，1890年と1910年に，ベルリンではそれぞれ91回，229回，ミュンヒェンでは同じく53回，173回，フランクフルトでは79回，221回であった[76]．そうした乗車回数の増大と密接に関わっていたのが運賃政策であった．馬車鉄道はなお中間層以上の交通手段であったが，運賃の全般的低下と運賃割引政策が，乗客の裾野を低所得層にまで広げることに成功したため，市街鉄道は安価な大衆的交通手段としての性格を強めた[77]．このような運賃政策は民営形態では不可能であり，市街鉄道が市営化されたことによってはじめて実現可能であった．それゆえ，都市当局による運賃政策は，社会政策的な意図と効果をもつものであったといえる．

　第2に，市街鉄道の建設は都市化の在り方にも大きな影響を及ぼした．それは都市化の本格化への対応策としてだけでなく，将来の計画的な都市開発のための手段としても，重要な意味をもっていたからである．市街鉄道の路線網拡大による人口の分散を通じて，住宅問題，都心部の再開発，地価の調節といった諸問題が解決しやすくなると考えられたのである．ただし，市街鉄道の建設は沿線地価を上昇させる可能性があったから，土地政策を適切に進めて土地投機を抑制する必要もあった．さらに，市街鉄道の発展は，都市の市域内だけでなく，周辺の自治体との結びつきを強めて，中心的大都市は職場，商業施設，文化施設などの立地，周辺自治体は労働者用住宅地や工場立地という，補完的な分業関係が形成されることを可能にした．そして市街鉄道の建設が，中心的大都市による自治体合併の前提となったり，合併協定の締結に際して，市街鉄道の建設が条件となったりすることもあった[78]．

---

76) J. P. Mckay (1976), p. 194; W. Hendlemeier (1981), S. 43-45.
77) J. P. Mckay (1976), pp. 113-114. 詳しくは，本書，第5章を参照．

第 2 章　ドイツ都市計画の社会経済史　75

　第 3 に，市街鉄道は余暇活動の拡大にも大きく貢献した．それはとくに，都市の中心部の劣悪な住居に住む下層の人々にとって重要であり，こうした人々が，一時的にであれ郊外に出て良い空気を吸うことを可能にした[79]．逆に，市街鉄道のおかげで郊外の住民が，演劇などの大都市の催しを楽しむことも可能になった．市街鉄道は，こうした大都市になお限られていた楽しみを周辺にまで普及させる可能性を秘めていたのであり，それはまさに「都市社会化」というに相応しい現象であった[80]．

　研究史についてみておくと，市街鉄道についての同時代文献（H. Grossmann 1903; L. Weiß 1904; E. Buchmann 1910; A. Günther 1913 など）も少なくないが，欧米の市街鉄道の比較史的研究としては，J. P. McKay（1976）が優れており，ドイツの市街鉄道のハンドブックである W. Hendlemeier（1981）の歴史の部分も有益である．しかし，ドイツ近代都市史の一環としての都市交通史の進展は，他の分野に比べると遅れ 1990 年頃からであり，K. H. Kaufhold（1990）が，ドイツ都市統計その他の資料を用いて 1890 〜 1910 年の時期についての車輛キロなどの指標を簡潔に提示している．H. Matzerath（1996）は，交通と都市発展の関係について広く論じた論文集であるが，鉄道や舟運と並んで市街鉄道に関する論文（N. Niederich 1996; H. J. Schwippe 1996）を含んでいる．またこの時期から，ドイツの多くの都市で市街電車開通 100 周年を迎えたこと，および環境負荷が小さい交通手段としてふたたび脚光を浴びたこと（「市街電車ルネッサンス」）が重なって研究が増大し，D. Schott/ S. Klein（1998），N. Niederich（1998），D. Schott（1999）などの研究が続々と現れた．フランクフルトについては，シカゴとの比較を行った G. Yago（1984）と都市建設の関連を探った J. R. Köhler（1995）がある．前者は 19 世紀末〜 20 世紀初頭についても論じているが，主眼は 1930 年代以降の衰退過程に置かれている．後者は，アディケス時代の都市政策と市民参加の緊張に満ちた関係を地区協会（Bezirksverein）の社会運動に注目して詳細に検討しており，

---

78) W. R. Krabbe（1985），S. 63-65;（1989），S. 120. フランクフルトについては，本書，第 4 章，および馬場哲（2002a）を参照．
79) J. R. Köhler（1995），S. 237.
80) 馬場哲（2002a, 104 頁）．ヨーロッパでは第一次大戦まで，市街鉄道の利用は日曜日がもっとも多かった（F. Lenger 2012, p. 162）．

市街鉄道の建設が重要な事例として取り上げられている．

7. 都市計画と社会政策との交錯

　以上にみてきた諸政策を，本書は広義の都市計画と理解している．そしてこれらは社会政策的意義をもっていた．それは，2つの面から考えることができる．

　ひとつは，政策それ自体がもつ社会政策的意義である．住宅政策はその典型であるが，すでに述べてきたように，関連する土地政策，合併政策も，快適で衛生的な生活環境を作り上げるための前提として同様の意義をもっていた．また，交通政策では，周辺自治体の合併に合わせた通勤用の新路線の敷設も重要であるが，本書では，労働者用割引定期の導入による社会政策的配慮によって，利用者の拡大が図られたことにとくに注目したい．エネルギー供給や公共交通のような本来の生存配慮は，広い範囲の市民に有償で提供されたのに対して，社会扶助は生存配慮にもとづく有償の給付を利用できない低所得層にもたらされたのであるが，「社会政策的」運賃は前者に属するものであった．この点にこだわるのは，エネルギー供給にせよ公共交通にせよ，それらが第一次大戦前から自治体によって普遍的なサービスとしてすべての都市住民に提供されていたからであり，さらに割引運賃によって労働者をはじめとする低所得層への利用の拡大が目指されたからである．

　ところで，「都市社会政策」は第一次大戦前の「救貧」から，大戦期の「戦時扶助」を経て，大戦後の「社会扶助」へと性格を変えた．これが，「社会都市」から「社会国家」への展開の大きな一歩であったことはいうまでもない[81]．これに対して，狭義の生存配慮の領域では，公共交通のような普遍的サービスが，有料ではあるが自治体によってすべての都市住民に提供されるという状況を生み出した．そして運賃政策などによって，そうしたサービスを直ちに利用しなかった低所得層に利用されることが求められ，それでもなおカバーできない部分が，第一次大戦という非常時を経る必要があったとはいえ，「社会権」や「生存権」の成立によって充たされることになった

---

81) 北村陽子（2006）．

のである．その意味で，生存配慮を実現する社会政策的都市政策は，都市社会政策と連携しながら，あえていえば，それに先んじて「社会都市」から「社会国家」への道を準備したということができる．本書では，都市社会政策の意義にも十分配慮しつつ，これとは区別された社会政策的都市政策の意義を重視したい．

　もうひとつ本書で強調しておきたいことは，都市当局と並ぶ「都市社会政策」の担い手であった慈善団体・財団の土地所有が，近代都市に相応しい様々な施設やインフラ整備と密接に関わっていたことである．本書では，これもまた都市計画と社会政策の独特な結びつきとして注目したい．慈善団体・財団は，中世以来ヨーロッパの都市における慈善・救貧の重要な担い手であったが，その財政的基礎は基金，寄付および寄進や購入によって獲得した土地からの収入であった．慈善団体・財団の活動は，19世紀に公的救貧が登場した後もそれと連携しながら一定の役割を果たし続け，ドイツではその広大な土地所有が新たな意義をもつことになった．19世紀以降の都市化の進展とともに人口が増大して衛生問題，住宅問題などの都市問題が新たに発生し，そうした諸問題に対処しうる都市行政の性格転換と並んで，近代都市に相応しい様々な施設やインフラ整備のための用地を確保することが必要となったからである．ドイツの諸都市ではもともと市有地の割合が高く，都市土地政策という形で土地の合理的な管理が実施されて，この問題への対応がなされた．また，ドイツの多くの都市では，この都市土地政策に慈善団体・財団が深く関わっていた．

　いうまでもなく，慈善団体・財団の本来の活動領域は慈善・社会福祉（フィランスロピー）であり，土地をはじめとするその財産は，そうした活動を実施するための原資であった．しかし，19世紀の都市化の進展とそれに伴う自治体給付行政への転換のなかで，市当局が慈善団体・財団に対する監督を強化してその財産を市の発展のために活用しようとし，団体の所有地が市による住宅地，中央駅，飛行場，工場用地などに役立てられることがあった．本書では，19世紀以降条例にもとづき「公共慈善財団」と称されるようになり，次第に市の監督下に置かれるようになったフランクフルトの財団と，近代都市フランクフルトの形成過程の独特な関係を明らかにしたい．

8. ドイツ近代都市史におけるフランクフルトの位置

　第一次大戦前のドイツの都市は，国家統一が1871年まで持ち越されたことも影響して，大戦後のヴァイマル期と比較して政治的・財政的自立性が強く，さらに工業都市，宮廷都市，レントナー都市などの性格の違いも加わって，都市政策といってもその性格や方向は都市によってかなりの差があった．プロイセン内部においても，その歴史的形成過程からもわかるように，とくに東部と西部の間には大きな違いがあった．また，ドイツ最大の都市はいうまでもなくプロイセン＝ドイツ帝国の首都ベルリンであった．たしかに住宅問題や無秩序な市街地の拡大は，ベルリンではすでに19世紀半ばから顕在化していたから，ホープレヒト・プランはもとより，建築線法の制定もベルリンが念頭に置かれていた．しかし，都市政策全体を見渡すとベルリンは必ずしも先進的であったわけではない．たとえば，ベルリン周辺ではシャルロッテンブルクのような富裕な都市が，ノイケルンやリヒテンベルクのような労働者都市との合併によって同一自治体に属することを嫌ったこともあり，1920年の大合併まで人口に比して市域面積が狭く，このことが「ミーツカゼルネ（Mietskaserne）」に象徴される劣悪な住宅事情を悪化させることになった[82]．また，ハンブルクの公衆衛生事業の遅れが，1892年のコレラ大流行を引き起こしたことは良く知られているが，それは帝国都市時代以来の旧態依然たる都市行政のあり方に起因しており，ハンブルクの都市政策も先進的であったとはいいがたい[83]．こうしたなかで，フランクフルトはどのように位置づけることができるだろうか．

　本書の対象であるフランクフルトは，中世以来皇帝の選挙と戴冠が実施された帝国自由都市としてのみならず，経済的にも商業・金融都市として重要な位置を占めていたが，フランス革命後数回にわたりフランスの占領を受け，1806年の神聖ローマ帝国解体とともに，長年維持してきた帝国自由都市の地位を失った．1806〜13年の時期にはカール・フォン・ダルベルク（Karl

---

[82] H. Köhler (1987), S. 815. 19世紀ベルリンの住宅事情については，北村昌史（2007）を参照．
[83] W. Jochmann (1986), S. 88-93; R. Evans (1987), pp. 1-27.

von Dalberg) の支配下に入ったが，フランスによる支配の終焉後，ウィーン体制のもとで自由都市に復帰した．しかし，普墺戦争後の 1866 年に，フランクフルトはオーストリアとの強い結びつきを理由にプロイセンに併合され，行政的にはカッセルやヴィースバーデンよりも格下の都市になった[84]．

しかし，フランクフルトはその後も大都市としての発展を続けた．人口は併合直後の 1871 年の 9 万 1,040 人から 1900 年の 28 万 8,989 人を経て 1929 年には 55 万 10 人に達しており，約 60 年間で 6 倍に増大していた．これをドイツの他の都市と比較するとどうだろうか．表 2-2 によれば，1910 年にはフランクフルトは 8 位を占めていた．1871 年は 11 位であったから，40 年間に順位を 3 つ上げたことになる．増加率もベルリン (2.58 倍)，ハンブルク (3.13 倍)，ミュンヒェン (3.56 倍) よりも高く，ライプツィヒ (5.62 倍)，ニュルンベルク (5.22 倍) に次いで高い増加率 (4.62 倍) を記録した．この時期のドイツ全域における都市人口，あるいは人口 10 万人以上の大都市の増大のなかにあって，フランクフルトの人口増加率は平均を上回るものであったということができる．人口増加の理由は，何よりも外部からの人口の流入に求められるが，それは自治体合併に伴う市域の拡大とも密接に関わっていた．フランクフルトはこの時期 5 回にわたって周辺自治体を合併し，面積と人口を増大させたのである．いま，これを一覧化すれば表 2-5 のようになる．図 2-1 はそれに対応させた地図である．しかも，第 4 章で詳述するように，合併は工業都市としての性格を強める手段でもあった．

フランクフルトは先進的な都市政策を実施する都市としても知られた．もちろん，そこで特記すべきがミーケル，アディケスといった優れた上級市長が市政を担当したということであるが，フレッシュ，ルッペ，ファレントラップらの優れた市参事会員が周囲にいたことも逸することができない．アディケスの都市政策の詳細については第 3 章に委ねるが，ゾーン制建築条例，アディケス法（「土地区画整理法」），住宅政策，合併政策，土地政策，交通政

---

[84] W. Klötzer (1991), S. 304-327, 337-343; R. Roth (2012), S. 149. フランス革命からプロイセンによる併合までの時期のフランクフルトの歴史については，最近 R. Roth (2013) が刊行された．また，R. Roth (1997) は，1836 年から 100 年間のフランクフルトのインフラ投資を簡潔にまとめている．なお，中世以降のフランクフルトの歴史を簡潔にまとめた邦語文献として，小倉欣一・大澤武男 (1994) がある．

表2-5　フランクフルトの市域拡張（1877〜1928年）

自治体	合併年月日	面積（ha）	人口（人）
フランクフルト 1870		7,005	84,700
1 ボルンハイム	1877.1.1	435	11,300
2 ザントホーフ	1891	16	
3 ボッケンハイム	1895.4.1	562	20,978
4 ニーダーラート	1900.7.1	292	8,877
5 オーバーラート	1900.7.1	273	8,407
6 ゼックバッハ	1900.7.1	808	3,098
フランクフルト 1900		9,391	288,989
7 レーデルハイム	1910.4.1	499	10,067
8 ハウゼン	1910.4.1	131	2,050
9 プラウンハイム	1910.4.1	435	1,413
10 ヘッデルンハイム	1910.4.1	244	5,729
11 ギンハイム	1910.4.1	358	2,695
12 エッシャースハイム	1910.4.1	356	3,567
13 エッケンハイム	1910.4.1	379	3,445
14 プロインゲスハイム	1910.4.1	368	2,643
15 ニーダーウルゼル	1910.4.1	683	1,026
16 ボナメス	1910.4.1	316	1,261
17 ベルカースハイム	1910.4.1	317	441
フランクフルト 1910		13,477	414,576
18 フェッヒェンハイム	1928.4.1	711	10,101
19 シュヴァンハイム	1928.4.1	1,793	5,863
20 グリースハイム	1928.4.1	481	12,730
21 ニート	1928.4.1	391	9,008
22 ゾッセンハイム	1928.4.1	638	4,835
23 ヘヒスト	1928.4.1	1,972	33,723
フランクフルト 1928		19,463	549,000

注：合併された自治体の人口は合併後最初の人口調査の数字．
出典：Statistische Jahresübersichten der Stadt Frankfurt am Main, Ausgabe für das Jahr 1910/11, S. 3; 1927/28, S. 5, 17; 'Stadtgebiet und Einwohnerzahl', S. 31.

策など，ほとんどすべての政策領域でフランクフルトはドイツ全体をリードしていたといっても過言ではない．

　こうした積極的な都市政策を支えていたのが，「都市間競争」である[85]．たとえば，フランクフルトは1910年の合併でこの時点ではドイツ最大の市域面積をもつ都市となったが，市議会での議論を追うと，他の都市の合併計画などの情報が紹介され，それが合併政策を推進する重要な梃子となっていたことがわかる．逆に，ベルリンの合併政策の失敗も紹介されていた[86]．

85)「都市間競争」は日本の都市の間でも指摘されている（持田信樹 1993, 107, 144-145頁）．
86) Mitt. Prot. StVV 1909, §183 vom 16. 3. 1909, S. 383-384, 386.

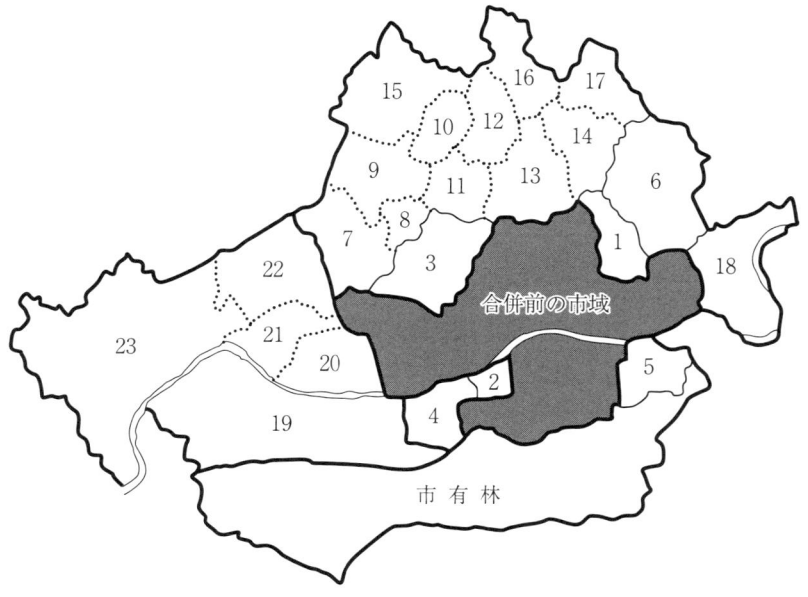

図 2-1　フランクフルトの市域拡張（1877〜1928年）
注：地図上の番号は，表 2-5 の番号に対応
出典：'Stadtgebiet und Einwohnerzahl', S. 27 に基づき作成．

　こうした情報交換は，本章 4 節でも述べたように，公衆衛生学会，社会政策学会，のちには都市会議といった場で都市間の情報交換・人的交流が活発に進められたことも大きかった．上級市長の引き抜きも頻繁に実施されており，ミーケルはオスナブリュック上級市長，アディケスはアルトナ上級市長からフランクフルト上級市長に転じた．したがって，フランクフルトの政策を追うことは，ドイツの都市政策全体の方向性を確認する上できわめて重要な位置を占めていたということができる．たとえば，土地増価税やアディケス法はまずフランクフルトにのみ適用される形で導入され，それが他の都市にも次第に拡張されており，こうした経緯は，フランクフルトの政策の先進性を良く示している．もちろん，失業保険の導入が他の都市よりも遅れたことなど，フランクフルトがすべての政策を代表していたわけではないが，本書では，フランクフルトが，ベルリンやハンブルク以上にドイツの都市政策・都

市行政の先進性を良く示しているという認識のもとに，ドイツ全体を視野に入れながら考察を進めることにしたい．

9. ドイツ都市政策の国際的反響——イギリスの場合

　フランクフルトあるいはアディケスの政策は，ドイツ国内だけで注目されていたわけではない．19世紀以降の欧米先進諸国でみられた都市化の進展と都市問題の深刻化，こうした変化への対応としての都市政策・都市計画の成立と都市行政の発展は，各国ごとの差異を含みながら共通点も多く，また同時並行的に進行した．その結果，19世紀末から20世紀初頭にかけて，他国への訪問・調査や文献の紹介，さらに国際会議などの形で，都市政策・都市計画に関する情報が盛んに交換された[87]．本書では，こうした当時の状況を念頭に置きつつ，イギリスでドイツの都市計画・都市行政がどのように認識されていたかを検討したい．当時のドイツはこの分野で「先進的」といわれていたが，アメリカや日本などと並んで，イギリスもまた大きな関心を寄せた国だったからである[88]．

　いうまでもなく，両国の影響関係は双方向的であり，イギリスの低層低密度住宅，住宅のレイアウト，「田園都市」構想，あるいはオクタヴィア・ヒル（Octavia Hill）の住宅管理方法などがドイツに影響を与えたり移植されたりしたことも忘れてはならない[89]．しかし，本書では，ドイツからの刺激が田園都市構想などと並んでイギリスにおける都市計画論議を進める上で大きな力をもったことを重視したい．なかでも，ハワード（Ebenezer Howard）やアンウィン（Raymond Unwin）と比べて，日本ではほとんど知られていないマンチェスターのフィランスロピストであったT・C・ホースフォールと

---

87) A. Sutcliffe (1981), Ch. 6.
88) A. Sutcliffe (1981), pp. 8, 9, 172；関野満夫（1997），2-4頁．
89) A. Sutcliffe (1980), (1981), pp. 41, 48, 62, 194-197. アバークロンビー（Patrick Abercrombie）は1911年に「都市計画以上に国際比較が有益な対象はない．われわれはしばしばドイツに代表団を送っている．ドイツもしばしばイギリスに代表団を送ってくる．それぞれの国はお互いの優れた点至らない点から何かを学ぶことができる．そして都市計画のような新しい対象では，組織的な交流が多くの時間と努力を節約できるであろう」と述べている（P. Abercrombie 1911, p. 138; cf. A. Sutcliffe 1981, p. 172）．

バーミンガムのカウンシル議員・住宅委員長を務めた J・S・ネトルフォールドの思想と活動に注目する．

イギリス都市計画成立史についての包括的な研究としては，アシュワース（William Ashworth）のものをまず挙げることができ，すでに 1954 年の時点で以下のような構図を打ち出している．都市環境の改善を，それまでの公衆衛生と住宅改良だけでなく，より総合的な「都市計画」に求める動きが，1890 年以降の 20 年間に急速に成長した．一方でボーンヴィル，ポートサンライト，ハムステッド田園郊外，レッチワース田園都市などの建設の動きがあったが，他方で自治体レベルの住宅政策から都市計画へと進んだホースフォール，ネトルフォールドやリッチモンドのトンプソン（William Thompson）らが住宅改革運動を展開し，とくにホースフォールはその過程でドイツの住宅政策・都市計画に関心を示し，そのイギリスへの紹介者としての役割を果たした．そしてイギリスにおける都市計画運動は，両者の動きが田園都市協会や全国住宅改革評議会などの団体を受け皿として合流する形で本格化し，1909 年の住宅・都市計画等法成立に至ったのである[90]．

こうした構図は，その後のイギリス都市計画史研究にも基本的に受け継がれているが，ウォード（Stephen V. Ward）[91]にしても，ハーディ（Dennis Hardy）[92]にしても田園都市や田園郊外に関心を集中させる傾向があり，国際的な相互影響関係に留意した G・E・チェリー（Gordon E. Cherry）も，「イギリスとドイツの間の競争は，イギリスが田園都市という非常に強力にアピ

---

90) W. Ashworth（1954 = 1987），Ch. 7. 邦訳第 7 章．ただし，こうした構図を端緒的に打ち出したのはエンサー（Robert Charles Kirkwood Ensor）であり，彼は「エベネザー・ハワードによって説かれた『田園都市』構想は，ホースフォールらによって説かれた『ドイツの範例』構想ともっとも有望な状況のなかで出会った」と述べている（R. C. K. Ensor 1936, p. 518）．なおエンサーは，1905 年頃『マンチェスター・ガーディアン』紙のスタッフとしてマンチェスター大学セツルメントに関わり，ホースフォールと活動をともにした経験をもつ人物である（M. Harrison 1987, pp. 150, 153）．なお，本書では立ち入れないが，トンプソンはリッチモンドの助役（Alderman）および全国住宅改革協会会長を務め，この時期の住宅改革運動，都市計画運動において重要な役割を果たした人物であり，住宅問題の専門家として知られた．主著『住宅ハンドブック』をみると，彼の場合にも，ドイツに限らないが他国の事情への広い関心がうかがわれる（W. Thompson 1903, pp. 247-269; 1907, pp. 231-275）．

91) S. V. Ward（1994），p. 28．

92) D. Hardy（1991），pp. 40-42．

ールするカードをもつことによって終止符が打たれた」と結論づけている[93].
A・サトクリフ（Anthony Sutcliffe）はイギリスの都市計画に対するドイツからの影響を重視しているが，彼の場合も「計画は，ドイツの範例の恩恵なしでさえ，増殖する過程からイギリスで疑いもなく出現したであろう．数年遅れたかもしれないが，ドイツとは無関係に開発されたエベネザー・ハワードの計画理論は，包括的な計画構想を生み出すために，伝統的なイギリスの郊外デザインと結びついたであろう」と述べている[94].

わが国でも，イギリス都市計画史・住宅史に関わる先行研究は少なくないが[95]，「田園都市」に関心が集中する傾向はさらに強い．最近の代表的なものとしては東秀紀らの共著，西山八重子の著書，菊池威の著書が挙げられる[96]．モデル村落（工業村）については，ソルティア，ポートサンライト，ボーンヴィルを取り上げた石田頼房の研究，およびジョーゼフ・ラウントリー（Joseph Rowntree）の研究の一環としてのニュー・イヤーズィックに光を当てた岡村東洋光の研究がある．また，ジョーゼフの息子シーボーム・ラウントリー（Seebohm Rowntree）の住宅問題への取り組みについては山本通の研究がある[97]．これに対して，イギリス都市計画については，19世紀以降のイギリス都市計画関連法の系譜を簡潔に跡づけた渡辺俊一の研究がある[98]．しかし，モデル村落や田園都市・田園郊外をイギリス都市計画運動全体のなかに適切に位置づける志向性が弱く，逆にこれらの事業で重要な役割を果たしたアンウィンの住宅地計画技法を重視する西山康雄の著書[99]と同様に，マンチェスターやバーミンガムのような大都市の抱えていた住宅問題などの都市問題と，それに対するホースフォールやネトルフォールドらの活動，それを踏まえて全国的レベルで展開された住宅改革運動，都市計画運動，さらにドイツにおける都市政策・都市計画から彼らが受けた刺激などは，

---

93) G. E. Cherry (1996), p. 34.
94) A. Sutcliffe (1981), pp. 206-207.
95) 戦間期を中心とするイギリス住宅史に関する最新の概観として，椿建也 (2013) を挙げておく．
96) 東秀紀ほか (2001); 西山八重子 (2002); 菊池威 (2004).
97) 石田頼房 (1991); 岡村東洋光 (2004); 山本通 (2007).
98) 渡辺俊一 (1976/1985).
99) 西山康雄 (1992).

ほとんど考慮されていない．そこで本書では，イギリス都市計画運動の全体像を理解するうえで重要でありながら，あまり注目されることのなかった，こうした問題の解明を通じて，イギリスの側から世紀転換期ドイツにおける都市計画・都市政策の特質に迫ることにしたい．

おわりに

　本章では，第１章での研究史の整理を踏まえて，本書の課題と基本的視角を提示した．第Ⅱ部では，第Ⅲ部とともにフランクフルトの事例に基づく分析をおこなう．第３章では，自治体給付行政の具体的展開（２節）を，その中心的担い手であった上級市長アディケスの活動と政策思想（４節）に焦点を合わせて検討する．それは，都市行政・都市政策におけるフランクフルトの先進性を確認する作業でもある（８節）．第４章では，１節と６節の一部を念頭に置いて，フランクフルトにおける自治体合併の過程を，旧市内および合併された地域の工業化過程と関連づけながら明らかにする．フランクフルトの場合，合併によって工業都市の性格を強めた特徴を指摘できるが，合併の目的はそれだけではなく，人口増加に対応する良好な住宅地の確保，あるいは統一的な都市行政やインフラ整備の実現という目的もあった．その限りで，自治体合併は都市計画・都市政策遂行のためのきわめて重要な前提であったというべきであり，しかもそこに都市計画・都市政策のドイツ的特徴を見いだすことも可能である．

　第Ⅲ部では，６節で論じた広義の都市計画を交通政策，土地政策，インフラ整備について，フランクフルトに関する１次史料を用いて実証的に明らかにするが，それと並んで，第５章では，土地交通の運賃問題を例として「生存配慮」の問題（３節），第６章では，第二帝政期の都市レベルでの政策（「社会都市」）の先駆的意義と限界（５節），第７章では，近代都市形成のための政策と中近世以来の慈善活動の担い手であった公共慈善財団の土地所有との独特な関係に光を当てることにしたい（７節）．

　第Ⅳ部では，外国（この場合にはイギリス）で，ドイツの都市政策・都市計画がどのように認識されていたかを検討するが，それはたんに９節だけでなく，２節，４節，６節などの特徴をドイツの外から確認する作業となるであろう．

第 II 部

フランクフルトの都市発展と都市政策

第3章
アディケスの都市政策と政策思想

はじめに

　世紀転換期のドイツの都市行政・都市政策が，その「先進性」において国際的に注目を浴び，欧米諸国や日本にも影響を与えたことはすでに指摘されているが[1]，そうしたドイツにおける都市行政・都市政策を語るうえで逸することができないのが，その頂点に位置した上級市長の役割である．第2章でも述べたように，上級市長とは人口1万人以上の都市の首長のことであり，プロイセンでは国王の任命により就任する国家官吏であったが，通例12年という長い任期にも支えられて，国家の利害と地元（とりわけ市議会）の利害を考慮しつつも，どちらからも相対的に独立して，独自の理念・構想にもとづいて各種の都市政策を遂行した[2]．したがってその解明は，ドイツ近代都市史・都市政策史研究においてきわめて重要な意味をもつと考えられる．
　フランクフルトは，多くの分野で「先進的な」都市政策を実施し，多くの優れた上級市長や自治体官僚を輩出したことでも知られている[3]．なかでもF・アディケスは，フランクフルトのみならず，第二帝政期のドイツを代表する上級市長のひとりであったということができる[4]．そこで本章では，彼

---

1) B. Ladd (1990), pp. 7-10; 関野満夫 (1997), 2-3 頁．「ドイツの計画は一般に世界でもっとも進んでいるものと認識された」(A. Sutcliffe 1983, S. 441)．
2) W. Hofmann (1981), S. 19-21.
3) G. Kuhn (1998), S. 13-14; J. Palmowski (1999), pp. 26-27. パルモウスキー (Jan Palmowski) によれば，フランクフルトは先進的ではあっても「別格 (peculiarly)」ではなかった．ガス工場は一度も市営化されたことがなかったし，失業保険が導入されたのも他の都市より遅れて1914年であった．彼によれば，フランクフルトの先進性は「その比類のない豊かさの帰結 (the result of its unique wealth)」であった．

の都市政策と政策思想を検討することにしたい．わが国でもこれまでアディケスの名前はしばしば言及されてきたが[5]，その経歴，業績，著作を正面から論じた研究は存在せず，上級市長論という視点もない[6]．また，関一に代表される日本の市長との比較を可能にする手がかりにもなると思われる[7]．いうまでもなく考察の力点は，在職期間も長く，アディケスの活動が頂点を迎えたフランクフルト時代に置かれるが，それ以前のドルトムント時代やアルトナ時代についても，そこでの経験が後にも生かされているので，ある程度立ち入ることにしたい[8]．ただし，取り上げる都市政策は，本書が主たる対象とする社会政策を含む広い意味での都市計画に限られ，アディケスの著作もそれと関わる限りで検討されるにとどまる[9]．

---

4) 本書，第8章で取り上げるT・C・ホースフォールは，「アディケス氏の指導のもとでフランクフルトの市当局は，困難な住宅問題を効果的に処理するに際してドイツの大都市のなかで指導的な役割を果たして」おり，アディケスを「世界における都市政府のもっとも有能な権威の一人」であると評価している（T. C. Horsfall 1904a, p. 11）．
5) たとえば，後藤俊明（1995），72-79頁，武田公子（1995），136-144頁，関野満夫（1997），18頁を参照．
6) ドイツにおける上級市長研究については，本書，第2章4節を参照．
7) 関一については，芝村篤樹（1989）（1998）などを参照．
8) アディケスの経歴・政策全般を扱った文献としては，以下のものを参照したが，煩雑さを避けるため，とくにオリジナルな記述を含まない限り一々言及することはしない．
A. Varrentrapp（1915）; E. Adickes（1929）; W. Klötzer（1963），（1981）; H. Subbe-da-Luz（1984），R. Koch（1986）; H. Nordmeyer（1996）．最近の研究としては，W. Klötzer（2012），L. Gall（2013）がある．
9) アディケスのもうひとつの重要な業績として，フランクフルト大学の設立を挙げることができる．本書では立ち入れないが，簡単に触れておきたい．フランクフルトでは，以前よりゼンケンベルク財団やゼンケンベルク自然研究協会などの学術・文化活動が盛んであった．アディケスは上級市長就任後大学設立を計画し，医学アカデミーの設立には医師の反対で失敗したが，1890年にW・マートン（Wilhelm Merton）が設立した「公益研究所（Institut für Gemeinwohl）」を母胎として，1901年に「社会科学・商学アカデミー」を立ち上げ，さらにゼンケンベルク財団の所有地や他の自然科学系財団を市の所有に収め，1912年の引退直前に市議会とプロイセン政府の承認を得た．大学は死の前年の1914年に開設された（W. Forstmann 1991, S. 415-416）．詳しくは，E. Adickes（1929），S. 403-453; L. Gall（2013），S. 74-128を参照．

1. フランクフルト上級市長着任まで

(1) 生い立ち

　フランツ・アディケス（写真3-1）は1846年2月19日に北ドイツ・シュターデ近郊のハルゼフェルトで生まれた．父方はアルトフリースラントの農民兼穀物商人の家系の出身であった．祖父は1819年以降，ハノーファーの領邦議会の議員であり，1833年の農業改革にも関わっていた．父ヴィルヘルム（Wilhelm Adickes）も，ダールマン（Friedrich Christoph Dahlmann）の自由保守主義の影響を強く受けるとともに，福音派の覚醒運動に心酔していたが，1852年から新設のレズームの管区裁判所の長官を務めた．母テレーゼ（Therese Chappuzeau）もパリのユグノーの家系の出であり，アディケスがプロテスタントの家庭で道徳的かつ厳格に養育されたことがうかがわれる．

　1860年にアディケスはハノーファーの上級学校に入学し，1864年にアビトゥーアを取得した．当時シュレスヴィヒ＝ホルシュタインをめぐって，ドイツ連邦とデンマークは係争中であったが，彼はドイツ国民協会の運動から影響を受けて，プロイセン主導の小ドイツ的国民国家を支持しており，他方で革命運動が国内の国制・社会状況を脅かす危険を感じていた．1864年の夏学期からアディケスはハイデルベルクで法学を学びはじめたが，そこではローマ史や革命史の講義から強い影響を受け，一時はブルシェンシャフト「アレマニア」に加入していた．1865年の夏学期はミュンヒェンで美術史・文学史の講義に夢中になり，本格的に法学を学びはじめたのは65/66年の冬学期からゲッティンゲンに移って以降であった．1867年に司法研修生試験に合格し，ノイシュタットほかの管区裁判所で数カ月の研修を終えたのち，アディケスは1年間第3近衛連隊に招集された．帰還後まもなく婚約したアディケスは，堅実な職業に就くことを決意した．彼は，担保物件や法律家養成に関する注目を集めた論文を発表しており，ハレ大学の教授職に就く可能性もあったが，「精神労働のプロレタリア」になることを恐れて学問の道に入ろうとはしなかった[10]．

---

10) W. Klötzer (1963), S. 246-247; (1981), S. 40-42; R. Koch (1986), S. 102-105; H. Nordmeyer (1996), S. 5-6. 詳しくはE. Adickes (1929), S. 5-134を参照．

写真 3-1　フランツ・アディケス
出典：W. Klötzer (1994), S. 12.

(2) ドルトムント時代

　アディケスは 1873 年 1 月にベルリンで司法官試補試験に合格した後，同年 3 月に国民自由党の選挙協会の支援をうけてドルトムント市の第二市長に応募し，5 月の市議会での承認を得て 7 月 19 日に市参事会に迎えられた．また，彼は同年 9 月 27 日にゾフィー・ランベルトと結婚した[11]．ドルトムントは，ルール地方の他の多くの都市と違って長い歴史をもつ旧帝国都市であったが，1850 年代に入り石炭・鉄鋼企業の設立ラッシュによって工業都市として急速に発展した．しかし都市行政は，1856 年にヴェストファーレン都市条例が適用され，59 年に首長が上級市長と称されるようになったとはいえ，旧来の名望家行政をなかなか脱することができなかった．実際，1871 年に 24 年間（上級）市長を務めたツァーン（Karl Zahn）が退任したと

---

11) E. Adickes (1929), S. 135, 137; W. Klötzer (1963), S. 247-248; (1981), S. 42; H. Stubbe-da-Luz (1984), S. 642; R. Koch (1986), S. 105.

きには，すでに4万4,813人の人口を抱えていたにもかかわらず，市参事会は上級市長以外に有給市参事会員1人，無給市参事会員6人にすぎず，市議会議員もわずか30人であった．市財政も健全ではあったが，多くの政策課題を積み残していた．こうしたなかで，H・ベッカーが1871年7月2日に上級市長に就任したことにより，都市行政は積極的なものへと大きく転換した[12]．

アディケスが第二市長に就任したのはまさにそうした時期であった．ドルトムントで彼がまず熱心に取り組んだのは財団・救貧制度（Stiftungs- und Armenwesen）であった．彼はエルバーフェルト制度を修正して在宅扶助活動を組織し，新しい遺児院と救貧院および3つの児童養護施設・食堂を設立した．しかし，社会問題の解決に熱心であったとはいえ，彼がとった方向は財団の活用であり，富裕な人々の協力によって支えられたドルトムント児童保護協会はそのモデルであった．また，アディケスは社会の自力更生力にも信頼を置いたが，他方で国家干渉は必要という立場をとり，社会政策を不可欠な手段とみなした．

H・ベッカーは1875年6月にケルン上級市長に転じた．その直後アディケスもヘアフォルト市長就任を打診されたが，結局新市長W・ベッカーのもとで，都市の急速な人口増加に対応して有給官吏の数を増やす仕事を担当し，成果を挙げている．しかし，W・ベッカーも1876年8月にデュッセルドルフ上級市長に転じ，アディケスは一部の市議から後任に推挙されたが，最終的に別の候補が選ばれたため，76年10月にH・ベッカーの推薦を得て北ドイツの都市アルトナに移ることになった[13]．

(3) アルトナ時代

アディケスはアルトナでまず助役（Beigeordnete）に就任し，上級市長に昇任したのは1883年であったが，56年以来上級市長を務めていたフォン・ターデン（Friedrich Gottlieb Eduard von Thaden）が老齢だったため，彼は実

---

12) L. v. Winterfeld (1977), S. 170-178.
13) E. Adickes (1929), S. 135-150; H. Bleicher (1929), S. 258-259, 300; L. v. Winterfeld (1977), S. 178.

質的には最初から市政を指揮する立場にあった[14]。アルトナは、19世紀半ばまでデンマーク王国領に属する河港都市として繁栄したが、1853年の関税条例によってデンマークとの間に関税境界が敷かれて以降停滞しはじめた。デンマークの関税境界のなかにとどまった、西に隣接するオッテンゼンに工場が移動しはじめ、工業地区としての意義を失ったからである。1860年代に入ると、デンマークがシュレスヴィヒ＝ホルシュタイン併合を強行しようとしたため、ドイツ連邦軍は63年12月にアルトナに進軍してデンマークの支配を解除し、66年にプロイセンはアルトナを併合した。続いて同じくプロイセン領となったシュレスヴィヒ＝ホルシュタインは、1867年にドイツ関税同盟に加盟したが、アルトナ＝ハンブルク＝ヴァンズベックはその域外にとどまった。このため、オッテンゼンとの関税境界は存続して工業生産を回復させることができず、商業は1866年より近代的河港設備の整備に着手したハンブルクの後塵を拝することになり、アルトナの経済的苦境はなおも続いた。しかし人口は増え続け、1875年の8万4,097人から85年の10万4,717人へと10万人を超えた[15]。アディケスがアルトナに赴任したのは、まさにそうした時期であった。彼のアルトナでの主要な仕事は、以下の2つである。

①ゾーン制建築条例

アルトナは19世紀後半に入ると商工業都市としてよりも、ハンブルクやオッテンゼンで就業する労働者の居住都市としての性格を強めていった。しかし、アルトナの市域は狭小で、10万を超える人口を抱える都市としては狭隘にすぎた。したがって、深刻化する住宅問題をいかに解決するかが、アディケスが着任する前からアルトナにとって切実な政策課題となっていた。

アルトナの建築警察条例は、1874年2月1日に発布されたものを起点とする。これは、「土地所有のために、民間の建築物に、公共の福祉にとって必要な配慮、とくに防火上・衛生上の理由が不可避的に要求する制限を課す」ものであった。また、その運用は一般警察とは区別されて、建築警察委

---

14) E. Adickes (1929), S. 146; H. Stubbe-da-Luz (1984), S. 642.
15) H. Berlage (1937), S. 163-171; C. Timm (1987), S. 16-17; K. Lang (1992), S. 35-36.

員会によって引き受けられた．しかし，この条例の規定はそれほど厳しいものではなかったため，次第に若干の変更ないし補完が必要となった．たとえば裏庭や通路の建設，あるいは隣の建物との間隔に関する規定は全く不十分であり，建物の高さや階層数の制限はとくに問題となった．この時期ドイツの諸都市で建設された「ミーツカゼルネ」と呼ばれる高層高密度住宅が，アルトナでも問題視されていたことがうかがわれる．また，採光と通気が悪い地下住居の禁止も必要とされた．このため，1875年，77年，78年の3回にわたり補遺が発布され，規制が強化されたが，問題を解決するには至らなかった[16]．

1880年代に入ると，状況はさらに切迫したものとなった．とりわけ，アルトナよりも厳格な規定を含むハンブルクの建築警察法が82年6月23日に発布されたことは，多くの人口がアルトナにますます移動してくることを予想させた．また，十分な資本もないまま粗製濫造をおこなう建築業の状態も由々しいものであった．こうしたなかで，市議会は1883年4月12日に，建築警察条例改定のための特別委員会の設置を決定した．この委員会は条例の全面的な改定を目指すものではなかったが，とくに変更の必要な事項について，アディケスの提案などを踏まえて改定作業を進め，市議会やプロイセン政府の承認を得て，1884年1月29日に修正された建築警察条例が発布された．この結果，高層建物の建築は困難になり，家族家屋の建設は奨励され，街路に面していない家屋（Hofwohungen）については，より広い通路と中庭の幅が求められ，地下住居についても条件が厳しくなった．また建物の高さは街路の幅以下に制限された．しかし，とくに注目すべきは，照明などに関する規定が「外延地区（Außenbezirk）」に指定された建築が進んでいない市区内で，建築の進んだ他の市区よりもさらに厳しく定められたことであった．こうしてアルトナにおいても，当時いくつかの都市ですでに適用されていたゾーン制が導入されることになったのである[17]．

また，これと並行して1880年代に入ってアディケスは積極的な土地政策，

---

16) Bericht über die Gemeinde-Verwaltung der Stadt Altona in den Jahren 1863 bis 1900 (=BGVA), 3. Teil, Altona 1906, S. 700-706. Vgl. C. Timm (1987), S. 19.

17) BGVA, 3. Teil, S. 706-708. Vgl. C. Timm (1987), S. 20.

すなわち市有地の拡大政策を進めた．できるだけ安価な宅地を獲得し，適切な用益者に売却することが目的であった．1888年にはアディケスのイニシアティブで，そのための「土地基金」が設立されている．こうして，アディケスのもとでのアルトナは「計画的かつ体系的に土地購入を押し進めた最初の都市」とさえいわれている[18]．

② 隣接自治体の合併

1870年代以降もアルトナの経済的苦境は続き，独立したプロイセン都市として存立する可能性も低下し，市街地が西に広がるハンブルクとの融合過程が止めがたく進んだ．こうしたなかでプロイセン政府は，1880年4月19日の提案によって，アルトナとハンブルクを関税同盟地域に編入することを迫った．長い交渉を経て，1881年5月25日にハンブルク市参事会の市議会は，自由港地区の形成と関税行政の委託などの条件を付して関税同盟に加盟する協定に署名し，1881年6月15日に市議会もそれを承認した．これに対して，アルトナはプロイセン政府に特別な配慮を求めたが，予定通り1888年10月15日にアルトナ，ハンブルクおよびヴァンズベック地域の関税同盟加盟が実施された．そして，ハンブルクが自由港の地位を維持したのに対して，アルトナはこの特権を失った．とはいえアディケスは，河港・魚市場・漁港を含む巨大な港湾施設を建設するために，プロイセン政府とハンブルクから資金援助を勝ち取ることに成功し，これ以後のアルトナ港の発展の基礎が据えられた[19]．

これに伴い，隣接自治体の合併問題が議論されるようになった．この問題はすでに1865年には議論されていたが，ハンブルクの関税同盟加盟が確定した結果，アルトナとオッテンゼンとの関税障壁も消滅することになったため，議論が再燃したのである．まずオッテンゼンが市長ブライケン（Bleick Matthias Bleicken）を中心として，1882年末以降周辺自治体を含めた合併に積極的な姿勢を示した．その理由としては，大都市として発展するための空

---

18) H. Bleicher (1929), S. 292-293; C. Timm (1987), S. 27; K. Lang (1992), S. 59-60.
19) BGVA, 1. Teil, Altona 1889, S. 341, 346; H. Berlage (1937), S. 172; H. Stubbe-da-Luz (1984), S. 642; W. Jochmann (1986), S. 18-21; K. Lang (1992), S. 36-37.

間的な前提と基礎を創出すること，あるいは都市計画や住宅政策の実施が挙げられていた[20]．アルトナでもこの問題に関する混成委員会が 1883 年 7 月に設置され，84 年 3 月 8 日に詳細な報告が提出された．それは，オッテンゼンの財政力への疑念を表明しつつも，合併はアルトナにとっても非常に重要であり，原則として支持できると結論している．そして，市議会は 1884 年 4 月 17 日にこの提案を一部修正のうえ承認し，プロイセン政府も 4 月 19 日にこれを支援する用意があると言明したのである[21]．

その後ブライケンのオッテンゼン市政における発言力低下，市長辞任により交渉が停滞した時期もあったが，関税同盟加盟の実現を経て，1889 年 6 月 7 日に，合併協定はオッテンゼンでは満場一致で，アルトナでは市参事会と市議会で，それぞれ反対 1 票で可決された．こうして 1889 年 7 月 1 日にオッテンゼンの合併が実施され，翌 90 年 4 月 1 日には農村自治体バーレンフェルト，オートマルシェン，エーフェルゲネが合併された．この結果，市域は 4.5 km^2 から 21.1 km^2 へと，また人口は 1885 年の 10 万 4,717 人から 1890 年の 14 万 3,249 人へと増え，アルトナはハンブルクからの独立を維持する基礎をさしあたり確保した[22]．

このほか，1890 年 10 月 22 日付けのシュレスヴィヒ＝ホルシュタイン県知事のヴィースバーデン県知事宛の推薦状によれば，アディケスは，アルトナ＝カルテンキルヒェン鉄道の建設，ハンブルクとの間の馬車鉄道の導入（1878 年）などにも力を尽くした．こうしてアディケスは着実に実績をあげたため，当初彼の招聘に否定的であった市議会多数派の自由主義左派も，次第に彼の改革プログラムを支持するようになった[23]．こうして，アディケスは惜しまれながらアルトナを去ることになった．このことは，彼が退任した 1891 年 1 月 9 日に文民としては最初の名誉市民の称号を与えられたことからも理解される[24]．また，1915 年にアディケスが死去したときには，アルトナでも市参事会による公告が出され，フランクフルトの市参事会と未亡

---

20) BGVA, 1. Teil, S. 278-280; H. Bleicher (1929), S. 274-275.
21) BGVA, 1. Teil, S. 281-296; H. Bleicher (1929), S. 275-276.
22) BGVA, 1. Teil, S. 278-280, 296; K. Lang (1992), S. 37, 49, 50, 61-62.
23) W. Klötzer (1963), S. 248-249; (1981), S. 43.
24) H.-G. Freitag/ H.-W. Engels (1982), S. 318.

人に対して弔文が送られている[25].

以上，アルトナ時代のアディケスについてやや詳しくみてきたが，ここで強調しておきたいのは，彼がアルトナ上級市長として広範な政策領域に関わることによって行政経験を積んだことである．そして，こうした経験はフランクフルト時代に生かされることになった．

2. フランクフルト時代の都市政策

(1) 都市計画関連法

アディケスは，プロイセン蔵相に転じたJ・ミーケル (1880～90年在任) の後任としてフランクフルト市の第3代上級市長に迎えられ，1891年1月11日に就任した．ここでアディケスの前任者たちの業績について簡単に触れておこう．初代のD・H・ムム (1868～80年在任) は，フランクフルトを他の都市に対抗して発展させるためとはいえ，オペラハウスをはじめとする豪華な建物の建設やインフラストラクチャーの整備を積極的におこない，市の財政状態を悪化させ，市議会から再任を拒否された．これに対してミーケルは，中央駅や西河港の建設などは引き続き進めたものの，全体としては緊縮政策を採用して，財政の立て直しをはかった．このことは，フランクフルトの発展を他の都市に比して停滞させることになり，その遅れを取り戻すという課題をアディケスに与えると同時に，そのために不可欠の財政的前提を作るものでもあった[26]．

アディケスが最初の仕事として着手したのは，建築条例の改正であった．彼は赴任直後市の都市計画の状況を観察し，ミーケル時代に制定された建築条例では不十分であることを認識した．ミーケルは，住宅問題，とりわけ小住宅の不足や家賃の高騰といった問題に強い関心をもち，社会政策学会や公衆衛生学会の活動にも積極的に関わったが，1884年の建築条例はゾーン制

---

25) Staatsarchiv Hamburg 424-4, Personalakten Altona A15.
26) A. Varrentrapp (1915), S. 3-15; W. Bangert (1937), S. 18-21, 28-29; W. Klötzer (1963), S. 249-251; (1981), S. 44-45; W. Forstmann (1991), S. 376; K. Maly (1992), S. 279-280. アディケスの選出過程については，U. Bartelsheim (1997), S. 284-289 を参照．

を採用せず市域全体に一律に適用され，階層数も最高5階にまで引き上げられた．このため，工場はどこにでも建てることができるようになり，中心部の「ミーツカゼルネ」が周辺部にまで広がることになった．すでにアルトナ時代にゾーン制を導入していたアディケスには，これは適切な条例とは思えなかった[27]．

またアディケスは，当時都市計画上の目標を達成するための法的手段が，いかに少ないかを痛感していた．市当局は有効な土地収用法をもたなかったため，土地所有者と土地投機家の結びつきを断ち切り，地価の上昇を阻止することができなかったからである．こうした問題はすでに数十年来議論されていたが，大きな前進はみられなかった．このため，アディケスは公権力を用いて都市・住宅建設のための健全な基礎を創出することが必要であると考え，包括的なプログラムを打ち出した．それは，①不健全な投機の一掃，②健全な企業家精神の育成，③安価な建設用地の創出と維持，④都市拡張のための租税制度の利用を柱とするものであった．そしてアディケスは1891年4月に建築条例改正のための混成委員会を立ち上げ，同年10月13日に「市内周辺部（Außenstadt）における建築のための警察条例」を公布した．これは，市の建築の伝統に従ってゾーン制を導入し，市内の個々の地区の開発傾向に個別に適応したものであった．すなわち，旧市壁内の旧市街（Altstadt）と新市街（Neustadt）とザクセンハウゼンの中核部および中央駅地区からなる市内中心部（Innenstadt）では，ミーケルの建築条例がさしあたり有効とされたが，市内周辺部については，内ゾーンと外ゾーン（1910年の合併以後は農村郡ゾーンを追加）に分けられ，個々のゾーンは住宅地区，混合地区，工場地区（および邸宅地区）に区分され，地区毎に建物の高さや間隔などが規定されたのである．この条例の眼目は，ゆとりのある建築と階層数の制限による居住密度の低減であった．

しかし，たとえば農村郡ゾーンの2階建て建物の建坪率は7/10だったのに対して，内ゾーンの4階建て建物の建坪率は4/10にすぎないといった矛盾をなお抱えていた．また，この法案は成立前から未建設地の地価下落を恐

---

27) W. Bangert (1937), S. 31-37; W. Klötzer (1963), S. 172-173; W-E. Schulz-Kleessen (1985), S. 325, 334-336; A. Weiland (1985), S. 348-352; J. R. Köhler (1995), S. 23.

れる土地所有者や企業家，逆にヴェストエンドなどの高級住宅街に住む富裕者層に有利とみる社会主義者の反対を受け，成立後も市内周辺部の利用の制限に対する不満が残った[28]．

さらに，都市計画を実効あるものにするためには，農地や菜園地を街路や宅地に転換させる土地区画整理（Umlegung）をおこなうことが必要であったが，多くの場合その実施は困難であり，法的な強制手段への要求を生み出した．こうしたなかでアディケスは，フランクフルトの厳しい状況を背景として，市域全体の区画整理の可能性を予定した法案を作成し，1892年11月にプロイセン上院に提出した．その根拠は，「農地・菜園地の転換過程はきわめて大きな公的利害をもつ出来事」であるから，「たんに所有者の恣意に委ねることはできず，公法的な規制を必要とする」というものであった．法案は一部修正を経て1893年4月に上院を通過して下院に送付されたが，地区収用（Zonenenteignung）法案と結びつけられたため反対が強く，同年6月審議未了のまま廃案になった．その後法案は8年間放置されたが，1901年に地区収用規定の削除，適用のフランクフルトへの限定などの修正を経てプロイセン政府によって再提案された．このときもすぐには成立に至らず，翌1902年の再提出に際してさらに修正を受けて同年6月に下院を通過し，7月28日にようやく「フランクフルト土地区画整理法」（いわゆる「アディケス法（Lex Adickes）」）が発布されることになった．もっとも，その適用も容易ではなく，1907年の修正によって道路や広場の用地取得のための無償減歩の割合が高められた結果，1910年になってようやく最初の土地区画整理が実施された．その後も強制的土地区画整理はわずかであった[29]．

---

28) A. Varrentrapp (1915), S. 18; H. Bleicher (1929), S. 282-289; W. Bangert (1937), S. 47-51; W. Hofmann (1971), S. 71-72; W-E. Schulz-Kleessen (1985), S. 332-333, 338-340; A. Weiland (1985), S. 352-353; K. Maly (1992), S. 290; J. R. Köhler (1995), S. 23-24. なお，アディケスは公衆衛生学会第13回大会で報告し，フランクフルトでの経験を踏まえて建築条例が旧市区と新市区で異なる扱いをする必要性を強調している（F. Adickes 1893a, S. 4)．

29) H. Bleicher (1929), S. 289-290; W. Bangert (1937), S. 53-55; W. Klötzer (1963), S. 252; W. Hofmann (1971), S. 72-73, 77-78; 大村謙二郎 (1984), 373-382頁, 後藤俊明 (1995), 74頁. この問題についても，アディケスは，1892～93年の経緯を踏まえて，私的土地所有への配慮を示しつつも，土地区画整理と地区収用が宅地開発にとって不可欠であると主張した論文を発表している（F. Adickes 1893b, S. 432-439).

このほかアディケスは，すでに1891年4月の時点で旧市街の道路改造にも注意を向けており，ゲーテ通り，ベートマン通りなどの「開削 (Durchbruch)」が実施され，旧市内の東西の移動が容易になった．交通量の増大に伴って市内と郊外を放射線上に結ぶ街道の整備も進められ，フリードベルク小路の拡幅，グリューネブルク通り，エッシャースハイム街道などの直線化が推進された[30]．また，アディケスは運動場，児童公園，緑地・庭園の造成にも熱心に取り組み，1891年にロートシルト家からの購入地に作ったギュンタースブルク公園 (29 ha) や，後述の東河港建設に際して作られた東公園などを造成した[31]．

(2) 合併政策と土地政策

　こうした措置は独自の都市計画構想に基づくものであったが，それと関連する政策として合併政策が挙げられる．両政策については，他章で立ち入るのでここでは概略を示すにとどめる．ドイツの諸都市は1870年代，とりわけ1885年以降，周辺自治体を合併することによって競って市域を拡張した[32]．フランクフルトは広大な市有林をもっていたこともあり，その市域は1871年の時点で全国第7位であったが，初代上級市長ムムは1877年に北東に隣接するボルンハイムを合併した．次いで北西に隣接するボッケンハイムの合併が日程にのぼったが，ミーケルが財政的・行政的負担の増大を嫌ったため話は進展しなかった．しかしアディケスは，負担の増大を懸念する市議会の反対を押し切って1895年にボッケンハイムの合併を実現した．その際注意したいのは，彼が，①工業の発展したボッケンハイムを合併することによって，商業・金融に偏っているフランクフルトの経済構造のバランスを取る必要があること，②公衆衛生的・社会政策的要請を満たすために，合併によって統一的な都市計画を実施する必要があることの2つを理由として挙げていることである．とりわけ②は，この合併が計画的な都市建設のための前提の創出という性格をもっていたことを示しており，注目すべきである．実際，

---

30) H. Bleicher (1929), S. 296-297; W. Bangert (1937), S. 44-47.
31) H. Bleicher (1929), S. 294-295.
32) ドイツの自治体合併については，馬場哲 (2004b) を参照．

1900年のゼックバッハ，オーバーラート，ニーダーラートの合併，そして 1910 年のフランクフルト農村郡に属する 11 自治体の合併は，そうした性格をさらに強めていった．そして 1910 年の合併の結果，フランクフルトの市域は 9,391 ha から 1 万 3,477 ha へと一挙に 43.5% も増大し，同年末の時点でフランクフルトの市域はドイツの都市のなかで最大を誇った[33]．

また，合併に先立ちフランクフルトはこれらの自治体の土地を大量に購入しており，フランクフルトは農村郡に総面積の約 21% に相当する約 860 ha の土地を合併前に所有していた．こうした土地政策はアルトナ時代にも実施していたが，その理由は，都市計画が実施されるためには，建築条例などの法的枠組みの整備だけではなお不十分で，大量の土地が安価に提供される必要があると考えられたからであった．また，こうした目標にとってフランクフルトの土地所有状況が必ずしも有利ではないという事情も作用していた．すなわち，市の北部，西部，部分的に南西部は少数の大土地所有者に所有されており，逆に南部，南東部，東部などでは土地所有の分裂が進行していたため，いずれも土地開発が難しい状況にあったのである．市の土地購入は 1870 年代より始まり，市のほとんどすべての地区に及んだが，まとまった土地の一括購入はなく，小規模地所を買い集めることによって却って価格の上昇を引き起こすこともあった．市の土地所有を補完するものとして，市が監督する財団（ザンクト・カタリーネン＝ヴァイスフラウエン財団など）による土地購入・土地管理もおこなわれた[34]．

このほかアディケスは，都市計画や住宅政策を実施するための資金源を確保する手段を編み出した．まず挙げられるのは，土地取引税（Währschaftsgeld）制度である．これはフランクフルトで以前より徴収されていた不動産所有移転税で，税率をわずかだけ引き上げるだけでもかなりの税収増が期待されたが，アディケスは，1893 年にその収入の 1/3 と 10 万マルクの補助金を原資とし，市内中心部の道路改造を目的とする「道路新設金庫」を設立した．ま

---

[33] W. Hofmann (1971), S. 69; (1984), S. 581; D. Rebentisch (1980), S. 98-113; B. Ladd (1990), pp. 215-218; J. R. Köhler (1995), S. 253-264; 本書，第 4 章.

[34] A. Varrentrapp (1915), S. 20; H. Bleicher (1929), S. 293; W. Bangert (1937), S. 51-53; D. Rebentisch (1980), S. 109; 後藤俊明 (1995), 72-73 頁；馬場哲 (2000), 27 頁；財団の活動については，本書，第 7 章を参照．

た，後述する東河港建設のための用地獲得と市内周辺部の開発のための「市有地特別金庫」が，1897年に設立された．しかし，都市計画の拡大とともに新たな資金源が必要となり，そのために着目されたのが，土地所有者が市街地の整備によって享受した地価上昇に対して課税する土地増価税 (Wertzuwachssteuer) であった．アディケスはすでに1890年代初頭からこの構想をもっていたが，1904年にドイツの都市としてはじめてこの新税をフランクフルトに適用した[35]．

(3) 住宅政策

これら一連の立法や政策を前提とし，またそれと関連しながら実施されたのが住宅政策である．すでに1860年に「フランクフルト公益的住宅建設会社 (Frankfurter gemeinnützige Baugesellschaft)」が株式会社として設立され活動を開始していたが，その後資本が産業に流れたため次第に停滞し，1870年の161戸から80年の550戸へと増加したあと，80年代にはわずか30戸しか建設されなかった．このため，ミーケルの時代より民間建設会社には魅力の乏しい小規模で安価な住宅の不足が叫ばれ，アディケスが上級市長になると市による大規模な住宅建設活動が期待された．たしかに彼は，住宅改革論者として知られたミーケル以上に市の関与に積極的であったが，同じく市有地の割合が高かったウルムやフライブルクと異なり，市営事業として住宅建設に乗り出すことには慎重であり，市の労働者，職員，官吏への住宅提供に関心をもつにとどまった．その理由は，「実勢市場価格での住宅の人為的建設は，それが公的補助金でなされるならば，結局納税者の一部が他の部分から住宅建設に関して援助を受けることを意味する」と彼が考えたからであった．とはいえ，切迫した住宅不足や劣悪な住宅事情を背景として，他の都市と比べれば職員住宅の規模も大きく，1914年の時点で12%弱の官吏・労働者がそこに住んでいた[36]．

---

35) W. Bangert (1937), S. 59-60; 武田公子 (1995), 136-144頁．1910年には652の都市・農村ゲマインデが採用していた (A. v. Saldern 1979, S. 352)．
36) W. Bangert (1937), S. 60-61; H. Kramer (1978), S. 135, 141-142, 176-178; B. Ladd (1990), pp. 141, 145-146, 167.

また，市の資金を投入した公益的住宅建設も実施された．1901年に，市が借入れの保証をおこなう代わりに，家賃や配当の高さに対して発言権をもつ「ヘラーホーフ株式会社（Hellerhof Aktiengesellschaft）」と「フランケン=アレー株式会社（Aktiengesellschaft Franken-Allee）」がガルス地区に設立されたことがその例である．また，1910年には同様な基礎の上に立ち，ボッケンハイムに小住宅を建てることを目的とした「ミートハイム株式会社（Mietheim Aktiengesellschaft）」が設立された[37]．しかしすでにみたように，アディケスは民間の建設活動を圧迫することには懸念をもっていたため，より間接的な形での支援もこれと並行しておこなった．そのための手段として用いられたのが，地上権の設定に基づく市有地の提供である．アディケスは，当初ウルムの事例に倣って買戻権（Wiederkaufrecht）付きの売却を考えていたが，1899年の民法典第1012～1017条にある地上権の利用可能性に気がつき，1901年に市の所有地を長期借地で譲渡する規定を発布した．しかし，地上権付きの物件は担保価値が低いため，建設資金の調達が難しいという問題点が明らかになった．このため市は，1900年に「市営地上権物件貸付金庫」を設立し，建設資金の90％まで融資できることになった[38]．

　こうした地上権契約（Erbbauvertrag）は，「ヘラーホーフ株式会社」ほか上記の3社とも締結されたが，それ以外の形態の公益的住宅建設会社・組合にも適用された．実際ドイツで最初の地上権契約は，1890年に設立された「小住宅建設株式会社（Aktiengesellschaft für kleine Wohnungen）」とザンクト・カタリーネン=ヴァイスフラウエン財団との間で，80年期限で結ばれたものであった[39]．また，1889年の協同組合法によって有限責任制が導入されたのを受けて，1896年以降建設協同組合・建築協会が設立されたが，その最大のもので1901年に設立された「国民・建築・貯蓄組合（Volk-, Bau- und Sparverein）」は，地上権契約を結んだ土地に住宅を建てることで急成長を遂げ，1902～1914年に794戸の住宅を建設した．こうして，1910年までに市

---

37) H. Bleicher (1929), S. 296; W. Bangert (1937), S. 61-62; H. Kramer (1978), S. 168-176.
38) H. Bleicher (1929), S. 294; W. Bangert (1937), S. 55-57; R. Kuczynski (1916), S. 89; H. Kramer (1978), S. 143-147; W. Steitz (1982), S. 178; W. Steitz (1983), S. 421; 後藤俊明 (1995), 74頁.
39) H. Kramer (1978), S. 144-147, 151.

と市が監督する財団は，合計134の地上権契約を締結した[40]．

こうした地上権設定に対する評価は分かれている．バンゲルト（Wolfgang Bangert）によれば，こうした優遇措置にもかかわらず，地上権設定期間の制限，設定期間終了後の増価分の放棄，設定後15年間の譲渡禁止，譲渡に際しての市の先買権，住居の利用状況や又貸しに対する監視などのさまざまな規制が嫌われ，地上権の利用はあまり増えなかった[41]．これに対してクラマー（Henriette Kramer）は，1914年初頭に地上権を設定した地所に1,700戸が建てられており，そのうち1,414戸は公益的住宅建設会社によって建設され，それは1914年までに建設された住宅戸数の25.67%を占めていたと述べている．彼女によれば，1900年以降の公益的住宅建設の顕著な増加のかなりの部分は，地上権契約の導入に帰せられるのである[42]．したがって，地上権設定の意義を過大に評価することはできないが，1891～1900年に765，1901～1913年に4,732の公益的住宅が建設されたことには注目すべきであろう．新築住宅総数に占める公益的住宅の比率は5.7%から13.7%へとかなり上昇したのである．そして，こうしたさまざまな試みは第一次世界大戦後に「社会的住宅建設」として開花することになった[43]．

(4) 交通政策

市域の拡大を伴う都市発展は，都市計画を統一的・効率的に実施するためにも，合併された周辺自治体を完全に統合するためにも，都市交通の整備を不可欠の課題とし，新市域と都心は道路や馬車鉄道，ついで市街（路面）電車に結びつけられることになった．フランクフルトにおける馬車鉄道建設の起点は，1871年にフランクフルト市警察がベルギー人企業家F・ドゥ・ラ・

---

[40] H. Kramer (1978), S. 144, 156-161, 167, 175. 契約期間は60～80年，利子率は2.5%だったといわれている．
[41] W. Bangert (1937), S. 57-58.
[42] H. Kramer (1978), S. 148.
[43] 後藤俊明 (1995), 77-79頁．マイの「新しいフランクフルト」については枚挙にいとまがないが，最近のものとして，G. Kuhn (1998); C. Quiring/ W. Voigt/ C. Schmal/ E. Herrel (2011); S. R. Henderson (2013) を挙げておく．馬場哲 (2015) は，マイが主導した事業，とくにニッダ低地地区における団地建設を，19世紀末以降のフランクフルトの都市発展，とくに1910年の大合併と結びつけて論じたものである．

オー（F. de la Hault）にハウプトヴァッヘ＝ボッケンハイマー・ヴァルテ間の路線認可を与え，市当局も 19 年半期限の道路使用権を認めたことに求められる．こうして「フランクフルト市街鉄道会社（Frankfurter Trambahn-Gesellschaft: FTG）」が発足し，翌 72 年より運行を開始した．そして最初の営業報告が出された 1882 年と，市営化される直前の 1896 年の間に，車輛キロは 98 万人キロから 453 万人キロ（4.6 倍），乗客は 434 万人から 2,367 万人（5.5 倍），営業収入は 56 万マルクから 237 万マルク（4.2 倍）へと順調に拡大し，配当も 7.5% から 14% へと上昇した[44]．

しかし，民間会社に都市交通の経営を任せることは，収益性と公益性のどちらを優先するかという点で市当局と対立する可能性をもっており，この問題はアディケスが上級市長であった 1890 年代に切迫したものとなった．アディケスは着任早々の 1891 年 3 月に FTG との認可契約を 1914 年末まで延長したが，1898 年以降は軌道返還をいつでも要求できることを定めた条項を入れることに成功した．こうした動きは，市街鉄道の電化の問題とも密接に関わっていた．馬車鉄道は乗合馬車の難点の多くを克服したとはいえ，馬を用いることによる固有の限界をなお免れておらず，新たな牽引力が模索されるなかで，1890 年代に入ってドイツの諸都市でも市街鉄道の電化が始まったからである．フランクフルトでは，1893 年に市が 2 つの民間企業に発電所の建設を委託し，それを賃貸していたが，1898 年 1 月 1 日の市街鉄道の市営化を経た後の翌 99 年に，発電所も市の所有に移された．市街鉄道の市営化によって，発電所の経営安定が期待されたからである．こうして市営化された馬車鉄道は 1899 年以降徐々に電化され，この過程は 1904 年に完了した[45]．

ところで，市街鉄道は原則として市域内しか走っていなかったので，フランクフルトの都市発展とともに周辺自治体との結びつきや往来が増すにつれて，両者を結ぶ郊外鉄道が市街鉄道と並んで建設される必要があった．最初

---

44) Direktion (1922), S. 4-6; Magistratsbericht 1898/99, S. 503-504.
45) Direktion (1922), S.7-8; Die Straßenbahn (1959), S. 7-11; H. Michelke/ C. Jeanmaire (1972), S. 7-10; G. Yago (1984), pp. 89-93; K. Maly (1992), S. 362-363, 384; J. R. Köhler (1995), S. 236-237, 245. フランクフルトの電気事業の市営化については，森宜人（2009a），105 頁を参照．

の郊外鉄道は 1884 年に「フランクフルト＝オッフェンバッハ市街鉄道会社 (Frankfurt-Offenbacher Trambahn Gesellschaft: FOTG)」によって建設されたが，これに続いて 1888 年には「フランクフルト地方鉄道株式会社 (Frankfurter Lokalbahn Aktiengesellschaft: FLAG)」が，旧市街の北に位置するエッシャースハイム門からエッシャースハイムまでの蒸気鉄道を開通させた．さらに，マイン川の南では，蒸気郊外鉄道である「森林鉄道 (Waldbahn)」が 1889 年にザクセンハウゼンからニーダーラート，イゼンブルク，シュヴァンハイム方向に敷設された．そして市街鉄道に続いて森林鉄道が 1899 年に，FLAG が 1901 年に，FOTG が 1904 年に市営化された[46]．

　もっとも，これらの郊外鉄道路線だけではなお不完全だったので，アディケスは 1898 年 2 月の時点でかなり包括的な市街鉄道・郊外鉄道網の計画案を作成した．フランクフルトおよび周辺自治体における人口の増大と商工業の躍進によって，交通手段の改善と拡大が必要であり，市営化と電化を梃子としてそれを実現するべきであると，彼は認識していたからである．アディケスの手書きのメモによれば，市街鉄道 12 路線と高速（郊外）鉄道 6 路線が構想されていた[47]．しかし，その実現は容易ではなく，結局は自治体合併をきっかけとして着手されるのが普通であった．

　その意味で 1900 年と 1910 年の合併，とりわけ後者は市街鉄道の拡張を大きく促進した．このときフランクフルトは，周辺自治体ベルカースハイム，ギンハイム，プラウンハイム，プロインゲスハイムとの合併協定で，1 年半ないし 2 年半以内に市街鉄道を建設する義務を負ったのである[48]．一例を挙げると，ギンハイムへの新路線は 1910 年 9 月 20 日と 10 月 11 日の市議会で議論されているが，この路線の収益性については繰り返し疑問が出され，軌道局長 P・ヒン (Paul Hin) も，郊外路線の建設に際してはさしあたり収益性は放棄せねばならないと述べていた．しかし彼は，フランクフルトにはギンハイムとの協定に基づき，1911 年 10 月 1 日までに完成させる義務があ

---

46) Direktion (1922), S. 8-9; Die Straßenbahn (1959), S. 12-17; H. Michelke/ C. Jeanmaire (1972), S. 10-15; J. R. Köhler (1995), S. 237-240.
47) ISG, MA R1743/I; J. R. Köhler (1995), S. 243-244 をも参照．ただし，ケーラーは郊外路線のひとつを史料から読み落としている．
48) ISG, Rechneiamt 138; 馬場哲 (1998), 196 頁；(2002a), 104 頁.

ることを強調した．結局財務委員会で収益性を改めて検討することにはなったが，ギンハイムへの新路線建設のために 1910 年度の特別会計予算から 28 万マルクまで支出すること，およびこの金額は金利 2% の公債を募集することで調達されることが，この場で決議された[49]．

　市街鉄道による市の中心部との接続は，周辺自治体にとって自らの手では実現できない事業であっただけに大きな恩恵であり，住民はより早期の建設や有利なルートの採用を求める請願書を市議会や市参事会に提出した．ギンハイムの場合，すでにみたように合併協定にも市街鉄道の建設が盛り込まれたが，それと並んで 1909 年 4 月 17 日にはギンハイム地域協会からフランクフルトの市参事会宛に，同月 9 日の市長と幹部出席のもとで開かれた集会で，市街鉄道の速やかな開設が全会一致で決議されこと，住民の多くがフランクフルト市内やボッケンハイムで仕事をしているので，ルートも南のボッケンハイムあるいは東のエッシャースハイム街道とつながる路線が有利で収益も上がるという内容の請願書が出されている[50]．

　しかし，合併後も開通は遅れ，当初の期限を過ぎた 1911 年 10 月 24 日の市議会で，工事の進展が遅いことに市民がいらだっており，市街鉄道の利用を予定している児童や労働者に支障が出ていることが報告された．これに対してヒンは，工事の遅れは土地の収用や下水道工事の遅れによるものであるが，こうした困難も除去されたので，年末までには完成するであろうと回答した[51]．10 月から 11 月にかけて，ギンハイム地区（市民）協会と市参事会との間でもこの問題をめぐってやりとりがおこなわれている[52]．そしてこうした経緯を経て，エッシャースハイム街道沿いのアム・ドルンブッシュとギンハイムを結ぶ路線が 1911 年 12 月 31 日に開通した[53]．

　このように 20 世紀初頭にフランクフルトの市街鉄道は急速に発達した．

---

49) Bericht über die Verhandlungen d. StVV 1910, §872, S. 1196-1197; §1023, S. 1317-1323.
50) これに対してフランクフルト側は，交渉はギンハイムの公的権限をもつ代表とのみおこなうと回答している（Schreiben vom Vorstand Ortvereins Ginnheim Georg Stortz an den Stadtmagistrat vom 17. 4. 1909, ISG, MA R375/III). Vgl. ISG, MA R1751, Bl. 4.
51) Bericht über die Verhandlungen d. StVV 1911, §1078, S. 1472-1473.
52) Eingabe vom Bezirksverein Ginnheim an den Magistrat vom 6. 10. 1911 und 8. 11. 1911, ISG, MA R1758, Bl. 12-15.

表 3-1　フランクフルト市街鉄道の発達（1890〜1920年）

年	乗車利用者数（人）	車輛キロ（キロ）	路線延長（キロ）
1890	11,175,814	2,573,184	16.58
1891	12,611,299	2,871,760	17.28
1892	13,713,012	3,183,437	22.20
1893	15,527,608	3,600,557	24.52
1894	16,240,866	3,903,530	24.79
1895	21,504,454	3,983,221	26.52
1896	23,673,194	4,533,327	28.52
1897	26,507,403	5,410,475	30.46
1898	29,150,000	6,026,986	33.56
1899	34,500,000	6,995,718	33.69
1900	41,140,042	8,998,677	37.02
1901	49,266,438	11,955,565	39.01
1902	51,214,883	12,584,811	39.51
1903	55,074,454	13,260,777	39.96
1904	56,617,667	13,874,736	41.91
1905	62,000,712	15,057,614	45.17
1906	67,528,742	17,081,665	52.52
1907	74,242,716	19,970,448	59.79
1908	81,173,772	22,176,866	63.75
1909	88,090,141	24,061,194	66.28
1910	93,462,801	25,541,516	69.60
1911	103,131,756	26,754,115	79.14
1912	110,209,281	29,065,128	83.29
1913	114,902,065	31,951,651	89.86
1914	102,438,504	24,671,390	92.05
1915	110,520,826	22,990,148	92.65
1916	125,066,554	24,891,294	92.85
1917	156,128,652	24,077,130	92.85
1918	168,540,689	21,323,348	97.58
1919	156,401,067	20,885,995	97.58
1920	127,648,656	23,010,478	97.58

出典：Direktion (1922), S. 10; Magistratsbericht 1897-1899.

　表 3-1 は 1890〜1920 年における市街鉄道の乗降者数，車輛走行キロ数，路線延長の伸びをまとめたものであるが，路線延長は 16.58 キロから 97.58 キロへと 5.9 倍になっている．とりわけ市営化後の伸びが大きく，大合併のあった 1910〜13 年の 3 年間で 20 キロ建設されており，上述の経緯をここでも確認できる．1890〜1920 年に乗降客数は 1,118 万人から 1 億 2,765 万人へと 11.4 倍，車輛キロ数は 257 万キロから 2,301 万キロへと 9 倍になって

---

53) Magistratsbericht 1911, S. 311.

いるが，ともに第一次大戦勃発後は低下する年もあり伸び悩んでいる．また，住民 1 人当たりの利用回数も，1881 年の 31 回から 1900 年の 142 回を経て，1920 年の 272 回へと増えており，市街鉄道が都市住民の日々の生活にとってますます身近な存在となったことがわかる[54]．

(5) 工業振興策・インフラ整備

ところで，住宅地の取得と並ぶ合併政策の大きな目的は工業用地の取得であり，アディケスはこのことを明確に意識していた．しかし，市域内の工業地域造成が遂行されなかったわけではない．これは 1891 年の建築条例の導入によっても促進されたが，中央駅の北側のマインツ街道沿いのガルス地区と，東河港の建設を含むオストエンド地区の開発はその代表的なものである．ここでは後者について触れておく．1831 年のライン川航行協定締結後河川航行は躍進したが，鉄道の競争によりマイン川の役割は低下し，フランクフルトの商業は次第に鉄道への依存を高めた．こうした隘路を打開するために，フランクフルト商業会議所は民間資本の援助も得てマイン川に沿って運河を開削することを企てた．これは実現しなかったが，プロイセン政府と沿岸の他の諸邦との協定に基づいてマイン川の改修工事が進められることになり，フランクフルトはそのための分担金とともに，港湾施設の建設費用を拠出した．工事は 1883 年に始まり，86 年 10 月に港湾，埠頭・軌道施設，倉庫などが開業した．1902 年には関税徴収所やもっとも重要な輸送品である穀物の倉庫が建設され，これは中央貨物駅とも連結することになった．また，対岸には石炭河港も建設され，これも南駅と接続した．しかし，西河港にこれ以上拡張できる余地はなく，1904 年に市は約 4 キロ上流の北岸に東河港を建設することを決定した[55]．

---

54) Direktion (1922), S. 9-10. なお，路線数は 1900 年に 18，1910 年に 25 とそれほど増えていないようにみえるが，路線の延長・統廃合などが激しく単純な比較はできない (Magistratsbericht 1900, S. 473; 1910, S. 288).

55) W. Forstmann (1991), S. 399-401, 403; J. R. Köhler (1995), S. 208. インフラ整備という点で港湾建設と並んで重要なのが鉄道駅と鉄道網の整備である．フランクフルトおよび周辺の鉄道は 1868 年に国有化され，5 つの駅が統合されて，建設当時ではヨーロッパ最大の中央駅が 1888 年に完成した (R. Roth 1991, S. 63; H. Schomann 1983, S. 103-110).

もともとオストエンド地区は時折マイン川の氾濫に見舞われたために19世紀末に至るまで開発が遅れており，それを打開するために築堤工事が求められていたが，1890年に市は新たな建築線計画を決定し，1891年のゾーン制建築条例によってこの地区が混合地区ないし工場地区に指定されたこともあって，都市建設上の開発計画も作成された．しかし，港湾施設や工場用地の造成などのさまざまな目的が複合していたという事情，あるいは細分化された土地所有状況が，計画の速やかな実現を困難にしていた．こうしたなかで，市土木局（Tiefbauamt）によって1901年に作成された東河港プロジェクトが，03年に専門家の同意を得た．それはたんに港湾施設の建設だけではなく，マイン川左岸地区を含めた一帯の交通・道路・橋梁の整備，さらに労働者・職員住宅の建設にまで及ぶ総合的なものであった．市参事会は，1897年に設立された特別金庫の資金を用いて工業用地取得にすでに乗り出しており，1904年に280 haを越える土地の取得に成功した．土地の購入はその後も続けられ，換地交渉も1908年まで続けられた．こうして，1907年に土木局によって作成された「フランクフルト・アム・マイン市の東部における新商業・工業河港の建設に関する報告」に基づいて同年4月30日に市議会で計画が承認された．係船池の掘削が1908/09年の冬にホルツマン社の手で始まり，同時にハーナウ街道・東駅の移動や河港駅，さらに工場や商店の建設が進められた．そして1912年5月23日に下流河港（Unterhafen）がまず開港した．総費用は7,200万マルクに達し，1907年の市議会承認時点の5,700万マルクを大幅に上回る大事業であった[56]．

(6) 社会政策

アディケスは労働者の社会的統合を掲げ，社会政策にも強く関与した[57]．もっとも，フランクフルトにおける救貧行政はすでにミーケルの時代に整備され始めていた．すなわち，1882年に国家介入を避けて救貧行政を集中的

---

56) V. Rödel (1986), S. 155-162; J. R. Köhler (1995), S. 187-195, 206-213. この問題を正面から取り上げた邦語研究として，森宜人（2003）がある．なおP・ゲデス（Patrick Geddes）は，フランクフルトの東河港建設を「ドイツ都市計画の完全な模範」と表現している（P. Geddes 1915 = 1982, pp. 196-198, 邦訳 187-189頁）．

57) R. Koch (1986), S. 113. Vgl. F. Adickes (1881).

に進めるために救貧局（Armenamt）が設立され，翌 83 年にはエルバーフェルト制度とプロイセン扶助籍法が導入されていたのである．この体制のもとで救貧事業は個別的・分散的に，そして名誉職によって組織され，公私の慈善活動と協力しながら実施された．1893～1910 年には毎年 1 万 7,000～3 万 5,000 人の貧民が扶助を受けたといわれている[58]．

フランクフルトにおける救貧政策を遂行するうえで，1884～1915 年の時期に救貧局長を務めた市参事会員フレッシュの果たした役割は大きく，その意味でアディケス時代の社会政策は，ミーケル時代と連続する面をもっていた．ミーケルのもとでは，このほか労働者と雇用主の代表が対等に陪審員として任命された営業裁判所（gewerbliches Schiedsgericht）が 1886 年に設立された．これは，救貧制度と並んで社会的緊張の高まりを防止することを目的とするものであり，訴訟物価格 300 マルクまでの訴訟を担当した．この構想は 1890 年の帝国営業裁判所法にも取り入れられ，その際ミーケルは大きな役割を果たした．また，ミーケルとフレッシュはこうした制度改革だけでは貧困問題を解決できないと考え，それが住宅問題と密接に関わっていることを強調した．前述のアディケスによる住宅政策も，これを積極的に受け止めた結果ということができる[59]．

こうしたなかでアディケスは，1895 年 5 月 1 日に営業裁判所の陪席判事のなかからやはり労使同数を配置する職業紹介所（Arbeitsvermittlungsstelle），および同年それと協力しつつ労働者にあらゆる法律問題に関する情報を与える法律相談所（Rechtsauskunftsstelle）を設立した．1905 年には商人裁判所（Kaufmannsgericht）が設立され，1897 年と 1907 年には都市労働者と職員のための年金規定が，1913 年には「ケルン・システム」に従った都市失業者保険のための規則が可決された．市の労働者・職員に対してアディケスは，年金以外にも，年次休暇，疾病時の支援，子供の数に応じた住宅補助などをいち早く導入して先兵的役割を果たし，1900 年のプロイセン自治体官吏法

---

58) H. K. Weitensteiner（1976），S. 40-45; R. Roth（1991），S. 87; W. Forstmann（1991），S. 413; 北村陽子（1999），80-82 頁．
59) R. Roth（1991），S. 87; W. Forstmann（1991），S. 412, 414-415; 北村陽子（1999），82-88 頁; J. Palmowski（1999），p. 27. Vgl. H. K. Weitensteiner（1976），S. 109-127.

の成立にも影響を与えた．さらにアディケスは，市民教育施設や「市民講義委員会」(市民大学校の前身) も社会政策のなかに位置づけようとした．こうした社会政策の領域での活動のため，彼は，1903年に皇帝がフランクフルトを訪問した際に，ヴィルヘルム勲章を授与された[60]．

3. アディケスの政策思想

(1)「都市拡張」論

　本節では，アディケスの著作の一部や講演記録を素材として，彼の政策の思想的背景を探ってみることにしたい．

　まず『国家学事典』第2版 (1901年) 第6巻に彼が執筆した「都市拡張 (Stadterweiterung)」という項目，同じく1901年に社会政策学会の双書96巻に掲載されたアディケスの「厳格な経済的基礎上での民間活動による小住宅建設の奨励」という論文を取り上げる[61]．『国家学事典』の項目「都市拡張」については，すでに大村謙二郎が前後の版の同じ項目との異同に注意しながら綿密な分析をおこなっている．そこでも確認されているように，「都市拡張」は1874年以後都市計画を指す用語として頻繁に使われるようになったが，それまでの都市計画が単なる道路拡張・建設計画だったのに対して，住宅政策を明確に目標として組み込んでいた点にその段階的特徴があったのであり，より総合的・広域的な「都市建設 (Städtebau)」や「都市計画 (Stadtplanung)」は20世紀以降に登場した[62]．実際アディケスは，都市拡張によって農地・菜園地を宅地に転換することが，住宅制度全体の発展と形成に影響を及ぼし，「大きな社会政策的・公法的意義」をもつので，「公法的な規制」が必要であると認識した．そして，そこから衛生管理的・社会政策的要求に合致した住宅政策を遂行することに目標を定めた[63]．都市計画とはほとんど住宅政策に等しいと考えられていたということができる．

---

60) H. Bleicher (1929) S. 273-274, 298, 316; H. Stubbe-da-Luz (1984), S. 643; R. Roth (1991), S. 87, 90; W. Forstmann (1991), S. 415.
61) F. Adickes (1901a), (1901b).
62) 大村謙二郎 (1984), 35-46頁.
63) F. Adickes (1901a), S. 969.

それでは，アディケスが考えていた「公法的な規制」とはどのようなものであろうか．それは以下の5点に分けて考えることができる[64]．

　第1に，建坪率を定める建築警察的規定である．地価は建坪率と階層数によって決まるので，建築制限は地価の上昇をある程度効果的に阻止できるというわけである．1891年の建築条例が，こうした考えに基づくものであることは明らかである．

　第2に，土地市場に影響を及ぼす措置であり，まず建築線計画の適時の実施がそれに当たるが，強制的土地区画整理がなお認められないとすれば，分散した土地所有状況のもとでは大きな限界をもつと認識されている．自治体が強制的土地区画整理の権限をもつアディケス法の成立が目指されたのは，このためであった．また，郊外鉄道の建設と隣接自治体の合併も，労働者による拡大された定住地の開拓に役立つと考えられている．アディケスが19世紀末から都市交通の整備と合併政策に着手していたことも，ここから理解できる．ただし彼は，これらの手段自体が地価上昇を引き起こしうることも理解していた．新しい郊外鉄道は，沿線にある宅地の価格を上昇させ投機を招く可能性があり，自治体合併も合併された自治体の宅地価格を引き上げる効果をもったからである．したがって，こうした価格上昇傾向を他の措置によって，抑制することが必要ということになる．

　そこで出てきたのが第3の手段としての未建設地への合理的課税である．アディケスによれば，都市の農地の事情を考慮した解決の可能性は，1891～93年のプロイセン地方税法によって土地所有課税が自治体に委ねられたことによって与えられた．すなわち，これまでの一律の課税に代わって，投機目的の所有変更・取得を自分で建て管理するための土地取引と区別し，地所の価値を基礎とする直接課税あるいは所有移転税という形態の間接的課税を課すことによって地価の上昇の抑制をはかることが可能になったのである．土地取引税や土地増価税の導入はこの線に沿うものであった．

　第4に，同じく土地投機への対抗手段として，市有地の可能な限りの拡大が指摘されている．しかし，とくに土地所有が分散した地区における市による土地の取得は困難であり，大量の土地購入が価格上昇を引き起こす危険も

---

64) F. Adickes (1901b), S. 280-285.

あった．問題は，市有地の増大それ自体ではなく，いかに市有地を管理し利用するかにあったということになる．しかし他方で，建築・販売制限を課すと地価が大幅に下落して買手を引きつけられないし，地上権による市有地の貸与も，それ自体は決して住宅建設を促進する手段とはいえなかった．アディケスが市有地の拡大に努め，またそれを売却するよりも地上権を設定することを選んだことはすでに述べたが，最初からそれに過大な期待をかけておらず，地上権や制限的条件を伴う売却を魅力的なものにするために，他の手段を用いる必要を認めていたことがわかる．

そして第5に，そのための手段とされたのが住宅建設のための信用創造であった．その場合，公益的住宅建設会社や建設協同組合が重視されたことはいうまでもないが，建設費の残り半分を建設者に供与するための自治体建設金庫という構想が提示されている点は興味深い．しかし，公益的住宅建設会社・建設協同組合は不十分ながらも増加したのに対して，「市営地上権物件貸付金庫」を除き自治体建設金庫はアディケス時代には実現しなかった．

このようにアディケスは，以上のような「公法的な規制」によって，公権力が不健全な投機を抑制し，健全な住宅建設の基礎を据えられると考え，それに基づいて体系的な政策を実行に移したのである．しかし，アディケスは以上のような「公法的な規制」の必要を認め，その実施に努力したことは確かだとしても，民間の活動を敵視してそれを押さえ込もうとしていたわけではない．このことは，今紹介した論文のタイトルが「厳格な経済的基礎上での民間活動による小住宅建設の奨励」であることからも容易に読みとることができる．アディケスは，土地投機や地価上昇を抑え衛生的で安価な住宅を建てようとしたが，その上で「民間の建設活動も小住宅の建設にかなりの程度で関与し続けることが依然として不可欠」であり，「公的な支援による住宅は例外であり，通例であってはならない」と考えていたのである[65]．

実際，アディケスは市営事業として住宅建設に積極的に乗り出すことには慎重で，市の労働者，職員，官吏への住宅提供を別とすれば，公益的住宅建設会社や建設協同組合の活動を支援するにとどまった．その理由は，この論文で述べているように，「実勢市場価格での住宅の人為的建設は，それが公

---

65) F. Adickes (1901b), S. 275-276.

116　第Ⅱ部　フランクフルトの都市発展と都市政策

的補助金でなされるならば，結局納税者の一部が他の部分から住宅建設に関して援助を受けることを意味する」[66]というものであった．都市当局による「公法的な規制」の役割はあくまで「不健全な投機を抑制し，健全な建設活動の基礎を創出する」ことに限定されるべきであり，「一般的経済法則」（＝市場経済）に注意して民間活動を圧迫してはならないというのが彼の基本的立場であった[67]．1901年の市議会で社会民主党の市議クヴァルク（Max Quarck）が「市自らが安価で衛生的な小住宅の建設拡大を始めなければ，悲惨な住宅の根本的な変化は起こらないであろう」と市営住宅建設を迫ったのに対して，アディケスは，小住宅建設会社に十分な資金援助をしていることを強調しつつ，「民間と競争することを，われわれは好ましくないと考える」と反論している[68]．

(2) 「都市社会主義」論

　アディケスに対しては，「最初の実際に活動した都市社会主義者のひとり」という評価があるが[69]，以上のとおりだとすれば，「都市社会主義」とは何かということを，今一度考え直してみる必要がある．そこで，1903年9月にドレスデンで開かれたドイツ都市会議における「ドイツ都市の社会的課題」という講演を手がかりにしてみたい[70]．

　アディケスによれば，「社会的課題」とは，「無制限の経済的自由」が貧富の差の拡大などのさまざまな弊害をもたらし，社会的対立を引き起こしているという現状認識のもとに，こうした状態を，「個人的自由」を制限し「共同権の拡大」という意味で改革するための，「巨大で包括的な課題」を意味している[71]．たしかにこの時期ドイツでも，イギリス，フランス，ベルギーからの刺激を受けて，都市行政全体を社会改良主義の立場から考察し，都

---

66) F. Adickes (1901b), S. 276.
67) F. Adickes (1901b), S. 284-285.
68) H. Kramer (1978), S. 142-143.
69) L. Landmann (1929), S. VIII; B. Ladd (1990), p. 10.
70) このドレスデン上級市長ボイトラー（Gustav Beutler）との講演がおこなわれた1903年の「ドイツ都市博覧会」については，森宜人（2009b）を参照．
71) F. Adickes/ G. Beutler (1903), S. 10.

市社会政策を整備する必要が目立つようになっていた．また，社会民主党が1891年綱領以降，リンデマン（Hugo Lindemann）を中心として自治体綱領の作成を進めたのをはじめとして，自治体自治に対するさまざまな要求やその体系化の試みも始まっていた[72]．

こうした動きに対して，アディケスはまず次のような立場を表明する．「私は，社会主義という多義的な言葉を，国家やゲマインデの改良活動には使わず，後者を社会政策と呼ぶが，社会主義や社会主義者という言葉を，……歴史的な，まったく新しい経済秩序の導入を進めるシステムとその支持者に限定することを勧める．というのは，そうしないと意識的・無意識的な誤解と混乱に容易に門戸を開くことになるからである」．たしかにアディケスは，協同組合，職業紹介所，労働者の状態の改良といった「健全で意義のある」制度・施設が社会主義思想から生まれたことを認め，それゆえ社会主義思想をその起源だけのために拒絶することには反対した．しかし，社会民主党の自治体綱領における諸要求はしばしば矛盾しているとし，「新しい経済秩序の導入」という社会主義の目標には距離を置くのである[73]．

それでは，アディケスは「都市の社会的課題」についてどのように考えているのだろうか．それは，(1)公的所有ないし事業の推進，(2)競争の緩和と弱者の保護，(3)市民の福祉と社会的・経済的対立の調停，(4)労働者の地位の改善，(5)都市の租税や料金等による公正な秩序の形成，に分けられる[74]．これをやや思い切ってまとめるならば，以下のようになる．すなわちアディケスは，公益性の高い事業の市営化や住宅問題解決のために市がさまざまな措置を講ずる必要を認めるが，収益性にも留意するとともに，民間企業の活動を尊重して市営住宅の建設には慎重である．また，労働条件や賃金体系などの改善あるいは住民の健康維持のための配慮を率先して都市がおこなうべきであると考えているが，無償制の無制限な拡大には批判的であり，等級化された料金や労働者保険の導入によって，労働者が自己責任をもって相応の負担を負うべきだと考えている（この点でアディケスはブレンターノ（Lujo

---

72) F. Adickes/ G. Beutler (1903), S. 12-25; 北住炯一 (1990), 273-291 頁.
73) F. Adickes/ G. Beutler (1903), S. 26.
74) F. Adickes/ G. Beutler (1903), S. 28-59.

Brentano）と対立している）．そして必要な資金をまず自発的な寄付によって調達することを重視するため，資金調達のための増税には慎重である．ただし，社会的観点から公正な税制を実現する必要は認め，累進的所得税には肯定的である．社会主義者の要求や他国の制度と対比しつつ，アディケスが「都市の社会的課題」について独自な政策思想をもっていたことがうかがわれる．

　しかし，彼の政策は労働者の参加のもとで実施されることを想定していなかった．すなわち，彼は，内外でしばしば問われる，普通平等投票権と自ら交代で選ぶ長をもつ自治体の決定機関を欠くドイツの都市によって，社会改良事業は遂行できるのかという問いに，肯定的に答えている．社会主義者はそれを拒否するであろうが，彼によれば，こうした事業は「所有者（Besitzende）」の意思に反してではなく，その同意を得て実施されることに意味があるのである．彼によれば，社会政策は現行の政治体制のもとでのみ実現可能であった．もちろん，三級選挙法のもとでも，社会主義者の協力は望まれている．自治体制度の質を決めるのは，形態ではなく，とりわけ「社会的課題」の領域では，現実の持続的な給付の程度なのである．さらに，ドイツの都市行政は，有給官吏と名誉職（経済市民）の協働によって成り立っているが，このこともあらゆる階層との協力に適した形態であり，都市における社会改良事業をライヒやラントよりも有利にしているともいえる[75]．というのは，ライヒやラントでは所有と権力手段の行使をめぐる激しい闘争がくり広げられるのに対して，自治体行政は「中立的な平和領域」を形成しているからである．こうして多くの批判や抵抗にもかかわらず，ドイツの都市行政が「社会的課題」にいかに大きく関与しているかを力説している[76]．

---

[75] こうした考え方は，本書，第2章3節で紹介したフォルストホフの「生存配慮」をまさに体現したものと考えられる．

[76] F. Adickes/ G. Beutler (1903), S. 59-65; H. K. Weitensteiner (1976), S. 22; B. Ladd (1990), p. 174. フランクフルトでは，1867年の自治体制度法にもとづき，三級選挙法ではなくセンサス選挙法（Zensuswahlrecht）が採用されていた．センサス選挙法とは，家屋をもつか営業をおこなうか，年間所得が700グルデン（1,200マルク）以上で1年以上居住する24歳以上の男子に選挙権を限るもので，ほとんどの労働者は選挙権をもつことができなかった．19世紀末に市議会でH・レスラー（Heirich Rößler）が選挙権を900マルクに引き下げる提案をしたが，アディケスは，プロイセン政府が引下げを認

このようにみてくるならば,「都市社会主義」という言葉はアディケス自身の用語法にそぐわないものであり,既存の経済秩序のもとで労働者の統合を目指す「社会改良」は,社会民主党の目指すものとはかなり異なるものであったということができる.

おわりに

本章では,アディケスの経歴,業績,思想を広義の都市計画を中心に考察してきたが,彼が都市行政官としてのキャリアの全期間,とりわけフランクフルト上級市長時代の政策遂行において際だったイニシアティブを発揮し,しかも彼の政策が体系的な政策思想によって裏打ちされていたことがわかるであろう.しかし,それと同時に注意したいのは,フランクフルトの都市政策をアディケスの実行力と思想だけで説明することもできないということである.このことは,彼の「社会主義」観をみるだけでも明らかであろう.したがって,それにもかかわらずフランクフルトの都市政策は何故「先進的」だったのかが,さらに問われる必要がある.

その場合まず指摘されるのは,アディケス自身が「いかなる政党とも完全な距離を保つ」姿勢を意識的にとったことである[77].ただ,アディケスが現職の身で自らの政治的立場を,先にみた1903年の講演でかなり明瞭に表明していたことに留意するならば,これだけで説明がつくとは思えない.他の都市で経験を積んだ官吏が有給市参事会員に多く選ばれるようになり,市参事会の実務的性格がアディケスの時代に強まったことも無視できない要因である[78].また,市議会で優位に立っていた左翼自由派(民主派)や,20世紀に入って次第に地歩を固めていった社会民主党の役割,およびアディケスと彼らとの関係にも注目すべきであろう.たとえば,救貧・労働政策の遂行

　めないであろうという理由で拒否した.市議会では,労働者に少なくとも3分の1の議席を保証する三級選挙法への移行を強要されるきっかけを与えることが危惧された.1904年にレスラーの提案を修正したものが可決されたが,アディケスは応じなかった(H. K. Weitensteiner 1976, S. 23-25; B. Ladd 1990, pp. 22-25, 238; R. Roth 1991, S. 55-56; R. Roth 2014, S. 153, 161-162).しかし,社会民主党は1900年に議席を獲得して以来,センサス選挙法のもとでも着実に議席を延ばした(北住炯一 1990, 251頁).

77) 関野満夫(1986), 69頁;U. Bartelsheim(1997), S. 287.
78) U. Bartelsheim(1997), S. 290-295.

に際して重要な役割を果たした市参事会員フレッシュ，ルッペ，市議レスラーは民主派に属しており，アディケスと社会政策の理解について無視しえない違いが存在したが，彼らはアディケスの都市計画を熱心に支持した．パルモウスキーは，フランクフルトにおける都市政策の先進性を，アディケス，左翼自由派，社会民主党，マートンの「公益研究所」などによる非政党的慈善活動の協調と競争という視角から説明しようとしている[79]．またアディケスは，社会政策は労働者への「恩恵」であると考えたが，レスラーは労働者の「権利」であると述べている．これは当然政治参加（投票権の獲得）の要求にも結びつくものであった[80]．ロート（Ralf Roth）は，以上の人々に加えて民主派の市議ゾンネマン（Leopold Sonnemann）の果たした役割を強調している[81]．

すなわち，第二帝政期ドイツの都市行政は，関野が結論づけたように，都市支配層の利害に基づく「上からの改良主義政策による社会統合」の政策[82]としての性格を強くもっていたとしても，それを体現する上級市長の役割と並んで，市参事会と市議会との関係，それぞれの内部における政治的利害（とくに自由主義内部）の対立と協調，さらに他の都市との競争的関係の結果として形成されてきたということになる．またこうした問題は，ドイツ自由主義が都市政策遂行のうえでどのような役割を果たしたのか，それは国家レベルの政策とはどのような関係にあったのか，イギリスにおける同時期の社会自由主義（新自由主義）と比較するとどのような特徴をもっていたのか，といった問題にもつながるものといえよう[83]．

---

79) J. Palmowski (1999), S. 249-254. 20世紀初頭のフランクフルト市政の「政党政治化」については，J. Rolling (1980) も参照．
80) U. Bartelsheim (1997), S. 298. ランゲヴィーシェ（Dieter Langewiesche）もフレッシュとレスラーの役割を重視している（D. Langewiesche 2014, S. 62-64）．
81) R. Roth (2007), (2014), S. 159-166.
82) 関野満夫 (1986), 74-75頁．
83) J. Palmowski (1999) は，ドイツの都市自由主義に関するフランクフルトを事例とした独自の貢献であるが，他の都市の事例を踏まえてさらに深める必要がある．R. Roth (2009), (2014) は，そうした研究が続いていることを示している．

第4章
工業化・都市化の進展と合併政策の展開

はじめに

　都市化を都市数と都市人口比率の増加と捉えるならば，中世ないしそれ以前にまでさかのぼることができるが，都市化が急速に進展したのはやはり工業化の開始以降のことであった．ドイツのほとんどの地域においても都市化は19世紀に入ると始まり，世紀後半に本格化した．たしかに中世においても都市は工業の立地であったが，それは19世紀に至るまで連続的に発展したのではなく，近世に入ると，生産過程の少なくとも一部を周辺農村に移し，都市が商業・仕上業の中心地として農村工業と新たな関係を構築する現象がしばしば起きた．こうしたプロト工業化の展開は，常に本来的工業化につながったわけではないが，移行に成功した場合には，都市＝農村関係の新たな再編により工業の都市への回帰，すなわち工業都市の誕生という形をとることが多かった．そして，これ以後都市化は工業化と相携えて進展し，都市への人口集中に伴い都市人口比率も急激に上昇した[1]．

　しかし，いうまでもなく都市化と工業化がすべての地域でこのような経過を辿ったわけではない．たとえば，ルール地方に典型的にあてはまるような，自然資源の所在に大きく左右される石炭・製鉄業の，19世紀に入ってからの急激な発展とそれに伴う都市化の進展は，それ以前の都市＝農村関係との関わりがほとんどみられないケースといえる．さらに，都市のツンフト手工業の勢力が強く，農村工業の展開が顕著ではなかった地域の場合は，それと

---

[1] 筆者はこの過程を，ビーレフェルトを中心とするラーヴェンスベルク地方について明らかにした（馬場哲 1999）．

も異なる展開を示した．フランクフルトは，中世以来経済的には商業・金融都市として重要な位置を占めており，またツンフト手工業の利害が強かったため，逆に19世紀に入っても工業化に対する抵抗が強かった．しかし，世紀後半から工業化が進むとともに，工業化が先行していた周辺地域を，19世紀末から20世紀初頭にかけて自治体合併という形で段階的に市域内に包摂することによって，フランクフルトは工業都市としての性格を強めていった[2]．

また，工業化の進展は労働者層の増大を意味したから，都市行政はそれに伴って発生する住宅問題や貧困問題といった新たな課題への対応を迫られ，とくに労働者向けの小住宅建設のための用地をどのように確保するかが焦眉の問題となり，自治体合併はそのための政策という意義も備えることになった．合併政策の基本的特徴については第2章6節でみたとおりであるが，本章では，フランクフルトにおける都市化・工業化の進展と合併政策の関係を明らかにすることにしたい．なお，本書の対象時期は基本的に第二帝政期であるが，本章では当該期の工業化との連続性を重視して，ヴァイマル共和政期の1928年の合併も含めて論じることにする．

1. フランクフルトの経済構造と工業化

(1) 商業・金融都市フランクフルトの発展

フランクフルトは中世以来，商業・金融都市として名声を博した．年2回開かれた大市は，とりわけ16世紀末のアントウェルペンの陥落後，局地

---

[2] 本章では，化学工業でとくに顕著であった「自治体合併による工業化」に注目するが，フランクフルトの旧市域内でも工業化が進展し，工業振興策も実施されたことを無視しているわけではない．後述するように化学工業も旧市域内で一定の発展をみたが，19世紀末には西部のグートロイト・ガルス地区にクライヤー（Heinrich Kleyer）の自転車工場やラーマイヤー（Friedrich Wilhelm Lahmeyer）の電機工場などが展開し，20世紀に入ると東部のオストエンド地区の開発が始まった．とりわけ後者はF・アディケスによる計画的な工業振興政策の所産であった．この点については，W. Forstmann (1991), S. 400-401; T. Pierenkemper (1994), S. 105-108; J. R. Köhler (1995), S. 39-41, 188, 193-195, 塩川舞 (2015), 31-38頁を参照．ただし，この旧市域内の工業発展はすぐに限界に達し，隣接自治体の合併による工業用地の一層の拡大を必要とした．

的・国際的な商品取引の仲介者としての役割を果たした．また，フランクフルトはヨーロッパの中心に位置したため，国際商業，とりわけワイン取引および羊毛取引において重要な位置を占めた．しかし，18世紀初頭に最大の大市都市の座をライプツィヒに奪われると，金融業の重要性が高まった[3]．

これに対して手工業は，市民のうち最大のグループを構成したが，15世紀以来局地的な重要性しかもたず，経済的には副次的役割しかもたなかった．しかし，18世紀末以降比較的大きな工業施設（「ファブリーク」）が成立しはじめると，手工業者はツンフトによる営業独占に固執してこれに強く抵抗した．都市当局もこうした手工業の利害，賃金水準の高さ，土地不足を理由として抑制的な態度を取った．フランクフルト市民もそれらが引き起こす騒音，煤煙，汚染に強い拒否反応を示した．たとえば，蒸気機関の設置には近隣住民の同意が必要とされ，1836年まで設置することができなかった．このため工業施設，とりわけ大工場は市内を避けて周辺地域に建設されるようになり，ここにフランクフルトと工業化との屈折した関係が始まることになった[4]．

フランス革命に端を発するヨーロッパの政治的激動の波に，フランクフルトも巻き込まれた．すなわち，フランクフルトは1792年以後数回にわたりフランスの占領を受け，1806年の神聖ローマ帝国解体とともに長年維持してきた帝国自由都市の地位を失った．1806～13年の時期にはカール・フォン・ダルベルクの支配下（1806年侯国，1810年大公国）に入り，フランクフルトは政治的独立性を大幅に制限されたが，フランスを模範とする市政改革がいくつか実施され，それまで続いていた門閥支配が崩れた．また，1808年には商業会議所が，商業の繁栄を目的として商人や銀行業者によって設立された[5]．フランスによる支配の終焉とウィーン体制下でのフランクフルトの自由都市およびドイツ連邦議会開催地への昇格とともに，市政の多くは旧帝

---

3) W.-A. Kropat（1971），S. 93; W. Forstmann（1994），S. 57, 64-67, 69-71; T. Pierenkemper（1994），S. 89; C.-L. Holtfrerich（1999），S. 82, 93-97.

4) Handelskammer（1908），S. 1214-1225; T. Pierenkemper（1994），S. 91-92, 98; C.-L. Holtfrerich（1999），S. 86-87, 98.

5) W. Klötzer（1991），S. 304-313; T. Pierenkemper（1994），S. 90-92; C.-L. Holtfrerich（1999），S. 119-125, 130.

国自由都市時代のものに復帰し，名称がラート (Rat) からゼナート (Senat) へと変わったとはいえ，市政の権限を集中した市参事会の構造も復活した．しかし，商人・銀行業者の意向を反映して，宗派や身分に関わりなく政治的同権が引き続き保証され，商人・法律家・手工業者の同盟によって門閥支配の復活は阻止された[6]．

もっとも，このことは工業化の始動に対しては必ずしも有利に作用しなかった．手工業者が門閥による市政支配を抑える必要から，商人・金融業者の同盟相手となったため，その見返りとしてツンフト制度の維持が保障されたからである．こうしてフランクフルトにおける営業の自由の導入は，1864年にまでずれこむことになった[7]．また，1860年代にフランクフルトはふたたび大きな政治的転機を迎えた．普墺戦争後の1866年に，フランクフルトはオーストリアとの強い結びつきを理由にプロイセンの占領を受けて併合され，自由都市の地位を失ったからである．これに伴いフランクフルトの市政は，プロイセンの地方行政制度に従って運営されることになった[8]．

ところで，フランクフルト市政への商人・金融業者の影響力の高まりを支えたのは，19世紀前半における商業・金融都市としての一層の発展であった．フランクフルトは大市商業に代わって委託・運送商業の発展に力を入れたため，商業は1834年と1868年の両年のいずれをとっても市内の就業者の約30％を占め続け，最大のグループを構成した．他方，金融業は商業からゆっくりと分離して，ベートマン (Bethmann)，ロートシルト (Rothschild)，メッツラー (Metzler) といった個人金融業者を生み出し，フランクフルトは金融都市としての性格を強めていった．そこで特徴的だったのは，フランクフルトの個人銀行業者が市内外の工業経営にはほとんど関心を示さず，鉄道建設や領邦国家に対する証券取引業務を中心業務としたことである．しかし，このことが逆にフランクフルトの金融都市としての地位を次第に揺るがす原因となった．19世紀後半に入ると，フランクフルトは工業企業の株式取引

---

6) R. Roth (1991), S. 46-49; C.-L. Holtfrerich (1999), S. 125-127.
7) Handelskammer (1908), S. 1224-1225; B. Ladd (1990), pp. 10-11; R. Roth (1991), S. 50, 55; T. Pierenkemper (1994), S. 96; C.-L. Holtfrerich (1999), S. 128-129.
8) W. Klötzer (1991), S. 343; W. Forstmann (1991), S. 349-361.

や株式銀行の設立といった新しい動きに遅れをとり，次第にベルリンに金融の中心地としての地位を奪われたからである．1875年にライヒスバンクがベルリンに設立されたことは，それを象徴する出来事であった．こうしてフランクフルトは，19世紀末になってようやく工業化に本腰を入れるようになった[9]．19世紀，とりわけ後半に入ってフランクフルトで一定の発展を示した工業部門としては，機械，電機，皮革，帽子，化粧品，食品，ビール醸造，印刷など労働集約的なものを挙げることができるが，なかでも化学工業は重要な意味をもつと同時に，周辺地域と密接な関係をもって発展した[10]．

(2) フランクフルトにおける化学工業の発展

化学工業はドイツ各地に分散して立地していたが，フランクフルト周辺地域はその中心地のひとつであった[11]．その理由としては，以下の3つが挙げられる．第1に，この地域は自然資源やエネルギー源という点では決して有利ではなかったが，化学・製薬業についてすでに長い伝統があり，フランクフルトには15世紀以降，治療薬や大市にもたらされる砂糖，ワイン，薬種，香辛料，染料を扱っていた薬局が数多く存在していた．多くの薬剤師は，早くから工業的に薬を処方することの利益を認識していた[12]．第2の理由として挙げられるのは，フランクフルトが交通上有利な位置にあったために，中世以来染料や薬種がその重要な取引商品であったことである．宗教改革後もこうした染料取引の大部分を引き寄せるとともに，自ら染料を製造することが試みられた．とくに16～17世紀にドイツのほとんどの書籍が当地で印刷されたこともあり，印刷用黒インクが必要とされたからである．さらに，

---

9) D. Rebentisch (1980), S. 91-92, 94; W. Forstmann (1994), S. 76-77; T. Pierenkemper (1994), S. 91, 93-95, 100-101; J. R. Köhler (1995), S. 187-188; C.-L. Holtfrerich (1999), S. 129-130. もっとも，商業会議所は1883年になっても工場の新設を抑制しようと試みている．フランクフルトの金融業については，居城弘 (2001), 26-28, 192-194頁；山口教博 (2001) も参照．

10) 19世紀後半～20世紀初頭におけるフランクフルトの工業化については，Handelskammer (1908), S. 1213-1312; T. Pierenkemper (1994), S. 102-113; W.-A. Kropat (1971), S. 113-123 を参照．

11) F. Schönert-Röhlk (1986), S. 451-452, 455.

12) D. Rebentisch (1999), S. 82-83.

18世紀後半になると度重なる戦乱によってオリエントとの交易がしばしば阻害されたため，染料や薬種を自ら製造しようとする人物が現れた[13]．フランクフルトで化学が興隆した第3の理由は，近隣のギーセン大学が学問としての化学にドイツではじめて門を開き，1825年に最初の化学実験室を設立したことである．そこではリービヒ（Justus von Liebig）らが教鞭を取り，ゼル（Ernst Sell）やエーラー（Karl Gottlieb Reinhard Oehler）ほか多くの化学者を育成した[14]．

　フランクフルトにおける化学工業の発展は，以下のような経緯を辿った．まず18世紀末にいくつかの石鹸工場が設立された．19世紀に入ると化学製剤が薬局から分離しはじめるとともに，1830年代初頭には3つの「化学工場」が銅版印刷用黒色インク，いわゆるフランクフルト・シュヴァルツ（Frankfurter Schwarz）を製造していた．フランクフルトにおける化学染料製造の嚆矢は，1828年に設立されたフンベルト（Jacob Humbert）の染料工場であった．同社は1839年に鉛白製造のために施設を拡大しようとしたが，酸化のために必要な馬糞の悪臭のために隣人たちの反対を受け，結局1841年にザクセンハウゼンで操業することを認められた．また，ツィンマー（Konrad Zimmer）は1837年に彼は前出のゼルと組んでツィンマー＆ゼル化学工場を設立し，さまざまな製品，とりわけキニーネを製造した．1842年にゼルは離脱し，オッフェンバッハにタール蒸留施設を設立して，発見されたばかりのクレオゾールを製造した．このタール工場でリービヒの高弟ホフマン（August Wilhelm von Hofmann）がタールをさらに分解し，この実験はタール染料工業の発展のための基礎となった．ゼルの工場は1850年に，スイスで長らく染色業を営んできたエーラーに売却され，エーラーはまもなくタール蒸留を放棄し，1860年からフクシンの生産を開始した．したがって，このオッフェンバッハの工場がフランクフルト周辺地域で最初のアニリン工場であったことになる[15]．

　この時期さらに大きな化学工場として設立されたのがブレナー（Franz

---

13) B. Müller (1937), S. 320.
14) D. Rebentisch (1999), S. 83.
15) Handelskammer (1908), S. 1277-1278; B. Müller (1937), S. 320.

Julius Brönner）の工場である．この工場はすでに 1846 年に認可を受けていたが，当初は印刷用インク，後にはタール蒸留品や染み抜き溶剤を製造し，1870 年代初頭以来アリザリン，1877 年からはナフトールの製造が加わり，1882 年には株式会社に転換した．しかし，市街地の拡張に圧迫されて工場は 1886 年にアニリン製造株式会社に賃貸しされた後，1888 年に清算された．また，1873 年には金銀の精練をおこなうデグッサ社（DEGUSSA: Deutsche Gold- und Silberscheideanstalt）が設立されたが，フランクフルトでの事業拡張はできるだけ制限し，諸外国の事業への参加や市外に工場を建設する方針をとった[16]．このようにフランクフルト市域内の化学工業は着実に発展したが，フランクフルト市民の工場嫌悪，賃金水準の高さ，用地不足とそれに伴う高地価などの要因が重なって制約も大きく，むしろその周辺地域で発展することになった．

2. 1877 年と 1895 年の合併

(1) 1877 年のボルンハイム合併

フランクフルトは，1866 年にプロイセンに併合されたときに本来の市域（Stadtmark）と市有林（Stadtwald）を除く領土を失ったが，1877 年に，1475 年以来の領土であった北東部に隣接する村落ボルンハイムをふたたび合併した[17]．ボルンハイムでは 1864 年に営業の自由が導入されて以来，J・ヴェルトハイム・ミシン工場が設立されるなど工業的性格が強まり，人口も 1864 年の 4,775 人から 75 年の 1 万 85 人へと，この時期に 2 倍以上に増加した．このため，貧困層の増大といった，ボルンハイム村役場の行政能力を超える問題が発生し，フランクフルトの上下水道との連結への期待も加わって，1872 年にボルンハイム・サイドからフランクフルトへの合併が提案された．他方，フランクフルト・サイドも合併を考えざるをえない事態に直面した．フランクフルトの土地会社「ボルンハイマー・ハイデ」がフランクフルトに隣接する土地をボルンハイムから購入し，そこに非衛生的な高層賃貸住宅

---

16) Handelskammer（1908），S. 1278-1280, 1283-1284.
17) Stadtblatt der Frankfurter Zeitung vom 1. 4. 1928, in: ISG, VAH, #1383, Bl. 86-87.

（ミーツカゼルネ）を建設する可能性が生じ，それを阻止するためには，合併によってフランクフルトの建築条例を適用する必要が出てきたからである．大きな行政的負担を抱えることになるため市議会では反対意見も出されたが，結局フランクフルト市参事会はボルンハイムの合併に踏み切った[18]．前掲の表 2-5 は，1877～1928 年のフランクフルトにおける合併による市域拡大を示したものであり，図 2-1 はそれに対応する地図である（80-81 頁）．

(2) ボッケンハイムにおける工業化の進展

　ボッケンハイムはフランクフルトの西北に隣接する集落だったが，ボルンハイムと違って合併以前にフランクフルトの領土であったことはなかった．まず注目すべき事実は，ボッケンハイムが 1819 年 6 月 13 日にヘッセン＝カッセル選帝侯ヴィルヘルム 1 世（Wilhelm I. von Hessen-Kassel）の布告によって村落ゲマインデから都市へと昇格し，1822 年 8 月 10 日に息子のヴィルヘルム 2 世（Wilhelm II. von Hessen）から都市特権と営業の自由を与えられたことである．こうして，これ以後フランクフルトに隣接しているという利点を生かして，ボッケンハイムで工業が発展することになった[19]．初期の工業化を牽引したのは，営業の自由導入後に成立した馬車製造業であり，ヴァーグナー＆ライフェルト社が，外交官，銀行業者，商人といったフランクフルトの富裕層向けの有蓋四輪馬車や郵便馬車の製造を開始し，1830 年代には 200～300 人の労働者を雇用していた．ボッケンハイムが工場立地として選ばれたのは，フランクフルト市内での馬車製造が騒音のために好まれなかったからであった．ボッケンハイムは，三月革命期に革命運動が高揚したことによる軍の駐留などによって大きく混乱し，工業経営も打撃を受けたが，1852 年にマイン＝ヴェーザー鉄道がカッセルまで全通してドイツの鉄道網に組み込まれたことによって，工業化がふたたび進展した．まず挙げられるのが機械工業であり，この間鉄道車輌製造に移行していたライフェルト馬車工場は，1863 年には年間 400 輌を製造していた．同社は 1871 年にフランクフルト車輌工場株式会社の所有に移り，従業員 450 人を抱えて 1878 年まで

---

18) D. Rebentisch (1980), S. 98-101; S. Wolf (1987), S. 124-125.
19) H. Ludwig (1940), S. 263-264; F. Lerner (1976), S. 24-25.

存続した[20]．

　機械工業と違って化学工業は定着しなかったが，重要な 2 つの工場がボッケンハイムで生まれた．フランクフルトの貨幣純度検査官を務めた F・E・レスラー（Friedrich Ernst Rößler）が，1848 年にシルマー（Schirmer）の化学工場を獲得して金銀精錬の廃液から硫酸銅を抽出する作業に従事したが，前述のようにこの企業が，フランクフルトに 1873 年に設立された前述のデグッサ社の前身であった．それと並行してレスラーは，ベースト（Ludwig Wilhelm Karl Baist）と共に 1855 年にベースト社を設立し，ボッケンハイムに工場を取得して化学肥料の製造を開始した．この工場は，翌 56 年に新設されたフランクフルト農業化学製品株式会社の手に移った．しかし，同社はグリースハイムにより大きな敷地を取得し，そこに工場を建設してボッケンハイムの経営を移転させた．この会社は当初グリースハイム株式会社，1863 年からはグリースハイム化学工場株式会社と名乗ったが，管理部門の所在地はフランクフルトであった[21]．

　1860 年代にもボッケンハイムの工業化は進展した．まず挙げられるのが 1863 年に設立されたヴェーバー＆ミュラー社であり，当初鉄製品を製造していたが，1870 年には靴製造機に転じ，製靴工場も併設した．この工場の所有者は頻繁に変わったが，1900 年以降はメヌス機械工場株式会社として発展を続けた．また，1866 年にはゼック社が設立され，製粉機製造で成長した．同社は後にダルムシュタットに移転したが，その施設は 1897 年に設立されたヴァイスミュラー兄弟機械工場に受け継がれ，脱穀機・大麦選別機，あるいは港湾などのための昇降機が製造された．また，それまではフランクフルトに接する地区に工場が集中していたが，マイン＝ヴェーザー鉄道の西側地区にもヴェーバー＆ミュラー社やインペリアル・コンチネンタル・ガス会社などが進出し，ボッケンハイムの工業的性格がさらに強まった[22]．ところで，同じ 1866 年にヘッセン＝カッセル選帝侯国は自由都市フランク

---

20) H. Ludwig (1940), S. 267, 303; F. Lerner (1976), S. 25-26, 37-38; W. Forstmann (1991), S. 404; T. Pierenkemper (1994), S. 106.
21) H. Ludwig (1940), S. 301-302; F. Lerner (1976), S. 38-39; J. Ickstadt (1982), S. 84-85.
22) Handelskammer (1908), S. 1256-1257; H. Ludwig (1940), S. 302-303; F. Lerner (1976), S. 41-42; W. Forstmann (1991), S. 404.

フルト，ナッサウ公国，ヘッセン＝ホンブルク方伯領とともにプロイセンに併合され，ヘッセン＝ナッサウ州として統合された．これに伴いボッケンハイムはフランクフルトと同じ領邦の同じ州に属することになった．このことは，後に合併が実施されるための前提となるものであった．

　1870年代初頭の「設立期」に，ボッケンハイムの工業発展もさらに進んだ．1872年にヴルムバッハ（Julius Wurmbach）がオーブン・レンジ工場を設立し，この工場は後にボッケンハイム鋳鉄・機械工場へと発展した．同年ゲンデビーン＆ナウマン機械工場が設立され，1887年にそれを基礎としてポコルヌイ＆ヴィッテキント社が成立し，ドイツにおける大型蒸気機関製造における指導的企業のひとつになった．バウアー鋳物工場も1872年にフランクフルトから移ってきて，20世紀初頭にかけて拡大を続けた．同じく1872年にはG・シーレ社が換気装置・遠心ポンプ工場を設立した[23]．1880年代に入ると，他の都市の企業がボッケンハイムに進出する事例が目立った．1883年にはベルリンのJ・ピンチュ社が進出し，ガス器具，ダイヤルゲージ，ランプなどを製造した．1884年にはヴュルツブルクからハルトマン（Eugen Hartmann）がライフェルトの車輛工場跡地に進出し，ブラウン（Wunibald Braun）とともに計測器具の企業を設立した．1886年には，乾燥機とセントラルヒーティングを製造する工場がフランクフルトから移ってきた．さらに，1889年には電気配線のシュタウト＆フォークト社が進出し，電機および配線器具工場を設立した[24]．

　このように，ボッケンハイムはフランクフルトに先んじて工業化を進めた．それを反映して人口は1851年4,002人，1871年8,476人，1880年1万5,402人，1890年1万8,675人と急激に増大した[25]．その際注意すべきは，ボッケンハイムにおける工業発展がフランクフルトの事情と密接に関係していたことである．すなわち，ボッケンハイムの工業経営の多くはフランクフルトの市場を目当てとするものであったが，営業の自由導入が遅れてフランクフルト市内に立地することができないために進出してきたものだったのである．

---

23) H. Ludwig (1940), S. 327; F. Lerner (1976), S. 46-47.
24) H. Ludwig (1940), S. 327-328; F. Lerner (1976), S. 49-50.
25) Handelskammer (1908), S. 1247; D. Rebentisch (1980), S. 102.

他方，ボッケンハイム・サイドも営業の自由導入後に工業施設を積極的に受け入れる姿勢を示し，フランクフルト市当局もすでに1820年代の時点でそのことに脅威を感じるほどであった[26]．しかし，フランクフルトはボッケンハイムの工業化を抑えるのではなく，むしろそれと商業的・金融的に関わることによって，いわば自ら手を汚すことなくそこから利益を得ようとした[27]．

(3) 1895年のボッケンハイム合併

以上のようなボッケンハイムの工業化とそれに伴う人口増加は，この小都市だけでは解決できない諸問題を生み出した．食肉処理場の建設や道路の舗装は市の財政力を超えるものであり，市の負債は1866年の時点ですでに7万グルデンに達していた．また1890年には独自の財源で上水道が設置され，1892年にはW・ラーマイヤー社と契約して発電所が建設された[28]．こうして市の財政負担はさらに膨らんだ．他方，フランクフルトとの結びつきはとくにプロイセンへの併合後着実に強まっていった．それを象徴的に示すのが1872年5月19日にボッケンハイムとフランクフルトとの間で馬車鉄道が開通したことであった（写真4-1)[29]．これはフランクフルトにおける最初の市街鉄道であったという意味でも重要であるが，ボッケンハイムとフランクフルトがすでに一体化しつつあったことを示す事実としても見逃せない．こうした事情を背景として，ボッケンハイム市長はすでに1875年の時点でフランクフルトへの合併を望んでいたが，1877年に実施されたボルンハイムの合併が予想以上に費用のかかるものであったこと，および1880年代のフランクフルトがミーケルのもとで緊縮財政政策をとっていたことなどから，なかなか実現しなかった．

しかし，排水問題の深刻化に促されて2,000人の署名を集めたボッケンハイム市民の合併要求をきっかけとして，1892年に事態はふたたび動き出した．

---

26) Handelskammer (1908), S. 1222-1223.
27) W. Forstmann (1991), S. 404-405.
28) F. Lerner (1976), S. 41, 51-52.
29) H. Michelke/ C. Jeanmaire (1972), S. 7; F. Lerner (1976), S. 47.

写真4-1　ボッケンハイム市街と市街鉄道（1905年）
出典：F. Lerner（1976），S. 34.

　ボルンハイムのときと同様の負担増大を理由として，市議会の一部は合併に執拗に反対したが，市参事会は積極的で，1893年3月からボッケンハイムとの交渉に入った．上級市長に就任したばかりのアディケスは，① 商業と金融に偏ったフランクフルトの経済構造を工業地区の合併によって改善する必要があること，② フランクフルトの建築条例をボッケンハイムにも適用して公衆衛生・社会政策上の要請を満たす都市建設を実施する必要があること，の2点を根拠として交渉を進め，プロイセン政府の支援もあって1895年4月に合併を実現した[30]．ただし，ボッケンハイムは平均15年間割り増しされた租税負担に同意することを余儀なくされた[31]．
　このように，ボッケンハイムの合併は，ボルンハイムと同様に，フランク

---

30) H. Ludwig（1940），S. 328-329; D. Rebentisch（1980），S. 98-101; K. Maly（1992），S. 320-323, 332-334; 馬場哲（2000），26頁．
31) D. Rebentisch（1980），S. 101-106; S. Wolf（1987），S. 125-127. アディケスにとって合併問題ははじめて直面した問題ではなく，前任地アルトナのオッテンゼン合併の経験が役立ったと考えられる（E. Adickes 1929, S. 274-276; 本書，96-97頁）．

フルトの都市発展の影響を受けて生じた人口や工業施設の増加がもたらした行政的負担の増大に耐え切れなくなった隣接自治体の側から要請される形をとったが，統一的な行政が実施できないために都市化が無秩序に拡大することを避ける必要から，大都市もこれを受ける必要があった．また，すでに述べたように，フランクフルトでは19世紀に入っても工業化の歩みが緩慢であったことも重要な経済的背景であり，フランクフルトが工業的性格を備えるうえで自治体合併は重要な手段となったのである．世紀転換期にはとくに機械工業の発展が顕著で，1875年の173経営（労働者968人）から1907年の547経営（労働者1万5,039人）へ，それに伴い全就業者数に占める割合も2.5%から11.2%へと上昇した[32]．

3. 1900年と1910年の合併

(1) 1900年の合併

1900年に実現したにオーバーラート，ニーダーラート，ゼックバッハの合併も，形式的にはこれらの自治体からの要請に基づき実現した．しかし，これはアディケスと進められた秘密事前交渉の結論を踏まえたものであり，決して一方的なものではなかった．実際この頃ともなれば，フランクフルトにとっても自治体合併による市域の拡大は，都市計画の遂行上不可欠の課題となっていたからである[33]．1899年12月12日にフランクフルト市議会でおこなわれた市参事会の理由説明は，以下のようなものであった．1866年まで領土であったオーバーラートとニーダーラートの合併は，マイン川左岸沿いの土地を獲得でき，上下水道，ガス，電気などの市営供給事業の営業範囲を拡大することで，収益性を高めて民間企業との競争に打ち勝つという共通の理由をもっていたが，その他にオーバーラートについてはオッフェンバ

---

[32] D. Rebentisch (1980), S. 111; W. Forstmann (1991), S. 401-406; T. Pierenkemper (1994), S. 105-113. ただし，電機工場を別とすれば，合併後のボッケンハイムの工業発展はそれほど顕著なものではなかった．それは，隣接するヴェストエンドの邸宅街の環境を保護するためであった．

[33] H. Mayenschein (1972), S. 61-63; D. Rebentisch (1980), S. 106-108; S. Wolf (1987), S. 127-128.

ッハと隣接できること，ニーダーラートについては市有林を工場建設による悪影響から守ることが固有の理由として指摘された．

これに対して，北東部に接するゼックバッハの合併理由は異なっていた．1,000 ha と広大で，市街化が進んでいないこの自治体の土地を獲得することは，フランクフルトにおいて深刻であった宅地不足や地価上昇に表現される住宅問題の解決に大きく資するものであった．しかし，ゼックバッハが単独で宅地開発を進めることは不可能であり，しかも財政難のため公有地の一部が売却される可能性さえあり，それを防ぐためにも合併は必要であると考えられた．また，3 自治体に共通する問題として交通問題が取り上げられ，合併はそのための有効な解決策とみなされた[34]．これに対する市議会の対応も以前とは異なっていた．1900 年 1 月 16 日の市議会で合併問題に関する特別委員会の報告が発表されたが，それは「事態が以前の場合とは全く異なること」を認め，市参事会の説明に基本的に同意することを内容とするものであった．たしかに合併に伴う追加的支出は必要となるが，合併を遅らせるほうがより大きな支出をもたらすであろうという認識のもとに即時合併が望ましいとされたのである[35]．

(2) 1910 年の合併

上記の 3 自治体と並行して，フランクフルトの北部に接するハウゼンやギンハイムも，すでに 1899 年の時点で合併を提案していた．しかし，1900 年の合併後フランクフルトは，さしあたり新たな合併よりも特別協定によって共通の政策課題を遂行する方式を選択した．具体的にはニッダ川の改修，ガスと水道の供給，道路建設，建築線の設定，下水道建設，市街鉄道建設などが協定の対象となったが，ガス・水道供給については一定の成果を挙げたものの，その他の課題についてはこの方式ではうまく機能しないことが判明した．こうしてフランクフルト農村郡の全 11 自治体の合併が検討されるに至り，1909 年 3 月 16 日の市議会に，市議会と市参事会のメンバーからなる混

---

34) Mitt. Prot. StVV, 1899, §1217 vom 12. 12. 1899, S. 580-582. Vgl. K. Maly (1992), S. 383.
35) Mitt. Prot. StVV, 1900, §71 vom 16. 1. 1900, S. 25-27.

成委員会の報告が提出された[36]．報告の基本的内容は，以下の通りであった．

　フランクフルトの北辺を流れていたマイン川の支流であるニッダ川は，氾濫を繰り返し，フランクフルトと隣接 6 自治体に跨がるおよそ 600 ha の土地を浸水させていた．このため，ニッダ川の治水には関係自治体の協力が必要だったが，協定に基づく共同事業は進まず，結局フランクフルトが関連自治体を合併して，財政的・技術的負担を負うことによってのみ治水工事は実施可能と考えられるようになった[37]．人口の分散をはかり郊外に住宅地を開発するためには，郊外への交通手段，この時期でいえば市街鉄道（市街電車）の建設が不可欠の前提であったが，その実現も協定の形では進展しなかった．というのは，その敷設と経営のためにはかなりの補助金を必要とするが，各自治体ではとうてい負担しきれないからである．他方，市街鉄道が開通すれば地価はかなり上昇するので，その結果利益を得る沿線の土地所有者から土地を収用することは正当なことであるが，それを実現できるのも小自治体ではなくフランクフルトである[38]．

　市街鉄道の郊外への拡張は，住宅政策とも密接に関連していた．混成委員会報告は，市域の拡張は人口の増加と衛生的な住宅建設への要求を考慮して本気で追求されねばならないと述べているが，報告をうけた討議においても，たとえば国民自由党の市議ラソー（Friz E. A. von Lasaulx）は，「社会的な観点からも，この問題は徹底的に検討されねばならない．労働者が道路開削政策によって市の中心部から追い立てられるほど，市はますます良質の住宅を市の外側で配慮しなければならない．私は，われわれ皆が市独自の領域内でのみ，大規模な住宅政策が可能であると確認していると信じている」と発言している[39]．

　合併の目的は多岐に及んだが，市域を郊外に広げてフランクフルトを中心に統一的な広域行政を展開することで，衛生的で快適な生活環境を整えることが中心的な課題であったことは疑問の余地がない．とくにこの 1910 年の

---

36) Mitt. Prot. StVV, 1909, S. 383-384.
37) Mitt. Prot. StVV, 1909, S. 384, 386; D. Rebentisch (1980), S. 109.
38) Mitt. Prot. StVV, 1909, S. 385.
39) Mitt. Prot. StVV, 1909, S. 386, 391, 408.

合併は，すでに工業が発展していた郊外自治体を合併することによって工業都市としての性格を強化しようとした1895年や，後述の1928年の合併と比較して，郊外住宅地の確保という意味合いが強かったということができる．

実際，この合併以前にフランクフルト市および市の管理下にある財団は，合併対象となっている11の自治体に合計約860 haに及ぶ土地を所有していた．さらに各自治体が所有する土地を加えると1,021 haに達し，それは11自治体の総面積の25%を占めていた．この事実は合併後の市街地開発にとって有利な条件であるとともに，合併を郊外自治体に迫る梃子ともなった[40]．フランクフルトはアディケスのもとで積極的な土地政策を実施しており，それは市域内にとどまらず，郊外自治体の土地にも及んでいたのである[41]．

市議会における討議は3月16日だけでは終了せず23日にも継続され，最終的にフランクフルト農村郡の自治体との合併協定締結が市議会で承認された[42]．もっとも，関係自治体との個別の協定をみると，ニッダ川の改修について明記されているのはハウゼンとの協定のみであり，他の自治体との協定には出てこない．これに対して，市街鉄道の敷設については，ベルカースハイム（合併後1年半以内），ギンハイム（同1年半以内），プロインゲスハイム（同1年半以内），ハウゼン（同2年以内），プラウンハイム（1912年10月1日まで）について明記され，レーデルハイムについては，1年以内に国有鉄道レーデルハイム駅まで路線を延長することが盛り込まれた．住宅政策との関連で注意したいのは市有地の扱いであり，フランクフルトの動産・不動産と合併される自治体のそれは合体されるという規定がすべての協定に入っており，さらに建設計画に関する規定が含まれている協定もあることである．たとえば，ギンハイムとの協定では，建設計画の変更ないし拡張が必要な場合には，フランクフルト市は速やかに建設活動の支障を回避する措置を取る義務を負うことが，ハウゼンとの協定では，建設計画はできるだけ速やかに立案されるべきであるということが書かれている[43]．こうして，フランク

---

[40] Mitt. Prot. StVV, 1909, S. 387.
[41] 詳しくは，本書，第6章を参照．
[42] Mitt. Prot. StVV, 1909, S. 449. Vgl. K. Maly (1995), S. 143-147.
[43] ISG, Akten des Rechnei-Amts, 138.

フルトは1910年4月1日にフランクフルト農村郡全体を合併し，面積は9,392 haから1万3,477 haに拡大し，この時点でドイツ最大の市域をもつ都市となった（図4-1）[44]．

アディケスは1912年に退任し，G・フォークトが第4代上級市長に就任したが，アディケス時代に膨張した都市財政の引き締めが大きな課題となったうえに，第一次世界大戦の勃発によって住宅建設は停滞し，住宅問題は深刻化することになった．そして1924年にL・ラントマンが第5代上級市長に就任すると，ライヒが徴収する家賃税を原資とする社会的住宅建設を推し進めた．彼がこの事業を任せたのがE・マイである[45]．マイは1925年にフランクフルト定住局長に就任すると，深刻な住宅問題を解決するべく団地の建設を次々に実施したが，それは単に量的な住宅不足を解消することを目的とするものではなく，「ノイエス・バウエン」という建築様式・思想をもって，住宅や都市に新たな文化の息吹を吹き込むことをも目指しており，「新しいフランクフルト（Das Neue Frankfurt）」とも呼ばれた[46]．

その際当面の文脈で重視したいのは，マイの代表的事業が1910年に合併された自治体（ヘッデルンハイム，プラウンハイム，ハウゼン，ギンハイム）に位置していたことである．たとえば，プラウンハイム団地の開発は，1910年の合併協定に基づいて市内への交通の便が確保されていたことや，下水道の整備が完了していたことなどが前提となっていた．さらに重要なのが，ニッダ川の改修である．すでに述べたように，この事業も1910年の合併が実施されたもっとも重要な理由のひとつであったが，合併完了後も事業の着手は遅れており，1920年に大規模な洪水が起きた．しかし，問題解決のための動きが本格化したのはラントマン時代の1926年のことであり，1929年6月に基本的に完了した[47]．つまり，マイの事業は，1910年の合併協定の履行を前提として成り立っていたのである．

---

44) O. Landsberg (1912), S. 107-108; 馬場哲 (2004b), 16頁，表4.
45) L. Becht (2012), S. 173, 175, 177; M. Habersack (2012), S. 181-186; D. Rebentisch (1975a), S. 70-79, 98-102.
46) C. Mohr/ M. Müller (1984), S. 7; 後藤俊明 (1995); 馬場哲 (2015).
47) H. Lenz/ F. Lerner (1998), S. 105-106, 馬場哲 (2015) も参照．

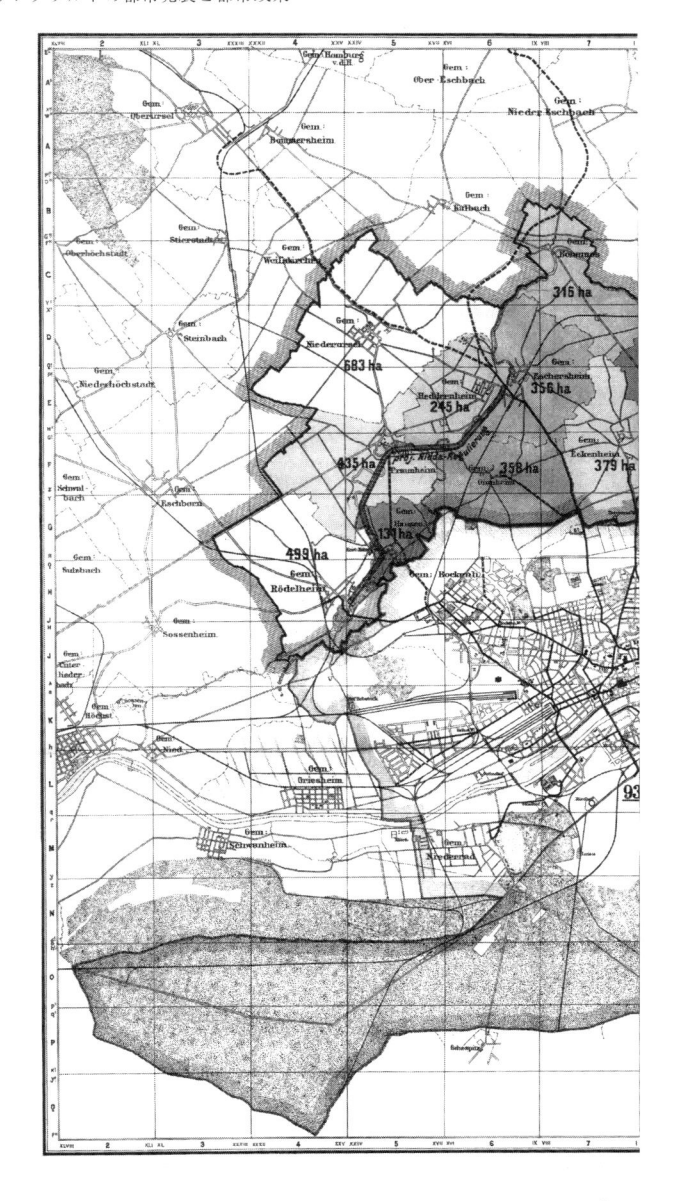

138　第Ⅱ部　フランクフルトの都市発展と都市政策

図 4-1　1910 年の

出典：ISG, MA R373/IV.

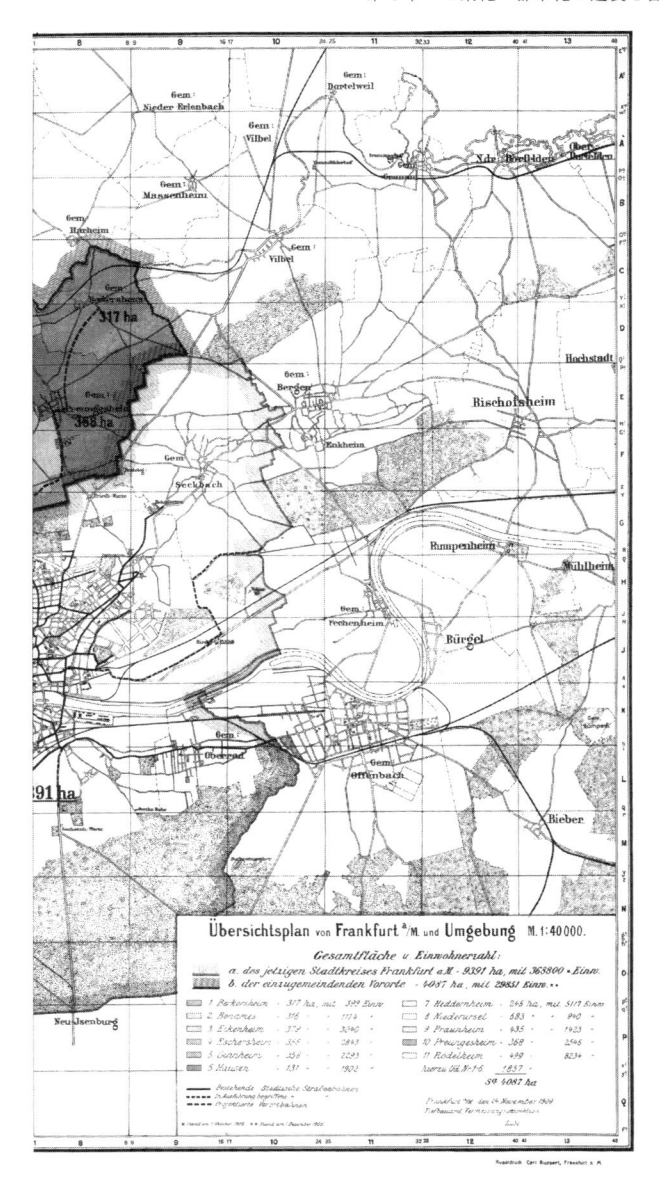

第 4 章　工業化・都市化の進展と合併政策の展開　139

合併関連地図

4. 1928年の合併

(1) 周辺自治体における化学工業の発展

① グリースハイム（Griesheim）

　フランクフルトの西に隣接するグリースハイムは，17世紀以降に限っても目まぐるしくその所属を変えた．1642年にハーナウ＝リヒテンベルク伯の領土となり，1653年には領土の交換によってマインツ選帝侯領となった．この状態は1802/03年の大司教区の消滅まで続いたが，世俗化の過程を経て，1803年からはナッサウ公国領となった．そして，1866年に周辺地域とともにプロイセン領に併合された[48]．

　グリースハイムの工業化は，1823年に蠟布・織布工場が設立されたことを嚆矢とするが，重要性で勝るのはやはり化学工業であった．1856年3月に，グリースハイム当局はボッケンハイムのベースト社の工場を取得したフランクフルト農業化学製品株式会社に対する敷地の売却に同意し，それを受けて同年5月にフランクフルト市参事会は，同社のグリースハイムへの移転を認めた．マイン川に面していて原料・製品の輸送に便利だったことがその理由であった．当初は化学肥料と硫酸が製造されたが，1858年にはルブラン法を用いてソーダ製造も始められた．同社の社名がグリースハイム株式会社を経て，1863年にグリースハイム化学工場株式会社となったことはすでに述べたとおりである．その後同社は他の無機酸，とりわけ硝酸，さらにアニリン油その他の染料の中間製品やクロム酸塩も製造するようになり，肥料生産は次第に後景に退き，1880年代に放棄された[49]．

　しかし技術的にみて大きな画期となったのは，同社の技術を一貫して指導したI・シュトローフ（Ignatz Stroof）によって，1885年から約2年半をかけて開発されたアルカリ塩化物の電気分解による苛性ソーダと塩素の製造であった．1888年には200馬力の電気分解装置が稼動しており，1892年にはこ

---

48) J. Ickstadt (1982), S. 22, 25-26.
49) Handelskammer (1908), S. 1286; H. Raschen/ P. Hoffmann (1938), S. 5, 9-10, 13, 17-18; J. Ickstadt (1982), S. 82-84, 86.

写真 4-2　グリースハイム・エレクトロン社（19世紀末）
出典：J. Ickstadt (1982), S. 85.

の方法の企業化のためにエレクトロン化学工場株式会社（Chemische Fabrik Elektron AG Frankfurt）が設立された．そして同社は1898年8月18日にグリースハイム化学工場と合併し，ここに「グリースハイム・エレクトロン化学工場（Chemische Fabrik Griesheim-Elektron）」（以下，グリースハイム・エレクトロン社）が誕生した（写真4-2）．合併と並行して製造品目や工場施設の拡充も続けられた．すなわち，1896年にはそれまで輸入に頼っていた赤燐・黄燐の製造が始まり，1897年には有機・無機塩化物を製造していたマインタール化学製品工場を，1905年には1850年に設立されたオッフェンバッハのK・エーラーが所有していたアニリン工場を合併した．こうして1908年の時点で同社は309人の職員，162人の監督者，3,460人の労働者と数多くの福祉施設を抱えるまでに拡張した．資本金も1878年の180万マルクから，1917年の2,500万マルクへと順調に増加した[50]．

---

50) Handelskammer (1908), S. 1286-1287; H. Raschen/ P. Hoffmann (1938), S. 27-30, 44, 59; J. Ickstadt (1982), S. 84, 87.

このように，グリースハイムの工業は化学工業にほとんど集中していた．特筆すべきは，グリースハイム化学工場の技術水準の高さであった．前述のアルカリ塩化物の電気分解は，1891年のフランクフルトの電気工学博覧会や1892年のシカゴ世界博覧会で高い評価を受けたが，同年さらに燐灰土から塩酸を用いて燐酸石灰を生産する技術が開発された．1906年には，マグネシウム金属を加工するための開発がグリースハイム工場の特別実験室で開始され，その成果であるマグネシウム合金は1909年のフランクフルト国際航空博覧会に出品された．したがって，グリースハイムの化学企業がドイツ，さらには世界の化学工業に占めた位置は決して小さくなかった[51]．また，フランクフルト周辺地域との密接な結びつきも見逃せない．グリースハイム・エレクトロン社の技術指導部と研究実験室は，グリースハイムに位置したが，管理・営業部門の所在地はフランクフルトであった．また，1916年の隣接したグリースハイム化学工場の買収によって，同社の施設はマイン川沿いにグリースハイムからフランクフルトにかけて切れ目なく続くことになった[52]．

② ヘヒスト（Höchst am Main）

ヘヒスト・アム・マインは，19世紀以前から独自の長い歴史をもっていた．1356年にヘヒストは，マインツ大司教のもとで都市法を獲得し，それ以後マイン川沿いの関税徴収地として重要な役割を果たしたからである．また，18世紀には製陶業や嗅煙草製造が発展した[53]．世俗化の過程でヘヒストは，1803年にナッサウ公国領になったが，それ以後1818年のツンフト強制の廃止にも支えられて，1824年の時点でナッサウでもっとも工業の盛んな都市であった[54]．

1866年にヘヒストも，ナッサウ公国の一部としてプロイセンに併合された．これはヘヒストにとって政治的な転機であったが，それ以上に重大だった経

---

51) J. Ickstadt (1982), S. 88-89.
52) H. Raschen/ P. Hoffmann (1938), S. 18, 20, 49, 54, 63; J. Ickstadt (1982), S. 85.
53) H. Schüssler (1953), S. 24, 38-42, 48-49; R. Schäfer (1981), S. 22, 39-45, 91-95.
54) R. Schäfer (1981), S. 107, 112, 122.

済的事件がその数年前に起きていた．1862 年に化学者のルツィウス（Eugen Lucius）とブリューニング（Adolf Brüning），商人のマイスター（Carl Friedrich Wilhelm Meister）とミュラー（Ludwig August Müller）がドイツ国内にアニリン製造工場を設立するために提携し，翌 63 年 1 月 4 日にマイスター＝ルツィウス社（Meister, Lucius & Co.）が設立されたからである[55]．同社が何故ヘヒストに設立されたかは必ずしも明らかではないが，中心人物ルツィウスがフランクフルトに小さな製薬工場をもっており，マイスターもフランクフルトに住んでいたものの，なお営業の自由が導入されていなかったのに対して，ヘヒストが工場の設立を租税的に優遇したことが大きかったといわれている．また，地価が安く，労働力も調達しやすく，マイン川へのアクセスや水の獲得が容易だったことも，ヘヒストが選ばれた理由となった．設立後ルツィウスらは，小さな実験室でフクシンの製造を開始した[56]．当初フクシンはポンド当たり 20 ターラーしたため業績は好調だったが，その直後に価格が急落し，ミュラーも会社を離れたため，マイスター＝ルツィウス社は最初の困難に陥った．しかし，この頃ルツィウスらはアルデヒド・グリュンの製法を改良して液状のものをペースト状に変えることに成功し，会社はふたたび上昇気流に乗った．このアルデヒド・グリュンも半年後には価格の低落を経験したが，イギリスで商品化されたヨード色素の改良に成功することでもちこたえることができた．1867 年にブリューニングを共同経営者に加えて会社契約を更新し，社名をマイスター，ルツィウス＆ブリューニング社（Meister, Lucius & Brüning）と変更した．そして，1869 年 12 月からはあらゆる染料の基礎であるアニリンも自ら製造するようになった．こうしていわゆる「ヘヒスト染料会社（Farbwerke Höchst）」（以下，ヘヒスト社）の躍進が始まった[57]．

　1870 年代のタール染料工業の焦点となったのが，アリザリンの製造であった．これは茜の根に含まれる赤色染料であるが，一時ヘヒスト社にいたグレーベ（Graebe）がその合成に道を拓き，ヘヒスト社のリーゼ（Riese）がより安価に製造することに成功した．その生産の伸びは目覚しく，1870 年に

---

[55] H. Schüssler (1953), S. 61; R. Schäfer (1981), S. 109-110, 128.
[56] H. Krohn u.a. (1989), S. 5; 加来祥男（1986），33 頁．
[57] H. Schüssler (1953), S. 61-63; 加来祥男（1986），33-34 頁．

は売上げは数千ターラーにとどまったが，1873年には150万ターラーになった．こうして，ヘヒスト社は1875年には労働者370人，化学者12人，商人12人を雇用していたのに対して，1880年には労働者1,650人，監督者40人，化学者25人，技術者10人，商人45人を数え，「大不況」にもかかわらず生産を拡大した．そしてこうした企業規模の拡大を背景として，1880年に資本金850万マルクの株式会社に転換した．アリザリンに次いで合成染料製造の焦点となったのが合成インディゴであったが，開発には時間がかかり，1901年にベンゾールを原料とする方法を採用してようやく企業化に成功した[58]．

第一次大戦前のヘヒスト社について，もうひとつ触れておく必要があるのが，タール染料の中間製品を原料とする合成医薬品製造であり，ヘヒスト社はこの分野への進出にとくに積極的であったといわれている．すなわち，同社は1883年にクノル（Knorr）によって発明された解熱剤アンティピリンを製造し，1897年にはこれよりも少量で効く鎮痛・解熱剤ピラミドンを発売した．また，1892年にはベーリング（Emil Behring）と協定を結んで血清療法の開発を進め，ジフテリア血清は大きな成果を収めた．こうしてヘヒスト社の医薬品製造部門は拡大し，第一次大戦勃発時にはチフス，コレラなどに対するワクチンあるいはガス壊疽，硬直性痙攣に対する血清などを製造していた．1899年にフランクフルトに設立された国立血清研究所のエーアリヒ（Paul Ehrlich）は，日本人秦佐八郎とともに梅毒の治療薬サルヴァルサンの製造に成功したが，それを1910年に企業化したのはヘヒスト社であった．ともあれ，ヘヒスト社は合成染料と医薬品の製造によって，最初の50年の間ほぼ順調に成長することができた．いくつかの指標を挙げれば，以下のようである．製造する染料の種類は1888年には約1,800であったが，1913年には約1万1,000に達した．従業員の数は1906年に約5,000人であったが，1913年には8,000人を越えていた．また，株式資本金は株式会社転換時の1880年には850万マルクだったが，1908年には3,600万マルクにまで増大していた[59]．

---

58) H. Schüssler (1953), S. 63-66; 加来祥男 (1986), 48, 54-56, 87-88, 98 頁．
59) H. Schüssler (1953), S. 64, 67-68; 加来祥男 (1986), 92-93, 98 頁．

しかし，世紀転換期になるとドイツの合成染料企業は，賃金・福利厚生費）の膨張，世界市場における保護主義化の動き，競争の激化に伴う販売価格の低下などを背景として収益の低下傾向に直面し，カルテルの結成では効果を期待できなかったため，1903年から企業結合の動きが急速に高まった．まず1904年初頭にバイヤー社，ヘヒスト社，ベー・アー・エス・エフ社，アグファ社の4社によるトラスト設立計画が進められた．ヘヒスト社はこの計画には否定的な態度をとったが，レオポルト・カッセラ社（Leopold Cassella & Co.）の働きかけを受けて，1904年8月に，原料の供給・共同購入，特許・ライセンスの交換などを主な内容とする同社との利益共同体を1905年1月1日より発足させることに合意した．この合意はバイヤー社とベー・アー・エス・エフ社を刺激し，アグファ社をも加えて10月に利益共同体をやはり1905年1月1日より発足させる協定が締結された（「三社同盟（Dreibund）」）．他方，ヘヒスト社とカッセラ社の利益共同体は，1907年にヴィースバーデン近郊ビープリヒに所在するカレ社を加えて「三社連合（Dreiverband）」となり，ここにドイツ・タール染料工業における二大利益共同体体制ができあがった[60]．

三社連合は，すべてフランクフルト周辺に所在して地理的に近接しており，ヘヒスト社の優位がはっきりしていたこともあって，すでに生産面で密接な相互補完関係を形成していた．株式ないし資本持分を相互にもち合っており，三社同盟と比べて結合度も高かった．実際，ヘヒスト社はカッセラ社の資本持分の27.5%を所有し，カッセラ社と共同でカレ社の株式の88.8%を所有していた．三社同盟と同様に，販売組織の統合は進まなかったものの，三社連合の運営はかなり順調であったといわれている[61]．

第一次大戦の勃発とともに，事態はふたたび大きく変わった．化学工業は火薬・爆薬・毒ガスといった軍需品生産への転換が容易だっただけでなく，硫酸・硝酸といった原料や医薬品を製造したために重要視されたからである．ヘヒスト社も染料の製造・輸出を停止し，そうした軍需品生産に転換することを政府より命じられ，1915年4月には染料企業の首脳が集められ軍需品

---

[60] 詳しくは，加来祥男（1986），113-150頁；工藤章（1999），17-39頁を参照．
[61] 加来祥男（1986），170-172頁；工藤章（1999），27-28, 33頁．

増産のための動員体制が確立された．さらに，1916年8月に策定された「ヒンデンブルク計画」に沿って，2つの利益共同体に参加していた6企業に，それまでアウトサイダーだったグリースハイム・エレクトロン社とヴァイラー・テル・メーア社を加えた，8大染料企業を包括する単一の利益共同体が結成された[62]．

　大利益共同体は戦時期を通じて染料のシェアを急減させたが，火薬や爆薬需要の大幅な伸びに支えられて売上げを伸ばし，利益や資本金はほぼ倍増した．敗戦後に内外の環境の変化に直面してドイツ染料企業は苦境に陥ったが，大利益共同体は資本所有関係の緊密化，契約期限の延長などによってむしろ強化された．また，生産・販売の合理化や合成アンモニアの開発に代表される製品・事業の多角化も進められ，ドイツ染料企業の業績は急速に回復した．しかし，1923年のルール占領によって，ドイツ染料企業は再度大きな打撃を受けた．とくにヘヒスト社は，フランス占領軍によって設備の一部を改造されさえした．これをきっかけとして昂進したインフレーションが終息すると，輸出競争力の低下や高率の協定賃金率などの制約が一挙に顕在化して産業合理化が緊急の課題となった．とはいえ，利益共同体の枠内での合理化はすでに限界に来ており，1924年から企業合同への動きが強まり，ついに1925年12月9日のIGファルベン（I. G. Farbenindustrie AG）設立を迎えることになった．ドイツ化学工業に占めるその地位は圧倒的であり，染料では100％，窒素肥料では80％の生産集中度を誇った[63]．ヘヒスト社はIGファルベン成立に伴いヘヒスト工場となり，その指導は当初はミッテルライン事業所共同体，後にマインガウ事業所共同体（マインクーア，グリースハイム，オッフェンバッハの工場を含む）に委譲され，その中心的工場となった（写真4-3）[64]．

③ フェッヒェンハイム（Fechenheim）

　フランクフルトの東に接するフェッヒェンハイムは，1736年よりボッケ

---

62) H. Schüssler (1953), S. 68-70; 工藤章 (1999), 39-47頁.
63) 詳しくは，工藤章 (1999), 47-111頁を参照.
64) H. Krohn u.a. (1989), S. 50.

写真4-3　ヘヒスト社（1927年）

出典：R. Schäfer (1986), S. 232.

ンハイムと同様にヘッセン＝カッセル選帝侯国の領土であったが，やはり1866年にプロイセン領となった．ウィーン会議終了時のフェッヒェンハイムは人口800人ほどの漁村にすぎなかったが，1819年にマイン川上にオッフェンバッハと結ぶ橋がかけられ，1847年にはプリンツ＝ルートヴィヒ鉄道の駅（駅名はフェッヒェンハイムではなくマインクーア）が設置され，プロイセン領となった頃にはきわめて有利な交通条件を備えていた．そうしたなかでレオポルト・カッセラ社がこの地に定着することになった[65]．

カッセラ社の起源は，ユダヤ人カッセラ（Leopold Cassella）が1820年代に天然染料取引をはじめたことにさかのぼる．1828年には娘婿のガンス（Ludwig Ahron Gans）が共同経営者となり，1838年に同社は染料の卸売取引に専門化した．その背景には染料市場の拡大があったものと考えられる．1847年にカッセラが世を去ると，ガンスは翌48年にカッセラ未亡人の持分を買い取り，1858年に娘婿のヴァインベルク（Bernhard Weinberg）をふたたび共同経営者に迎えた．この時期同社の将来にとって重要な意味をもったの

---

65) H. E. Rubesamen (1970), S. 112, 115.

が，ガンスの次男レオ（Leo Gans）が，1860年から化学を学びはじめたことである．当時はちょうど合成染料の草創期で，レオも合成染料の研究に関わった．そして，1868年にレオがフランクフルトに自らの実験室を作ると，カッセラ社はそれに関心を示した．というのは，合成染料が市場を席巻し，天然染料取引が急激に縮小するにつれて，合成染料をヘヒスト社などから購入しなければならなかったからである[66]．

こうして，カッセラ社は自ら合成染料生産に乗り出すことになり，1870年にガンスとレオポルトのフランクフルト・アニリン工場を設立して，フクシンと塩基性染料に製造品目を限定して労働者15人で操業を開始した．最初の10年間の歩みは着実ながら緩慢なものであったが，1879年にはホフマン（Mainhard Hoffmann）が技術指導を担当し，社名もガンス社に変更された．この頃から同社は急激に成長した．それを支えた要因としては，ホフマンの学問的知見を経営に生かす手腕，1877年に導入されたドイツ帝国特許法による独自の研究開発成果の保護，1883年にB・ヴァインベルクの長男アルトゥーア（Arthur Weinberg）が同社の経営に参加したことなどが挙げられる．さらに，アルトゥーアの弟カール（Carl Weinberg）が1877年以来カッセラ社に入って販売を一手に引き受けたことも，同社の強みとなった．そして，1894年1月1日をもってカッセラ社はガンス社を吸収し，フランクフルトに新たな本店を構えることになった．この間フェッヒェンハイムの工場規模は急速に拡大し，労働者も1880年の146人，1890年の545人を経て，1900年には1,800人となり，科学者，技術者，販売部員を加えると2,000人を越えた．特許の数もドイツ国内で128，外国で245を数えた[67]．

すでにみたように，ドイツの合成染料企業は1903年から企業結合への動きを示したが，バイヤー社のデュースベルク（Carl Duisberg）を中心とするトラスト設立計画から外されたカッセラ社は，ヘヒスト社と直ちに接触し，1904年8月に利益共同体を結成することに合意した．それに伴いカッセラ社は，合名会社から有限会社に改組された．カッセラ社はこの協定に従って酸，アニリン，ソーダの生産を放棄し，タール染料とその中間製品の製造に

---

66) Handelskammer (1908), S. 1276, 1285; H. E. Rubesamen (1970), S. 44-50.
67) Handelskammer (1908), S. 1285; H. E. Rubesamen (1970), S. 50, 54, 56, 116.

重点を置くことになった．これを機会にレオ・ガンスは経営の一線から退き，カッセラ社は化学者アルトゥーアと商人カールのヴァインベルク兄弟によって指導されることになった．その後同社は順調に成長を続け，1914年に年間売上げ1万9,000トン，従業員3,000人を数えるまでになった．しかし，第一次大戦中の1916年に8社による大利益共同体が結成されたことはすでに述べた．また，敗戦によりドイツ化学工業は海外資産と貴重な特許権を失った．こうした困難な交渉をヴェルサイユで行った代表団団長が，カール・ヴァインベルクであった．アルトゥーアも，化学工業のためのライヒ賃金協約の実現に関わった．1920年代前半のカッセラ社自体の業績は，技術担当取締役にC・ハーゲマン（Carl Hagemann）を迎えたこともあり好調で，工場設備の近代化・拡張も進められた．1924年初頭には従業員も3,910人（労働者3,134人，職員776人）で最高を記録した[68]．しかし，ドイツ化学工業を取り巻く国際環境は厳しく，カッセラ社もIGファルベンに参加することになったが，すでに同社はカレ社と同様主力6社の共同支配のもとにあったため，工場をIGに賃貸するという形で編入されたことには注意が必要である[69]．

(2) 1928年の合併――ヘキストを中心に

フランクフルトは第一次大戦中にも東西への拡張を計画していたが[70]，合併問題は敗戦やハイパー・インフレーションの混乱のなかで一時棚上げとされ，ドイツ社会が一応の安定を取り戻したのち改めて浮上した．すなわち，1924年12月13日に上級市長に就任したばかりのラントマンが合併委員会を招集し，その席でいまや新たな合併をおこなう時期が来ていると主張したのである．直接のきっかけは，西に隣接するグリースハイムがフランクフルトへの合併を打診してきたことであったが，注意したいのは，ラントマンがこの申し出を断るとグリースハイムだけでなく西部の自治体がヘキストに合併されてしまうと述べていることである．少なくともこの時点では，フラン

---

[68] Handelskammer (1908), S. 1285; H. E. Rubesamen (1970), S. 56, 58, 60.
[69] 工藤章 (1999), 45-46, 87頁.
[70] Schreiben vom Magistrats-Syndikus an den Oberbürgermeister vom 24.6.1918, ISG, MA 375/V.

クフルトはグリースハイムほかの自治体を争奪し合う関係にある都市としてヘヒストを認識していたのである．また，大規模な工場用地の獲得の必要から東方への拡張の必要も指摘され，ハーナウ農村郡に属するフェッヒェンハイム以下 8 自治体の合併を目指すことが確認された[71]．

　フランクフルトと隣接自治体との合併交渉は 1925 年 4 月頃より始まり，8 月になるとその進捗状況が新聞で報道されるようになった[72]．これを受けてヘヒスト市議会はこの問題を取り上げ，市長アッシュ (Bruno Asch) はヘヒストの存立基盤を守るためにあらゆる手段をとると言明した[73]．フランクフルトの動きが，ヘヒストに大きな脅威を与えていたことがわかる．しかし交渉はなかなか進まず，ようやく 1926 年 6 月 4 日になってフランクフルト市参事会は，市議会にグリースハイム，シュヴァンハイム，ゾッセンハイムの 3 自治体の合併についての報告を提出し[74]，市議会は 6 月 30 日にこれを承認した[75]．フェッヒェンハイムとの合併交渉はそれ以上に難航したが，1926 年後半に進展し，12 月 14 日に市議会は，11 月 19 日に市参事会より提出された合併協定案を可決した[76]．

　こうした事態の進展をヘヒストが注視していたことは想像に難くない．1926 年 3 月以降開催が確認されるヘヒスト市の合併委員会で，新市長ミュラー (Bruno Müller) はフランクフルトと周辺自治体との合併交渉の経過を冒頭で必ず報告しており，その上でどのような対応を取るべきかを協議していた[77]．ところが，フェッヒェンハイムとの協定成立後の 1927 年に入ると，

---

71) Abschrift. Sitzung der Eingemeindungskommission am 13. 12. 24 vorm. 11 Uhr., ISG, MA 375/V.
72) Deutsche Allgemeine Zeitung vom 20. 8. 1925 und Stadtblatt der Frankfurter Zeitung vom 20. 8. 1925, ISG, MA 375/V.
73) Stadtblatt der Frankfurter Zeitung vom 1. 9. 1925, ISG, MA 375/V.
74) Vortrag des Magistrats an die Stadtverordnetenversammlung über die Eingemeindung der Landgemeinden Schwanheim, Griesheim und Sossenheim, ISG, MA 375/V. Vgl. K. Maly (1995), S. 437.
75) Bericht über die Verhandlungen d. StVV 1926, §666 vom 30. 6. 1926, S. 604-633.
76) Bericht über die Verhandlungen d. StVV 1926, §1225 vom 23. 11. 1926 und §1279 vom 14. 12. 1926, S. 1090-1094, 1138-1141.
77) Vermerke von Dr. Müller vom 5. 3. 1926, 10. 5. 1926 und 28. 5. 1926, ISG, VAH #1372, Bl. 28, 37, 38.

ヘヒスト自体がフランクフルトに合併される可能性が取りざたされるようになり，ヘヒスト市参事会はそれを公式に否定することを余儀なくされた[78]．さらに，ミュラーは1927年5月16日にこの問題についての自らの立場を文書の形で公表し，フランクフルトの自治体合併に対してヘヒストの立場を以下のように主張した．① ヘヒストはシュヴァインハイム・ウンターフェルトの西半分，ニートとゾッセンハイムの一部の割譲を要求する．② 上記の3自治体はフランクフルトに合併された後も引き続きヘヒストの管轄に置かれ，ヘヒストはヘヒスト農村郡の郡庁所在地にとどまる．③ ラントはヘヒストの存続可能性を保障する[79]．

以上からも読み取れるように，この文書はフランクフルトよりも，プロイセン政府およびラント議会を念頭に置いていた．フランクフルトがヘヒストの利害にも密接に関わる自治体の合併を実現できるかどうかは，いまやひとえにこれらの上位官庁・機関の判断にかかっていたからである．もともと自治体合併はラントが高権をもつ行政行為であったが，1908年1月17日に帝国裁判所が，自治体合併の本質はラントが関係自治体による合併協定に承認を与えることにあると判断したことが示すように，第一次大戦前には何よりも関係自治体の意向が尊重された[80]．ところがヴァイマル期に入ると，合併による大都市の拡張が，隣接する農村郡の存続を脅かしたり，ラント内の行政区域の大幅な変更を必要としたりする規模に達したため，ラントが自治体合併問題に強く介入するようになったのである[81]．

こうしたなかで，1927年5月27日にフランクフルトの周辺自治体合併に関する会議がフランクフルトで開催された．この会議には，関係自治体の首長や幹部だけでなく，ヴィースバーデンとカッセルの両県知事，ヘッセン＝ナッサウ州長官，プロイセン内務省幹部も出席しており，今回の合併問題が

---

78) Höchster Kreisblatt vom 8.1.1927 und 11.1.1927, ISG, VHA #1372, Bl. 77, 80.
79) W. R. Krabbe (1980), S. 369.
80) P. Nolte (1988), S. 18-19. このようなラントの介入は，ヘヒスト合併問題がまさに最終局面にあった1927年12月27日の「自治体制度法の様々な条項の調整に関する法律」によって最終的に正当化された．
81) Neuregelung der politischen Grenzen im Preußischen Untermaingebiet. Stellungnahme der Stadt Höchst a/M., ISG, VAH #1372, Bl. 95.

大詰めを迎えつつあることを示していた．そこで，ミュラーのメモに従って会議の経過を辿ることにしたい．まず，フランクフルト財務局長アッシュは，フランクフルトがマイン川の改修に際して大きな負担を引き受けたので，沿岸の土地を要求しなければならないと主張し，ゾッセンハイムほかの周辺自治体もフランクフルトへの合併を要求すると言明した．これに対してヘヒスト郡長アペル（Wilhelm Apel）は，グリースハイム以外の自治体が合併される必要はないように思えると述べ，ミュラーもアペルの見解を支持した．しかし，この会議の方向を決定づけたのは，内務省のフォン・ライデン（Victor von Leyden）の発言であった．彼は，フランクフルトが市域の境界変更に対して重要かつ緊急の関心をもっていることを認め，シュヴァンハイム・ウンターフェルトをめぐる問題についても，ラントの一般的利益のためにフランクフルトがマイン川沿いの市域を拡張することが必要であり，ヘヒストにはいかなる希望も抱かせることができないと言明した．そして，ヘヒストを含むフランクフルト周辺地域は，ひとつの単位に合体しつつあるので，ヘヒストの意向を尊重するとしながらも，行政的境界を新たに引くとすれば，ヘヒストもフランクフルトに合併するのがもっとも賢明ではないかと提案したのである[82]．

　この提案に対して，フランクフルトもヘヒストもすぐさま対応を迫られたが，プロイセン政府はこの方向で話をまとめる準備を着々と整え，6月13日にフランクフルトで再度会議を開催した．その席でラントマンはこの提案を歓迎し，ヘヒストと合併交渉に入る用意があることを明らかにした．これに対してミュラーは，ヘヒスト市議会は交渉を受け入れるかどうかについてなお態度を決定していないと述べた．ヴィースバーデン県知事エーラー（Fritz Ehrler）は，両都市の交渉が遅れることによって1928年4月1日に予定されているグリースハイムほかの自治体の合併実施に支障を来たしてはならないと発言して，ヘヒストに圧力をかけた[83]．ヘヒスト側はなおも抵抗したが，7月15日にヘヒスト市議会も市参事会にフランクフルトと交渉をおこなう権限を与えることを決議し[84]，23日には「合併に際しての要求

---

82) Vermerk von Dr.Müller vom 29. 5. 1927, ISG, VAH #1692, Bl. 18-19.
83) Vermerk von Dr.Müller vom 14. 6. 1927, ISG, VAH #1692, Bl. 31-32.

(Eingemein-dungsforderungen)」と「自治体計画（Kommunales Programm）」が公表された[85]．全体としてヘヒストの要求は過大であったが，9月に入るとこの「合併に際しての要求」と「自治体計画」を叩き台として，両都市間の交渉は急速に進展した[86]．こうした経緯は，フランクフルトがヘヒストの要求を大幅に受け入れる用意をもっていたことを示している．一時中断していたニートとの合併交渉も，並行して再開された[87]．ラントマンはヘヒストとの交渉担当者に財務局長アッシュを任命したが，彼は前ヘヒスト市長であり，交渉を進める上で最適の人物であった[88]．

　11月に入ると合併要求と自治体計画の内容の検討が一通り終わり，両都市の立法・行政機関での討議の基礎となる共同提案の作成に入った[89]．しかし，交渉の最終的合意にとって最大の障害となったのが，ヘヒストの中心的要求項目であった租税優遇措置の問題であった[90]．この問題は11月12日の交渉で取り上げられたが，他の問題については譲歩を重ねたフランクフルトも，この問題については引く構えをみせなかった．しかし，この問題が完全に決着しないまま事態は次の段階に入り，12月12日にラントマンが，フランクフルト市議会に対し7月以降の経緯と合意の内容を詳しく説明した上で，合併協定案を市参事会が全員一致で可決したことを報告して市議会での審議に委ねている[91]．このような経緯の背後にはまたしても，プロイセン政府の圧力が存在した．政府はヘヒストと他の自治体のフランクフルトへの合併ならびに郡の再編に関する法案を，1928年夏に終わる予定のラント

---

84) Magistratsvorlage über die Eingemeindung der Stadt Höchst a/M an die Stadtverordnetenversammlung vom 24. 12. 1927, ISG, VAH #1376, Bl. 117.
85) Eingemeindungsforderungen der Stadt Höchst a.M. und Kommunales Programm der Stadt Höchst a.M., ISG, VAH #1373, Bl. 1, 40.
86) Höchster Kreisblatt vom 14. 9. 1927, ISG, VAH #1382, Bl. 89.
87) Frankfurter General Anzeiger vom 15. 9. 1927, ISG, VAH #1382, Bl. 90. ニートとの交渉は1926年3月の時点で始まっていたことが確認される（Vermerk von Dr. Müller vom 10. 3. 1926, ISG, VAH #1372, Bl. 31-32).
88) D. Rebentisch (1975a), S. 183.
89) Vermerk von Dr.Müller vom 17. 11. 1927, ISG, VAH #1692, Bl. 242.
90) Frankfurter Nachrichten vom 28. 11. 1927, ISG, VAH #1382, Bl. 156.
91) Vortrag des Magistrats an die Stadtverordneten-Versammlung, Eingemeindung der Stadtgemeinde Höchst am Main betr. vom 12. 12. 1927, ISG, VAH #1376, Bl. 58-61.

議会の会期中に上程・審議できるように，交渉の早期終結を迫ったからである[92]．

フランクフルト市議会がヘヒストの合併をニートの合併と一括して審議するのと並行して[93]，12月24日にミュラーはヘヒスト市議会で，フランクフルトとの合併協定案の審議と協定締結の権限付与を提案した．その際彼は，ヘヒストが合併によって独立都市としての長い歴史に幕を閉じることを認めつつも，それはマイン川下流地域全体の発展とドイツの経済と復興のために断行されるものであると説明し，ヘヒストは自らの独立という利害を超えた大きな観点に立つのであり，合併後もヘヒスト地区の歴史と行政に対して特別の影響力行使が保証されることを強調した[94]．ここに至ってミュラーも合併を避けることはできないと判断し，市議会に同意を求めたことがわかる．

フランクフルト市議会の合併委員会は協定案を検討するとともに，12月29日にヘヒストの合併委員会と合同会議を開き，租税優遇措置と公共料金の扱いについてようやく合意に達した．たとえば，営業税付加税400％，営業資本税付加税700％という税率は15年間保証され，下水道利用，車道清掃，家庭用ごみ処理の料金は20年間徴収されず，水道，ガス，電気料金率は合併の日からフランクフルトと同一とするとされた[95]．フランクフルトは結局ここでも譲歩し，協定案の確定を急いだのである．これを受けて年明け早々の1928年1月5日に両都市の市議会は，合併協定案の決議をおこなった．フランクフルトでは35対26で可決された．協定案への批判の矛先は，その内容を実現するためにフランクフルトが3,000万マルクに達すると見込まれる重い財政的負担を背負うことに主として向けられた[96]．他方ヘヒストでは24対10で可決されたが，十分でない利益を得るには独立の放棄とい

---

92) Magistratsvorlage vom 24.12.1927, ISG, VAH #1376, Bl. 123.
93) Höchster Kreisblatt vom 21.12.1927, ISG, VAH #1382, Bl. 185.
94) Magistratsvorlage vom 24.12.1927, ISG, VAH #1376, Bl. 116-124.
95) Bericht der Eingemeindungskommission der Stadtverordneten-Versammlung über die Magistratsvorlagen betr. Eingemeindung der Stadtgemeinde Höchst a. M. und Eingemeindung von Nied vom 30.12.1927, ISG, VAH #1693; Frankfurter Nachrichten vom 31.12.1927 und Höchster Kreisblatt vom 3.1.1928, ISG, VAH #1382, Bl. 209, 217.
96) Bericht über die Verhandlungen d. StVV 1928, §12/14 vom 5.1.1928, S. 35. Vgl. K. Maly (1995), S. 439-440.

う犠牲は大きすぎる，あるいは今日の会議によってヘヒストは自らの没落を決議することになるといった理由が反対意見として述べられた[97]．

(3) 合併法の成立と合併の実施

こうしてフランクフルトのヘヒスト合併協定案は両都市の市議会を通過したが，これですべての手続きが終わったわけではない．以下では合併法の成立と合併実施に至る過程を辿っておきたい．市議会での議決を終えた両都市は，翌日の1928年1月6日にプロイセン内務省と交渉を開始した．ところが，プロイセン政府は1927年12月31日にすでに独自の合併法案を作成して国家参議院（Staatsrat）に送付していた[98]．それは，交渉が長引いたことに政府が業を煮やした結果でもあったが，今回の合併がラント主導のものであることを改めて示すものでもあった．しかし，そこには紆余曲折の末合意に達した協定案の内容は盛り込まれていなかったため，両都市は国家参議院に対してそのことを働きかけねばならなかった．プロイセン政府が審議を急がせたこともあり，1月26日には早くも「フランクフルト・アム・マイン都市郡の拡張とヴィースバーデン県の農村郡の再編についての法案」の第三読会が国家参議院で開催された．自治体委員会を代表して報告に立ったエルフェス（Wilhelm Elfes）は，今回のフランクフルトの市域拡張が必要性・正当性をもつことを認めるとともに，合併交渉の経緯に照らしてヘヒストがフランクフルトに合併された後も一定の自治権を15年期限で留保することを委員会が承認したと述べた．しかしそれとともに，フランクフルトと各自治体との間で締結された膨大な合併協定のなかにさまざまな優遇措置が含まれている点に疑問が出され，政府に協定内容の精査と租税優遇措置の拒否を要求することが提案された．これに対しては協定内容を尊重すべきだという意見も出されたが，全体として協定に懐疑的な意見が強く，結局合併委員会の所見案は可決された[99]．

---

97) Beschluss der Stadtverordnetenversammlung vom 5. Januar 1928, ISG, VAH #1382, Bl. 122-124; Freie Presse vom 6. 1. 1928, ISG, VAH #1383, Bl. 8.
98) B. Müller (1928), S. 45; Freie Presse vom 31. 1. 1928, ISG, VAH #1694, Bl. 40.
99) Preußischer Staatsrat 3. Sitzung am 26. Januar 1928, ISG, VAH #1380, Bl. 21. Vgl. Höchster Volkszeitung vom 16. 2. 1928, ISG, VAH #1383, Bl. 46.

舞台はラント議会に移され，1月31日に法案の検討が自治体委員会に付託されたが[100]．国家参議院での議論は，フランクフルトとの合併協定の実現に重大な関心をもつヘヒストほかの6自治体を不安に駆り立てた．このため，2月17日に6自治体の首長は連名で，協定内容，とりわけ租税優遇措置を合併法に盛り込むことを求める要望書をラント議会に提出し，21日にはラントマンがこれに同調する声明を出した[101]．その後2月末の現地視察を経て[102]，3月20日にラント議会が開かれ，法案についての最終討議と採決がおこなわれた．焦点となったのは，やはり合併協定の法案への盛り込みの問題，およびフランクフルトとヴィースバーデンの市域拡張に伴う郡の境界変更・新設の問題であった．合併協定に対する自治体委員会の立場を述べたフォン・アイネルン (Hans von Eynern) の報告は，以下のようなものであった．委員会はフランクフルトと被合併自治体との間で締結された協定を立ち入って検討したが，そのなかには法律に盛り込めないような規定も含まれている．とりわけ，ヘヒストが自治を要求している規定については，別の形で実現するのが得策であろう．すなわち，一定の独立性や租税優遇措置はフランクフルトが発布する地区条例 (Ortssatzung) のなかで実現されるのが望ましく，そうした地区条例の発布自体は合併法のなかで定めることができる．こうした見地に立つ条文は大きな反対に会うこともなく承認され[103]，合併協定の内容は間接的な形ではあるが合併法に活かされることになった．合併法は，一定の修正を受けて可決されたため，改めて国家参議院と内閣の承認を必要としたが，3月29日に内閣によって公布された[104]．こうしてヘヒストはグリースハイム，シュヴァンハイム，ゾッセンハイム，フェッヒェンハイム，ニートとともに1928年4月1日をもってフランクフルトに合併されることが法的に確定した．

---

100) B. Müller (1928), S. 45.
101) Höchster Kreisblatt vom 25. 2. 1928, ISG, VAH #1383, Bl. 53.
102) Frankfurter Nachrichten vom 26. 2. 1928 und 28. 2. 1928, ISG, MA R375/VI, Bl. 123, 125.
103) Preußischer Landtag 361. Sitzung am 20. März 1928, ISG, VAH #1380, Bl. 59.
104) Gesetz über die Erweiterung des Stadtkreises Frankfurt a. M. und die Neueinteilung von Landkreisen im Regierungsbezirk Wiesbaden. Vom 29. März 1928, ISG, VAH #1696, Bl. 9.

とはいえ，4月に入っても解決されるべき課題は残されていた．ひとつはいうまでもなく地区条例の作成であり，4月2日にフランクフルトとヘヒスト両都市の代表とプロイセン内務省との間で地区条例の最終的な条文についての交渉が進められ，それを受けて4月24日にフランクフルト市議会は，ヘヒストの地区行政と租税優遇措置に関する地区条例を承認した[105]．もうひとつは，占領軍の承認問題であった．ヘヒストはマインツ橋頭堡の一部として，第一次大戦後フランス軍の進駐を受けていた．1925年以降規制は緩んでいたが，法的にはなおヴェルサイユ条約の規定に従って占領軍のラインラント委員会の管理に服していた[106]．それゆえ，ヘヒストのフランクフルトへの合併は占領地区が非占領地区に合併されることを意味したため，占領軍の承認が必要であった．もちろん，この問題は当初より考慮されており[107]，合併法はそれへの対策を折り込みずみであったが[108]，ラインラント委員会は4月3日に合併法に対して異議を申し立て，それを停止させたのである．これに対しては，ライヒ政府とプロイセン政府がすばやく対応したが，もともとこの異議は形式的で，停止は一時的なものであろうとみられていた[109]．果たして4月19日に異議は取り下げられ，占領地区においても法律は4月1日に溯って効力をもつことが確認された[110]．こうして，フランクフルトの市域は44.4%増えて1万9,463haとなり，人口は第8位であるが，面積の上ではベルリンとケルンに次いで第3位の地位を確保することになった[111]．

(4) IGファルベンの成立と合併問題

　フランクフルトのヘヒスト合併問題が発生してからその実現に至る過程についての以上の考察から，合併実現の主要な要因として，① 上級市長ラン

---

105) B. Müller (1928), S. 46.
106) 占領期のヘヒストについては，H. Knoth (1966) を参照．
107) Abschrift. Sitzung der Eingemeindungskommission am 13. 12. 24, ISG, MA R375/V.
108) Gesetz über die Erweiterung des Stadtkreises Frankfurt a. M., ISG, VAH #1696, Bl. 9.
109) Frankfurter Nachrichten und General Anzeiger vom 5. 4. 1928, ISG, MA R375/VI, Bl. 229, 232.
110) B. Müller (1928), S. 46.
111) Statistisches Jahrbuch deutscher Städte, 25. Jg, 1930, S. 23, 255-256.

トマンを中心とするフランクフルト市の市域拡張政策，② プロイセン政府の行政区域の再編に対する強いイニシアティブ，③ マイン川下流域の改修計画の具体化，の3つを指摘することができる．しかし，これまで言及できなかった要因として，④ IGファルベンの成立と本拠のフランクフルトへの移動を加える必要がある．

すでに述べた通り，1925年12月にIGファルベンが設立され，ヘヒスト社もその傘下に入ったが[112]，このことは税収の80%を同社に依存していたヘヒスト市に大きな打撃を与えるものであった[113]．1928年1月20日付けのミュラーの文書によれば，ヘヒスト市は，IGファルベンの成立に伴って営業収益税，営業資本税および不動産税の付加税率を引き上げることによって税収確保をはかったが，ヘヒスト社から徴収する税額はそれでも低下した．というのは，ヘヒスト社にはIGの利益全体の約25%が割り当てられるはずなのに，営業収益税，営業資本税，法人税は，賃金・俸給の割合に従って利益の約14%に対して課税されるにとどまったからである[114]．またIGは，グリースハイムとフェッヒェンハイムのフランクフルトへの合併が決まった時点で，早くもヘヒストも合併されることに利点を見出していた．すなわち，1926年12月9日にIGヘヒスト工場支配人のヴァイトリヒ（Richard Weidlich）はラントマンと会見し，租税特権，マイン川への架橋，シュヴァンハイム・ウンターフェルトの護岸工事，公共交通網の整備を条件として，IGはフランクフルトのヘヒスト合併に反対しないと伝えていたのである[115]．

さらに，IGファルベンは1927年6月頃フランクフルトのグリューネブルク地区に土地を購入して巨大な本社建物を建設し，そこに販売部門を集中することを計画したが，このこともヘヒストにとって大きな打撃であった．それは販売部職員がフランクフルトに移動することを意味したからである[116]．それゆえ，財政的に十分独立できるというヘヒスト側の主張は，実はまさに

---

112) IGファルベンの成立については，工藤章（1999），第I部が参照されるべきである．
113) Bericht über die Verhandlungen d. StVV 1928, §12/14 vom 5.1. 1928, S. 33.
114) Anspruch der Stadt Höchst a/M auf Fusionsteuer von Dr. Müller vom 20.1.1928, ISG, VAH #1380, Bl. 11-15.
115) D. Rebentisch (1975a), S. 181-182.
116) Höchster Kreisblatt vom 29.6.1927, ISG, VAH #1382, Bl. 26.

第4章　工業化・都市化の進展と合併政策の展開　159

合併問題が浮上したときに揺らいでいたことになる．事実，1927年6月9日の『ヘヒスト人民新聞』は，フランクフルトがIGの本拠地であることを過小評価すべきではなく，ヘヒストの展望はあまり明るくないと書いていた[117]．1928年1月5日の市議会での決議に先立ってミュラーも，ヘヒスト社のIGへの参加によって根本的変化が生み出されたこと，およびIGが本拠を置いたことがフランクフルトにとって決定的に有利であったと述べている[118]．プロイセン政府がフランクフルトの合併対象にヘヒストを加えようとしたのも，こうした事情のもとでヘヒストが独立を維持したとしても，フランクフルトへの依存の増大は避けられないという判断があったからである[119]．

　フランクフルトの認識も同じであった．ラントマンは，1927年12月12日のフランクフルト市議会での演説において，IGファルベンの本社がフランクフルトに置かれることになり，同社のグリースハイム（グリースハイム・エレクトロン）とフェッヒェンハイム（カッセラ）における生産施設がフランクフルトの市域内に入ることが確定しているので，ヘヒスト工場をも市域内に収めることになれば，IGの発展にとってばかりでなく，それに引き寄せられる数多くの関連経営，そしてフランクフルトにとっても有益であろうという見解を示し，これもまたヘヒストの合併を歓迎する理由であると述べている[120]．さらに，彼は12月20日の市議会でIGが巨大な納税者であることにも注意を促し，ヘヒストに15年間の租税優遇措置を与えてもIGに対する課税権を獲得すべきであることを強調した．こうした発言の背後にあったのは，フランクフルトの銀行が経営の重心をベルリンに移しはじめるなどの動きを相殺するために，第一次大戦前の合併によって帯びはじめた工業都市としての性格をさらに強める必要があり，IGとの結びつきを確固たるものとする今回の合併は，そのための絶好の機会であるという認識であった[121]．

---

117) Höchster Volkszeitung vom 9. 6. 1927, ISG, VAH #1382, Bl. 2.
118) Höchster Kreisblatt vom 6. 1. 1928, ISG, VAH, #1383, Bl. 9.
119) Bericht über die Verhandlungen d. StVV 1928, §12/14 vom 5. 1. 1928, S. 33.
120) Vortrag des Magistrats an die Stadtverordneten-Versammlung vom 12. 12. 1927, ISG, VAH #1376, Bl. 58-59.
121) Bericht über die Verhandlungen d. StVV 1927, §1504/1507 vom 20. 12. 1927, S. 1216.

1928年1月5日のフランクフルト市議会での議決に先立つ討議のなかで，一議員は「ヘヒストとフランクフルトの市参事会が，協定の締結に際して，双方の自治体の利害をIGファルベンの利害に従属させたという印象を受ける」[122]と発言しているが，とりわけヘヒストに関しては正鵠を射た指摘だったといえよう．

合併の大枠が確定した1928年1月にフランクフルト市参事会が発表した「合併の必要性」と題する文書は，以下のように述べている．フランクフルトは，交通の要衝として，金融取引の中心地のひとつとして，周辺地域からの豊富な労働力供給の結節点として，あるいはドイツ最大の内陸港のひとつとして，一層の工業発展のための優れた立地条件をもっているが，十分な市域をもっていない．とりわけ市の東部と西部に位置する工業用地は，完全に使い尽くされている．フランクフルトは東の境界を越えてフェッヒェンハイム内に約90 haの土地を所有しており，東河港の施設もすでにフェッヒェンハイムの境界内に伸びているので，工業・港湾施設の拡充のために，フェッヒェンハイムの合併は緊急に必要である．西のグリースハイムもすでにフランクフルトの市街地と一体化しており，フランクフルト西部の工業地区において膨張する人口を拡散させ，ライヒスバーンの操車場の適切な場所への建設や，レープシュトック飛行場の拡張のための用地を獲得する必要からも，その合併はやはり喫緊の課題である．ヘヒストの合併はフランクフルトとの境界をめぐる利害対立を発端とするが，IGファルベンがフランクフルトに本拠を構え，グリースハイムとフェッヒェンハイムの合併が確定した以上，ヘヒストも同一の市域内に含めるほうが，地域全体の経済的・社会的発展に資することになるであろう[123]．1928年の合併が，住宅地や交通施設の用地確保という意味をもちつつも，何よりもフランクフルトの一層の工業発展を目的とするものであったことは明らかである．

---

122) Bericht über die Verhandlungen d. StVV 1928, §12/14 vom 5. 1. 1928, S. 34.
123) Denkschrift des Magistrats Frankfurt a. M., Notwendigkeit der Eingemeindung der Landgemeinde Fechenheim (Landkreis Hanau), der Stadt Höchst a. M. (Landkreis Höchst a. M.) sowie der Landgemeinden Griesheim, Nied, Sossenheim, Schwanheim (Landkreis Höchst a. M.) nach Frankfurt a. M., Januar 1928, ISG, VAH, #1385, Bl. 1.

おわりに

　以上にみてきたように，フランクフルトは，1877 年，1895 年，1900 年，1910 年，1928 年と 5 回の合併を実施し，市域を拡大してきた．ドイツの都市における市域面積の順位は，1871 年が 4 位，1910 年が 1 位，1929/1930 年が 4 位であった．人口の順位はそれぞれ 8 位，10 位，9 位だったから，他の都市と比べても順調に市域を拡大し，人口密度の極端な上昇を抑えることに成功していたということができる[124]．そして，こうした積極的な合併政策を進めるうえで，アディケスとラントマンという 2 人の上級市長の果たした役割が大きかったことも改めていうまでもない．

　しかし，5 回の合併の理由は同じではなかった．都市人口の増大に対応するべく，住宅用地の獲得やインフラ整備の必要が合併の重要な理由であったことはたしかであり，とくに 1900 年と 1910 年の合併ではそうした性格が強かったとみることができるが，1895 年と 1928 年の合併では，工業の発展した周辺自治体を合併することにより，歴史的経緯から遅れていた工業都市としての性格を強めることが重要な目的であった．

　もちろん，合併前の周辺地域の工業化過程は，決してフランクフルトと無関係に展開したわけではない．たしかに，フランクフルトにおける営業の自由導入の遅れや空間的な制約，さらに市民の工場や騒音に対する嫌悪は市内での工場施設の建設を阻害したが，市場としての吸引力は大きく，フランクフルト目当ての工場が設立されることもあった．また，周辺における化学企業の設立にも，フランクフルトがそれまで染料取引の中心地であったことなどが大きく作用しており，営業の拠点がフランクフルトに置かれることもあった．

　さらに，こうしたフランクフルト周辺の工業施設が，自治体合併によってフランクフルトの市域内に取り込まれるうえで重要な前提となったのが，それまでは自由都市，ナッサウ公国，ヘッセン＝カッセル選帝侯国とさまざまな領邦に分裂していたこの地域が，1866 年に一円的にプロイセン領となったことである．自治体合併の対象は同一邦内の自治体に限られていたから，

---
[124] 馬場哲（2004b），12, 16, 22 頁．

このことによって合併による統合がはじめて可能となったのである．これに対して，オッフェンバッハはヘッセン大公国領にとどまったため，隣接しており経済的な結びつきも強かったにもかかわらず，フランクフルトの合併対象とはならなかった．フランクフルトが周辺自治体を取り込んで工業都市としての性格を獲得するうえで，プロイセンによる併合という事実のもった意味を見落とすことはできないのである[125]．

---

125) O. Landsberg (1912), S. 44.

第 III 部

フランクフルトの都市計画とその社会政策的意義

第5章
都市交通の市営化と運賃政策
――生存配慮保障の視点から

はじめに

　ドイツでは19世紀後半以降都市化の進展によって都市行政の転換が迫られ，そうしたなかから「生存配慮」概念に基づく「給付行政（Leistungsverwaltung）」が成立し，上下水道，ガス，電気，都市交通といった事業で市営化が進んだ．都市交通については，以下のような経緯を辿ったと理解できる．都市化の進展に伴う市街地の拡大と，それを追うように実施された郊外自治体の合併により，職場と居住地の分離が進み，人々の移動距離も拡大し，それに対応して都市交通手段が発達した．19世紀半ばまでは乗合馬車が中心であったが，1860年代からは馬車鉄道，1890年代からは市街（路面）電車が導入され，移動距離が拡大するとともに，移動時間は短縮された．これを経営主体という点からみると，乗合馬車と馬車鉄道では民営形態が中心であったが，市街電車への移行がはじまると，発電所・電気事業の市営化と並行して，都市交通事業の市営化が進められたということになる（図5-1）[1]．

　市営化を進める動機としては，事業によって比重に違いはあるが，「収益性」と「公益性」の双方の確保が挙げられる．しかし，いうまでもなく収益性と公益性とが常に両立するとは限らない．都市交通事業の市営化に伴う公益性の確保や社会政策的配慮についていえば，労働者・職員の待遇改善，住

---

[1] 馬場哲（1998）を参照．市街鉄道の市営化が電気事業のそれと密接に結びつきながら進展したことは，管轄官庁が1898年の時点では発電所（Elektrizitäts = Werk）と市街鉄道局（Trambahn = Amt）に分かれていたのに対して，1899年から電気＝軌道局（Elektrizitäts- und Bahn = Amt）（以下，軌道局）に再編され一体化していることにも表れている．

166　第Ⅲ部　フランクフルトの都市計画とその社会政策的意義

図 5-1　市街電車の導入（1898 年）
出典：Postkarte, Verkehrsmuseum Schwanheim.

宅政策・都市計画と連動した，採算が取れるとは限らない路線の新設，運賃の引下げ・割引による利用者範囲の拡大などを挙げることができるが，収益性を損なうと都市財政に負担をかけることになるため，収入の大半を占める運賃制度の設計は，収益性と公益性のバランスを取るうえできわめて重要であった．本章では，都市公共交通の市営化に伴って検討され実施された運賃改定問題，とりわけ労働者をはじめとする低所得者用の週定期導入の問題を取り上げたい．

　そこで重要になるのが，冒頭でも用いた「生存配慮」という概念である．この概念については第2章3節で検討したが，ここでもその内容を簡単にまとめておこう．この概念は，E・フォルストホフによって提唱された．19世紀以降の人口増加とそれに伴う都市的生活様式の形成により，人々の生活財からの分離が生じたが，彼はこれを「披支配空間」と「活動空間」の分離と言い換え，19～20世紀の産業的・技術的発展は，現代的な交通手段の発達によって後者の拡大をもたらし，他方前者の縮小が都市，とくに大都市の生

活様式を特色づけると考える．この結果，「社会的必要」が高まり，人間は必要な生活財を，所有物の利用によってではなく，閉鎖的な社会関係によって保障される権利として獲得するようになる．「生存配慮」とは，その必要を満たすための施策を意味する．それは，具体的には，水道，ガス，電気の供給だけでなく，交通手段の提供，郵便，電話・電信，公衆衛生，老齢・廃疾・疾病・失業への配慮などに及んだ．本章にとって，この「生存配慮」に都市自治体がどのように関わったのかが重要な問題である．フォルストホフによれば，産業的・技術的発展に伴う「披支配空間」の収縮によって，人々は生存安定化の本質的手段を自由にできなくなり，最広義の国家にこの課題と責任が課せられたが，地方自治体はその最初の担い手と位置づけられている．そしてヴァイマル期以降中央集権化が進展したとはいえ，「生存配慮」の担い手としての地方自治体の役割は揺るがなかった．また，「生存配慮」は「社会扶助」と区別されることも確認しておく必要がある．後者が「個人的な窮乏状況にあるものに与えられる」のに対して，前者は「属人的窮乏状況からまったく独立している」からであり，「生存配慮は扶助を含むが，それに含まれるものではない」からである．「自治体給付行政」をまず特徴づけたのは，扶助ではなく，エネルギー供給や交通手段だったのである．

　本章の課題は，20世紀初頭のフランクフルトにおいて市営化と電化を受けて都市公共交通の運賃制度が改定され，「社会政策的」運賃が導入される過程を辿ることによって，都市住民に「生存配慮」を保障するための「社会政策的都市政策」（J・クレマー）が第一次世界大戦前に実施され，救貧を中心とする「都市社会政策」とは違って，有償ではあるが普遍的なサービスが，労働者をはじめとする広い社会層にまで拡大されたことを実証的に明らかにすることである[2]．

1. 世紀転換期ドイツにおける市街鉄道の運賃問題

　まず世紀転換期のドイツ全体における市街鉄道の運賃問題について，同時代のL・ヴァイス（Lothar Weiß）の著作に依拠して概観しておこう．市街鉄

---
[2]「社会政策的都市政策」については，馬場哲（2011）および本書，第2章5節を参照．

道経営の支出は，職員の賃金，保険料，電気使用料金や馬の維持費，軌道・車輛の維持費，停留所維持費，租税，印刷費など多岐に及んだが，広告収入なども一部にあったとはいえ，収入はもっぱら運賃によって賄われていた．1901年の数字がわかるすべての都市において97%を超えており，フランクフルトでは98.33%に達した．このことは，市街鉄道経営にとって運賃収入がいかに重要だったか，また運賃体系をどのように設定するかがいかに大きな意味をもっていたかを示している[3]．

しかしヴァイスによれば，運賃設定にはこうした「財政的」契機以外にも，考慮されるべき3つの契機があった．第1が「技術的」契機であり，それは乗客にとっても乗務員にとっても単純明快な運賃体系が必要であることを意味する．第2のものが，長距離利用者の運賃が短距離使用者よりも割安になることを避けるなど，一般的な公平性を重視する「対等の」契機である．そして第3に，社会的な公平性の観点から，経済的な給付能力に最低限の配慮をする「社会的」契機を挙げることができる[4]．市街鉄道の運賃は，こうした契機を組み合わせることによって決定された．

運賃制度の基本型としてまず挙げられるのが，乗車距離に関わりなく均一に課される均一制運賃（Einheitstarif）である．世紀転換期には10プフェニヒ均一が普通であった．次に挙げられるのが対距離区間制運賃（Teilstreckentarif）であり，乗車距離に応じて運賃も変わってくるものであった．均一制運賃は技術的に単純であるという利点があったが，財政的には対距離区間制運賃のほうが大きな収入をもたらした[5]．都市規模でいえば，均一制運賃は比較的短い路線に適しており，人口が7.5～25万人規模の都市に適したのに対して，人口がそれよりも多く，郊外路線が発達した都市では，体系的な

---

3) L. Weiß (1904), S. 4-6. 他の主要都市の数字をいくつか挙げると，ベルリン98.27%，ブレスラウ97.05%，ハンブルク97.05%となる．1910年の数字もほぼ同じで96.8%だった（K. H. Kaufhold 1990), S. 232.

4) L. Weiß (1904), S. 7-8.

5) L. Weiß (1904), S. 12-15. ヴァイスによれば，距離制運賃はさらに対距離区間制とゾーン制に分けられるが，両者の境界は厳格ではなかった．なお，カウフホルトはヴァイスの示した1902年の一覧（L. Weiß 1904, S. 116-123）を分類し，125経営のうち，均一制運賃が83（そのうち10プフェニヒ均一が82），対距離区間制運賃が42であり，前者が2/3を占めていた（K. H. Kaufhold 1990, S. 232）．

対距離区間制運賃が適した[6]．次に定期運賃についてみると，定期ないし回数券は当初より存在したが，その理由は何よりも社会的なものであった．すなわち，市街鉄道は，すべての利用者にできる限り同様に役立つべきであり，とくに支払能力の低い人々を最大限優遇するべきと考えられたからである[7]．しかし，その形態（個人用か共用かなど）や割引率は都市によってきわめて多様であった[8]．

　ところで，1890年代からドイツの諸都市では市街鉄道の電化が始まり，それと踵を接して市営化が進んだ．そしてそれに伴い運賃制度が見直された．これは社会政策的観点から歓迎され，利用者数も増大したが，運賃を対距離区間制から均一制に変えた結果，デュッセルドルフ，ドレスデン，ベルリン，ミュンヒェンなど収益を大幅に減らす都市が現れた[9]．たしかに，市営では民営よりも公益性（「社会的」契機）が重視され，全体として支出が膨らむ傾向があったが，収益性（「財政的」契機）が軽視されたわけではなく，都市によってはこちらが重視されることもあった．というのは，採算が取れないと他の形で市財政，ひいては住民に租税負担を強いることになるからであった．したがって，市営化後は収益性と公益性をどうバランスさせるかが大きな課題となり，それとの関係で運賃設定も大きな意味をもつことになった．つま

---

6) L. Weiß (1904), S. 37, 45.
7) L. Weiß (1904), S. 56.
8) 20世紀初頭にベルリン，ミュンヒェン，フランクフルトなどの大都市では，回数券は存在しなかったが，シュトゥットガルトでは，本来の回数券だけでなく，それと期間定期を組み合わせた定期（たとえば有効期間1カ月で50回乗車できる）が，個人用と共用双方について用意されていた．また，路線キロあたりの運賃は，1年定期で最低のハンブルクの1.07プフェニヒから，最高のハイデルベルクの16.78プフェニヒまでかなりの幅があった．割引率はブレスラウで一時期75％，ライプツィヒでは常に50％以上であったが，通例30％を超えることは稀で，多くは16.67～20％であり，そのレベルでは経営にほとんど損失をもたらさなかった．定期収入が経営収入に占める割合も，都市によってかなりの幅があり，1902年にブレーマーハーフェンでは4.26％にすぎなかったが，ケルンでは17.7％に達した．フランクフルトは11.65％，ベルリンは1900～1902年に7.64％から12.65％へと比率を急速に高めた（L. Weiß 1904, S. 52-60）．
9) L. Weiß (1904), S. 22-29, 31; E. Buchmann (1910), S. 74-76. フランクフルトの1901年の運賃表では，「ボッケンハイム，ザクセンハウゼン，ボルンハイムを含むフランクフルト市域全体のなかではすべての乗車は10プフェニヒであるが，以下の例外がある」として10プフェニヒが原則であるかのような体裁を取っていたが，実はその例外は157ケースに及び，ヴァイスは一見高くないように巧みにみせかけていると捉えている．

り，市営においても，費用を満たし純益を挙げうる運賃を設定したうえで，割引運賃を設定して「社会的」契機を満たすべきであると考えられたのである[10]．

市街鉄道経営における社会政策的配慮としては，職員の待遇と運賃制度の改定を挙げることができる．職員の待遇は本章の対象ではないが，一般に市営では民間経営よりも高い賃金と各種の福利厚生が提供された．たとえば，ドイツにおける主要都市の10年勤続者の月収は，民営では運転手・車掌とも85～100マルクだったが，市営では105～125マルクであった[11]．市営化後のフランクフルトの賃金はもっとも高い水準にあり，車掌の月収は勤続年数に応じて95～135マルクであった[12]．経営支出に占める賃金の比率も，民営時代の1881年に26.7%，1896年でも28.5%だったのに対して，市営化後の1899/1900年には36.3%となった．また，フランクフルトでは市営化後に労働者委員会の設置，終点の職員休憩所，寒冷時のコーヒーと白パン支給，石炭金庫，労働者用住宅などのさまざまな便宜が提供された[13]．

本章の主たる関心である「社会政策的」運賃についてはどうであろうか．先に触れたように，定期や回数券の採用の背景には一般に社会政策的配慮があったが，とくに労働者向け定期は，この階級の利用を促進するために設定された．ひとつの考え方は，ゲーラやマンハイムで採用されたように，年収1,200マルク以下の労働者と職員に相応の割引率を適用するというものであったが，こうした境界の設定は必要ないという考え方もあった．また，割引運賃利用者には特定の車輌や特定の時間帯（ハンブルクでは早朝の一定時間に限定）が指定されることもあったが，ほとんどの場合にはこうした制限はなかった[14]．

労働者のために特別運賃を設定しているのは，数字がわかる107の経営のうち29にとどまり，しかもヴィースバーデン，ダルムシュタット，フライブルク，デッサウのような労働者の少ない都市で導入されているのに対して，

---

10) L. Weiß (1904), S. 94-95.
11) L. Weiß (1904), S. 100.
12) Die Straßenbahn (1959), S. 55.
13) L. Weiß (1904), S. 102-104.
14) L. Weiß (1904), S. 60-62.

ライプツィヒ，フランクフルト，ブレスラウのような大都市，エッセン，ハーゲン，ボーフムのような工業労働者の多い中都市では労働者運賃はないという，一見奇妙なことが起きていた．ほとんどの場合，平日の乗車について有効である乗車券が発行されたが，割引率は，ハンブルクの0%は別としても，ベルリン，ボン，シュパンダウの16.67%からシュトラースブルクの60～70%まで，ここでも都市によってかなりの幅があった[15]．

こうしたなかで，フランクフルトにおいても，市営化とともに労働者用定期を含む新たな運賃制度の導入が検討された．市街鉄道の発達と市営化の経緯を概観したうえで，この問題に立ち入ることにしよう．

2. 市営化後のフランクフルト市街鉄道における運賃制度の改定

(1) 片道切符の運賃改定

すでに第3章でみたように，フランクフルトにおける市街鉄道は，市営化後に路線延長と路線網を拡充して利用者数を増やしたが，そのことに大きく貢献したのが運賃政策である．以下では，市参事会文書と市議会議事録を用いて，20世紀初頭の運賃改定問題を追跡したい．

まず取り上げたいのが1900年3月7日の軌道局の文書である[16]．この文書は，1899年6月6日の軌道局設置に関する規定第5条で，市営市街鉄道の運賃形成が軌道局に委ねられたことを受けて，その原則の草案を作成したものである．その内容は以下のようなものであった．

Ⅰ．市街鉄道

現在も民営時代のいわゆる対距離区間制運賃が適用されている．それは，2.5キロまで10プフェニヒ，4キロまで15プフェニヒ，5.5キロまで20プフェニヒ，それ以上9.8キロまで25プフェニヒというものであり，路線の乗り換えは無制限である．しかし，この結果異常な数の運賃率がで

---

15) L. Weiß (1904), S. 62-63.
16) Schreiben vom Städtischen Elektrizitäts- und Bahn = Amt an den Magistrat vom 7.3. 1900, ISG, MA R1798/I.

きあがり，路線網が拡大すればさらに増えたため，車掌が素早く乗車券を販売できないという弊害を生み出した[17]．また，この運賃は安いとはいえず[18]，運賃水準の引下げと運賃制度の簡素化が要望されたが，電化によって両者の実現が可能になった．さしあたり問題となるのは，シュトラースブルク，マンハイム，ドレスデンといった他のいくつかの都市をモデルとして 10 プフェニヒの均一制運賃にするか，対距離区間制運賃を原則として維持するかである．しかし，いわゆる 10 プフェニヒ均一制運賃の導入は今のところ推奨できない．個々の路線を 10 プフェニヒ均一制とすると軌道当局にとっては有利であるが，利用者にとっては，ほとんどの場合運賃の増大を意味したからである．他方，乗り換えを認めて均一制運賃をほとんどすべての路線の利用に拡充すると収入の大幅な損失をもたらすことになり，利用の増大によってどの程度カバーできるか確実なことはいえない．いずれにせよ利用の増大に対応するためには，新たな経営手段と人員が必要であり，支出が大幅に増えることが懸念され，財政的な結果は全体として有利ではないであろう．それは「危険な実験」を意味する．

さらに，市によって採用されている賃金条件の改善や労働時間の軽減を目指す意識的な親労働者的政策が，軌道経営にも拡張されることも考慮しなければならない．それはかなりの支出と結びついており，運賃収入を減少させてはならない．われわれの考えでは公衆の必要にとって，現在 2.5 キロまでのところを 4 キロまで 10 プフェニヒの運賃を拡張するだけで十分であり，それ以上は 15 プフェニヒとし，利用の少ない 20，25 プフェニヒは廃止する．これはすべての市街鉄道路線に適用されるが，郊外路線には適用されない．乗り換えは 2 回までとする．

---

[17] 1899 年 3 月 1 日からの運賃表によれば，たとえば 10 プフェニヒの区間だけで 156 通り，全部で 575 通りであった（Frankfurter Trambahn. Tarif, gültig vom 1. 3. 1899, ISG, MA1798/I）．

[18] 1896 年 10 月に市参事会が市議会に対して提出した電化と市営化の提案のなかでも，市参事会員＝軌道局長リーゼ（Otto Riese）は，両者が運賃の引下げにつながるという認識を示している（Vortrag des Magistrats an die Stadtverordneten-Versammlung, betr. Umgestaltung der Frankfurter Pferdebahn vom 23. 10. 1896, ISG, MA R1793/III）．

この提案の完全な実施は，すべての市街鉄道路線が電化され，交通問題全体の克服に必要な経営手段が存在するときにはじめて可能であるが，乗車券制度の簡素化のために，上述の設定と矛盾せず大幅な収入不足をもたらさない運賃政策が実施されるべきである．この運賃引下げにより乗車が増えないと，最大年間5万マルクの収入不足が生じる．定期価格の設定については目下調査中である．

II. 森林鉄道

運賃値下げも簡素化も必要ではない．一部ないし全部の電化を待つべきである．

III. 郊外鉄道

市営郊外鉄道は目下存在しない．建設ないし市営化されたならば運賃を決めるべきである．

　以上からも明らかなように，この案は，対距離区間制運賃を維持しながら運賃水準の引下げをはかろうとするものであった．それは運賃を4段階から2段階に簡素化することをも意味したが，乗り換えはそれまでの無制限から2回までに制限された．これらの措置が可能になったのは電化のためである．しかし，他の都市で採用されている10プフェニヒの均一制運賃は，検討課題とされつつもなお時期尚早と判断された．財政状況が好転する保証がなかったからである．引下げによって利用の増大は見込まれるものの，それに伴う支出の増大や，労働者の賃金や労働時間への配慮とのバランスは，決して楽観を許すものではなかったのである．当然それは電化が進んでいる市街鉄道に限られ，森林鉄道と郊外鉄道には適用されなかった．

　この提案は1900年3月13日に市参事会で承認され，3月20日に市議会に提案され，財務委員会での検討に付された[19]．新しい運賃は5月3日から施行の予定であったが，財務委員会での検討には時間がかかった．このため，軌道局は4月28日に市参事会と市議会の了承なく市街鉄道の運賃変更

---

19) Mitt. Prot. StVV 1900, §293, S. 141.

に関する公告を出し，これが5月1日の市議会で自治体制度法に違反するとして問題となった．しかし，財務委員会の検討にはなお時間がかかるので，公告は事後的に承認すべきであるという提案がフェスター（Adolf Fester）からなされ，アディケスもこれを受け入れて公告は事後的に承認された[20]．財務委員会の報告がおこなわれたのは，それから1カ月以上経った6月7日のことであった．同委員会エンマーリング（E. Julius Emmerling）の報告内容は，以下の通りであった．「財務委員会は軌道局の原則を承認する．車掌の過剰な負担，複雑な切符制度とその簡素化は拒否できない．2段階の運賃は，この弊害を大幅に改善するであろう．その財政的帰結はまだわからないが，簡素化と引下げは利用を増やすことはあっても，収入の低下をもたらすことはないであろう．10プフェニヒの均一制運賃は理想ではあり，財務委員会でも立ち入って議論されたが，軌道局と同様にこの改革はさしあたり推奨に値せず延期されるべきである」という結論である．おそらくそれは，経営資源の増大を避けがたい結果としてもたらすであろう．

この報告に対しては，均一制運賃の導入を支持するヴェーデル（Georg Wedel）（民主党），運賃の設定には距離も考慮すべきであるという今日の提案を高く評価するM・マイ（Martin May）（民主党）の発言があり，これに対して軌道局長リーゼは，当初10プフェニヒ運賃を提案しようとしたが，誰もその財政的結果に責任がもてないので，すべての路線が電化され，なお必要な車輌が調達されるまでは，今回導入する運賃で対応せねばならないと応えた．ヴェーデルはなお食い下がったが，①提示された運賃形成の原則を承認すること，および，②軌道局は規定の実施の権限を与えられることが，市議会で可決されたのである[21]．そして1900年6月12日の市参事会決定により導入が決定し[22]，公告通り5月3日に遡って実施された[23]．新運賃では，15プフェニヒ以上の切符の割合は激減し，ほとんどすべてが10プフェニヒ切符となった[24]．

---

20) Mitt. Prot. StVV 1900, §505, S. 233-234.
21) Mitt. Prot. StVV 1900, §651, S. 303-304.
22) Mitt. Prot. StVV 1903, §485, S. 254.
23) Magistratsbericht 1900, S. 468.
24) Magistratsbericht 1901, S. 438.

(2) 定期制度の改定問題の登場

　以上は片道切符の運賃改定が問題であり，これも市街鉄道利用の増大を目指すものであったが，次に検討課題となったのが定期であった．片道切符改定の場合にも，収入増大の背後に隠れながらも利用者の社会層の拡大が念頭に置かれていたと思われるが，労働者用定期では，経営収支や利用者の増大への対応の問題との兼ね合いを考えつつ，明示的に労働者層の利用の増大が意図されていた．

　この問題がはじめて提起されたのは，1901年10月1日の市参事会宛ての軌道局の報告であった．まずそこでは，定期について変更されるべき現状が報告されている．

　① 割引率は路線の長さではなく個々の路線の交通量で決まるので，交通量の多い路線の価格が高く，市区によってかなり違う．② 運賃境界の数が限られている．③ 事業主 (Geschäftsinhaber) の従業員のために，副定期 (Nebenkarte) は通常の定期の半分の価格で利用でき，二重に割引されていて不当である．こうした副定期は使い走り (Auslaufer) や職務上ほとんど間断なく市街鉄道を使う人々が利用するので，1回の乗車当たり1～2プフェニヒである．これは小事業主に対する大事業主の不当な優遇である．というのは，この副定期は大きな商店，醸造業者，工場などによってもっぱら利用されているからである．この業務副定期は，フランクフルトの市街鉄道にしかなく，他都市では導入されていない．同様な事情は，家族副定期 (Familienbeikarten) についても生じている．④ 現在の定期条件のもとでは定期所有者は市街鉄道を1日2回以上利用しないと元が取れないが，労働者は恩恵を被っていない．彼らが毎日2回乗車できる定期を可能にすることは，フランクフルトの不利な住宅事情に照らして利益であり，彼らが遠隔の地価の安い地域に住むことを容易にする．ただし，馬車経営が存続する限りそうした制度は実施できない．馬車経営では，朝晩の短い時間内に大量輸送の要求を満たすことができないからである．電気経営は，蒸気経営にはなお及ばないとしても，馬車経営よりは能力があるので，これを実現できる．

　こうした認識のもとに，軌道局は定期発行の新たな条件のための原則を提示した．① 運賃境界の数を増やし，最短区間を使って任意の2つの地点を

結ぶ定期の可能性を与えるべきである．②定期の価格は，学童定期を除けば少なくとも経営コストを満たすのに十分な水準にすべきである．③個々の路線の定期の提案されるべき価格の高さは，距離に応じて段階的に上がる．④所得が1,500マルク以下の人々に，毎日2回の乗車を優遇する特別な定期を実現すべきである．

そのうえで月定期の価格については，3キロまで6.5マルク，4キロまで7マルク，6キロまで8マルク，8キロまで9マルクとして，3カ月定期，半年定期，年定期については若干軽減する（たとえば年定期では3キロまで月当たり5.91マルクと設定した）．まだ馬車鉄道であったボッケンハイマー・ヴァルテ＝レーデルハイム間は4.5マルクで据え置きとされ，全区間定期は12.5マルクから15マルクに引き上げられた．

しかし，今回の改定における目玉は，④の原則に基づく，平日1日2回の乗車を認めた0.85マルクという労働者用週定期の発行であり，最短ルートであれば距離は問わず時間帯の制限もなかった．1回の乗車当たり約7プフェニヒであり，ベルリン，ハンブルク，ドレスデンなどの同種の乗車券と比較しても有利なものであった．ただし，当時の労働者は昼食時に一度帰宅したから，自宅と職場を1日2往復したわけであり，そのうちの2回のみ利用できるという制限付きであった点に注意が必要である．また，馬車鉄道が運行していたレーデルハイム線は除外された．短時間に乗客が集中することに対応できなかったからである[25]．

以上からも明らかなように，このときの定期価格の改定は，一部の，どちらかといえば所得の高い市民に与えられていた過度な割引を廃止する一方で，所得の低い人々の通勤に，制限付きではあるが配慮をした点で，社会政策的意図をもつものであった．だが，収益性の確保も忘れられておらず，他の軽便鉄道が運賃引下げによって経験した困難は十分に意識されていた[26]．また，1900年10月20日の軌道局から市参事会宛ての文書によれば，救貧局長フ

---

25) Bericht des Städtischen Elektrizitäts- und Bahn-Amtes vom 1.10.1901, betr. Aenderung der Bedingungen für die Ausgabe und Benutzung der Zeitkarten bei der städtischen Straßenbahn, ISG, MA R1798/I.
26) Kleine Presse vom 5. 5. 1903, ISG, MA R1798/II Bl. 10.

レッシュから，最低運賃を5プフェニヒとすべきという提案があったことがわかるが，これに対して軌道局長ヒンは，収入が増えないのに，経営支出が利用の増大に伴って増大すると予想され，また労働者用定期の導入が検討されているので，これは拒否すべきであると応えている[27]．この事実も収益性が考慮されていたことを示している．

この報告では，新たな条件は1902年4月1日から実施されるべきものとされたが，定期問題にはなお検討するべき問題があった．それは郊外鉄道の定期の問題であり，1901年11月26日の，軌道局から市参事会宛て文書で，その検討結果が示されている．市街鉄道の定期についての報告が市参事会で検討された際，郊外鉄道の定期価格，さらに片道運賃についても一緒に検討するほうが得策と考えられたからである．

まず片道切符であるが，郊外鉄道では乗客数が一般に市街鉄道よりもかなり少なく，乗り換えずに長距離乗ることが多いので，市街鉄道のような単純な運賃体系は財政的に不利である．したがって，レーデルハイム線ですでに実施されてように，境界からは追加料金が段階的に，距離に応じてほぼ均等に上昇するよう設定されねばならない．現在，郊外鉄道の運賃は路線によって違いがあり，エッシャースハイム線ではキロ当たり5プフェニヒ，森林鉄道では同じく3.5プフェニヒ，オッフェンバッハ線では同じく3プフェニヒであるが，森林鉄道の運賃水準が適当であろう．

これに対して，都市から離れて郊外に住むことを容易にするために，定期価格には適度の割引が必要である（森林鉄道は定期への過度の割引によって財政的に不利な結果に陥ったが）．市街鉄道では片道切符の比率が高い（片道切符が77%，定期は23%）のに対して，郊外鉄道では低い（エッシャースハイム線で約18%，森林鉄道で約28%，オッフェンバッハ線で10～15%）ことも注意すべき事実である．つまり，郊外鉄道は市街鉄道と比べて通勤のために利用されることが多く，定期の比率が高かったのであり，その価格設定には特別な配慮が必要である．

こうした事実分析を踏まえて軌道局は，郊外鉄道の片道切符以外の，往復

---

[27] Schreiben vom Städtischen Elektrizitäts- und Bahn-Amt an den Magistrat vom 20. 10. 1900, ISG, MA R1798/I.

切符（一般用，労働者用），月定期（1カ月，3カ月，半年，1年），週定期（一般用，労働者用，官吏と民間企業の雇用者用），回数券（Knipskarte），学童定期，（国有鉄道オッフェンバッハ線からの）接続月定期を，それぞれの路線毎にキロ当たりの運賃という形で示している．その詳細は省略するが，労働者用週定期と学童定期について補足的な説明が付されており，前者については，月定期は高すぎるので市街鉄道の週定期と同内容のものをキロ当たりの運賃約1.5プフェニヒで設定すべきとはいえ，市街鉄道の週定期と郊外鉄道のそれを合計すると1.7マルクほどになり，労働者にとっては高すぎるので，ほとんどの労働者は，両者の運賃境界まで乗ることで満足するであろうと考えられている．この時点では市域の拡大はなお限られていたため，軌道局は郊外鉄道と市街鉄道を分けて考えねばならなかったのである[28]．

3. 労働者用週定期の導入過程

(1) 定期制度改定案をめぐる見解の対立

新たな定期の導入は1902年4月に予定されていたが，市参事会文書や市議会議事録をみる限り，1902年には実施されていない．1902年の市参事会年次報告によれば，同年は天候不順でとくに日曜・祭日の収入低下が顕著であった．このことが運賃改定の動きに水を差したことも考えられるが，それに続く以下のような記述は，運賃改定を後押しするものであったともいえる．切符による乗降者数は，見積りに反して1.7％増加にとどまったのに対して，定期利用は12％も増大したからである．このことは，現行の運賃制度が実情にもはや合わず，その結果年々定期利用者が輸送能力の増大を超えて増えていたことを示している．定期からの収入は経営コストを満たしておらず，定期運賃の改革が早急に必要である，というのである[29]．しかし，結論が出るまでにはなおしばらく時間を必要とした．

1903年1月13日付けの，軌道局による市街鉄道への週定期の導入に関す

---

28) Schreiben vom Städtischen Elektrizitäts- und Bahn-Amt an den Magistrat vom 26. 11. 1901, ISG, MA R1798/I.
29) Magistratsbericht 1902, S. 488.

る報告[30)]によれば，市参事会の運賃委員会が週定期の検討を行った結果，A案とB案という2つの案が出された．すなわち，A案は，平日2回乗車するための週定期は，俸給ないし賃金が年1,500マルクを超えないすべての人々に発行されるべきであるが，郊外からフランクフルトの旧市壁に至る8区間のみとし，価格は3キロまで0.7マルク，4キロまで0.85マルク，それ以上は1キロ毎に0.15マルク加算するというものであった．これに対してB案は，平日2回乗車するための週定期を，労働者が自宅と職場の間にあるすべての区間で利用する権利を与えるべきであり，価格は4キロまで1マルク，5キロまで1.15マルク，それ以上は1キロ毎に0.15マルク加算するものとされた．結論は，A案の一見安い価格は，利用が少ないので低所得層のごく一部と一般の一部にしか役に立たず，逆にB案の価格はたしかに高いが，利用はA案よりもかなり多いので，その利益はすべての労働者に同等に与えられるというものであった．1902年7月には交通量調査が実施され，収入の見通しに関する試算もなされており，時間をかけて検討がおこなわれていたことがうかがわれる．しかし，最終案はA案ともB案とも，1901年10月1日の軌道局の報告とも違うものであった．

　1903年5月7日の市議会[31)]で，4月28日付けの市参事会報告[32)]について議論されているが，改定が実施されず馬車鉄道時代の条件がなお有効であった定期制度の問題だけでなく，片道運賃についても検討の対象となっている．1902〜1903年に限ればそれほど路線網は拡大していないが，路線の拡張が予定されるなかで再度検討が必要になったためと考えられる．すなわち，1900年の時点では4キロ以上を15プフェニヒとしたが，路線が延びても15プフェニヒで良いかという問題が早くも出てきたのである．そして1901年10月1日の軌道局の報告と同じ認識に立って，以下の4つの原則が示された．

　①片道切符と区間定期の価格は，距離に応じて段階的に増大するよう固定される．

---

30) Bericht des Städtischen Elektrizitäts- und Bahn-Amtes vom 13.1.1903, Betrifft: Einführung von Wochenkarten bei der städtischen Strassenbahn, ISG, MA R1798/I.
31) Mitt. Prot.StVV 1903, §485, S. 253-259.
32) Vortrag des Magistrats an die Stadtverordneten-Versammlung, betreffend Aenderung der Grundsätze für die StrassenbahnTarife, ISG, MA R1798/II, Bl. 15-20.

② 定期が利用できる運賃境界の数を増やすべきであり，定期購入者には最短経路を守って任意の 2 つの運賃境界点の間の定期を買う可能性を与えるべきである．

③ 定期の価格は，一般に少なくとも経営コストを満たすのに十分な水準とすべきである．

④ 所得が 1,500 マルク以下の労働者に，毎朝自宅から職場までを割引運賃で，緩やかな条件で購入できる特別な定期を与えるべきである．

　これに基づき，「A．片道切符」については，4 キロまで 10 プフェニヒ，4 キロ以上は 2 キロ毎に 5 プフェニヒずつ加算することにして，たとえば 6 キロまで 15 プフェニヒ，8 キロまで 20 プフェニヒとする案が，「B．定期」については，月定期の価格を，3 キロまで 6.25 マルク，4 キロまで 7 マルク，それ以上は 1 キロ毎に 0.75 マルク加算する案が示された．最低料金は 5.75 マルクから 0.5 マルク値上げされるものの今より長く乗車でき，6.25 マルクの月定期については値上げなしで長く乗車できる．6.75～8.25 マルクの定期は，多くの定期購入者にとって事実上の値下げである．それまでは運賃境界が少なかったために，多くの定期購入者に実際に必要とするよりもかなり長い距離の定期を購入することを強いていたが，運賃境界の大幅な増加は，圧倒的部分の定期購入者が 3 キロまでの定期ですませることを可能にするからである．また，全区間（ボッケンハイマー・ヴァルテ＝レーデルハイム線を除く）定期は 12.5 マルクだったが，路線や乗車機会の増大を考慮して 15 マルクに引き上げるとされた（ボッケンハイムからシェーンホーフまでは区間内とするが，レーデルハイムまでは月 1 マルク追加）．

　「C．労働者用週定期」は，3 キロまで 0.4 マルク（1 回当たり 6.7 プフェニヒ），4 キロまで 0.45 マルク（1 回当たり 7.5 プフェニヒ）で，1 キロ増す毎に 5 プフェニヒ加算されるという案が出されたが，平日 1 回朝 7 時半頃までに乗車していなければならない，という条件が付けられた．「D．学童定期」は現状維持とされた[33]．

　この案を先の 1901 年 10 月 1 日の軌道局の報告と比較すると，以下の点を

---

33) Mitt. Prot. StVV 1903, §485, S. 254-257.

指摘することができる．まず月定期は，全区間定期は同じとはいえ，距離による通常のものは 0.25 マルク低くなっている．その理由は不明である．これに対して，労働者用週定期の価格設定は大きく異なっていた．価格自体は 3 キロまでは 0.4 マルクと低く抑えられ，距離が伸びれば割引率も高くなっていたが，平日 1 回朝 7 時半までの早朝の通勤に限られるという厳しい条件が付けられていたからである．軌道局の報告では，価格は 0.85 マルクと高めであったが，1 日 2 回で最短ルートであれば距離は問わず時間帯の制限もなかったから，それと比べても条件は不利になったとみることができる．その理由は以下のように説明されている．労働者の利用は非常に短い時間に集中するので，軌道経営にとって困難が生じる．夕方は，労働者の利用がそうでなくても多い市街鉄道の利用と重なるのに対して，早朝は，それ以外の利用は比較的僅かなのでこの困難を克服できるであろう．しかし，労働者にとってまさに朝の利用の割引は，とくに望ましいに違いない．市街鉄道を利用することで，彼の朝の通勤時間を節約することは，前夜の休息に役立つからである[34]．限られた時間帯での利用の集中に対応しきれない可能性があったためと思われるが，一方的な理屈で正当化されており，労働者用週定期が市当局にとって「恩恵」と考えられていたことを物語っている．

　市参事会は，この新しい規定を遅くとも 1903 年 10 月 1 日までに実施することが望ましいと考え，その承認を求めたが，市議会での議論は紛糾した[35]．ガイガー（Berthold Geiger）（進歩党）は，法案は全体として良くできているので，財務委員会に送り，法案の財政面を検討するべきであると主張した．問題は，この運賃が収益性を確保できるかどうかに尽きるというわけである．民営時代の運賃制度には原則がなかったので，一定の原則に従って，高い運賃水準を現実的に解決するためにも，市参事会の提案は受け入れねばならない．副定期は富者の特権であり絶対に不当であるが，この問題は法案によって根本的に解決される．ただし，市街鉄道は損失を出してはならず，定期ではその経営コストを賄わなければならない．労働者用定期は大きな前進であるが，労働者だけでなく職員にも提供するべきであり，1,500 マルク以下で

---

34) Mitt. Prot. StVV 1903, §485, S. 256-257.
35) Mitt. Prot. StVV 1903, §485, S. 257-259.

はなく 2,000 マルク以下に変えることを提案する．以上が彼の主張であった．

これに対してツィルンドルファー（Paul Zirndorfer）（民主党）は，財政面に問題を絞り込んだガイガーを批判し，片道切符は安くなったが定期は値上げされており，多くの路線が建設されればさらに値上げされるだろうと主張した．副定期の評判は悪いが，職員が大枚を払って建てた自宅と職場を行き来するために，1日4回乗車できるようになるという社会政策的な意義があり，悪用の問題があるとしても廃止すべきかどうかは疑問である．ここで重要なことは，市街鉄道問題は住宅問題と密接に関係しており，副定期を廃止するのであれば代替策が必要であると彼が指摘していることである．またツィルンドルファーは，労働者用定期は2回乗車を実現すべきして，その検討のためにも法案は財務委員会にではなく，特別委員会に送付するべきであると主張した．

クヴァルク（社会民主党）は，法案が均一制運賃の原則や検討を欠いていることを問題にし，均一制運賃は多くの他の都市ではうまく実施されており，フランクフルトでも可能であると主張した．大事なことは，均一制運賃への移行と，11キロまでの10プフェニヒ運賃の拡大であり，それが導入されないならば，彼も副定期の廃止に反対であると発言した．労働者用定期についてクヴァルクは，なぜ夜は利用できないのかを問題とし，その理由を示す資料がまったくないのは，市議会を騙すためであると主張した．法案は本来すぐに否決されるべきであるが，法案を特別委員会に送るならば，多くの委員会メンバーは社会政策に賛成するに違いないというのが彼の結論であった．このように議論はまとまらなかったため，ゾンネマン（民主党）は審議の継続を提案し，受け入れられた．

審議は5月12日の第20回市議会で継続された．シュティーベル（Emil Max Stiebel）（民主党）の主張は以下の通りであった．運賃原則の大幅な変更が必要で，それがどのような財政的影響をもつかどうかは，挙げられた理由では十分に明らかではない．銀行重役に副定期が渡されるなど濫用もあるが，代替策なしに廃止することはできない．問題を正しく判断するためには，切符からの収入と定期からの収入の比率を確かめる必要がある．ある計算によれば，1897年以来片道切符からの収入が87〜88％，残りが定期からの収入

である．そうだとすれば，定期の総収入への影響はそれほど大きくないことになる．市街鉄道の運賃は，最大限の利益を追求した民営時代とは異なり，市は社会政策的な配慮をしなければならない．副定期の問題は，家族用は純粋に財政的観点から，業務用副切符は社会政策的観点から考察されるべきであるが，軌道局には後者の配慮がない．業務用は廃止されるべきではない．運賃の値上げによって決して利用は増えない．法案にはまったく失望しており，ツィルンドルファーが提案した特別委員会への送付に賛成である．ヴィスロッホ（Heinrich Wolf Wisloch）（民主党）も，財政的なもの以外の観点からの検討が必要であるとして，シュティーベルの提案を支持した．

商業顧問官ブラウンフェルス（Otto Braunfels）（国民自由党）は，以下のように述べた．社会政策的観点は必要であり，朝の割引定期を発行することも正しいが，財政的観点を無視することもできない．市街鉄道事業からの収入は市の財政に大きな影響を及ぼし，損失は租税によって補填されねばならない．その判断ができる財務委員会に送付するべきである．

これらの多様な意見に対して，市参事会員＝軌道局長P・ヒンはこう応じた．すべての要求を満たす運賃を作成することは非常に難しい．運賃の作成に際して収入の増大は重視されなかったが，過大な損失が生じないことは留意された．会計審議で，僅かな運賃値下げがいかに大きな財政的影響を及ぼすかが，すでに指摘されている．予算では余剰は非常に高く見積もられているが，それは本来起こりえない．定期利用の増大の影響は良くない．1902年に15％ほど増えたが，片道切符は1.7％しか増えなかった．定期価格はせいぜい経営コストを満たすだけなので，定期利用がさらに増えるとさらに不利になる．運賃がさらに割り引かれると赤字は毎年100万マルクになるが，長い間には耐えられないだろう．運賃が高いのであれば割引は正当化されるが，フランクフルトの運賃はブレスラウとともにもっとも低いことが確認されている．均一制運賃は決して良い経験をしていない．ブレスラウの市街鉄道の均一制運賃は，定期がないことで維持されている．業務用副定期をもつ市街鉄道は他の都市ではなく，軌道局は違反を監視する手段も機会ももっていないので，濫用を除去するためにはこの業務用副定期を廃止するほかない．全区間の定期はたしかに若干値上げされるが，路線網はかなり拡張したから

値上げは正当である．労働者用定期は大きな議論を引き起こしたが，フランクフルトでは国有鉄道と市営郊外鉄道で安い労働者用定期がすでに実施されており，法案はそれを補完しようとするものである．ハンブルク，ハノーファー，ベルリン，ドレスデンと比較しても，フランクフルトの運賃は考えられているほど高くない．とくに数回乗り換えできることは利点である．法案を入念に検討してもらえれば，最終的に正当であると認められるであろう．

議論はこれで打ち切られたが，法案をどの委員会に送るべきかが問題となり，審議の基礎となる資料の作成が必要ということになり，次の議会で特別委員会が設置されることになった[36]．

(2) 特別委員会の提案と市議会での決議

それを受けて，1903年5月19日の市議会で市街鉄道運賃の特別委員会を設置することが決議され[37]，5月26日に11名のメンバーが選出された[38]．特別委員会は約半年間の検討を経て11月24日に提案を作成し，12月1日に市議会でラーデンブルク（Wilhelm Heinrich Ernst Ladenburg）（国民自由党）によって報告された[39]．特別委員会がとくに重視したのは労働者用週定期の対象，内容，価格についてであった．すでにみたように，市参事会案では平日に1回，しかも早朝の限られた時間に利用が制限されており，年収1,500マルク以下の労働者だけが対象であった．これに対して特別委員会は，労働者だけを優遇するのは不適切であり，商業職員，民間企業の職員，徒弟，ウェイター，コック，女工，お針子などの女性労働者にも同様の優遇が与えられるべきという立場を取った．そしてドイツ帝国の廃疾・養老保険法が，16歳以上で年収2,000マルク以下の賃労働者，徒弟，使用人，事務員，商業補助者に保険加入を義務づけたことを根拠として，① 保険加入義務をもつ者，② 16歳未満の徒弟，③ 16歳以上の賃金のない徒弟，④ 所得2,000マルク以下の独立営業者を対象とすることを提案した．

---

36) Mitt. Prot. StVV 1903, §498, S. 265-267.
37) Mitt. Prot. StVV 1903, §517, S. 283.
38) Mitt. Prot. StVV 1903, §566, S. 300.
39) Mitt. Prot. StVV 1903, §1223, S. 581-589.

また利用回数と時間についても，夜の定期の価格は朝の定期の価格よりも高く設定するべきであるが，割引を拒むべきではないとして，3キロまでの週定期は朝1回（午前7時30分までという制限は維持）のみで30プフェニヒ，1日2回では80プフェニヒとして，1キロ乗車距離が増える毎にそれぞれ5プフェニヒ，10プフェニヒ増額するとし，月定期については3キロまで5マルク，1キロ増える毎に75プフェニヒ加算するという修正案が提示された．特別委員会は，月定期については1日4回の利用を認めることを考えていたようであるが，通例4回以上利用することはなくチェックも容易であることから，利用回数は制限しないとされた．いずれも市参事会案よりも運賃水準は低くなっていたが，この措置は副定期の廃止とも結びつけられていた．副定期が裕福な住民によって悪用されている以上廃止はやむをえないとしても，副定期は低所得層に恩恵を与えてきた面もあるので，年収2,000マルク以下とすることでバランスを取ることが意図されたのである[40]．

もちろん特別委員会も，この提案が採択された場合運賃収入が減ることはわかっていたが，利用の増大によって補塡されるはずなので，市参事会が算定するほどの損失にはならないだろうと考えていた．経営手段と人員の増加も，市参事会ほどは心配していなかった．しかし，特別委員会メンバーも過大な要求によって法案全体が拒否されることは得策ではないと承知しており，安い労働者用定期を優先して，将来の一層の運賃引下げを期待することで満足するほかないと考えていた．

このように特別委員会の提案の内容は，最低所得を引き上げ，適用の範囲を広げるなど，市参事会案よりも社会政策的色彩の強いものであった．その

---

[40] すでに1903年5月11日にフランクフルト商人協会理事長シェーファー（Carl Ludwig Schäfer）は，市議会宛てに市参事会案に対する異議を申し立てている．それによれば，正確な業務の開始を守るために商業職員が副定期をもっていることには社会政策的意味があるので，副定期の廃止には正当な理由があるかもしれないが，代替策が必要であり，商業使用人や女子職員をはじめとして年収「1,500マルク以下の労働者だけでなく，身分の区別なく所得が同じすべての人に週定期が発行されるべきだ」と主張しており，この見解は特別委員会案に反映されたとみることができる．また，定期は帰宅にも利用可能にするべきであるという主張も出されているが，1日4回利用は認められなかったものの，2回利用を選択することは可能になっており，この点も部分的に取り入れられたといえる（Schreiben vom Vorstand des kaufmännischen Vereins Frankfurt a. M. an die Stadtverordneten-Versammlung, ISG, MA R1798/II, Bl. 23.）．

原則は「経済的強者は給付と反対給付の原則に従って運賃を支払い，これに対して経済的弱者は一層の軽減を受ける」とまとめられている．

　これを受けて質疑に入り，ヴェーデルは，委員会の提案は市参事会の提案より改善されているがなお十分ではないとして，① 朝晩2回利用できる週定期を80プフェニヒから60プフェニヒに値下げする，② 週定期と月定期の最低距離を4キロにするといった提案を行った．クヴァルクも，ヴェーデルの案に完全に同意したうえで，マンハイムやシュトラースブルクの労働者のほうが，フランクフルトよりもはるかに長い距離を安い運賃で乗っているとして，① 2回乗車の週定期は夜9時まで利用できるようにする，② 平日何回でも乗れる月定期は3マルクとする，という提案を加えた．またヴィスロッホも，3キロの週定期と労働者用月定期の価格は高すぎる，月定期については日曜の午前から閉店までの時間の利用ができないのは残念であると述べた．

　これに対してフェスターは，市街鉄道の財政面に注意を促し，近年の更新基金は低すぎ，定期からの収入は経営コストを満たしていないので，運賃率は，後になお引き下げることはできるかもしれないが，委員会提案を受け入れるべきであると発言し，ツィルンドルファーも，委員会提案が市参事会提案より優れているとしてこれに同調した．軌道局長ヒンは，ドイツの大都市でフランクフルトほど安く市街鉄道に乗れる都市はなく，財政的にも万全ではないので，市参事会は特別委員会の提案に同意するには大きな危惧をもつが，委員会の提案の受け入れを勧めると発言した．

　こうして議論が打ち切られ，ヴェーデルとクヴァルクの提案を切り離して否決したうえで，特別委員会の提案全体が受け入れられ，1900年6月12日の市参事会決議によって認められた市街鉄道の運賃形成のための原則を，置き換えることが決議された．市参事会提案と比較すると，片道切符，月定期，学童定期については同じであるが，労働者用週定期・月定期については，前述のような大きな変更が加えられた．そして1904年1月15日に，この決議に基づく新たな定期の発行条件が同年4月1日から実施されることが公示されたのである[41]．また，片道切符についても，4月1日から，従来の4キロ

---

41) Städtisches Elektrizitäts- und Bahn = Amt, Bedingungen, unter welchen Zeitkarten

まで10プフェニヒ，4キロ以上15プフェニヒの2段階から，4キロ以上は2キロ毎に5プフェニヒ加算という距離制運賃に変更されたことが，1904年2月19日の市参事会からヴィースバーデンの県知事ならびに王立鉄道局への届け出からわかる[42]．

　特別委員会の提案に対しては批判もあった．市議会で提案された翌日の1903年11月25日付けの市参事会と市議会宛ての文書で，労働組合カルテル（Gewerkschaftskartell）は異議を申し立てている．① 3キロまででは1日1回で30プフェニヒ，2回で80プフェニヒとなっているが，これは非常に不公平である．労働者や職員の帰宅時間は4時と9時の間で分散しており短時間に集中する心配はないので，夜間の利用を割高にする理由はない．② 最低料金は3キロまでで，それ以上は割増料金を課されているが，4キロまでが最低運賃である片道切符と釣り合っていない．③ この団体が同年夏にフランクフルト市内と周辺の労働者に対して市街鉄道の運賃に関するアンケートを実施し，1,608の回答を得たが，労働者と職員の要望は1日4回まで自宅と職場の間を利用できることであり，回答者の約50％はまったくあるいは稀にしか市街鉄道を通勤に利用せず，「高すぎる」と述べている[43]．市議会でのヴェーデルやクヴァルクの提案はこうした意見を踏まえたものだったと考えられるが，否決されたことはすでにみた通りである．

　これに対して，1903年度の市参事会年次報告では，新しい運賃体系，とくに過度に不当な割引運賃が廃止され，代わりに低所得層の通勤に割引運賃が導入されたことにより，サービスと乗客の負担のバランスが改善されたこと，また定期では証票制度（Markensystem）が導入されて発行の簡素化・迅速化がはかられたことが強調されている[44]．ただし，1905年9月24日の市

---

　　　für die Benutzung der städtischen Strassenbahn in Frankfurt a. M. ausgestellt werden, vom 15. 1. 1904, ISG, MA R1798/II, Bl. 55.
42) Schreiben vom Magistrat an die Königliche Eisenbahn-Direktion vom 19. 2. 1904, ISG, MA R1798/II, Bl. 54.
43) Denkschrift von der Aufsichtskommission des Gewerkschaftskartells an den Magistrat und die Stadtverordnetenversammlung vom 25. 11. 1903, betr. Aenderung der Grundsätze des Trambahn゠Tarifs und Einführung von Arbeiterfahrkarten, ISG, MA R1798/II, Bl. 29-30.
44) Magistratsbericht 1903, S. 455.

参事会の県知事および王立鉄道管理局宛て文書によれば，同年4月3日から，1日2回利用の週定期の運賃が，3キロまで60プフェニヒ，4キロまで70プフェニヒ，5キロまで80プフェニヒに値下げされていることが報告されており[45]，労働組合カルテルの要求のうち①が実現されていることがわかる．

　以上，20世紀初頭のフランクフルトにおける市街鉄道の運賃政策の形成過程を辿ってきた．このような運賃政策は，電化によって増発が技術的に可能になったことも大きいが，収益性を最優先する民営形態ではおよそ不可能であり，市営化されたことによってはじめて実現可能であった．都市交通は誰でも利用できたが，有償であったため低所得層の利用は当初限定的だった．このため電化と市営化によって市は収益性の観点だけでなく，それと両立をする限りで社会政策的な運賃政策を実施し，利用者の裾野の拡大を目指すようになった．これは「都市社会政策」とは別の意味で，より多くの都市住民に生活上の便宜をはかろうとするものであり，この施策がすでに第一次大戦前に始まっていたことに注目すべきである．そしてこの運賃は，基本的に1918年3月1日まで維持された[46]．

4. 運賃改定後のフランクフルト市営市街鉄道の経営

　それでは，こうした新たな運賃体系のもとでフランクフルト市営市街鉄道の経営はどのように推移したのであろうか．本節では，この点を統計的に確認しておきたい．表5-1は1904～1913年の月定期と週定期の発行枚数の推移をまとめたものであるが，この10年間で月定期が8.5万枚から22.7万枚へ2.7倍，週定期は7万枚から83.8万枚へと12倍になっており，とくに週定期利用の伸びが著しい．この時期の利用者の増大に，週定期の利用が大きく貢献したことが明らかである．割引運賃利用率も，1908年の27.7％か

---

[45] Schreiben vom Magistrat an den Herrn Regierungs-Präsidenten in Wiesbaden und an die Königliche Eisenbahn-Direktion vom 24. 2. 1905, ISG, MA R1798/II, Bl. 96.

[46] Direktion (1922), S. 11. フランクフルト市街鉄道60年史では「第一次世界大戦以前の市街鉄道の運賃は驚くほど安かった」と述べられている（Die Straßenbahn 1959, S. 55）．

表 5-1 フランクフルト市営市街鉄道の定期購入枚数

年	月定期（枚）	週定期（枚）
1904	84,951	69,940
1905	99,762	157,848
1906	114,863	206,211
1907	131,716	265,323
1908	148,666	342,482
1909	164,316	396,618
1910	184,091	495,255
1911	203,152	575,830
1912	219,588	655,452
1913	226,638	837,600

出典：Magistratsbericht 1904-1913.

ら1912年の31.7％へと上昇している．労働者用週定期が期待通りに普及したことがわかる．

　問題は，こうした割引運賃の利用の増大が，市営市街鉄道経営の収益性にどのような影響を与えたのかということである．表5-2は，1890～1918年の時期におけるフランクフルト市街鉄道の経営収入，経営支出，粗余剰，純益[47]をまとめたものである．1900年と1912年の数字を比較すると，経営収入が408.2万マルクから1,059万マルクへ，経営支出が248.2万マルクから608.5万マルクへ，粗余剰が160万マルクから450.7万マルクへ，純益が43.3万マルクから176.4万マルクへと増大しており，1898年の市営化後も経営規模が拡大し，純益も1912年までは4倍増と順調に増えている．

　しかし他方で，市参事会報告では，運賃政策や職員の好待遇が経営を圧迫していることが繰り返し強調されている．たとえば，1906年度の市参事会年次報告では，「すでに前年に始まっていた経営，更新および新設のための資材全体の価格高騰，賃金・俸給の引上げによる人件費の増大，家賃手当の増大ならびに物価騰貴特別手当（Teuerungszulage）の提供の一方で，割引運賃，とくに労働者用週定期と月定期の利用の顕著な増大のために，車輌キロ

---

[47] 純益とは，粗余剰から，民営会社への補償金，労働者年金金庫への拠出，固定資本の利子・償却費，更新・準備基金への出資などを差し引いた残額である．Magistratsbericht 各年版を参照．

第 III 部　フランクフルトの都市計画とその社会政策的意義

表 5-2　フランクフルト市街鉄道の経営指標（1890 ～ 1918 年）

年	経営収入 （マルク）	経営支出 （マルク）	粗余剰 （マルク）	純益 （マルク）
1890	1,501,909	961,879	540,030	167,730
1891	1,671,246	1,114,082	557,164	179,992
1892	1,737,065	1,121,036	616,029	200,915
1893	1,971,483	1,281,889	689,594	235,600
1894	2,072,708	1,414,841	657,867	214,933
1895	2,189,485	1,448,571	740,914	273,096
1896	2,383,893	1,603,248	780,645	297,162
1897	2,655,685	1,859,456	796,229	288,723
1898	2,943,218	2,041,403	901,815	320,869
1899	3,406,903	2,326,670	1,080,233	343,687
1900	4,082,169	2,481,975	1,600,193	432,762
1901	4,478,013	2,533,029	1,944,983	506,709
1902	4,669,368	2,754,280	1,915,088	488,764
1903	5,117,387	2,811,090	2,306,297	898,592
1904	5,500,218	3,047,752	2,452,466	983,157
1905	5,954,761	3,155,852	2,798,909	1,097,844
1906	6,546,297	3,557,634	2,988,662	1,162,324
1907	7,102,774	3,910,331	3,192,442	1,314,774
1908	7,832,190	4,437,345	3,394,845	1,346,002
1909	8,462,879	4,807,538	3,655,341	1,609,687
1910	8,975,968	5,344,192	3,631,776	1,147,340
1911	9,866,693	5,787,232	4,079,461	1,584,278
1912	10,592,330	6,085,411	4,506,919	1,763,676
1913	10,905,564	6,755,452	4,150,111	1,433,882
1914	9,246,752	5,692,780	3,553,972	1,307,253
1915	9,258,158	5,274,510	3,983,648	1,575,031
1916	11,092,179	6,234,869	4,857,309	1,486,850
1917	14,443,559	7,893,144	6,550,415	3,367,093
1918	18,775,627	14,214,004	4,561,623	1,268,876

出典：Magistratsbericht 1898/99-1918.

当たりの交通収入の低下傾向が顕著になった」[48]と述べられており，1907 年の報告では，「4 年間で労働者用週定期の利用は 279% 増大したが，これは，かなりの規模で低所得層が市当局によって導入された週定期による割引を利用していることの証拠である．こうした事情が車輛キロ当たりの収入の後退を引き起こした」[49]とより直截に述べられている．

たしかに表 5-3 から車輛キロ当たりの利用収入の推移を辿ると，低下傾

---

48) Magistratsbericht 1906, S. 296.
49) Magistratsbericht 1907, S. 287.

表5-3 車輌キロ当たりの利用収入の推移（1890〜1918年）

年	プフェニヒ	年	プフェニヒ	年	プフェニヒ
1890	58.37	1901	37.46	1912	36.44
1891	58.19	1902	37.10	1913	34.13
1892	54.56	1903	38.59	1914	37.42
1893	54.75	1904	39.64	1915	40.27
1894	53.10	1905	39.55	1916	44.56
1895	54.97	1906	38.32	1917	59.99
1896	52.58	1907	35.57	1918	88.05
1897	49.08	1908	35.31		
1898	48.83	1909	35.17		
1899	48.69	1910	35.14		
1900	45.36	1911	36.88		

出典：Magistratsbericht 1898/99-1918.

表5-4 フランクフルト市営市街鉄道における福利厚生費の推移（1903〜1912年）

年	マルク
1903	138,939
1904	152,485
1905	174,987
1906	188,774
1907	208,206
1908	228,387
1909	250,490
1910	293,607
1911	320,199
1912	362,040

出典：Magistratsbericht 1903-1912.

向にあることがわかり，その傾向はその後も続いているが，労働者用週定期が導入された後の低下よりも，市営化直後の1900年と1901年の落差のほうがはるかに大きい．したがって，運賃改定の影響があるとしても，市営化に伴う人件費や福利厚生費の増大（表5-4），物価高騰などの理由が複合的に作用した結果と考えられる．新たな運賃体系だけが市営経営を圧迫したとは考えられず，その限りで収益性と公益性はともかくも両立していたといえよう．東京の市電経営では，市営化後の1916年と1920年に二度運賃を引き上げられたが[50]，フランクフルトではそれとは対照的な結果がもたらされたのである．とはいえ，割引運賃が経営を圧迫する可能性をもつことは確かだ

---
50) 小野浩（2010），櫻井良樹（2013）を参照．

ったため，市は当初の適用対象の拡大には抑制的であった．すなわち，各方面から割引運賃の適用を求める要望が出されたが，市は多くの場合これを認めず，運賃収入のこれ以上の低下を抑えようとしたのである．

5. 割引運賃の対象拡大の抑制

　割引運賃は馬車鉄道の時代から存在した．たとえば，1898年6月10日付けの，フランクフルト都市郡租税査定委員会委員長から市参事会への文書は，同委員会の職員は比較的若く俸給も十分ではないので，郊外に住んで自宅と職場を徒歩で1日2往復するが，市街鉄道を利用できるように，市の官吏と同様に50%の割引定期を発行することを要望している．これに対して軌道局長のリーゼは，これを認めると他の国家官吏すべてに認めざるをえなくなるとして拒否している[51]．ここから，市の官吏は市営化の時点で割引定期を利用しえたこと，およびこうした割引措置の拡大を求める声があったことがわかる．1904年2月10日の，軌道局から市参事会宛ての文書には，市の教員についても同様の割引措置があったと記されている．

　しかし，この軌道局の文書の眼目は，新運賃導入に際してこうした割引措置をそのまま継続するかどうかにあった．すなわち，当時市の官吏と教員には全路線定期を50%の割引で，また2つの任意の路線の月定期を4.5マルクで購入することが認められており，1903年1月30日の市参事会決議でもそれが維持されることになっていた．しかし，軌道局は，同年4月1日に実施されることになっていた新定期運賃の導入に際して，このような割引措置には変更が必要と判断し，副業をもたない官吏や教員には必要ないので，全路線定期の割引措置を継続することは不要であり，2つの任意の路線での割引定期の続行も正当でないと主張し，自宅と職場の間の路線を平日随意に利用できる定期を月4.5マルクで購入できることに優遇を限定すべきであると提案した[52]．市参事会は1904年2月12日に，4月1日からの新運賃導入に際

---

51) Schreiben vom Vorsitzende der Veranlagungs-Commission für den Stadtkreis Frankfurt a. M. an den Magistrat vom 10. 6. 1898, ISG, MA R1798/I.
52) Schreiben vom Städtischen Elektrizitäts- und Bahn-Amt an den Magistrat vom 10.

してこの提案に沿った割引措置の採用を決定した[53]．そしてその後，この割引運賃の適用範囲の拡大は慎重に進められることになった．

　1908年1月13日付けの，市営市街鉄道の利用に割引を与える原則を審議する特別委員会の市参事会宛て文書によれば，会計監査局は1906年8月16日に，市参事会の許可を必要としないすべての割引運賃を軌道局の決定に委ねることとし，軌道局は同年11月8日に市参事会に対する提案を出した．同年12月4日に市参事会は，この提案の審議を特別委員会に委ねたが，後者の結論は以下の通りであった．① 1907年2月12日に出された財団職員への割引運賃の拡大の申請は適正であるので，市参事会は市の官吏と教員と同様に月4.5マルクの通勤定期を認めるべきである[54]．② 1907年3月22日にある市参事会員から無料乗車券を認めるよう申請があったが，この問題は市議会議員への無料乗車券の問題と切り離せないので，立ち入らないのが賢明である．③ 1906年4月28日に土木局から出された，補助官吏と使用人，さらに雇用関係にある監督者や組立工にも同様の割引をすべきであるという申請が出されているが，補助官吏に認めるのは良いとしても，雇用関係にある人々にまで拡大されるべきではない．このように，特別委員会は個別の問題にひとつひとつ判断を下したうえで，軌道局の提案を受け入れることを市参事会に勧めたのである[55]．これを受けて翌1908年1月14日に市参事会は，市の補助官吏，補助教員，試用期間中の官吏（Anwärter）および財団職員にも拡大することを決議した[56]．

　以上からもうかがわれるように，割引措置の適用拡大を求める声はこのほかにも少なくなかったが，そのすべてが受け入れられたわけではない．新運賃導入直後の1904年10月1日に軌道局長ヒンは，給料の低いライヒ，邦，

---

  2. 1904, ISG, MA R1798/II, Bl. 52-53.
53) Magistrats-Sitzung vom 12. 2. 1904, ISG, MA R1798/II, Bl. 53.
54) 公共慈善財団については，本書，第7章を参照．そこで述べるように，財団は19世紀末から市当局の監督を強く受けており，財団職員は事実上市の官吏といってよい身分であった．
55) Schreiben von Kommission zur Beratung der Grundsätze für Gewährung von Vergünstigung bei Benutzungen der städtischen Strassenbahn an den Magistrat vom 13. 1. 1908, in ISG, MA R1798/II, Bl. 221-222.
56) Magistrats-Sitzung vom 14. 1. 1908, ISG, MA R1798/II, Bl. 222.

自治体（連合）官吏の運賃の割引について，市参事会宛てに意見書を提出している．すなわち，これらの官吏は保険加入義務に服していないから，規定に従えば割引措置から排除されるが，これはわれわれの意図ではない．さらに，郵便・電報下級官吏協会からも請願が来ている．したがって，ライヒ，邦，自治体の官吏にも割引措置を与える権限を軌道局に与えることを求める[57]．もっとも，この件は先の1908年1月14日の市参事会決議でも言及されておらず，実現しなかったものと思われる．

ただし，市の官吏についても無制限の割引が与えられたわけではない．たとえば，1908年2月28日付けの，都市建設技師グローサー（A. Grosser）の市参事会宛て陳情書は，郊外鉄道フランクフルト＝エッシャースハイム線を利用する市の官吏，補助官吏，試用期間中の官吏，補助教員ならびに財団職員には，4.5マルクの通勤定期が認められていないとして，同年3月1日からの同線の電化を契機にその認可を求めたが[58]，軌道局も市参事会も，都市郡の外に住む官吏・教員には適用されないという理由で認めなかった[59]．フランクフルト＝エッシャースハイム線では，学童定期の価格も割高であることが問題となった．1908年2月7日付けの，エッシャースハイム市民協会から市参事会への要望書は，同線の学童定期は電化後月4.5マルクと聞いているが，他の市区では本来の3マルクであり，これは協定や約束に反するので，3マルクとするべきであるという内容であった[60]．これに対して市参事会は，エッシャースハイムへの運賃は全体として値下げされており，終点がフランクフルトとの境界から約2.5キロあってオッフェンバッハと同等であるので，学童定期は月4.5マルクとなると応じて要求を拒絶した[61]．

軌道局と市参事会との見解には微妙な違いがあり，市参事会の了承なく軌

---

57) Schreiben vom Städtischen Elektrizitäts- und Bahn-Amt an den Magistrat vom 1. 10. 1904, ISG, MA R1798/II, Bl. 81-82.

58) Schreiben vom Stadtbau-Ingenieur A. Grosser an den Magistrat vom 28. 2. 1908, ISG, MA R1798/II, Bl. 250-251.

59) Schreiben vom Magistrat an den Stadtbau-Ingenieur A. Grosser vom 8. 3. 1908, ISG, MA R1798/II, Bl. 251.

60) Eingabe von der Eschersheimer Bürgervereinigung an den Magistrat vom 7. 2. 1908, ISG. MA R1798/II, Bl. 241-243.

61) Magistratssitzung vom 25. 2. 1908, ISG. MA R1798/II, Bl. 243.

道局が決定できる事項もあったようであるが，市の官吏と教員を基本として割引定期の適用範囲を徐々に拡大しつつ，その無制限な適用には歯止めがかけられていたといえよう．ここにも，市当局が収益性と公益性のバランスを取りながら経営を進めていたことが表れている．

　割引措置との関連でもうひとつ指摘しておきたいのが，1910年の大合併との関連である（図5-2）．このフランクフルト農村郡所属自治体の合併により，フランクフルトの市域はドイツの都市のなかで最大となり，いくつかの自治体との合併協定で一定期間以内の市街鉄道建設が市に義務づけられたが，それ以外にもそれまでは市域外ということで享受できなかった割引運賃が，合併によって市域内になったことで新たに適用されるべきかどうかという問題が生じた．たとえば，1910年3月29日の市参事会議事録によれば，それまでエッシャースハイムに適用されていた全路線定期と学童定期が，合併される予定のギンハイムの住民にも保証されるべきことが報告されている[62]．

　最後に，1914年にフランクフルト大学が設立されると，学割運賃が検討され，同年10月1日から登録学生に26枚綴りの回数券（2マルク）を発行することが市参事会で決議されている[63]．

6. 第一次世界大戦期の度重なる値上げ

　このように割引措置の範囲を慎重に拡大しつつも，1904年のフランクフルト市街鉄道の運賃制度の枠組みは基本的に維持された．しかし，第一次世界大戦の勃発，とくにその長期化によって状況は一変した．1917年8月2日の市参事会議事録によれば，石炭・交通税の導入とその他の必要の増大（Mehrbedarf）をきっかけとする運賃の引上げについて，市参事会は同日の市議会で報告している．まず片道切符では，2キロまで10プフェニヒ，5キロまで15プフェニヒ，8キロまで20プフェニヒ，8キロ以上25プフェニヒ

---

62) Protokoll des Magistrats vom 29. 3. 1910, ISG, MA R1798/III, Bl. 37.
63) Schreiben vom Magistrat an den Regierungs-Präsidenten in Wiesbaden vom 20. 7. 1914, ISG, MA R1798/III, Bl. 228.

196　第III部　フランクフルトの都市計画とその社会政策的意義

図 5-2　フランクフルト市街と

出典：ISG, MA R1752.

第5章　都市交通の市営化と運賃政策　197

市街鉄道路線図（1911年）

となった.次に定期では,全路線定期が18マルクから25マルクへ,割引なし路線定期は一律1.5マルク,割引路線定期は一律0.75マルク引き上げられた.しかしここで注目すべきは,週定期と学童定期は据え置かれたことである.その理由は,郊外への居住と通学を容易にするためであった.全般的な値上げにもかかわらず,労働者用週定期の価格が学童定期とともに維持されたことは,開戦とともに労働者の住宅問題がますます深刻になり,運賃政策の社会政策的意義がさらに高まったことを意味する.このことは片道切符についても妥当し,乗車距離が長いほどキロ当たりの運賃は安くなっており,郊外に居住することへの配慮が指摘されている[64].

それを受けた1917年9月14日付けの財政・組織委員会の報告でも,「市の住宅政策は,近年正当にも住宅地をできるだけ郊外で開発する方向に動いている.この努力は,郊外の安価な住宅の利点が,高い運賃の支出によって失われるならば帳消しになるだろう」と述べられている.さらに,この報告で注目すべきは,主婦と家事手伝いの未婚女性を対象とする,平日にのみ有効の32枚綴りの月回数券(4キロまで4マルク,4キロ以上4.8マルク)の発行が提案されていることである.これは,労働者や学童の定期に対応する割引措置と位置づけられていた[65].その直後の新聞でも,こうした措置は,「運賃等級全体から,遠くまで乗るほどキロ当たりの運賃は大幅に低下するので,遠方に住むことへの便宜には変化がないことが明らかである」「市街鉄道運賃の値上げは我慢できる限度内にとどまっており,とりわけ必要な社会的配慮は維持されている」と肯定的に評価されていた[66].

ところが,この新たな運賃制度の実現には時間がかかり,市参事会から県知事への届け出は1918年2月6日にまでずれ込んだ[67].そして2月14日のフランクフルト市広報で,市参事会が前日に3月1日からの実施を決定し

---

[64] Magistratssitzung vom 2. 8. 1917, S. 95-96, ISG, MA R1798/IV. なお,時局柄軍人の優遇は当面継続され,軍人の利用は無料であった.

[65] Bericht des Finanz- und Organisations-Ausschusses zu der Vorlage des Magistrats vom 2. 8. 1917 (Magistrats-Mitteilungen Nr. 10, S. 93), die Erhöhung der Tarife bei den Betrieben des Elektrizitäts- und Bahn-Amtes betr., S. 4-5, ISG, MA R1798/IV.

[66] Frankfurter Nachrichten vom 27. 9. 1917, ISG, MA R1798/IV.

[67] Schreiben vom Magistrat an den Herrn Regierungs-Präsidenten in Wiesbaden vom 6. 2. 1918, ISG, MA R1798/IV.

たことが発表されたが[68]，この制度は厳密には長続きしなかった．すなわち，7月1日より市街鉄道に対して交通税法（Verkehrssteuergesetz）が導入される一方で，乗車券税（Fahrkartensteuer）が廃止されることになったため，増額分と減額分で相殺され，総額は変わらなかったが，定期運賃について見直しが必要となったからである[69]．

　値上げの動きは続いた．この頃から昂進しはじめたインフレーションによって石炭などの資材費や人件費が上昇して財政状態が悪化し，電力料金と並んで運賃の再値上げが必要になり，1918年8月1日より実施されたのである．すなわち，片道運賃は2キロまで20プフェニヒ，5キロまで25プフェニヒまでというように，一律10プフェニヒ値上げ，全路線月定期が25.6マルクから35マルクへ，路線月定期は割引のあるなしにかかわらず一律4マルク，学生月定期は5.1マルクから6.6マルクへ，婦人用回数券は1マルク，26枚綴りの学生用回数券は2マルクから2.5マルクへ値上げされた．学童定期は50枚綴り2.5マルクの回数券に変更された．芸術・音楽などの専門学校生の月定期も，5マルクから6マルクへ値上げされた．この変更は，通学定期の種類が増えて煩瑣になったことによるものでもあった．労働者用週定期も例外ではなく，平日1回のものが15プフェニヒ，2回のものが30プフェニヒ値上げされた．しかし，1911年のライヒ保険法1226条に従って，① 所得に関係なく障害・遺族保険の掛け金を支払う義務のあるすべての労働者，② 年間5,000マルク以下の賃金・俸給を受け取るすべての官吏・職員，および，③ 年間所得5,000マルク以下の独立営業者にまで適用範囲が拡大された[70]．

　1919年末には，早くも調達補助金と人件費の不足を補うために，電気料金と市街鉄道運賃の再引上げが市参事会から提案された．それによれば，片道運賃は一律5プフェニヒさらに引き上げられ，2キロまで25プフェニヒ

---

68) Anzeige-Blatt der städtischen Behörden zu Frankfurt am Main, Nr. 7, Donnerstag, den 14. 2. 1918, ISG, MA R1798/IV.

69) Schreiben vom Städtischen Elektrizitäts- und Bahn-Amt an den Magistrat vom 3. 6. 1918, ISG, MA R1798/IV. ただし，1919年6月12日の市参事会議事録によれば，交通税と並んで導入された石炭税も運賃値上げ要因であった（Magistratssitzung vom 12. 6. 1919, ISG, MA R1798/IV）.

70) Magistratssitzung vom 12. 6. 1919, ISG, MA R1798/IV.

200　第 III 部　フランクフルトの都市計画とその社会政策的意義

となり，全路線月定期は40マルクに，路線月定期は割引のあるなしにかかわらず一律2マルク引き上げ，学生月定期は8マルクに，婦人用回数券は0.5マルク引き上げ，26枚綴りの学生用回数券は4マルクになった．労働者用週定期も前回と同様に，平日1回利用のものが15プフェニヒ，2回利用のものが30プフェニヒ値上げされた．これに対して，学童用回数券と芸術・音楽などの専門学校生の月定期の値上げは回避された[71]．この提案は11月25日の市議会で承認され[72]，12月1日の市参事会決議により決定された[73]．そしてこの新運賃は1920年1月1日から実施された[74]．したがって，労働者用週定期は，値上げを避けられなかったとはいえ，この時期の片道運賃と月定期運賃と比べれば値上げ幅は低く抑えられており，第一次大戦前から始まっていた社会政策的配慮は維持されたということができる．

おわりに

　フランクフルトの市街鉄道は1898年に市営化され，それに続く99年の発電所の市営化と連携しつつ電化が進み1904年に完了した．また，人口の増大・市域の拡大と並行して路線網の拡大も進んだ．こうしたなかで，運賃体系の見直しが実施された．片道運賃では，1900年5月より，均一制運賃は採用せず対距離区間制運賃を維持しながらも，4段階から2段階へと簡素化して車掌の負担を軽減するとともに，全体として運賃水準の引下げがはかられた．片道運賃の改定も利用者の増大を目指すものであったが，その意図がより明示的に示されたのが労働者用週定期の導入であった．1901年10月に，所得が一定額以下の人々に1日2回の乗車を認める週定期の発行が，軌道局によって提案されたのである．その限りでは，この提案には社会政策的意図

---

[71] Vortrag des Magistrat an die Stadtverordneten-Versammlung, die Erhöhung der Tarife bei den Betrieben des Ekektrizitäts- und Bahn-Amtes betr. vom 13. 11. 1919, ISG, MA R1798/IV.

[72] Protokoll-Auszug der Stadtverordneten-Versammlung der Stadt Frankfurt am Main vom 25. 11. 1919, ISG, MA R1798/IV; Bericht über die Verhandlungen d. StVV 1919, §1488, S. 1937-1940.

[73] Magistrats-Beschluß vom 1. 12. 1919, ISG, MA R1798/IV.

[74] Anzeige＝Blatt der städtischen Behörden in Frankfurt am Main, Nr. 53, den 14. 12. 1919, S. 324-328, ISG, MA R1798/IV.

が含まれていたといえるが，収益性の確保が忘れられていたわけではなく，学童定期以外は経営コストを満たす水準が求められた．

しかし，運賃改定はこの形でそのまま実現したのではなく，1903年5月の市議会では，路線の拡大傾向を背景として，乗車距離に対応した運賃の段階的増加と定期の運賃境界の増加を組み合わせて，利用者の乗車距離に応じた公平な運賃制度への改定を目指す新たな市参事会案が審議された．ただし，労働者用週定期については，価格自体は低く抑えられたものの，平日1回朝7時半までの利用に限られるという厳しい条件が付けられた．利用の集中を避けようとする意図と並んで，市当局が労働者用週定期を労働者に対する「恩恵」とみていたことがうかがえる．

この法案に関する市議会での議論は紛糾したが，財政的観点だけでなく，社会政策的意義をも考慮すべきであるという意見が多く出された．市参事会員＝軌道局長ヒンは，楽観的にはなれないが財政的観点は考慮されており，業務用副定期の廃止と，労働者用週定期の導入は正当であるとして，市参事会提案の承認を求めたが，結局特別委員会が設置されることになった．約半年間の検討を経て，1903年12月に特別委員会の案が市議会で報告・検討されたが，それは，週定期に関して，市参事会案と比べて，適用範囲，利用回数，利用可能時間帯を広げることを提言するもので，より社会政策的な色彩の濃いものであった．さらに労働者に有利な提案も出されたが，ヒンが財政的な不安を表明しつつ特別委員会案を受け入れたため，市議会での決議を経て，1904年4月から片道切符を含めた新たな運賃制度が実施された．

このような運賃政策は，増発が電化によって技術的に可能になったことが背景にあり，割引運賃の一層の拡大に対して市当局は抑制的だったものの，収益性を最優先する民営形態ではおよそ不可能であり，市営化されたことによってはじめて実現可能であった．市街鉄道の利用は有料だったため，低所得層の利用は当初限定的だったが，市当局は，電化と市営化を契機として，収益性との両立に配慮しつつ社会政策的観点を重視した運賃政策を実施し，利用者の裾野の拡大をはかったのである．それは，増大する都市人口を，合併によって拡大した市域内に分散させることを意図したものでもあった．

ただしここで注意したいのは，こうして導入されたのは「社会政策的」運

賃であって,「社会扶助」ではなかったことである.エネルギー供給や公共交通のような本来の生存配慮は,普通の市民に有償で提供されたのに対して,社会扶助は一般的な生存配慮における有償の給付を支払うことのできない市民にもたらされた.そして,本章が問題にした「社会政策的」運賃は,まさにこうした生存配慮に属するものであった.この点にこだわるのは,エネルギー供給にせよ公共交通にせよ,それらが第一次大戦前から自治体によって普遍的なサービスとしてすべての都市住民に提供されていたからであり,さらに割引運賃によって労働者をはじめとする低所得層への利用の拡大が目指されたからである.

「都市社会政策」は,第一次大戦前の「救貧」から大戦期の「戦時扶助」を経て大戦後の「社会扶助」へと性格を変え,困窮に対する支援は,「恩恵」から「義務」へと変わったのであるが[75],生存配慮を保障するための「社会政策的都市政策」は,都市社会政策と連携しながら,敢えて言えばそれに先んじて第一次大戦前から導入されていたのである.たしかに,第一次大戦期のインフレーションの昂進によって,市街鉄道の運賃も値上げを余儀なくされたが,低所得者用週定期の値上げ幅は普通運賃よりも抑えられ,戦前に形成された原則は維持されたまま,ヴァイマル期を迎えることになった[76].

---

[75] 加来祥男(2009),24-25頁.
[76] ヴァイマル期のフランクフルト市街鉄道における運賃制度の変遷について簡単に述べておけば,以下の通りである.インフレーションの昂進に合わせて運賃も頻繁に値上げされたが,1923年末にインフレーションが収束すると運賃も安定した.すなわち,1924年1月1日より片道運賃は2キロまで15ライヒスプフェニヒ(以下,プフェニヒ),4キロまで20プフェニヒ,6キロ以上25プフェニヒとなった.1926年11月1日に対距離区間制から区間制に移行した.市内と郊外では一区間の長さが違ったが,運賃は3区間までが15プフェニヒ,最高の10区間以上でも30プフェニヒであった.10プフェニヒ均一の子供料金が登場したのはこのときであった.1929年7月1日に6区間まで20プフェニヒ,10区間以上が40プフェニヒに値上げされたが,子供料金は据え置かれた.しかし,大恐慌が始まると軽減され,フランクフルト市街鉄道の歴史ではじめて均一制運賃が採用され,市域内では乗車距離に関わりなく,大人25プフェニヒ,子供10プフェニヒの2種類になったが,1932年2月に「単純化された対距離区間制」に戻り,4区間まで20プフェニヒ,5区間以上25プフェニヒ,子供10プフェニヒの3種類となった(Die Straßenbahn 1959, S. 56, 58).これに対して,週定期・月定期からなる割引交通(Vergünstigungsverkehr)では第一次大戦前からの対距離区間制運賃が維持されていたため,それを片道切符・回数券からなる現金交通(Barverkehr)と対距離区間制の形式で統一すること,均一制運賃の導入,輸送税(Beförderungssteuer)導入への

対応としての労働者用定期の改定が，1920年代末に検討・提案されたが，結局実現しなかった．なお，フランクフルトは特別割引制度がドイツの市街鉄道のなかでもとくに進んでおり，子供料金と並んで戦争障害者，少額年金生活者，社会年金生活者に対する「社会運賃（Sozialtarif）」が導入されていた．これは当初7プフェニヒであったが，釣銭の煩雑さを避けるために片道切符は10プフェニヒとされたものの，7枚綴りの回数券は50プフェニヒで平均約7プフェニヒの水準が維持された（Bericht des Verkehrsamts, 1927/1928, S. 8-9; 1928/1929, S. 11-13, 15-16）．

第6章
都市土地政策の展開とその限界
――「社会都市」から「社会国家」へ

はじめに

　19世紀末～20世紀初頭のドイツの諸都市で実施された土地政策は，国際的にも注目された都市政策であったが[1]，同時に住宅政策，交通政策を含む広い意味での都市計画の前提条件を創出したものとして，ドイツ本国でも当時の論争を反映して同時代文献が数多く存在する[2]．近年でもH・ベームがドイツ全域を視野に入れ，個別事例も交えながら数量的な把握を試みてい

---

1) 世紀転換期のイギリス人が，ドイツの都市行政システムや都市政策に注目していたことについては，第Ⅳ部で詳しく論じるが，なかでも土地政策は高い評価を受けていた．T・C・ホースフォールは，アディケスのもとで，フランクフルトが住宅建設に利用できるように市有地の拡大に努め，地上権（chief rent）契約による宅地の供給を進めていると述べるとともに，建設用地を獲得し，地価の上昇を阻止するために建築条例，建築線の設定，土地区画整理，周辺自治体の合併，市街鉄道の整備などの手段を用いていると指摘している．そしてフランクフルトを，「土地区画整理法（アディケス法）」と地上権の設定という点でドイツの都市の先頭を走っていると理解している（T. C. Horsfall 1904a, pp. 123-125）．1906年7月のバーミンガム・カウンシル議会でのドイツ視察団の報告では，フランクフルトが市内の土地を財団とともに管理し，年々所有地を購入によって増やしていると述べ，上級政府の同意なく土地を購入する権限をもっていることに注目しており（Birmingham Council Proceedings 1905/06, p. 539），住宅委員長J・S・ネトルフォールドも，ドイツ流の都市計画に倣って，自治体ができるだけ多くの土地を購入することを推奨している（J. S. Nettlefold 1905, pp. 75-76）．
2) 個別事例を交えながら土地政策全般について論じたものとしては，K. von Mangoldt (1904), K. Th. von Inama-Sternegg (1905), W. von Kalckstein (1908), W. Gemünd (1914), N. Robert-Tornow (1916), W. H. Dawson (1916, Chapter 5), L. Pohle (1920) などを，個別都市の事例研究としては，W. Weis (1907)［マンハイム］, K. von Mangoldt (1908)［ベルリン］, O. Münsterberg (1911)［ダンツィヒ］, B. D. A. Berlepsch-Valendàs (19--), R. Görnandt (1914), F. Eychmüller (1915)［ウルム］などを挙げることができる．

る[3]．わが国では，ウルムを事例とする関野満夫と，デュースブルクを事例とする大場茂明の研究がある[4]．本章は，第二帝政期にウルムと並んで積極的な土地政策を展開したフランクフルトの事例を，アディケス時代を中心に考察することを課題とする．その際，先行研究に対する本章の独自性は以下の点に求められる．

第1に，都市土地政策は，同時代人ゲミュント（Wih Gemünd）も述べているように[5]，合併政策などと異なり都市による差異が大きく，一般化が難しい面がある．ドイツ都市統計年報（Statistisches Jahrbuch deutscher Städte）では，土地政策の代表的事例とされるウルムは含まれておらず，市有地面積の大きさという点で，ウルムを上回る都市はいくつもあった．また，デュースブルクの場合，土地政策が活発化したのは第二帝政期ではなく，むしろ第一次世界大戦後であった．これに対して，フランクフルトでは，土地政策のピークは第一次大戦前にあり，この点ではウルムと共通していた．しかし，ウルムの土地・住宅政策を語るうえで大きな意味をもった施策が，市による持家住宅の建設と買戻権付きの販売だったのに対して[6]，フランクフルトでは，市による住宅建設の動きは限定的であり，公益的住宅建設会社と地上権契約を結ぶとともに建設資金を融資する方向をとった．したがってフランクフルトは，多様な形態をとったドイツにおける都市土地政策のひとつのタイプを代表する事例であり，地上権契約の利用実態とその限界を知るうえでも重要な考察対象ということができる．

第2に，一次史料を利用して，土地取引全体の動向だけでなく個々の土地取引の内容にも立ち入ることによって，都市土地政策の実態に近づくことに

---

3) H. Böhm（1990），(1995)，(1997)．
4) 関野満夫（1992/1997），大場茂明（1993/2003）．
5) W. Gemünd（1914, S. 10）．
6) ウルムについては，後藤俊明（1986），169-175頁，関野満夫（1997），74-89頁を参照．土地政策ではウルムの事例がつとに注目されてきたが，市有地面積（1891年に1,846 ha，1909年に2,210 ha）自体は他の都市と比べてとくに大きかったわけではなく，上級市長ヴァーグナー（Heinrich von Wagner）のリーダーシップと，市域面積（1891年に2,249 ha，1909年に2,697 ha）と比較して市有地面積（市域外を含む）が大きかったことが主たる理由であったと考えられる（ウルムの市域面積は，馬場哲（2004b），13頁による）．

したい．関野の研究は土地政策の意義にいち早く注目した先駆的意義をもつが，基本的な同時代文献を利用した第一次的接近にとどまっており，大場の研究もテルシューレン（Heinz Terschüren）の研究を巧みに利用して地域・地区毎の差異を明らかにしているが，個別の取引にまでは踏み込んでいない．これに対して本章では，市参事会報告や市統計を用いて概括的な把握をおこなうとともに，フランクフルト都市史研究所所蔵の未公刊史料を利用して，個別取引の実態にも出来る限り接近することにしたい．フランクフルトの都市土地政策については，ドイツでは，ヴォルペルト（E. Wolpert）とシュライバー（Willi Schreiber）の研究を挙げることができるが，個別取引にまでは立ち入っていない[7]．

第3に，都市土地政策をドイツ「社会都市」論と関連づけて考察したい．すでに第2章で述べたように，J・ロイレッケは，第一次大戦期までのドイツの都市政策がヴァイマル期に基礎づけられ，第二次世界大戦後に本格的に実施された「社会国家」のための実験場となったことに注意を喚起し，これを「社会都市」と捉えた[8]．本章では，土地政策をこうした「社会都市」の一環と捉えてその意義と限界を明らかにし，第一次大戦期以降の土地・住宅政策との関連を探ることにしたい．

なお，ドイツの都市土地政策を検討する場合には公共慈善財団（öffentliche milde Stiftungen）との関係に注意する必要がある．このことは，ウルムをはじめとする他の都市でも財団所有地が無視できない割合を占めており，ドイツ都市統計やベームの集計からも明らかである[9]．フランクフルトの都市計

---

7) E. Wolpert（1930），W. Schreiber（2008）．ヴォルペルトの論文は，卒業論文とはいえ，主として市参事会年次報告を用いて，第二帝政期のフランクフルトの土地政策の成果と限界を的確に整理しつつ，自由市場経済擁護の立場から1930年の時点でおこなわれていた「社会化」（＝農地の収用による衛星都市の建設）を批判している．シュライバーの学位論文は，20世紀の都市土地政策をヨーロッパの3都市について比較したものであり，フランクフルトの土地政策を，アムステルダム（「共同経済モデル」），チューリヒ（「自由市場経済モデル」）との対比において「社会的市場経済モデル」と特徴づけている．

8) J. Reulecke（1995），S. 6-11．

9) F. Eychmüller（1915），S. 21; 関野満夫（1997），87-88頁．施療院財団の所有地面積は1910年に1,346 haであった．ドイツ都市統計年報第19巻によれば，1910/1911年に市有地と財団所有地の面積が分かる83都市（ウルムは未記載）のうち，60都市で財団

画にとって，中世以来の慈善団体の所有地は大きな意味をもっていたと考えられるので，この点は第7章で論ずることにしたい．

1. 都市土地政策とは何か

現在のドイツにおける研究水準を代表するH・ベームによれば，都市土地政策（彼の用語では「自治体土地政策（kommunale Bodenpolitik）」）は，「間接的土地政策」と「直接的土地政策」に分けることができる．

第二帝政期における都市土地政策の起点は，プロイセンでは1875年の建築線法に求められる．同法により，建築法規が国家の建築警察的領域と自治体の領域に分かれ，なお制限はあったとはいえ自治体に建築高権が与えられ，間接的土地政策への道が開かれることになったからである[10]．それは，土地利用が公共の秩序を維持する場合に限り制限されるにすぎなかったそれまでの秩序行政から，公共目的のために土地利用をより積極的に制限する給付行政への転換の一局面を示すものであった[11]．また，多くの都市で採用されたゾーン制建築条例，あるいは1902年のフランクフルト土地区画整理法（アディケス法）なども，それに含めることができる[12]．

これに対して，本章の主たる考察対象であり，自治体による土地の取得・

所有地があった．そのうち43都市では10ha以下であったが，広大な財団所有地をもつ都市もあり，フランクフルトは2,230ha75aで，ロストック（6,359ha），ケルン（4,310ha27a），ゲルリッツ（3,776ha15a），アウクスブルク（3,414ha28a）に続いて5番目に多かった（Statistisches Jahrbuch Deutscher Städte, 19. Jg. Breslau 1913, S. 16-17）．また，財団所有地はとくに市域外で無視できない意味をもっていた（Vgl. H. Böhm 1997, S. 80）．

10) ただし，それに先立つ土地所有制度の大きな転換は，いうまでもなく封建的土地所有からの解放に踏み出した19世紀初頭の農業改革であった．この結果，プロイセンでは，建築警察的な監督という規制を受けつつも，土地の自由な処分権が法的に認められることになったからである（H. Böhm 1990, S. 140-141）．

11) 給付行政への転換は，上下水道の整備，ガス・電気などのエネルギー供給，道路や都市交通網の整備などの新たな行政課題の登場に対応するものであり，行政スタッフの増大と専門化を伴ったが，財源を従来の租税以外に資本市場から調達する必要を増大させた．さらに近代的なインフラの整備には土地が必要であり，自治体による土地政策が要請された（H. Böhm 1990, S. 141-142）．

12) H. Böhm (1995), S. 24-25; (1997), S. 64-70. プロイセン以外では，1868年のバーデンの街路法（Ortsstraßengesetz）が先駆的な意味をもった．

利用・売却を内容とする直接的土地政策は，それよりも遅れて本格化した．たしかに直接的土地政策は以前から実施されていたが，自治体による土地の私法的処分の自由は，ドイツ帝国のすべてのラントでゲマインデ＝都市条例によって制限されていた．しかし，ベームによれば，プロイセンでは1901年3月19日の大臣布告（Ministerialerlaß）によって土地政策の目標が大きく変わった．そこでは次のような現状認識と方策が示されていた．「今日支配している窮状の主な原因は，不健全な土地投機にある．もちろんその一部は，立法の変更によってのみうまく克服することができる．しかし，土地投機を抑制するのに効果的な手段は，現在もすでに自治体による多くの土地の巧みな獲得に示されている」．そしてそのうえで，市有地を住宅不足解消のためにどのように利用するかには，市営企業，民間企業あるいは地上権の利用などさまざまな方法があるが，投機を回避するために土地の売却には慎重であるべきであり，建設協同組合や公益的住宅建設会社の活動に注目すべきであると指摘されている[13]．

この大臣布告は，ラント政府が自治体に，現実の住宅不足を克服するために積極的な土地政策をとることを要求したものということができる．すでに世紀転換期に，アルトナ，フランクフルト，ザールブリュッケン，デュッセルドルフ，クレーフェルト，ゲルゼンキルヒェン，ケルン，ヒルデスハイムなどの都市は，「土地基金」や「土地取得基金」を設立して，土地取引を一般会計から分離し，独立の管理に委ねるようになっていたが，さらに多くの都市がこれに続き，積極的な土地政策へと転じることになった[14]．このことは，ドイツ都市統計年報に記載された都市のうち，各時点で市有地面積の上位10都市を示した表6-1からも確認できる．ウルムが欠落しており完全ではないが，市域外に約3万haの土地を所有して突出していたゲルリッツを除けば，ベルリンほかの多くの都市が市有地面積を少しずつ拡大しており，都市土地政策が全国的な動きであったことが読み取れる．こうしたなかでフ

---

13) Zit. in: W. von Kalckstein (1908), S. 1-2.
14) H. Böhm (1990), S. 155, 157; (1995), S. 25, 31; (1997), S. 70-73; W. Schreiber (2008), S. 72-73. 以下で明らかになるように，アディケスの下でのフランクフルトの土地政策は1901年大臣布告の内容を先取りするものだった．

表 6-1　ドイツにおける市有地面積の上位 10 都市（1896/1897 年〜 1912/1913 年）

(単位：ha)

	1896/1897 年		1901/1902 年	
1	ゲルリッツ	30,990	ゲルリッツ	31,062
2	ベルリン	11,466	ベルリン	14,748
3	ブレスラウ	5,140	シュテッティン	5,001
4	シュテッティン	4,625	ブレスラウ	4,978
5	フランクフルト a.M.	4,076	シュトラースブルク	4,800
6	マグデブルク	2,569	フランクフルト a.M.	4,465
7	リークニッツ	2,325	ミュンヒェン	3,535
8	ハノーファー	1,928	ライプツィヒ	3,402
9	ミュンヒェン	1,621	ダンツィヒ	3,046
10	アーヘン	1,073	リークニッツ	2,330

	1908/1909 年		1912/1913 年	
1	ゲルリッツ	31,141	ゲルリッツ	31,310
2	ベルリン	18,576	ベルリン	20,411
3	ロストック	11,453	ロストック	11,586
4	ブレスラウ	6,714	ブランデンブルク	7,147
5	シュテッティン	5,483	ブレスラウ	6,925
6	フランクフルト a.M.	5,362	シュテッティン	6,537
7	ブランデンブルク	5,092	フランクフルト a.M.	6,366
8	フランクフルト a.d.O.	5,010	ライプツィヒ	5,449
9	ミュンヒェン	4,752	フランクフルト a.d.O.	5,120
10	ライプツィヒ	4,720	ミュンヒェン	5,001

出典：Statistisches Jahrbuch deutscher Städte, Bd.7, 1898, S.24; Bd.12, 1904, S.15; Bd.17, 1910, S.14-15; Bd.22, 1916, S.15-16.

ランクフルトはつねに上位に位置しており，積極的に市有地を拡大した都市に属していた．

　以上からもうかがわれるように，土地政策は住宅政策と密接に関わっており，土地政策が「社会都市」と関わる理由はまさにこの点に求められる．グレッチェルは，1910 年にウィーンで開催された第 9 回国際住宅会議における「ドイツの自治体住宅政策」という基調講演において，隣接領域をも含めた住宅政策を住宅査察の実施，住宅市場の監視，住宅事情の調査，住宅融資の支援など住宅政策を 11 に分類しており，シュタイツも，これを踏まえつつ郊外との交通機関の整備やエネルギー供給などをさらに加えて 13 に分類している．その際注目すべきは，両者ともそのなかに土地政策を含めていることであり，さらにそれは，①土地市場での価格変動の監視，②自治体土地所有の拡大，③条件付きの売却ないし公益目的のための地上権契約による市

有地の提供に分けられている[15]．

　土地政策が住宅政策と密接に関わるのは，グレッチェルによれば，土地政策は都市自治体が住宅制度に影響力を行使しうる活動領域であり，とりわけ小住宅建設のために，賃貸住宅を建設する公益的住宅建設会社に土地を安価に提供したり，地上権契約に基づいて土地を提供したり，分譲住宅を建設する民間の個人・企業や公益的住宅建設会社に買戻権を留保して安く売却したりすることによって，促進的な影響を及ぼすことができるからであった[16]．

　ところで，こうした都市による都市土地政策の推進，その結果としての市有地の増大に対しては，その弊害を指摘し，それに反対する動きもあった．ウルムの土地政策に対するゲルナント（Rudolf Görnandt）らの批判については，関野満夫によってすでに紹介されているが[17]，ここではゲミュントの見解に言及しておきたい．

　彼は，都市が自己の目的のために必要とする土地，および必要以上の土地を購入して民間企業を圧迫しない限りで売却益を得ることには理解を示し，市有地をもつことが都市開発事業や住宅部門，さらに都市財政にも有利な作用をもつことも容認する．彼はこれを「通常の（normal）」土地利用方法と呼び，それが商人的観点から営まれたとしても「公共の利益（Allgemeinwohl）」にもかなりの程度役立ちうると考えている[18]．しかしゲミュントは，この原則から逸脱して，土地購入が進められ市有地が拡大することには批判的である．すなわち，膨大な土地を有利に売却することは，とくに劣等地では難しく，都市財政に負担をかけることになる．また宅地独占は，自治体の地価決定への影響力を強めるが，それは住宅，とくに小住宅を必要とする人に不利である．その場合には，自治体も投機家のように土地を売買していることになり，「公益的（gemeinnützig）」な土地政策とはいえない．依然とし

---

15) G. Gretzschel (1910) S. 3-4; W. Steitz (1983), S. 396-397.
16) G. Gretzschel (1910), S. 15-16.
17) ウルムの土地政策に対する批判は，全国的にいえることであるが，自治体が収益目的の公有地売却を行って自ら土地投機を実践しているという批判，および民間建築業者や貸家業者からの市当局の土地政策・住宅政策への批判に，大きく分けることができる（関野満夫 1997, 81-86 頁）．
18) W. Gemünd (1914), S. 19-26, 50.

て大量の住宅を供給する民間企業が，利益と公益を両立させることは可能であり，自治体は建築条例，建設計画，土地開発，交通政策などによって監督しつつ，土地市場における自由な競争をできるだけ促進するべきである．

ゲミュントはこうした主張を，企業家の利益追求の役割を重視して，「講壇社会主義」的な見方の修正をはかる 1910 年頃の国民経済学の動きと関連づけながら展開している[19]．都市土地政策の利点に一定の理解を示しているが，市有地があまりに増えることに伴う弊害にも留意し，民間企業の活動を支えるための自治体のあるべき役割を提言したものということができる．ゲミュントによるフランクフルトの土地政策の評価については，後段で改めて取り上げることにしたい．

2. フランクフルトにおける都市土地政策の成立とその実施機構

第二帝政期にフランクフルトの市有地や建物を管理していたのは，1825 年に地代局（Korn- oder Land-Rent-Amt）と教会領管理局（Administrations-Amt der geistlichen Güter）が統合されて設立された市有財産局（Stadtkämmerei）であった．市有財産局は経理局（Rechneiamt）に既存の資本を譲渡したが，建設局（Bauamt）と経理局から市の建物と不動産の監督権を引き継いだ．1869 年には森林局（Forstamt）を統合し，市有林の管理も担当するようになっていた[20]．1866 年にプロイセン領になってから，初代の上級市長である H・D・ムム・フォン・シュヴァルツェンシュタインは，学校，道路，上水道，屠畜場，常設市場，橋梁などの都市のインフラを整備するために多額の出費を必要としたが，財政当局は公債発行による資金の調達には消極的で，不要な市有地の売却が選好された．しかし，他方で計画された事業の実施のために広大な土地を取得しなければならず，1873 年恐慌の影響もあり，不必要な市有地の売却だけでそのための費用を賄うことはできなかった．1874 年度行政報告書における市参事会の分析によれば，その理由は，土地を建築

---

19) W. Gemünd (1914), S. 26-39, 50.
20) L. Vogel (1934), S. 8-11.

しやすく区画化して，購買欲をそそっている民間土地会社との競争に太刀打ちできないことであった．そのため市参事会は，この問題を検討する委員会を設置し，1876年1月の報告で，宅地に適した市有地を細分し，これまで煩雑だった手続きの簡素化や，売却価格の下限の設定を提案した．そして1876年11月17日に市参事会は，「市有地の売却に関する規定」を決定した[21]．

ところが，今度は下限設定価格以下での売却が困難になり事態が好転しなかったため，新たに市参事会と市議会のメンバーからなる混成委員会である「売却委員会 (Verkaufs-Kommission)」が設置され，1878年10月15日には「市有不動産の売却に関する規定」が承認された．このように，上級市長ムムのもとで市有地売却の簡素化・容易化が進められて，79年には市参事会の委託を受けて市有財産局によって売却可能な市有地のリストが作成され，売却可能な市有地は3,075万3,473マルク余りと評価された．しかし，結局1870年代には，1871年を除いて土地購入額が市有地売却額を上回り，超過額の累計は約732万5,000マルクに達した．それは，ムムが近代都市に相応しいフランクフルトのインフラ整備を推し進めた結果でもあったが，後のアディケス時代の土地政策という発想がまだなかったことも指摘しておく必要がある[22]．

続く第2代上級市長J・ミーケルの時代は，財政緊縮が基調となったため，長期的な視野に立った土地政策の実施はやはり困難であった．すでに始まっていた事業，とりわけ道路の新設・拡幅，墓地，庭園（パルメンガルテン），学校に必要な土地の購入は続けられたが，市有地の売却はとくに1886年まで停滞した．しかし，中心部のコンスタブラー・ヴァッヘ (1886/87年，13a，76万6,000マルク) とノイエ・ツァイル (1888/89年) の建設用地は，ほとんどすべて売却された．他方，比較的大きな獲得地として，いわゆるルイーゼン・ホーフ (1889年，16万5,000マルク) とロートシルトのギュンタースブルク敷地（公園を含む）を挙げることができる．とくに後者は29ha11aと広大であったが，購入額は87万3,184マルクにとどまった．この時期も後の意味での土地政策が実施されたとはいえないが，慎重な財政管理によって，次

---

21) L. Vogel (1934), S. 13-23.
22) L. Vogel (1934), S. 24-30.

の上級市長F・アディケスの政策の重要な前提が作り出されたということができる[23]．

1891年1月11日に第3代上級市長に就任したアディケスの政策全般については，第3章で論じたが，ここでは土地政策に限ってそこでの記述を敷衍しておきたい．アディケスは，市有財産局の協力のもとに，市内の道路網の開発や都市拡張のための計画を準備し実行したが，それは土地市場での市の計画的・目的意識的活動という意味で，次第に「都市土地政策（städtische Grundstückspolitik）」と呼ばれるようになった[24]．アディケスの土地政策の目的は，大きく分けて2つあった．ひとつは，学校，墓地，公園，給水施設などの行政目的や公共施設に必要な土地を確保することであったが，建築線計画実施のためにも土地獲得は必要であった．もうひとつの目的は，都市拡張を容易にするとともに将来の合併を準備することであり，合併の意図を知らせることなく周辺自治体の広大な地所を購入することは，合併交渉に際して大きな威力を発揮した．土地の購入に際しては，財団との協力が重要な意味をもつこともあった．将来の建設地のできるだけ早い購入が目指されたのは，都市の拡張や市の費用負担での交通その他の施設を建設することによって，地価が大幅に上昇することが経験的に分かっていたため，その利益の一部を確保するとともに，土地投機を防ぐ必要があったからである．また，大量の土地を市有することは，市が自ら建設するにせよ市場に提供するにせよ，住宅不足を緩和する可能性をもっており，さらにゾーン制の採用によって地所の用途を指定することもできた[25]．

市有財産局は，1868年以来長らく局長兼市参事会員イェーガー（Jäger）

---

23) L. Vogel (1934), S. 30-32; W. Hofmann (1971), S. 70-71. 土地所有者が優勢な市議会も，市による土地購入政策に理解を示さなかった．
24) L. Vogel (1934), S. 32-33.
25) L.Vogel (1934), S. 34-36. 土地政策の意図について，1897/98年度の市参事会報告は以下のように述べている．市内周辺部での建築線計画がほぼ終了したが，一部では土地所有が極端に分裂しており，比較的大きな土地の所有者が地所の開発に拒否的な態度をとるため，建築上の必要のために十分な土地を市場にもたらすことが困難になっている．したがって，分裂した土地を統合して開発するために，市は民間の資本家とともに土地を買い集める必要がある．それと同時に，市当局はまとまった土地を所有することによって民間の土地投機を回避できる（Magistratsbericht 1897/98, S. IX）．

によって指揮されていたが，1890年に市参事会員（後に第二市長）A・ファレントラップが局長に，市参事会員ザイデル（Philipp August Seidel）が副局長に就任した．この二人こそアディケスの土地政策を推進した人物であったが，とりわけファレントラップは，同時に経理局と財務局の長も兼ねており，土地獲得のために多額の資金を動かすことができたため，1906年に引退するまで土地政策の采配をふるうことになった[26]．

ファレントラップ率いる市有財産局は，アディケス時代にいくつかの機構改革を実施した．土地獲得のための資金調達を容易にする目的で，1891年11月6日に市参事会は，一般会計から定期的に補助金の提供を受けて，特別な行政目的のために使われない土地を管理する土地基金（Grundstücksfond）の設立を提案したが，市議会の財務委員会は，そうした基金の利点を認めつつ，一般会計からの定期的な資金供与には難色を示した．財務委員会は，これに代わる措置として市内の土地の売却益を土地購入にふたたび使用することを容認し，この原則は1892年3月29日の市議会と同年4月5日の市参事会での決議によって確認された[27]．

しかしその後，土地基金構想に沿った2つの特別金庫が設置された．まず「道路新設金庫（die Straßenneubaukasse）」が1893年4月18日の市参事会決議，同年4月21日の市議会決議に基づき設立された．その目的は，旧市街（市内中心部）の新たな道路建設の実施およびすでに始まっていた道路開削と道路拡張であった．財源は，事業の実施のために獲得した家屋からの家賃と，取り壊した後の土地売却収益であったが，そのほかに，①0.5%引き上げられた土地取引税からの収益（全体の1/3），②市街鉄道からの余剰金（当初年5,000マルク，後に年2万マルク），③一般会計からの公債発行（当時770万マルク）に伴う補塡金（償還まで毎年定額（当初10万マルク，後に17万マルク））が財源となった．また，この事業に必要な土地の獲得のために，市参事会員4名と市議会議員4名からなる合同委員会が設置され，初年度には475万

---

26) L. Vogel (1934), S. 31-34, 71.
27) Magistratsbericht (1892/93), S. 102; 1893/94, S. 101; L. Vogel (1934), S. 36. こうした土地基金がプロイセンで広く設立されるようになったのは1907年8月23日の大臣布告によってであるといわれており，この点でもフランクフルトは先駆的であったといえよう（W. H. C. Gratzhoff 1918, S. 15).

6,500マルクの土地が購入された[28]．

「アディケスの土地政策という意味での土地集積の中心官庁」と呼ばれた「市有地特別金庫（die Spezialkasse für städtischen Grundbesitz）」は，オストエンドの港湾，鉄道，堤防施設ならびに市内周辺部の建設計画を実施することを課題として1897年10月1日から活動を開始した．その際同金庫は，支度基金（Ausstattungsfond）として，用途の決まっていない未建設地を，それに関わる収益や売掛金および債務とともに委託された．開業時の財産目録によれば，借方は2,793万2,000マルク（うち委託された土地の帳簿価格2,655万7,000マルク，すでに売却した土地の売掛残金135万5,000マルク），貸方は市の買掛残金177万1,000マルクで，差額の2,616万1,000マルクが金庫の経営資金となった[29]．

市有地特別金庫は，土地の売買に関して独立した権限を獲得し，市有地の売却収益を土地購入資金に当てることを原則としたが，借地料などの収益と売却収入が，必要な土地の購入や施設の建設のために十分でないと，必要な資金は公債を通じて調達せざるをえず，一般会計（Ordinarium）は，金庫が土地からの収益を断念しない限り支援することはなかった．同金庫設立後は，支出超過とならないように土地獲得がゆっくりと進められたこともあり，業務は当初順調であったが，その後とくに東河港のためのフィッシャーフェルトの地所（評価額1,500万マルク以上）の購入などによって収支が悪化したため，都市中央金庫からの借入と公債によって補塡されねばならなかった[30]．

市有地特別金庫の設立以降，市有財産局の業務は大きく増えて職員の増員が必要となり，1899年には12人の増員が認められた．しかしそれでも十分ではなく，1901年にさらに6人の増員を市有財産局は要求し，1903年1月16日に市参事会で認められた．民法典の規定に従った購入契約の書類作成や，地上権による土地の提供などの仕事が従来よりも多くなったことがその理由

---

28) Magistratbericht 1893/94, S. 102; L. Vogel（1934），S. 39-40.
29) Frankfurter Zeitung, 16. Februar 1913, ISG, MA U477/IV, Bl. 200-201; E. Wolpert（1930），S. 38; L. Vogel（1934），S. 36-38; J. R. Köhler（1995），S. 202-203; W. Schreiber（2008），S. 72; Vgl. Magistratsbericht 1897/98, S. IX-X, 196. 毎年約12万マルクの純収益があったとされている．
30) ISG, MA U771/I, Bl. 148; L. Vogel（1934），S. 38-39.

とされた．その後も官吏の増員が要求されて一部は認められた[31]．

こうして両金庫は当初目的を順調に果たしたが，経済事情の変化，第一次大戦，大戦後の混乱，インフレーションなどによって困難を来し，道路新設金庫は 1924 年 4 月 1 日に，特別金庫は 1926 年 4 月 1 日に廃止された．権限と業務は定住局（Siedlungsamt），建築局，経済局，土木局，食糧局に分割して移管されたが，土地の売買，未建設地の管理と利用（賃貸，地上権設定），市有林管理などの業務は，E・マイ率いる定住局に引き継がれることになった[32]．

3. 市有地拡大と土地取引の概観

(1) 市有地の拡大

ところで，こうした機構改革と並行して，市有地の詳しいリストの作成が進められた．1879 年に作成されたリストは，価格を評価できる市有地のみが記載された不完全なものにとどまったため，1891 年 9 月 8 日の市参事会決議により，すべての市有地およびそれに付随する権利と義務を含む新たな不動産一覧を作成し，関連する事務規定を発布することになった．しかし当初の予定であった 1893 年 4 月 1 日までに完成することはできず，1894 年 4 月 1 日にようやく提示された[33]．新しいリストでは，公共の広場と道路を除くすべての市有地の内訳およびそれに付随する権利と義務が記載され，これ以後毎年作成されることになった．表 6-2 は 1894 年，1900 年，1905 年，1910 年，1915 年の数字をまとめたものであるが，1894 年の欄をみてまず気がつくのは，総面積 3,996.77 ha のうち 84.7% に当たる 3,387.23 ha を森林が占めていることである[34]．フランクフルトは 1866 年のプロイセン併合に際してほとんどの支配領域を失ったが，本来の市域（Stadtmark）以外に市有林

---

31) Magistratsbericht 1898/99, S. 192; 1899, S. 192; 1900, S. 228; 1901, S. 229; 1902, S. 285; 1903, S. 267; 1904, S. 303; 1905, S. 21; 1906, S. 21.
32) E. Wolpert (1930), S. 39; L. Vogel (1934), S. 40-41, 65-66; W. Schreiber (2008), S. 73.
33) Magistratsbericht 1891/92, S. 83; 1892/93, S. 96; 1893/94, S. 98. Vgl. L. Vogel (1934), S. 28, 43.
34) L. Vogel (1934), S. 28-29, 42-43.

218　第III部　フランクフルトの都市計画とその社会政策的意義

表6-2　フランクフルトにおける

		項　目	1894年 面積(a)	評価額(マルク)	1900年 面積(a)
A	I	行政建物	79	2,895,980	112
	II	学校建物	1,238	17,521,787	1,905
	II	学芸建物	133	9,877,600	216
	IV	教会・牧師館	213	8,982,213	240
	V	救貧院・病院	909	1,684,394	1,039
	VI	交通施設	2,755	7,242,230	3,883
	VII	上下水道施設	6,924	1,438,044	7,559
	VIII	照明・送電施設	―	―	141
	IX	消防施設・車輛基地	260	695,910	354
	X	警察建物・刑務所	91	1,360,926	84
	XI	宿泊所	76	737,410	76
	XII	造営物公園	3,307	8,379,583	3,307
	XIII	墓地・附属施設	2,971	1,707,150	4,068
	XIV	建付借地	443	3,285,232	1,531
	XV	宅地	1,850	13,506,383	2,433
	XVI	共同地	15	39,440	14
B	I	農地（フランクフルト）	10,011	8,636,368	12,091
	II	農地（ザクセンハウゼン）	3,663	2,598,426	4,230
	III	農地（ボルンハイム）	11,893	3,471,092	12,239
	IV	農地（ボッケンハイム）			9,026
	V	農地（オーバーラート）			
	VI	農地（ニーダーラート）			
	VII	農地（ゼックバッハ）			
	VIII	農地（ハウゼン）			
	IX	農地（ホッホハイム）			
	X	農地（ニーダーエアレンバッハ）			
	XI	農地（ボナメス）			
	XII	農地（ニーダーウルゼル）			
	XIII	農地（ハーハイム）			
	XIV	農地（シュヴァンハイム）			
	XV	農地（プロインゲスハイム）			
	XVI	農地（レーデルハイム）			
	XVII	農地（ギンハイム）			
	XVIII	農地（ベルゲン）			
	XIX	農地（ヘッデルンハイム）			
	XX	農地（エッシャースハイム）			
	XXI	農地（エッケンハイム）			
	XXII	農地（グリースハイム）			
	XXIII	農地（ブラウンハイム）			
		農地（ヴァイスキルヒェン）			
C	VIII-XXI	農地（フランクフルト市外）	14,123	1,107,765	17,394
		森林地	338,723	5,363,350	340,978
		合　計	399,677	100,522,282	422,917

注：1910年より記載内容に変更あり．各項目の総計が合計値と一致しない場合があるが，出典の原数値のまま
出典：Magistratsbericht 1893/94, S.97, 1894/95, S.99; 1899, S.195; 1900, S.230; 1904, S.305; 1905, S.22; 1909, S.19;

第 6 章　都市土地政策の展開とその限界　219

市有地の内訳（1894 〜 1915 年）

評価額 （マルク）	1905 年 面　積 (a)	1905 年 評価額 （マルク）	1910 年 面　積 (a)	1910 年 評価額 （マルク）	1915 年 面　積 (a)	1915 年 評価額 （マルク）
4,155,380	180	6,665,078	167	12,941,078	134	11,348,967
22,581,903	2,757	32,792,895	3,451	45,996,591	5,217	56,835,495
10,777,600	190	13,041,992	190	13,041,992	284	13,284,305
9,435,543	232	9,102,703	207	8,965,625	230	8,923,694
2,863,357	4,416	5,716,556	5,585	9,401,759	6,392	15,270,969
11,018,406	4,071	18,394,915	35,127	34,941,282	46,624	43,310,352
2,592,523	11,168	3,974,641	30,209	6,515,221	30,767	7,899,036
2,476,478	201	5,780,178	440	6,776,356	463	7,113,107
1,036,214	400	1,563,825	400	1,584,112	451	2,351,748
1,348,334	71	1,318,343	66	1,309,615	52	359,409
737,410	37	471,760	37	471,760	37	472,600
8,408,583	3,307	8,413,883	6,896	9,616,617	3,895	8,588,082
2,246,681	6,564	3,509,984	7,100	4,209,455	7,967	5,622,809
10,251,848	1,873	21,289,713	2,684	34,505,537	1,389	31,478,658
12,429,745	4,111	23,962,094	4,580	27,650,097	386	9,077,855
34,942	13	31,887	14	34,672	17	43,725
12,453,162	38,885	22,498,926	25,696	21,924,582	4	16,290
2,644,372	4,036	5,167,863	6,559	6,800,530	36	19,750
2,969,384	12,193	5,833,607	13,387	7,173,137		
2,671,607	10,096	8,514,719	10,098	7,532,557		
	823	299,535	1,805	870,137		
	1,308	452,532	4,986	3,100,976		
	11,899	2,725,443	6,404	1,785,943		
	495	50,985	3,307	1,536,588		
	1,279	458,043	1,305	523,043	1,304	522,843
	4,397	219,835	4,397	219,835	4,397	219,835
	3,654	182,680	3,826	220,634	3,433	514,941
	789	39,450	789	39,450	774	154,750
	126	5,025	126	5,025	126	5,025
	5,811	781,161	21,645	6,457,442		
	138	46,019	872	346,910		
	2,391	370,702	1,176	988,700	2	2,390
	1,341	330,293	3,118	1,815,482		
	—	—				
	3,926	894,146	6,023	1,426,251	15	2,922
	1,024	675,476	2,206	1,200,307		
	1,157	560,104	8,710	4,858,796	143	85,788
			2,666	1,192,561		
			719	203,782		
					52	4,186
1,650,928						
5,700,632	340,948	5,793,947	343,874	5,927,067	377,270	6,842,016
130,485,031	486,304	211,930,937	570,847	294,111,504	491,860	230,371,546

掲載した.
1910, S.24; 1914, S.23.

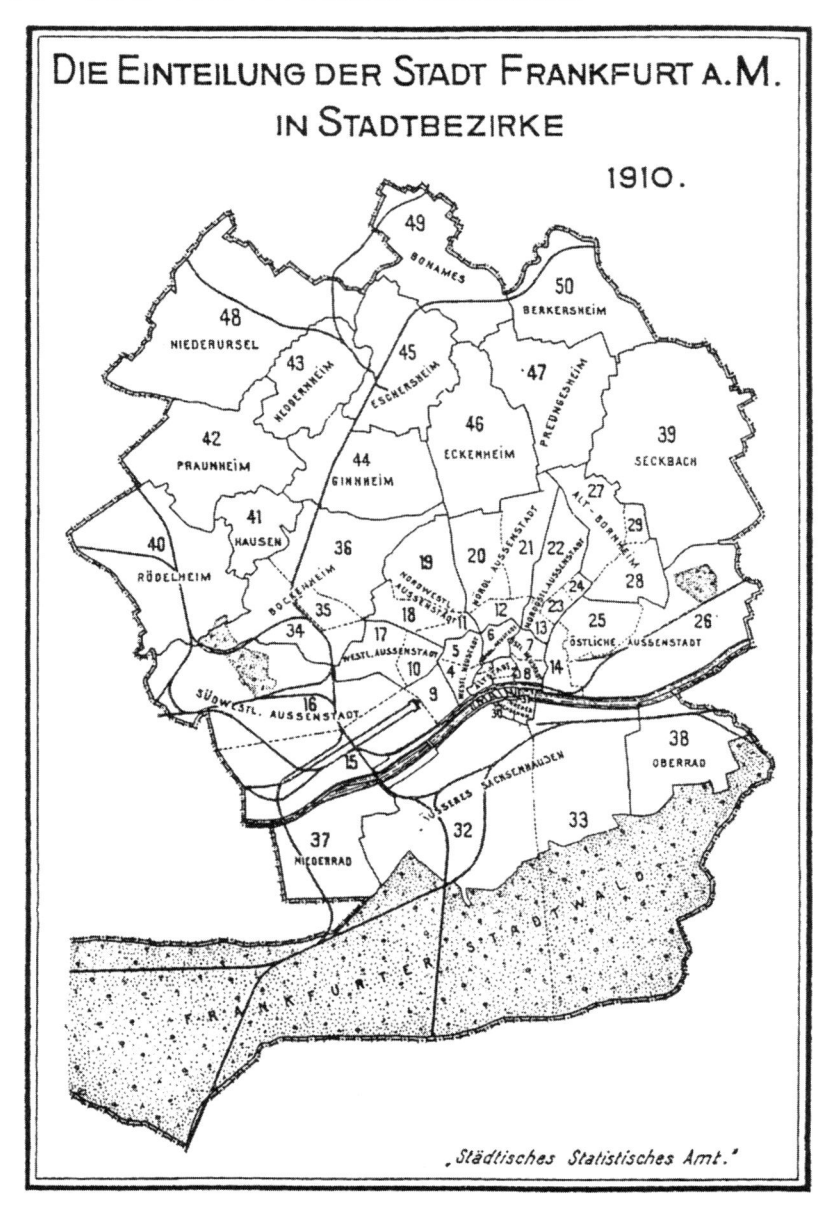

220　第III部　フランクフルトの都市計画とその社会政策的意義

図6-1　フランクフルトの市区区分（1910年）

出典：Statistische Jahresübersichten 1913/14.

第6章 都市土地政策の展開とその限界　221

表6-3　フランクフルトにおける市有地の拡大（1894～1915年）

年	面　積 (ha/a/qm)	評価額 (M/Pf)	備　考
1894	3,996/76/80.06	100,522,281/53	
1895	4,005/69/15.94	103,962,741/69	Bockenheim含まず
1896	4,059/36/67.69	109,855,967/07	Bockenheim含む
1897	4,076/48/96.68	114,320,366/99	
1898	4,160/71/41.58	119,276,484/57	
1899	4,204/37/84.10	125,633,711/25	
1900	4,229/17/27.63	130,485,030/59	
1901	4,433/87/12.26	151,348,733/01	
1902	4,464/72/40.90	159,414,529/70	
1903	4,521/72/08.56	166,262,835/75	
1904	4,553/87/85.66	177,148,516/40	
1905	4,863/03/73.94	211,930,937/04	
1906	4,959/46/61.38	224,112,666/10	
1907	5,024/07/00.93	238,782,521/51	
1908	5,260/89/02.93	257,520,416/48	
1909	5,361/71/61.76	273,502,831/09	
1910	5,708/47/14.01	294,111,503/51	
	5,713/54/07.35	318,151,447/13	差違の理由は不明
1911	6,247/76/50.80	331,573,300/70	
1912	6,337/36/73.90	337,243,589/06	
1913	6,370/19/23.57	345,803,043/95	
1914	6,357/56/90.31	349,222,836/67	
1915	6,354/18/94.31	351,576,199/65	

出典：Magistratsbericht 1893/94-1914.

(Stadtwald) が市域に含められたため，1871年の時点でドイツ第4位の約7,000 haの市域をもっていたが[35]，1894年の時点でも市有地のほとんどはこの市有林だったのである（図6-1も参照）．

しかし，アディケスが上級市長となって以後，上記のような機構改革にも支えられて，フランクフルトは積極的な市有地拡大政策を展開した．その推移は表6-2および1894～1915年の市有地面積と評価額の伸びを示した表6-3から読み取ることができる．すなわち，市有地面積は1900年には4,229.17 ha，1905年には4,863.04 ha，1910年には5,713.54 haと増大し，1913年に6,370.19 haでピークに達した後，1915年には6,354.19 haと若干減少しているが，1894年からの20年間で約2,370 ha，60%近くも拡大していることになる．とくに1900年代の伸びが顕著である．たとえば1904年度の市参

---

35) 馬場哲 (2000), 25頁；(2004b), 11頁.

表 6-4　市有の宅地・農地（1901～1915年）

(単位：ha)

年	面積
1901	735
1902	744
1903	789
1904	803
1905	1,099
1906	1,183
1907	1,200
1908	1,364
1909	1,420
1910	1,344
	1,387
1911	1,564
1912	1,573
1913	1,603
1914	1,536
1915	1,525

出典：Magistratsbericht 1900-1914.

事会報告では,「市有地の恒常的に大幅な増大」と「頻繁な土地統合と膨大な土地収用」により「市有財産局の業務の大幅な増大が引き続き記録される」と述べられている[36]．

　そしてこれに伴い，市有林の市有地に占める割合は，1900年には3,409.78 haで80.6%，1905年には3,409.48 haで70.1%，1910年には3,438.74 haで60.2%と低下し，1915年には市有林の面積も3,772.7 haと増えたが，対市有地比率は59.4%とさらに低下した[37]．フランクフルトの市域面積は，1900年の時点で9,391 ha，1910年の時点で13,477 haだったから[38]，市有地の比率はそれぞれ45%，42.4%となり，第一次大戦前では最大を記録する1913年（6,370.19 ha）には47.3%に達した．また表6-3の市有地の評価額も一貫して増大しているが，面積が21年間で約59%増えたのに対して，評価額は同じ期間に3.5倍になっており，1 ha当たりの地価は2.2倍になったことがわかる．

　市有地のうち，森林を除いた後の宅地と農地がどの程度を占めていたかは，1901年以降については知ることができる．表6-4によれば，1901年には735 haであったが，1905年1,099 ha，1910年1,387 ha，1913年に1,603 haで

---

36) Magistratsbericht 1904, S. 303.
37) Magistratsbericht 1893/94, S. 97; 1899, S. 195; 1904, S. 305; 1909, S. 19; 1914, S. 23.
38) 馬場哲（2000），25頁．

表6-5 フランクフルトにおける市有地と財団所有地の推移（1894～1926年）

(単位：ha)

会計年度	市有地 市域内	市有地 市域外	小計	財団所有地 市域内	財団所有地 市域外	小計	合計
1894	3,805.22	200.82	4,006.04	—	—	—	—
1896	3,871.86	204.63	4,076.49	—	—	—	—
1897	3,955.85	204.87	4,160.72	—	—	—	—
1898	3,978.37	226.01	4,204.38	—	—	—	—
1899	3,991.02	238.15	4,299.17	—	—	—	—
1900	4,150.57	283.29	4,433.86	789.14	1,096.86	1,886.00	6,319.86
1901	4,159.45	305.28	4,464.73	748.02	1,241.51	1,989.53	6,454.26
1902	4,189.75	331.97	4,521.72	792.94	1,221.50	2,014.44	6,536.16
1903	4,198.99	354.88	4,553.87	792.83	1,242.76	2,035.59	6,589.46
1904	4,486.22	376.81	4,863.03	497.33	1,251.93	1,749.26	6,612.29
1905	4,576.87	382.59	4,959.46	494.88	1,295.04	1,789.92	6,749.38
1906	4,600.04	424.03	5,024.07	479.61	1,466.06	1,945.67	6,969.74
1907	4,710.71	550.18	5,260.89	473.48	1,566.26	2,039.74	7,300.63
1908	4,764.64	597.07	5,361.71	459.93	1,664.53	2,124.46	7,486.17
1909	4,776.02	932.45	5,708.47	426.56	1,821.86	2,248.42	7,956.89
1910	4,804.99	1,438.96	6,243.95	1,036.68	1,194.07	2,230.75	8,474.70
1911	5,329.78	1,003.82	6,333.60	1,030.78	1,232.09	2,262.87	8,596.47
1912	5,305.08	1,061.35	6,366.43	1,026.31	1,236.69	2,263.00	8,629.43
1913	5,292.91	1,060.95	6,353.86	1,023.71	1,250.66	2,274.37	8,628.23
1914	5,296.00	1,066.24	6,352.24	1,022.14	1,251.04	2,273.18	8,625.42
1915	5,270.61	1,065.67	6,336.28	1,021.16	1,250.93	2,272.09	8,608.37
1916	5,266.68	1,061.88	6,328.56	1,021.16	1,249.55	2,270.71	8,599.27
1917	5,258.98	1,068.36	6,327.34	1,020.80	1,249.58	2,270.38	8,597.72
1918	5,261.16	1,065.23	6,326.39	1,026.73	1,254.88	2,281.61	8,608.00
1921	5,213.74	1,077.15	6,290.89	1,012.68	1,245.05	2,257.73	8,548.62
1924	5,128.60	1,134.97	6,263.57	1,007.11	1,245.14	2,252.25	8,515.82
1925	5,252.66	1,124.41	6,377.07	1,020.60	1,257.79	2,278.39	8,655.46
1926	5,306.83	1,128.22	6,435.05	1,029.01	1,269.60	2,298.61	8,733.66

出典：Statistisches Handbuch der Stadt Frankfurt am Main, 1905/06-1918/19; 1906/07 bis 1926/27.

市有地全体と同様にピークを示した後減少し，1915年には1,525haであった．市有地全体に占める比率はそれぞれ16.6％，24.3％，24.3％，25.2％，24％と1905年以降安定して約1/4を占めていることがわかる．その他に市有地を構成していたものとしては，表6-2から読み取れるように役所，学校，病院などの公共建築物の用地，交通施設，上下水道施設，公園，墓地などが挙げられるが，1894～1915年に顕著な拡大を示したのは交通施設（28ha→466ha）と上下水道施設（69ha→308ha）であった．いずれも都市インフラの整備の結果とみることができる．

また，表6-5が示すように，フランクフルトの市有地は圧倒的に市域内に所在していたが市域外にもあり，それは徐々に増加した．とくに1908年以降顕著な伸びを示し，当初は市有地全体の5％程度であったものが，1910

年代には20%以上を占めるようになった。とりわけ1909年，1910年の市域外の市有地の増大は著しい。フランクフルトは1910年にフランクフルト農村郡に属する11の自治体を合併し，この時点でドイツ最大の市域をもつ都市となったが，それに先立ちフランクフルト農村郡の総面積の約21%に当たる約860 haを所有しており[39]，先にも述べたように，市有地の拡大が，周辺自治体の合併を有利に進めるための手段として用いられたことは否定できない。

たとえば，1902年8月4日付けの市有財産局から市参事会宛ての文書には，「都市ゲマインデは，周知にように，隣接するギンハイム，エッシャースハイム，エッケンハイムの境界内にかなりの土地を所有している。われわれの考えでは，後に市の利益のために有効に利用できるように，所有地を機会があれば適切な価格で拡大することが得策である」という一節があり，明示的ではないが，合併を見越してフランクフルトが郊外自治体における所有地を拡大していたことが読み取れる[40]。また，1902年4月28日付けで，1900年に合併されたゼックバッハの市区協会代表ハークから，フランクフルト市は合併していない隣接ゲマインデで比較的大きな土地を獲得しているようであるが，ゼックバッハでの土地獲得は控えられている。この事実は当市区の住民を落胆させているので，当市区の見晴らしの良い土地の購入を考慮してほしいという請願が市参事会に提出されており，「合併されていない郊外の優先」が周知の事実となっていることがうかがわれる[41]。

(2) 土地取引の概観

表6-6は，1893～1915年における市の土地取引を集計したものである。価格までわかる1895～1915年の21年間について検討してみると，獲得した土地は建物付きの（bebaut）土地が710件，合計面積60.59 ha（1件当たり平均8.53 a），総額7,967万4,982マルク，未建設地（unbebaut）が1万939件，合計面積2,108.03 ha（1件当たり平均19.27 a），総額1億2,699万5,471マルク

---

[39] 馬場哲（2000），27頁。
[40] ISG, MA U796, Bl. 9.
[41] ISG, MA U797, Bl. 43.

であるのに対して，売却した土地は建物付きの土地が73件，合計面積6.98 ha（1件当たりの平均9.56 a），総額766万8,940マルク，未建設地が2,392件，合計面積436.59 ha（1件当たりの平均18.25 a），総額8,155万8,288マルクである．件数，面積とも未建設地が圧倒的に多く，購入で93.9%，売却で97%に達した．

　購入した土地に対して売却した土地は件数，面積ともかなり少なく，建物付きの土地でそれぞれ10.3%，11.5%，未建設地でそれぞれ21.9%，20.7%にすぎなかった．市有地がこの時期恒常的に増えていた以上当然ではあるが，購入した土地の一部しか売却されていなかったことがここからも確認される．

　これに対して1a当たりの平均価格を，価格がわからない1893年，1894年を除いて算出すると，購入では建物付きの土地で1万3,424.6マルク，未建設地で606.2マルク，売却では建物付きの土地で1万1,114.4マルク，未建設地で1,868.1マルクとなり，あくまで平均値に基づいてではあるが，建物付きの土地では売却価格のほうが若干安く，未建設地では売却価格が購入価格の3倍以上になっていることがわかる．つまり，市は大量の土地を購入し，約1/5を売却することによって利益を上げていたと考えられる．そこで，次節では土地取引の具体的様相を探ることにしたい．

4. 土地購入取引の具体的様相

(1) 土地購入取引のプロセス

　土地取引については，いうまでもなく市有財産局の文書が最も重要であるが，1944年の空爆によってほとんどが失われた．したがって，本節ではフランクフルト都市史研究所所蔵の市参事会文書と市議会議事録を主たる史料として，土地購入取引の具体的様相に迫ることにしたい．ただし，一部残された（端の部分が焼け焦げた）市有財産局文書も，可能な範囲で利用することにしたい．

　まず市参事会文書をやや広範に利用して，土地取引の基本的なプロセスを把握しておこう．市参事会文書によると，通例ひとつの土地購入取引について，①管理局から市参事会への土地購入提案（この段階では「極秘（Vertrau-

表6-6 フランクフルト市の

会計年度	獲得した土地					
	建物付きの土地			未建設地		
	数	面積(ha)	価格(マルク)	数	面積(ha)	価格(マルク)
1893	7	0.36	—	37	3.94	—
1894	5	0.88	—	64	9.12	—
1895	12	0.38	1,077,500.0	110	52.89	1,548,363
1896	15	3.68	1,258,650.0	92	10.99	850,039
1897	28	4.69	2,974,516.0	309	72.85	2,271,993
1898	58	2.04	5,815,591.0	498	54.32	4,067,407
1899	33	2.99	3,125,780.0	570	33.22	2,853,881
1900	41	4.68	9,071,678.0	729	94.06	4,852,465
1901	36	3.33	3,656,172.0	351	42.74	2,978,747
1902	85	2.59	4,108,009.0	465	64.81	5,487,512
1903	74	5.41	9,465,592.0	330	40.48	5,331,995
1904	58	3.55	10,937,850.0	399	330.70	10,067,958
1905	53	5.08	7,397,058.0	450	126.23	11,055,455
1906	63	6.93	6,188,595.0	371	78.23	4,391,182
1907	31	1.37	249,168.0	2,355	241.47	14,091,409
1908	28	3.29	3,737,239.0	928	180.03	9,893,660
1909	25	1.79	2,272,434.0	1,452	383.42	17,105,392
1910	24	1.80	3,306,778.0	508	43.91	5,808,292
1911	15	1.81	1,175,468.0	315	144.80	5,785,017
1912	11	1.25	1,290,700.0	247	45.76	3,713,334
1913	6	0.53	558,691.0	308	38.74	4,354,201
1914	8	1.10	1,069,658.5	116	19.06	7,823,461
1915	6	2.30	937,854.0	36	9.32	2,663,708
1895〜1915	710	60.59	79,674,982.0	10,939	2,108.03	126,995,471

出典：Statistisches Handbuch der Stadt Frankfurt am Main 1905/06-1915/16.

lich)」とされる場合が多い），②市参事会決議による市議会への提案提出の承認，③市議会での市有財産局による土地購入への権限付与，④それを受けた市参事会による市有財産局への最終的権限付与というプロセスをとった．しかし，市参事会文書からは読み取れないが，市議会議事録をみると，市議会では市参事会からの提案をまず市議会内の常設委員会である土木委員会（Tiefbau-Ausschuss）の検討に委ね，その結論を踏まえて③のプロセスに入っていたことがわかる．ただし，ごくたまに市議会での審議を経ないで①→④というプロセスですませてしまう取引があった．それに該当したのは概して規模の小さい取引であったといえるが，明確な基準は不明である．市議会や市参事

---

42) たとえば1906年7月の取引の中には，一度否決され（Mitt. Prot. StVV 1906, §706,

第6章　都市土地政策の展開とその限界　227

土地取引（1893〜1915年）

売却した土地						
建物付きの土地			未建設地		
数	面積(ha)	価格(マルク)	数	面積(ha)	価格(マルク)
2	0.08	—	39	3.59	—
—	—	—	31	1.83	—
—	—	—	47	1.46	1,044,739
—	—	—	28	3.53	467,221
1	0.33	210,000	62	4.63	2,632,758
8	0.16	110,000	102	6.69	2,543,205
—	—	—	163	8.33	4,287,958
—	—	—	139	8.29	5,479,535
5	0.17	681,500	124	14.42	3,573,720
5	0.16	715,000	177	9.43	5,114,478
6	0.85	615,391	149	11.05	4,273,818
—	—	—	108	16.13	5,345,343
15	0.75	1,293,951	262	29.83	4,432,006
10	0.84	1,390,905	85	17.39	2,962,685
4	0.18	276,845	30	4.97	2,918,266
—	—	—	53	75.44	3,644,496
5	2.50	1,110,060	66	31.29	7,751,453
—	—	—	86	7.98	5,208,990
2	0.22	216,500	204	97.51	5,713,462
2	0.22	151,370	157	11.68	3,951,526
3	0.21	200,500	213	42.22	4,851,502
5	0.36	558,143	69	14.91	2,008,340
2	0.03	138,775	68	19.41	3,352,787
73	6.98	7,668,940	2,392	436.59	81,558,288

会で否決されることは，皆無ではないが稀であった[42]．

　そこでやや詳しく事情がわかる1900〜1901年の2つの事例をみておこう．

〔1〕1900年11月23日付け文書によれば，市有財産局は，(1) エックシュタイン（Franz Eckstein）が所有するフランクフルト市域内の地所（地番は耕区（Gewann）III, 497D, 2.58 a, 3,061マルク）および，(2) ヘンス家の相続人たち（Henss'sche Erben）が所有する3つの地所（耕区 III, 555A (2.12 a), 659A (6.02 a), 602A (9.65 a)）が法的拘束力をもつ形で総額1万5,366マルクで売りに出されているが，これらの地所は道路開削や市有地の一円化（Ar-

---

S. 371; §776, S. 417-418)，1909年に再度提案されたときに承認されるという案件もあった（ISG, MA U745/VIII, Bl. 22).

rondirung) のために必要であり，602A についてはすでに市が事実上半分を所有しており，価格も適正であるので，これら 4 つの地所を 1900 年会計年度の特別金庫の予算で購入することを市参事会に提案した（①）．この提案は 11 月 27 日に市参事会の承認を経て市議会に送付され（②），12 月 4 日の土木委員会での検討が承認された後，12 月 11 日に土木委員会の報告に基づき，市有財産局に土地購入の権限を賦与することが決議された（③）．そしてそれを受けて，12 月 14 日に市参事会は市有財産局に土地購入の権限を与えた（④）[43]．

このように，市参事会文書と市議会議事録からだけでも，われわれは，購入対象となった地所の位置，面積，価格，購入理由などの有益な情報を得ることができ，それを集積することによって，市による土地取引のより一般的な特徴を把握することができるが，このうちの（1）については，市有財産局文書を用いてその前後の経緯をもう少し詳しく知ることができる．

まず注目したいのは，不動産仲介業者（Immobilien-Makler）が取引に介在していることであり，1900 年 9 月 19 日に売り主であるエックシュタインから仲介業者シュテルン＝ジーモン（Stern-Simon）に売却の提示があり，それが 9 月 29 日に市有財産局で検討されたことが取引の発端となっている．この会議では買値が検討され，エックシュタインの提示額は 1 ルーテ当たり 160 マルクだったのに対して，同じく 150 マルク（＝ 1 a 当たり 1,185 マルク）に値下げして総額 3,061 マルクとすることが適当と判断され，シュテルン＝ジーモンに差し戻されている．そして 10 月 18 日の市有財産局議事録抄によれば，シュテルン＝ジーモンからの 10 月 15 日付け書簡で 3,061 マルクでの売却が受け入れられたため，市参事会への推薦が決議されている．11 月 6 日には正式に売却の申し出が出され，先述の 11 月 23 日の市参事会への提案に至ることになる．

市議会から購入の権限が与えられて後の経過は，以下の通りである．市有財産局は，12 月 18 日にエックシュタインに申し出の受入れを伝え，意思を再確認したうえで，12 月 28 日に購入の実施を正式に決定した．1901 年 2 月

---

[43] ISG, MA U745/III, Bl. 45-46. ③は Mitt. Prot. StVV 1900, §1196, S. 528; §1263, S. 550-551 による．

2日のエックシュタイン宛ての市有財産局書簡の写しによれば，再測量が実施され，約 2m^2 広いことがわかったが，価格は 3,061 マルクのままとして，支払いは 2 月 15 日を予定しているとされており，実際にこの日に支払いがおこなわれたことも別の文書から確認される．そして最後の手続きが王立管区裁判所での登記であり，4 月 7 日に完了している[44]．

　もうひとつの事例〔2〕は，リーダーベルク地区のボルンハイム国防軍施設の近隣にある地所の購入に関するものであった．1901 年 1 月 12 日付け文書によれば，この地所（耕区 III，630C，630D，631，636（合計 10.18 a，1 万 2,868 マルク））が売りに出されているが，その取得はこの地所を囲む市有地の有利な売却のために是非とも必要であり，価格は 1 a 当たり 1,263 マルクであった．〔1〕よりも若干高いが，地所内に貴重な菜園があり，収用の方法では獲得できず，値下げ交渉に成功しなかったこともあり，提示額での購入を推薦できるとして，市有財産局はこれら 4 つの地所を，同じく旧ボルンハイムにある 5 つの地所（合計 24.72 a，1 万 2,000 マルク）とともに 1900 年会計年度の特別金庫の予算で購入することを市参事会に提案した（①）．この提案は，1 月 15 日に市参事会での承認を経て市議会に送付され（②），1 月 22 日の土木委員会での検討が承認された後，1 月 29 日に土木委員会の報告に基づき，市有財産局に土地購入の権限を賦与することが決議された（③）．それを受けて 2 月 1 日に市参事会は，市有財産局に土地購入の権限を与えた（④）[45]．

　次いで市有財産局文書に基づいてその前後の経緯を辿ると，以下のようなことがわかる[46]．まず市有財産局による市参事会への提案に先立つ 1900 年 12 月 5 日に，売り主のゾフィー・フライアイゼン（旧姓ヘーナー）未亡人（Frau Sophie Freyeisen Witwe geb. Höhner）と市有財産局書記のフォーゲル（Louis Vogel）が交渉し，売却内容の詳細な提示がおこなわれた．そこでは，地籍番号，面積，価格，抵当権，地役権がないこと，便益と租税公課をはじめとする負担移転の条件が示され，1901 年 1 月 25 日までに市はこの条件を

---

44) ISG, Stadtkämmerei vor 1926, 68.
45) ISG, MA U745/III, Bl. 47-48. ③は Mitt. Prot. StVV 1901, §100, S. 60；§132, S. 74 による．
46) ISG, Stadtkämmerei vor 1926, 69.

受け入れるかどうかを回答することが合意された[47]．この手続きは1900年1月5日の市参事会決議に基づくとあるので，少なくとも1900年以降はこうした事前の交渉がルーティン化していたと考えることができる．しかし先にみたように，市議会の承認が2月1日までずれこんだので，回答期限は2月15日まで延期された．そして〔1〕と同様に，市有財産局は1901年2月7日に局長ファレントラップと事務長（Direktor）レーヴェンシュタイン（Wilhelm Löwenstein）の出席のもとで売却の申し出の受入れを決定し，フライアイゼン未亡人にその旨を伝えて意思を再確認したうえで，2月14日に購入の実施を正式に決定した．

しかし，〔2〕の手続きは，〔1〕に比べて完了までに多くの手続きが残っていた．まず1901年7月10日に，25人に及ぶフライアイゼン家の相続権者が契約に署名し，翌7月11日に王立公証人ベンカルト（Emil Benkard）がこれを確認したうえで，7月23日に全額が現金で支払われ所有権の移転が完了した．王立裁判所での登記は1901年10月25日から始まったが，売り主側の相続証明書（Erbbescheinigung）の返還に時間がかかったようであり，さらに再測量によって面積が合計10.26 a であることがわかったため登記のやり直しも必要となり，最終的に登記が完了したのは1903年3月19日であった[48]．

以上から，ひとつひとつの取引に多くの手続きが必要であり，膨大な時間と費用がかかっていたことが明らかである．表6-6によれば，1893〜1915年間で合計1万1,000件を超える土地購入取引が記録されており，その事務量の膨大さがうかがわれる．したがってそのすべてに目を通すことはできないが，次項では土地購入の目的について分類してみることにしたい．

(2) 購入目的と理由

以下では市参事会文書を用いて，1900〜1901年（ISG, MA U745/III），

---

47) この取引も〔1〕と同様にシュテルン=ジーモンの仲介によって開始されたことが，同人の1900年10月13日付けの書簡によって確認できる．
48) 先にも触れたように，フランクフルトの土地所有の細分化が建築適地の形成を困難にしていたと考えられ，それが市有地の拡大・一円化を動機づけたと考えられる．Vgl. Magistratsbericht 1897/98, S. IX.

1909〜1910年（ISG, MA U745/VIII）におけるフランクフルト市域内（ザクセンハウゼン市区とボルンハイム市区を含む）の市による土地購入に際して，どのような目的や理由が挙げられていたのかを検討することにしたい．

まず1900〜1901年で多いのは，将来の道路開削（Straßenfreilegung）（Bl. 1, 5, 8, 12, 20, 34, 41, 45, 47, 68, 76）[49]のため，あるいは市有地（および財団所有地）の統合（Zusammenlegung），拡大（Vergrösserung）あるいは一円化のため（Bl. 1, 8, 12, 18, 20, 36, 41, 45, 47, 63, 65, 68, 76, 93）という理由である．2つの理由は常に同時に挙げられていたわけではないが，後者の背後には，それが市有地の「活用（Verwerthung）」にとって有利であるという認識（Bl. 1, 36, 47）があった．「活用」には大きく分けて売却，賃貸および住宅建設が考えられるが，市がひとまとまりの，しかもできるだけ「活用」しやすい形状（建築適地）で土地を所有しようとしていた（Bl. 14）ことは確かである．事実，三方ないし四方を市有地（および財団所有地）に囲まれている（Bl. 47, 101, 113, 117），もしくは市有地と隣接している（Bl. 18, 34, 36）ので購入することが望ましいといった理由がしばしば挙げられている．統合のための障害となっている小さな土地を，割高な価格で購入することもあった（Bl. 105）．このほかに，将来の墓地の拡張（Bl. 43）あるいは運動場の一円化（Bl. 129）といった，公共用地（緑地）の確保が目的とされていることもあったが，市が将来の「活用」のために私有地を少しずつ買い足してまとまった地所を作ろうとしていた様子が浮かび上がってくる．

これに対して1909〜1910年で多いのは，建築線指定と関連した購入である（VIII, Bl. 1, 7, 11, 13, 15, 39, 51, 53, 59, 64, 67, 70, 77, 79, 81, 85, 87, 94）．すなわち，建築線の指定によって，道路や広場になる部分と，残りのそれ自体では開発しにくい部分をまとめて購入し，隣接地が市有地の場合にはそれも統合したうえで，換地の手法も用いて建築適地の開発を進めようとしたのである．1902年のアディケス法や，1907年の同修正法で土地区画整理が可能となり，建築線指定を制約していた建築線法の欠陥が是正されたことがその背景として考えられる．たとえば，「所有者から地所全体の収用が求められている」

---

[49] 道路開削とは道路用地確保のことと考えられ，建築線の指定や道路の拡幅とは区別されている．

(Bl. 1),「当該地区は換地の方法で建築用に開発されるべきである」(Bl. 53) といった文言があることがそのことを示している.

　もちろん，この時期にも 1900～1901 年と同様の道路開削 (Bl. 9, 13, 22)，市有地の一円化・補完・拡大 (Bl. 5, 27, 49, 55, 63, 74, 77, 83, 89, 91, 93, 96) といった理由，東河港の北側の工業地区の拡張のためという理由 (Bl. 44) による購入も実施された.

(3) 価　格

　購入価格には，地区，形状，目的などによってかなりの幅があった. 1900～1901 年の 1a 当たりの価格を調べてみると，243 マルクから 4,258 マルクと 18 倍近い差があったからである. 提示額が高すぎないという市有財産局の判断があってはじめて市参事会への購入提案がなされ，提示価格が高いと判断された場合には，それに先立ち値下げ交渉がおこなわれることもあったが，価格は個別の事情にもとづいて決まった. たとえば，将来の市有地の有利な売却にとって不可欠な土地を，所有者を説得して購入する場合には，高すぎることを承知のうえで購入する場合もあった (III, Bl. 105). 提示価格は専門家の鑑定によるものもあったが (Bl. 63)，地区毎の相場があったケースもあり，フランクルト市域内の耕区 III では「この状態では目下通例の価格である」という理由から 1a 当たり 1,185 マルクで購入された地所が複数あった (Bl. 14, 18, 20, 45). ボルンハイム市区でも「近隣の地所に支払われた価格を考慮すれば高すぎることはない」と判断された例がある (Bl. 113).

　1909～1910 年についてみると，1a 当たりの価格は 324.72～2,824.85 マルクであり，最低価格は上昇していたが価格の幅は縮小していた[50]. この時期に特徴的なのは，市有財産局が独自に見積りを実施し，提示額がそれと同じか安いことを確認したうえで購入の提案をしているケースが多いことである (VIII, Bl. 5, 15, 18, 32, 36, 49, 59, 64, 74, 79, 89, 91, 96). たとえば，ある取引

---

50) カーン (Ernst Cahn) によれば，1906 年までは市内全域で地価の大幅な上昇がみられたが，それ以後 1912 年にかけては土地取引の重心の移動に伴って，市内中心部の地価は下がりはじめたのに対して，オストエンドや郊外では上がり続けるという分化が生じた (E. Cahn 1912, S. 9-11).

で合計面積31.67aの土地が2万5,000マルクで提示されたが，市有財産局は2万6,373マルクと見積もり，提示価格に異議はないと述べている（Bl. 15）．市有財産局が独自の地価算定システムを構築していたと推測される．

(4) 大規模地所の購入

購入された土地の面積にも当然幅があった．表6-6によれば，1893～1915年に獲得された土地の平均面積は，建物付きの土地で8.53a，未建設地で19.24aであった．(2)(3)で検討したフランクフルト市内の購入地をみても，1900～1901年で平均42.67a（30例），1909～1910年で平均118.07a（40例）となるが，1ha以上の大規模取引を除くと，それぞれ18.99a，26.36aになる．20a前後の土地の購入が多かったと考えられ，市有地の「利用」価値を高めるために少しずつ土地を買い足していたことがここからも裏付けられる[51]．

しかし，土地の購入は小規模なものばかりではなかった．大規模な土地の購入も実施され，それは都市計画とより直接に結びついている場合が多かった．なかでもアディケス時代最大の建設事業といわれた，東河港プロジェクトに関わる土地取引の規模は大きかった[52]．このプロジェクトの詳細は森宜人の研究に譲るが[53]，それに関わる最大の土地取引としては，聖霊施療院のフィッシャーフェルトの土地（279ha16a）が，1904年に最終的に736万871マルクで市に売却されたことが挙げられる[54]．その後もゼックバッハ，フェッヒェンハイムといった周辺自治体や公共慈善財団（孤児院，聖霊施療院，一般慈善金庫）から，しばしば10haを超える土地の購入が進められた[55]．

---

51) 合計1ha以上の土地購入であったても，実体は多くの小区画の集合体という場合もあった．たとえば，1909年10～11月に購入手続きが進められたゼックバッハの工業用地は，合計29ha38aと規模が大きいものだったが，所有者の数は274人に達し，1人当たりの所有地面積は10.72aにすぎなかったことになる（ISG, MA, U745/VIII, Bl. 44-45）．

52) 港湾を含めた総面積は450haにのぼり，そのなかには係船ドック区域34ha，倉庫45ha，臨海工業区域55ha，ゼックバッハの内陸工業区域200haが含まれていた（V. Rödel 1986, S. 160）．

53) 森宜人（2003）．

54) Magistratsbericht 1903, S. 797; 1904, S. 813. ただし，市はそれと交換に聖霊施療院に7ha52aの市有地を45万1,110マルクで提供し，その分の支払いは相殺された．

(2)(3) で検討した事例とは比較にならない規模であったことがわかる.

その他アディケス時代における大規模な土地取引としては，①ボッケンハイムのバルクハウゼン家の世襲財産領（1902 年，面積約 62 ha, 購入額 99 万 4,000 マルク），②ニーダーラートのベートマン家の所有地（1905 年，面積約 26 ha 63 a, 購入額 164 万 7,000 マルク），③ 1907 年のトルノーの所有地（1907 年, 面積約 104 ha, 購入額 681 万 7,000 マルク）[56]，④シュヴァンハイムのゴルトシュタイン所領（1909 年，面積 156 ha 81 a, 購入額 562 万 5,000 マルク）[57]，⑤バウアー兄弟合名会社が所有していたヴィルベルのいわゆる「ロシア地所」（1911 年，面積 108 ha 63 a, 購入額 200 万マルク）[58]を挙げることができる.

ここではトルノーの所有地の購入のケースについて，若干立ち入っておこう．ベルリン出身のトルノー（Eugen Tornow）は，1885 年からフランクフルトに定住し，巧みな土地投機により短期間のうちにリーダーベルク，グリースハイム，グートロイトホーフなど，フランクフルト市域内外に広大な土地を獲得したが，1904 年に独身のまま死亡した[59]．相続された土地は，一部を除き国際建設会社（Internationale Baugesellschaft）に総額約 1,100 万マルクで売り出されたが，同社だけでは引き受けきれなかったため，市に相談が持ち込まれた．市も一括して引き受ける財政的余裕はなかったが，市参事会は市にとって目的に適った土地を選択して引き受けることにした[60]．1907 年 6 月 25 日付けの国際建設会社から市参事会への書簡によれば，今回売りに出されたトルノーの相続人が所有する地所は，Ⅰ (a) グートロイトホーフ（53 ha 44 a），(b) グリースハイムの地所（25 ha 75 a），(c) ゼックバッハの地

---

55) Magistratsbericht 1909, S. 36; 1910, S. 18-19; 1911, S. 18; 1912, S. 18.
56) L. Vogel (1934), S. 49-50; J. R. Köhler (1995), S. 206.
57) この地所は長い交渉の末購入されたが，さまざまな都市の目的，とりわけ森林部分が住宅建設のために適していると考えられた（Magistratsbericht 1909, S. 36）.
58) この地所の場合は単純な購入ではなく，大規模な交換を伴っていた．すなわち，このうち市が利用できたのは 28 ha 63 a のみで，約 84 ha は軍当局（Militärfiskus）に練兵場として譲渡されたが，それと交換に，軍当局は市内のマインツ街道沿いにあった旧練兵場の大部分（20 ha 73 a）を市に譲渡したのである．面積では 1/4 以下であったが，この地所は宅地開発には好適であった（Magistratsbericht 1911, S. 20）.
59) W. Klötzer (1996), S. 482.
60) Mitt. Prot. StVV 1907, §684, S. 392; Magistratsbericht 1897, S. 219. Vgl. E. Wolpert (1930), S. 41-44.

所（3 ha 2 a）（合計502万4,389マルク），とⅡ(a) ギンハイムの地所，(b) エッケンハイムの地所からなっており，Ⅰは単独で，ⅡはⅠの購入を前提として（Ⅱ(a)と(b)の分離は可能）提供されたが，マインツ街道の南側の開発に関する協定の実現が条件となっていた点に特徴があった[61]．

市参事会は1907年7月1日に市議会にこの件を報告し，Ⅱの購入は財政的理由から見合わせ，Ⅰのみの購入と，国際建設会社と市が締結したグートロイトホーフを含む地区の開発に関する協定の承認，およびこの協定に基づく建築線計画の承認を求めた．市と国際建設会社との協定は，当該地区における道路，上下水道，市街鉄道，住宅の建設・維持についての両者の義務を規定していたが，とくに注目されるのは，問題の地区がそれまでの建築条例では工場ゾーンに指定されていたのに対して，工場への引き込み線が増えるとこの通りの交通の妨げになること，および東河港プロジェクトによって市東部にも工業地区ができたことを理由として，ヘヒスター通りの北側部分については，工場の拡張よりも労働者住宅の必要に応えるために工場ゾーンから混合ゾーンに指定し直すという内容を含んでいたことである[62]．これはこの大規模な土地購入が，市西部の開発のあり方と密接に関わっていたことを示している．

この提案は土木委員会での検討を経て，7月9日に市議会で承認された[63]．こうして合計約82 haという規模の土地購入が実現することになったが，市参事会報告によれば，エッケンハイムとギンハイムの地所も最終的に購入されており，トルノーの相続人からの土地購入は合計面積104 ha 6 a，合計金額681万7,187マルクに達した[64]．

このように，市の土地購入取引は東河港プロジェクトというこの時期における市の大事業の実施と，それに伴う市西部の開発計画の変更とも密接に関わっており，それに関わる土地取引は概して大規模なものであった．

---

61) Schreiben von der Internationalen Baugesellschaft an den Magistrat vom 25. Juni 1907, ISG, MA, U852; Mitt. Prot. StVV 1907, §684, S. 392-393.
62) Mitt. Prot. StVV 1907, §684, S. 392-398.
63) Mitt. Prot. StVV 1907, §684, S. 399; §710, S. 416-417.
64) Magistratsbericht 1907, S. XVII, 39.

5. 市有地の「活用」

(1) 市有地の売却

　表6-6から読み取れるように，購入した土地に比べて売却された土地は件数のうえでも面積のうえでもはるかに少なかったが，売却の手続きは購入の場合と同じものと違うものとがあった．同じ場合の例をひとつ挙げておこう．

　1909年6月9日の市有財産局から市参事会宛ての文書で，東河港の拡張によって必要になった小住宅用地のために，リーダーヴァルトの北側の市有地を，混合不動産委員会を通じて売却することが提案されている（価格や面積の情報はなし）．この提案は，購入の場合と同様に市議会に送付され，土木委員会での検討，市議会での決議を経て，同年7月16日に市参事会で売却の権限が市有財産局に与えられ，即日市参事会からヴィースバーデンの県知事へ届け出が行われた[65]．この県知事への届け出は売却取引では義務とされていたようで，混合不動産委員会の関与とともに，売却の特徴として指摘できる．このプロセスは，1909年11～12月に売却された他の土地取引でも確認できる[66]．

　しかし，売却に際しては購入と大きく異なる特徴がもうひとつあった．それは，個別に取引をおこなうのではなく，毎年のはじめにまとめて市有地売却の承認を，市有財産局が市参事会と市議会から得ていたことである．たとえば，1910年1月28日付けの市参事会宛て文書によれば，1909年の取引について，市参事会と市議会は市有財産局に，市有の建設地を混合不動産委員会の同意のもとで売却する権限を与えたが，1910年についても同様の権限の授与が必要であり，それ以外の地所を売却する場合には特別の議案を提出するであろうと述べている．さらに市参事会に対して，市議会の了解のもとで市有財産局が，1910年12月31日までの期間について，一覧にまとめられた58の地所を，1878年10月8日の市議会と同月15日の市参事会の決議によって定められた条件に基づいて，混合不動産委員会を通じて売却する権

---

[65] ISG, MA U477/IV, Bl. 149-151.
[66] ISG, MA U477/IV, Bl. 154-158.

限をまとめて与えるよう提案している．そして市有財産局は市議会の承認を経て，同年 3 月 11 日に市参事会からこの権限を与えられている[67]．この手続きは，確認できた限りでは 1896 〜 1914 年の期間について毎年実施され，対象となる地所の数も着実に増加した[68]．

1903 年 10 月に，ベルリンの市参事会から市有地売却方法変更の参考にするためにフランクフルトの仕組みについて照会があった際に，フランクフルト市参事会は同年 11 月 6 日に次のように回答しており，このことを裏付けている．すなわち，売却手続きを簡略化させる必要から，市参事会は毎年市議会に売却に適した市有地の一覧を，この目的のために選ばれた混合委員会に全権を与えることを要請するときに提出する．混合委員会は，売却交渉の指針を与えるために適時に販売価格を決定するので，購入希望者は申し出のために必要な情報を容易に獲得することができる．申し出が適切におこなわれると，民法典施行法に基づき市の官吏によって契約文書が作成され，数日で，県委員会の同意を留保しつつ混合委員会の同意が出される．初回金は通例購入価格の 10% であり，保証金は求められない．競売は稀にしかなされず，この場合には市有財産局が落札者を決める権限をもつ[69]．このように売却については年初に一括して承認を受ける形式が基本であり，先述のリーダーヴァルトの地所の売却のような個別の手続きは，補完的な位置づけを与えられていたとみることができる．

売却先についての情報は乏しいが，表 6 - 7 にまとめたように，比較的規模の大きいものとして，住宅政策との関連で市が 1901 〜 1913 年に合計 11 件，12 ha 27 a の市有地を小住宅建設のために，公益的住宅建設会社・組合および王立鉄道管理局に譲渡していることが知られている[70]．その際，売却価格は相場よりも低かったが，市はそのなかに道路の敷設と維持，下水溝

---

67) ISG, MA U477/IV, Bl. 160-165.
68) ISG, MA U477/III, U477/IV. この期間にリストに記載された地所の数は，1896 年の 17 から 1905 年の 43，1910 年の 58 を経て 1914 年の 88 へと増大した．Vgl. J. R. Köhler (1995), S. 197.
69) ISG, MA U477/IV, Bl. 15-17.
70) 同じ期間について比較すると，フランクフルトの土地売却面積はシュテッティン (17 ha86a)，ケルン (12 ha85a) に次いで 3 番目に多かった (R. Kuczynski 1916, S. 34)．

表 6-7 フランクフルト市が

貸与年	地上権者	件数	総面積(a)
1901	フランクフルト公益的住宅建設会社	1	60.83
1901	フランケンアレー株式会社	1	21.75
1902	国民・建築・貯蓄組合	1	16.33
1902	フランクフルト住宅組合	1	22.04
1902	小住宅建設株式会社	1	12.96
1903	国民・建築・貯蓄組合	1	15.41
1903	官吏・教師	14	119.43
1903	個人	11	
1904	国民・建築・貯蓄組合	1	12.78
1904	官吏・教師	32	142.76
1904	個人	5	
1905	国民・建築・貯蓄組合	1	36.54
1905	官吏・教師	11	58.60
1905	個人	14	
1906	フランクフルト住宅組合	1	20.71
1906	官吏・教師	4	34.07
1906	個人	5	
1907	官吏・教師	32	134.21
1907	個人	4	
1908	官吏・教師	2	8.60
1909	ミートハイム株式会社	1	60.50
1909	個人	3	335.57
1911	官吏・教師	3	134.08
1911	個人	4	
1912	国民・建築・貯蓄組合	1	36.74
1912	フランクフルト住宅組合	1	7.84
1912	市街鉄道・建築・貯蓄組合	1	19.48
1912	官吏・教師	15	153.92
1912	個人	9	
1913	市街鉄道・建築・貯蓄組合	1	20.97
1913	官吏・教師	17	165.33
1913	個人	9	
合　計		208	1,651.45

注：(1) 住宅建設目的でないものも含む．地価総額は 420 万 826 マルク．
　　(2) *市は同社の株式を総額は 199,750 マルク（117 株を 1,700 マルク，2 株を 425 マ
　　(3) **市は同社の 210 万マルクの債務に保証を与えた．この地所以外に同社は
　　(4) ***1903 年の数字に含まれる．
　　(5) ****市は同社の 61 万 2,000 マルクの債務に保証を与えた．
出典：W. Steitz (1983), S. 423.

締結した地上権契約（1900〜1913年）

借地期間 (年)	借地料（マルク） 総額	㎡当たり	市の抵当貸付 （マルク）
78	4,400.00	66	*
62	2,044.41	94	**
63	1,428.88	88	225,000
61	2,479.50	113	229,320
71	5,000.00	386	300,000
61	1,360.00	88	139,500
61	27,993.00	70-145	645,500
61			
61	1,124.00	88	129,600
61	***	70-145	970,400
61			
61	4,384.00	120	138,000
61	***	70-145	397,000
61			
61	2,400.00	116	70,000
61	***	70-145	188,000
61			
61	14,588.00	70-145	1,158,840
61			
61	1,119.00	130	72,810
71	5,627.00	93	****
61	49,570.00	59-150	―
61	4,968.00	10-145	157,670
61			
60	3,674.00	100	324,900
60	1,067.00	136	111,375
60	2,143.00	110	192,600
61	16,607.00	85-165	612,740
61			
61	3,460.00	165	388,800
61	19,622.00	70-220	1,352,765
61			
			7,804,820

ルク）で引き受けた.
204.81a の土地について孤児院（Waisenhaus）から地上権を獲得した.

建設の費用を含めたり，購入契約に建設・利用規則や買い戻し条項を入れたり，売却した土地に建設されるべき住宅建設の建設計画の認可権を留保したりして，売却した土地が建設・土地投機の阻止という目的に適うように利用されることを買い手に強く求めた．また，市の建設官庁は建設行為を監督する権限をもち，買い手は建物を条例に沿った状態に保たねばならなかった[71]．

しかし，こうして売却された土地はごく一部にすぎず，市の見解によれば建設・土地投機を阻止することもできなかった[72]．実際，1899年のフランクフルト間借人協会（Frankfurter Mieterverein）の建白書は，「市と財団はその土地を売ってはならず，意図された目的が達成されるならば賃貸しすることだけが許される．高く売れば，市と財団がいわば自ら土地で暴利を貪り，弊害を増幅することになる．安く売れば，所有者や間借人がそれから最終的に利益を得るのではなく，私的投機が利益を奪い取っていくことが大いにありうる」[73]と土地売却に反対しており，また，アディケス自身1900年トリーアで開かれた第25回ドイツ公衆衛生学会大会で，1901年3月19日のプロイセン大臣布告の内容を先取りする形で「自治体は，投機家と自らを区別し，公益的であろうとするならば，市有地の売却にはきわめて慎重であらねばならない」と述べている[74]．土地投機の阻止という目的を達成するためには，土地をいくらで売却するかが重要であったが，この価格設定がきわめて難しかったことがうかがわれる．そしてこのような土地売却に代わる手段として期待されたのが，地上権による土地の提供であった．

(2) 地上権の設定

地上権は，1896年に制定され1900年に施行された民法典の第1012条〜第1017条で規定された．すなわち，地上権とは土地の表面の上部ないし下部に工作物をもつ権利のことであり，売却と相続が可能であった．地上権は，工作物の利用のために必要でない土地の部分にも適用することができ，工作

---

71) R. Kuczynski (1916), S. 33-34, 55, 57; W. Steitz (1983), S. 417-420.
72) E. Wolpert (1930), S. 58; W. Steitz (1983), S. 421.
73) W. Bangert (1937), S. 56.
74) W. Gemünd (1914), S. 32-33; 関野満夫 (1997), 82頁.

物がなくなることによって消滅しなかった．また，土地に関する諸規則が地上権についても適用され，所有権に関する諸規則も準用された[75]．

　地上権は民法典の起草段階ではそれほど重視されていなかったといわれているが，施行後に積極的に評価されるようになった．19世紀後半における都市への人口集中を背景として，当時深刻さを深めていた地価の騰貴や住宅不足は，それまでの自由主義的な対応では解決できないという認識の広がりが背景にあった．直接のきっかけとなったのは，土地に私的所有権を認めることを強く批判するダマシュケ（Adolf Damaschke）が率いる「ドイツ土地改革者同盟」が1898年に設立され，地上権を強く支持したことであった．このほか地上権の積極的な支持者には，ゾーム（Rudolf Sohm），エアマン（Heinrich Erman），エルトマン（Paul Oertmann）といった法学者，プロイセン蔵相と内相を歴任したポザドフスキー（Arthur von Posadowsky-Wehner），帝国宰相ベートマン＝ホルヴェーク（Theobald von Bethmann-Hollweg）らがいた．その理由は，地上権では土地と建物を異なる権利主体に帰属させることができるため，地上権者は土地を取得することなく，自己に所属する建物を建設できることにまず求められたが，土地に抵当権を設定して取得資金の貸付けを受ける必要がないため，地価の高騰を抑えられることも期待された[76]．

　地上権は地上権者にとってだけでなく，地上権設定者である土地所有者にとっても利点があった．土地所有権を保持したままで地代を取得でき，契約期間の終了後には土地を自由に利用できたからである．そしてここで重要なことは，自治体や国家が広大な土地を所有している場合，地上権の設定は，①地価の上昇分を公益のために利用できること，②公共の福祉の観点からの都市計画の手段となりうること，③土地投機への有効な対抗手段となりうること，④公益的住宅建設会社などに対して地上権を設定することによって，住宅政策に直接的にではなく間接的に関われることなどの理由で，大きな効果が見込まれたことである[77]．地上権は，都市土地政策を前提としてはじ

---

75) Bürgerliches Gesetzbuch vom 18. August 1896, §1012-§1017. Vgl D. Pesl（1910），S. 58-59; N. Robert-Tornow（1916），S. 82-83. ただし，民法典の規定はきわめて簡略であり，地代，権利の期間，権利消滅後の建物の扱いについての規定はなかった．

76) A. Damaschke（1922），S. 131-135; 田中英司（2001），97-102頁．ダマシュケの土地改革運動については，辻英史（2008）を参照．

めて効力を発揮できる手法であったということができよう[78]．

　こうしたなかで，フランクフルトは地上権を最も早くに利用した都市のひとつであった．たしかにアディケスは住宅政策への市の関与に積極的であったが，ウルムやフライブルクと異なって市営住宅建設には慎重であり，市の職員住宅を建設するにとどまった．公的補助金による住宅建設は，納税者間の不公平をもたらすと考えたからである[79]．地上権設定による市有地の提供は，それに代わる手法を探していたアディケスにとって格好の手段であった．彼はすでに1894年の時点で小住宅建設株式会社（Aktienbaugesellschaft für kleine Wohnungen）と，ブルク街の市有地に小住宅44戸を建設するために借地する契約を締結する案を市議会に提出しており，その内容はすでに地上権契約の基本的特徴を含むものであったが，市議会は建設計画の欠陥を理由として承認を拒否した．そこでアディケスは，制定されたばかりの民法典を根拠として，1900年7月7日の覚書で地上権の導入と利用を提案し，7月10日に市参事会で承認を得た[80]．

　この覚書でアディケスは次のように述べている．「市の官庁内部の度重なる議論が最近改めて明らかにしたのは，不健全な投機，価格を吊り上げる仲介取引および高利の抵当貸付の排除は，市が所有する地所が単純に売却という方法で手放されるならば，おそらく不可能である．市当局がこの種の行為〔売却〕に際して，とくに安い価格で売ることによって騰貴を阻止することも同様にできない．というのは，このことは個人の不当な優遇を意味し，かつまた後の住宅所有者ではなく，転売する人にのみ有利だからである．この側面からも売却に代わって地上権での譲渡を試みるのは得策である」[81]．土地売却では限界があり，地上権設定をそれに代わる手段とアディケスが考えていたことが明らかである．

---

77) 田中英司（2001），104-105頁．Vgl. F. Adler (1904), S. 72-73; D. Pesl (1910), S. 59-65; N. Robert-Tornow (1916), S. 83-84.
78) 実際，ダマシュケは主著『土地改革』の「自治体土地所有について」の部分で，その効用のひとつとして「地上権」について論じている（A. Damaschke 1922, S. 122-138）．
79) W. Bangert (1937), S. 60-61.
80) Magistratsbericht 1899, S. XVI-XXIV; L. Vogel (1934), S. 51-53.
81) Magistratsbericht 1899, S. XIX. Vgl. R. Kuczynski (1916), S. 74.

また，フランクフルト間借人協会も，1899年の建白書で先に紹介した土地売却への反対に続いて，「市は，所有地に建てられた住宅の購入価格や家賃に持続的な影響力を与えねばならず，そのことは，土地を手放さずに賃貸しすることによって最も良く達成される．そのために適切な法的形態はたしかにこれから作られるべきであるが，さしあたり現行法ないし民法典が提供する手段〔＝地上権〕によっても間に合わせることができるであろう」と主張し，地上権の導入に期待を寄せた[82]．

　1900年7月10日の市参事会の決定を受けて，市有財産局は同年8月9日に地上権設定の候補となる市有地を挙げ，1901年1月9日に地上権設定のために守られるべき条件を市参事会に示した．市参事会はこれを踏まえて，2月1日に市議会に対してさしあたり2年間地上権を設定し，地上権者に50万マルクまで建設資本を貸与することを提案した．市議会はこの問題を検討する特別委員会を設置し，同年4月23日にその結果を市議会に報告した．その結論は市参事会の提案を原則として認めつつ，地上権契約のフォーマットを定めることなく，個別に市議会の承認を必要とするというものであったが，公益的住宅建設会社だけでなく民間企業に対しても地上権を設定すべきであるとするブラウンフェルスらの多数派と，民間企業は除外するべきであるとするクヴァルクらの少数派が対立した．アディケスは多数派にくみして提案の承認を求めたが，ガイガーらが特別委員会に差し戻して一定の原則が立てられるべきであると主張し，この日には結論が出なかった[83]．このため同年5月7日の特別委員会の報告では，市参事会の提案に対して，対象となる地所の確定，契約期間の固定，15年経過後の買戻権・先買権といった地上権設定者としての市の権利，地上権者の義務など12項目に及ぶ地上権契約の基準規定が提示され，ようやく市議会の承認を得ることができ，市参事会も5月10日にこれを受け入れた[84]．

　こうして地上権が導入された．フランクフルト市内で最初に締結された地上権契約は，1899年に小住宅建設株式会社とザンクト・カタリーネン＝ヴ

---

82) W. Bangert (1937), S. 56.
83) Magistratsbericht 1900, S. 271; Mitt. Prot. StVV 1901, §496, S. 272-277.
84) Magistratsbericht 1900, S. 271-272; Mitt. Prot. StVV 1901, §548, S. 294-296.

ァイスフラウエン財団の間で，マインツ街道沿いの地所について253の小住宅の建設を目標として締結された契約といわれているが[85]，市有地について1900～1913年にフランクフルト市が締結した地上権契約の一覧は表6-7の通りである．この期間に208件，合計面積16 ha51 aの土地が地上権で提供されていることがわかる[86]．これは，ドイツの都市としては最大規模のものであった[87]．しかし，表6-6の売却地の合計面積443 ha57 aと比べると，地上権を設定された土地の面積はきわめて僅かであった．

　実際，地上権の普及にはいくつかの障害があった．まず法的にみた場合，民法典における地上権の規定はきわめて不十分で，契約自由の原則に委ねられる部分が多いため，①敷地の利用権限以外は，いかなる権限が地上権者に帰属するのか不明確なこと，②解除条件などにより地上権の存続・更新が保障されていないこと，③抵当権を設定して担保貸付がなされることは法的には可能であるが，①②などにより実際には困難なことなどの問題点があった[88]．また，フランクフルトの実態に即してみた場合にも，地上権設定期間の制限，設定期間終了後の増価分の放棄，設定後15年間の地上権譲渡禁止，地上権譲渡に際しての市の先買権，住宅の利用状況や又貸しに対する監視などのさまざまな規制が嫌われ，地上権の利用はあまり増えなかった．公益的住宅建設会社やフランケン＝アレー株式会社は，初期の1回しか地上権は利用しなかったのである[89]．

　こうした問題に対して市がとった施策が，1900年の地上権貸付金庫の設立と，地上権者への融資であった[90]．ふたたび表6-7によれば，地上権者には市から合計715万5,022マルクの抵当貸付が与えられていることを確認できる．バンゲルトは，地上権物件にはあまり好まれない年賦償還抵当（Amortisationshypothek）による貸付けしか提供されなかったため，市は地上

---

85) Magistratsbericht 1898/9, S. XIV-XV; 1899, S. XXIV; L. Vogel (1934), S. 53.
86) R. Kuczynski (1916), S. 75-77; W. Steitz (1983), S. 422. 地上権契約は，1926年の市有財産局解体時点で合計320（会社・組合31，官吏・教師201，その他の個人88）締結されていた（L. Vogel 1934, S. 55）.
87) 田中英司（2001），107頁．
88) 田中英司（2001），108-111頁；W. H. C. Gratzhoff（1918），S. 18-19.
89) W. Bangert（1937），S. 57-58.
90) R. Kuczynski（1916），S. 89; W. Steitz（1982），S. 178;（1983），S. 421.

権で提供された土地に建設されるべき建物に配慮し，自ら資金を貸すことが必要と考え，1903年に州保険機関の支援のもとで地上権物件への融資を引き受ける，市営の地上権貸付金庫を創設したと述べている．しかし，1900年7月のアディケスの覚書をみる限り，貸付金庫の設置は地上権の導入と同時に提起されており，バンゲルトの記述には疑問が残る[91]．レスラーによれば，アディケスは，市が地上権を成功させたければ，建設者に第二抵当資金を提供しなければならないという考えを，すでに1900年4月23日のヘッセン＝ナッサウ州住宅促進協会の集会で表明していた[92]．

すなわち，アディケスはその冒頭で「住宅の建設資金の容易な調達のための当市による市営建設銀行・建設金庫の設立の構想」が「市有地での地上権の設定と結びついている」ことをはっきり述べている．アディケスによれば，市による住宅建設への資金提供はそれまで2つの方法で実施されていた．ひとつは市の官吏と労働者のための住宅建設であり，もうひとつが，公益的住宅建設会社の株式を引き受ける代わりに，一定数の市の官吏・労働者のための住宅提供を義務づけるというものであった．市街鉄道や発電所の市営化によって市の職員が増えているので，引き続きこうした方法で賃貸住宅の建設を進めることはまったく正当である．しかし，その効果は明らかに限定的であり，非良心的な金融業者の高利での融資・地価吊上げにも，必要な住宅の建設に不可欠な民間業者の資金不足にも，有効な手を打てないという状態に陥っている．したがって，市の資金は健全な民間の建設活動の奨励に直接向けられるべきである．そしてそこから導き出されたのが，市有地の地上権者に建設資金を融資するための建設金庫であり，それは地上権の利用を促す手段としても有効と考えられた．また，アディケスが何よりも市の官吏・職員と教員の住宅確保，次いで中間層（Mittelstand）の住宅需要にいかに応えるかを重視していたことにも注意しておきたい[93]．

---

91) W. Bangert (1937), S. 57.
92) H. Rößler (1903), S. 13; F. Adler (1904), S. 73.
93) Magistratsbericht 1899, S. XVI-XIX. Vgl. K. Maly (1992), S. 380. ただしアディケスは，地上権は市有地だけでなく財団の土地でも設定されるべきであるが，先の小住宅建設株式会社とザンクト・カタリーネン＝ヴァイスフラウエン財団の間の交渉が，道路・下水道工事の費用負担の問題のために難航したように，社会政策的な観点から市が自ら

1901年3月13日に締結されたフランクフルト公益的住宅建設会社との契約には適用されなかったが，同年5月に市参事会は，地上権の利用が増えることへの期待を表明しつつ，さしあたり1901年と1902年の標準的規定に基づく土地譲渡に50万マルクまで貸し付けるという提案に，市議会の同意を獲得した[94]。そしてその後1903年2月24日の市参事会決議で，市の官吏・教師には必要な建設資金の90%まで，邦の官吏・教師には1家族住宅で90%まで，2～3家族住宅で75%まで，その他の個人には75%まで地上権での市有地の譲渡に際して融資するという原則が決定され，1902年より地上権貸付金庫（Erbbau = Darlehenkasse）の収支が，市参事会年次報告に記載されるようになった[95]。こうして1903年に市議会副議長レスラーがそれだけでは不十分であることは認めつつも期待を表明したように，市有地を小住宅目的のために地上権設定により提供することが始まったのである[96]。

　しかし，バンゲルトの指摘するように，公益的住宅建設会社・組合が積極的に地上権を利用しようとしなかったのは事実である。地上権物件では州保険機関の融資を受けることができず，地価上昇に伴う利益を獲得できなかったことがその理由であり，地上権貸付金庫の設置後も公益的住宅建設会社・組合は地上権の利用に慎重であり，国民・建設・貯蓄組合の5回を例外として，ほとんどの公益的住宅建設会社・組合は1回ないし2回しか市と地上権契約を結ばなかったのである[97]。

　これに対してH・クラマーは，1914年初頭に地上権を設定した地所に1,700戸が建てられており，そのうち1,414戸は公益的住宅建設会社によって建設され，それは1914年までに建築された住宅戸数の25.67%を占めており，1900年以降の公益的住宅建設の顕著な増加のかなりの部分は，地上権契約の導入に帰せられると述べている[98]。地上権設定の意義を過大に評価

　　こうした費用を負担する必要があると述べている（S. XXII-XXIV）.
94) Magistratsbericht 1900, S. 269-272; F. Adler（1904）, S. 76; L. Vogel（1934）, S. 53-54.
95) Magistratsbericht 1902, S. 290-291, 336; F. Adler（1904）, S. 74; 1914年までに800万マルクが地上権者の住宅のために市から供与された（E. Cahn 1915, S. 51）.
96) H. Rößler（1903）, S. 11.
97) W. Bangert（1937）, S. 57-58.
98) H. Kramer（1978）, S. 148. 地上権契約を最も多く利用した国民・建設・貯蓄組合は，市との地上権契約についての報告のなかで，地上権契約のお陰で家賃を1戸当たり年間

することには慎重であるべきだが，1891〜1900年に765，1901〜1913年に4,732の公益的住宅が建設されており，新築住宅総数はそれぞれの時期に1万3,309, 3万4,594であったから，それに占める公益的住宅の比率は5.7%から13.7%へと上昇したことになり，一定の成果を挙げたとは評価できるであろう[99]．

6. 土地政策の評価

それでは，アディケス時代のフランクフルトの土地政策はどのように評価できるであろうか．この点を，アディケスが上級市長を引退してから間もない1913年2月に，『フランクフルト新聞』に3回にわたって掲載された「フランクフルトの土地政策（I）-（III）」という匿名の論説[100]を手がかりとして考えてみたい．まず他の資料で事実を裏付けながら，その概略を紹介しておこう．

フランクフルトはアディケスのもとで，大都市で最大の問題である住宅問題を解決するために，都市行政を地価と住宅制度の展開における決定的要因とみなして，地価の増加分を市民の利益のために利用し，土地投機を阻止するべく土地政策を遂行した．しかし，新上級市長G・フォークトは就任にあたり，いまはこれまでの土地集積に代わって「市有地の利用の時代」に入っており，膨大な市有地を一般的な目的と市の財政の必要に役立てるべきであると市議会で述べた（I）．表6-3から1910年代に入ると，市有地面積は6,300ha台で拡大が止まっていることがわかるが，1910年度の市参事会報告をみても，市有財産局は，市内中心部（Innenstadt）ではともかく，市内周辺部（Außenstadt）と郊外では市の特定の目的に必要な地所を別とすれば，一般に有利な価格で獲得できる土地の獲得に限定していると，土地購入が抑制されはじめたことが示唆されている．また，1911年度には市有財産局は

20〜24マルク低く設定できると主張した．
99) 後藤俊明（1995），77-79頁．
100) "Die Grundstückspolitik der Stadt Frankfurt am Main I-III", Frankfurter Zeitung vom 16., 22., und 27. Februar 1913, ISG, MA U477/IV, Bl. 200-202.

土地の購入を計画された事業の実施，とりわけ道路開削と郊外鉄道のための購入に限定していること，1912年度には土地金庫の一層の負担を避けるために，市の利益のために延期できないか，とくに目的に適った購入のみ実施されていること，さらに1913年度には「市有財産局は土地の購入に極度に慎重であった」ことが記されており，制限が次第に厳しくなっていたことが読み取れる[101]。

そこで1911年と1912年の3月31日時点での市有地特別金庫の土地評価額の構成をみると，表6-8のようになる。両年の比率はほぼ同じなので1912年の数字で具体的にみると，建物付きの地所約662万マルク（5.8%），整地された宅地約1,559万マルク（13.7%），近い将来開発可能な土地約2,888万マルク（25.3%），農地約4,608万マルク（40.4%），地上権契約を結んでいる土地約371万マルク（3.2%），公的目的のために無償で譲渡ないし用意される土地約1,331万マルク（11.7%）で合計約1億1,418万マルクとなる。論説の筆者が重視するのは，「近い将来開発が予定されていない」と考えられる農地の割合が40%に達して最も大きな割合を占めていることである。論説の筆者はこれを「非常に膨大な土地在庫が眠っている」と理解している。しかもここで問題視されるのは，そうした膨大な土地所有が市の財政を圧迫していることである。すなわち，1910年度の市参事会報告書（1911年11月）では，借入必要額約1,764万マルクのうち，市有地特別金庫のための必要額が約387万マルク（21.9%）を占めている[102]。また，1912年3月31日における特別金庫の貸借対照表の貸方をみると，総額約1億1,889万マルクのうち，借入金債務（Anleiheschulden）が2,589万マルク（21.8%），支払残金（Restkaufschillinge）が約2,990万マルク（25.1%）で，これに支度基金（Austattungsfonds）約2,202万マルク（18.5%）が計上されている[103]。

都市土地政策の目的は「利益を上げることではない」し，土地市場における民間とは違う役割も理解できるが，その目標は財政的負担をかけずに達成できたのではないかという疑問が各方面から出てくることになった（II）。実

---

101) Magistratsbericht 1910, S. 18; 1911, S. 18; 1912, S. 17; 1913, S. 14.
102) Magistratsbericht 1910, S. XXXV.
103) Magistratsbericht 1911, S. 37.

表6-8 市有地特別金庫の所有地評価額構成 (1911～1912年)

	1911年		1912年	
	(マルク)	(%)	(マルク)	(%)
建物付き地所	6,408,529.00	(5.6)	6,616,564.47	(5.8)
整地された宅地	17,165,376.75	(15.0)	15,592,530.50	(13.7)
近い将来開発可能な土地	27,338,378.00	(23.9)	28,879,579.50	(25.3)
農地	46,709,712.10	(40.8)	46,076,549.60	(40.4)
地上権で提供された地所	3,592,888.00	(3.1)	3,705,764.50	(3.2)
公的目的のために無償で譲渡ないし用意される土地	13,246,357.20	(11.6)	13,306,925.79	(11.7)
合　計	114,461,241.05	(100.0)	114,179,913.89*	(100.0)

注：＊各項目の総計が合計値と一致しないが，出典の原数値のまま掲載した．
出典：Magistratsbericht 1911, S.39.

際，フランクフルトの1人当たりの租税負担額は，1890年の35.52マルクから1913年の63.51マルクへと増えており，ベルリン（それぞれ24マルクと43.3マルク）を大きく上回っていた[104]．1人当たりの負債額も1896年に273マルク，1907年に627マルクで，主要都市のなかでは最も多かった[105]．

　そのうえで論説の筆者は，都市土地政策の評価に移る．たしかに市は学校や公園などのための土地需要を特別金庫の所有地から満たすことができるし，個人や民間に安く土地を提供することもできる．しかし，「それを超えてフランクフルト市が設定した目標の大部分は，さしあたり達成されなかった」．土地投機は排除されなかったのみならず，むしろ市の土地取引の行動様式から刺激を得ている．というのは，土地の購入価格が上昇しているので，市は安い価格で土地を売却できないからである．また，安く土地を売却することによって土地会社をつぶしてはならないという配慮も，同じ方向に作用した．しかし，最も重大な失敗は「購入政策の優越（das Ueberwiegen der Ankaufspolitik）」であった．すなわち，「市は，機会があるところでまとまった土地やより小さな区画地を，折に触れてまさしく盲目的に獲得する，永遠に貪欲で同時に無制限の買い手であり，その購買欲は長年にわたり満たされることがない」．ところが，市はそうした大量の購入に見合う土地を，売却ないし交換することによって投機に対抗しておらず，地価の騰貴を押さえることもできていない．また，市の発展と土地需要増大のテンポを過大評価し，土地

---

104) W. Steitz (1983), S. 406, 408.
105) J. Pfitzner (1911), S. 13; W. Steitz (1982), S. 171, 174.

を高く購入した結果，地価を下方に誘導することにも失敗した．そしてそれが，財政問題という形で都市土地政策への批判を呼び起こすことになったのである (III)．

それでは，正しい土地政策とは何であろうか．とくに重要なのは，市の土地所有を一般的な利益のために最大限利用することであるが，市は非投機的な土地所有者や財団にも配慮する必要があるので，市の土地所有の展望を劇的に改善する大規模な活動をおこなうことは難しく，より小さな手段で満足するほかない．それは，民間営利企業や公益的住宅建設会社が，市有地の開発によって小住宅を建設するのを支援することであり，配当の制限や家賃の上限設定を条件とする株式や債務保証の引受け，抵当融資の供与などである．この論説ではなぜか言及されていないが，地上権設定による市有地の提供も，これに加えて良いであろう．しかし，市有地のごく限られた部分が利用されているにすぎず，市が関与する第二抵当銀行や自治体抵当銀行の設立が成功するかどうかも疑問である．したがって，都市土地政策の価値と成果についての最終的判断は，今後に委ねざるをえない (III)．

この論説が事態の一面を鋭く突いていることは認めねばならない．すなわち，都市土地政策は土地投機を抑制し，住宅問題，とりわけ小住宅の不足を解消するというそれ自体としては正当な目的のために実施され，土地売却や地上権設定による土地の提供，さらに民間企業や公益的住宅建設会社へのさまざまな支援とも相まって一定の成果を挙げることができた．しかし，市有財産局による土地購入は，そうした本来の意図を超えて「盲目的」となり自己目的化していった．まさに「購入政策の優越」であるが，このことは本章4節における土地購入取引の個別事例の分析からも十分に理解することができよう．このため，さしあたり開発の予定のない土地が大量に眠る一方で，新たな土地購入のための資金を土地売却収入で充たすことができず，借入金に依存せざるをえなくなり，市の財政にも負担をかけることになったのである．こうして1910年代に入ると土地の購入は最小限に抑えられ，市有地面積は変化せず，いかに膨大な市有地を財政的にも有効に利用するかが課題とされるようになった．

第1節で言及したゲミュントも，1914年の時点でのフランクフルトの土

地政策に対して先の論説に近い認識を示している．市は長年市有地を拡大したが，売却された土地のほとんどは道路，学校，病院などの公共目的で，民間への売却は非常に少なく，ほとんどもっぱら所有地を増やしているだけである．擁護論もないわけではないが，(1) 市は民間の土地購入者の競争相手として現れて地価を高騰させている，(2) 市の競争と重い租税負担のために土地投機家層が転出して，都市拡張に不利な影響を及ぼしている，(3) 市有地の売却に際しても慎重で建設や支払いの条件が厳しいため，市民には民間の土地会社から購入することが好まれている，といったさまざまな批判がある．このため，数年前より新たな土地獲得はほとんどなくなり，市は市有地の有効な利用に努めているが，地価を規制することは難しい．それに代わる地上権やウルムで実施されている，買戻権付きの住宅建設にも限界がある．いずれにせよ，自治体が住宅建設のすべてを担うのは無理であり，現在も圧倒的な部分を担っている民間企業に委ねられるべきである．これがゲミュントの結論である[106]．

もとより，彼にしても都市土地政策をまるごと否定しているわけではなく，市が必要な土地を購入し，余った土地を売却することは，住宅政策にも都市財政にも有益であることを認めているが，「講壇社会主義にかぶれた」都市官吏が「過度の熱心さ」で大量の土地を買い集めたことにはきわめて批判的であり，「自治体の経済生活への誤った土地政策的・租税政策的干渉」がなおしばらく続くであろうと述べている[107]．さらに，E・カーンも，フランクフルトの都市土地政策についての賛否両論を紹介したうえで，自ら統計を検証し，市が売却に慎重で市有地を増やし続けていることが，民間の土地投機以上に地価を上昇させているという批判的見解を支持している[108]．

アディケスも，土地政策の難しさに気づいていなかったわけではない．第3章でも取り上げた1903年の講演「ドイツ都市の社会的課題」で，彼は以下のように述べている．「都市の土地所有の増大は，……いまやすでに十分な理由をもって多くの都市で計画的に進められているが，もちろん困難はし

---

106) W. Gemünd (1914), S. 40-47.
107) W. Gemünd (1914), S. 49-51.
108) E. Cahn (1912), S. 13-16.

ばしば小さくない．しかしながら，より大きな困難は適切な評価である．無条件の再売却は貨幣をもたらすが，……最大限達成できる価格を手に入れることを強い，市を宅地価格の上昇の参加者にする．それゆえ，留保された買戻権を考慮して，より安価な売却を認める売却条件をみいだせるか，それともたとえば地上権を適切に利用できるかという問題が生じる」．そして，地上権契約についても，「労働者建築組合・建築会社との地上権契約を別とすれば，フランクフルト・アム・マインでは，悲観的な予想にもかかわらず，小住宅の建設に関して，個人（すなわち教師，官吏，店員）とすでに36の地上権契約を締結しており，さらに12が準備中である．そして，おそらくこれも非常な困難な前進の第一歩となるであろう」[109]と，地上権の設定による住宅地の供給にも決して楽観的だったわけではないことがわかる[110]．

　しかしながら，フランクフルトの都市土地政策が批判的見解も認めている以上の成果を挙げていたことにも，ここで注意しておきたい．たしかに土地政策にもとづく市有地の拡大は，地価の規制や住宅問題の解決に成功しなかっただけでなく，債務を抱えることにもなったとして厳しい批判を受け，軌道の修正を迫られることになった．とはいえ，第4節で検討したように，東河港の建設や工業地区の開発などからなる東河港プロジェクトや，それとも連動したグートロイトホーフを含む市西部の再開発は，その後のフランクフルトの都市発展のあり方を大きく規定するものであり，土地政策はそのための前提条件を創出するものであった．アディケス時代の都市土地政策の評価に際しては，こうした成果を見落とすこともできない．公益的住宅建設への貢献は，先に述べたとおりである．

---

109) F. Adickes/ G. Beutler（1903），S. 31-32.
110) フランクフルトにおける総面積に占める市有地面積の比率は，1928年の合併後の時点で43.2%に達したが，市有林だけで約22%占め，僅かな例外を除いて他の土地も分散していた．また，土地区画整理（Umlegung）は土地確保の方法としては時間がかかりすぎた．このため，1920年代後半にE・マイがプラウンハイム団地やレーマーシュタット団地を建設したとき，用地は収用（Enteignung）によって確保され，その総面積は32 haに達した．アディケス時代の積極的な土地政策によって市有地の割合は高かったにもかかわらず，それを住宅政策に生かせなかった事実も，土地政策の限界を示している（馬場哲 2015，424-425頁）．

おわりに

　以上検討してきたように，アディケスのもとで始められたフランクフルトの都市土地政策は，一定の成果を挙げつつも，過大なストックと債務の増大を抱えることになり，軌道修正を迫られた．しかし，それは都市自治体レベルで土地・住宅政策を実施することの限界を示すものでもあった．ラントないしライヒのレベルでの法整備はすでに第一次大戦前から求められており，検討も始まっていたが[111]，進展をみたのは大戦期になってからであった．

　まず地上権については，すでに指摘したように，民法典における地上権の規定が不明確で，抵当権を設定し，担保貸付けを受けることが困難だったことなどの問題点がその普及の障害となっていた．このため，フランクフルトでも1914年に地上権契約の一般規定が修正されたが[112]，より重要だったのは，1912年の第31回ドイツ法曹大会と，そこでの議論を契機として出された私的草案を踏まえて1919年1月15日に地上権令が制定されたことである．地上権令は，民法典の第1012～1017条を廃止して特別法として独立させたものであり，民法典における地上権の，既述のような3つの問題点（244頁）が解消されるとともに，建設された建物を良好な状態に維持する規定も新たに設けられた[113]．その際注意すべきは，「きわめて緊急の住宅不足の除去のための法令」[114]が同じ日に制定されたことであり，地上権令が，第一次大戦期に悪化した住宅問題の解決を容易にすることを目的としていたことは明ら

---

111) フランクフルト市議会副議長H・レスラーは，1902年9月6日にライヒ住宅法期成協会（1898年設立）の集会でダマシュケとともに演説し，土地政策による住宅不足を除去するための宅地の確保，地上権の改革，不動産信用の組織化，とくに第二抵当信用の強化，建築条例と建設計画，さらに住宅査察といった，主として自治体によって実施されている住宅政策がさらに成果を挙げるためには，ラントおよびとりわけライヒが関与することが不可欠であり，ライヒ住宅法の制定とライヒ委員会の設置が必要であると述べている（H. Rößler 1903）．
112) L. Vogel (1934), S. 62-63.
113) 田中英司（2001），121-130頁; Reichs = Gesetzblatt, Jg. (1919), S. 72-82.
114) この命令は，住宅のない家族を緊急に収容するための小規模・中規模住宅建設の促進を任務とし，既存のラント・レベルの法令・条例に拘束されず，自治体や自治体連合も反駁権をもたない地区住宅コミッサールを任命するものであったが，その手段として地上権の設定が土地の収用や強制借地と並んで想定されていた（Reichs = Gesetzblatt, Jg. 1919, S. 69-72）．

かである.

　地上権はドイツ民法典のときには法的規定も不明確で，広範な利用が予想されていなかったにもかかわらず，住宅問題解決の手段として，アディケスによって都市自治体サイドからやや強引に採用されたが，いまや国家的課題となった住宅問題の解決に役立てるために，ライヒ政府によって法的に整備されたのである．これは土地政策の主体が都市自治体だけでなく，ライヒにまで広がったことを意味した[115]．

　住宅政策についても，第一次大戦を契機として都市自治体レベルから国家（ライヒ，ラント）レベルに広がることになった．ラント・レベルでは，1918年3月28日にプロイセン住宅法が発布された．プロイセン政府は1891年以降，住宅法の検討に着手しており，1904年と1913年に法案が公表され，1914年と1916年に州議会に提出されたものの抵抗が強く，第一次大戦終結後住宅不足の深刻化が予想されたことに押されて，1918年にようやく成立した．成立に至る経緯については，ベルガー＝ティメ（Dorothea Berger-Thimme）やニートハンマーらの研究に譲るが[116]，住宅法は建築線法，アディケス法などを組み込んだ包括的なものであり，同じ日に発布された第二抵当国家保証法による住宅建設への国家の資金の直接的提供とも相まって，国家が都市自治体と協力して小住宅建設を促進する体制が，ここに成立することになった[117]．

　ライヒ・レベルの住宅政策については，後藤俊明の研究に依拠すると，第一次大戦勃発後先鋭化した住宅問題，とりわけ住宅建設の停滞により生じた住宅不足に対処するために，1917年7月26日の「借家人保護のための布告」，1918年9月23日の「借家人保護のための布告」および「住宅不足対策に関する布告」が発布され，こうした借家人保護政策はヴァイマル初期のいわゆ

---

115) ただし，地上権が設定された土地は1928年でも24 ha 58 a 92 m^{2}にとどまった（E. Wolpert 1930, S. 69）．なお，地上権は第二次大戦後に自治体や教会だけでなく個人によっても利用され普及していくことになった（田中英司 2001, 49-50頁; H. Kruschwitz 1930, S. 9）．
116) D. Berger-Thimme（1975）, S. 220-235; L. Niethammer（1979）, S. 363-384. 邦語では，北住炯一（1990），233-235頁を参照．
117) プロイセン住宅法と保証法の条文と解説については，P. Hirsch（1918）を参照．

る住宅三法（「住宅不足法」，「全国家賃法」，「借家人保護法」）に受け継がれることになった．他方，新築住宅の供給においては市営住宅の建設よりも公益的住宅建設の支援が優先され，端緒的には住宅建設税，本格的には1924年に導入された家賃税を財源として「社会的住宅建設」が進められ，必要最低限の住宅供給と良質な居住環境の実現がはかられることになった．第二帝政期には住宅政策への国家介入の是非が問われたのに対して，第一次大戦期の経験をも踏まえてヴァイマル期には国家介入の必要性を前提としたうえで，どのように国家干渉が実践されるべきかが模索されることになったのである[118]．

都市自治体はこうした新たな法的枠組のなかで社会的住宅建設の直接的担い手となったが，フランクフルトはここでもまたその代表的な例であった[119]．先にみたように1926年に市有財産局は廃止され，主要な業務は新設の定住局に移管されたが，それはこうした文脈のなかで理解されるべき事柄であった．E・マイ率いる定住局こそ，レーマーシュタット団地に代表されるフランクフルトの社会的住宅建設の担当部局であり，こうしてフランクフルトの土地政策も，「社会都市」の段階から「社会国家」の段階へと移行することになった[120]．

---

118) 後藤俊明（1999），20, 24-27, 31頁．
119) 後藤俊明（1995）;（1999），461-555頁．
120) E・マイによるフランクフルトの社会的住宅建設についての筆者の理解については，馬場哲（2015）を参照．なお，ここでヴァイマル期における市有財産局の活動に触れておけば，市参事会文書（ISG, MA U745/IX）をみる限り，土地購入の手続きは第二帝政期と基本的に同じであり，購入の目的も隣接する市有地の拡大（Bl. 8, 10, 20, 23）が多かった．しかし，ハイパー・インフレーション収束後の1924年以降，住宅建設用地を獲得しすぐに着工するという目的を前面に出した提案が増えており（Bl. 11, 13, 14, 20, 44），土地政策と住宅政策の関係がより緊密になっていたことがうかがわれる．なお，1928年の時点での市有の宅地・農地面積は1,483 haであり，ピーク時（1913年）には及ばないとはいえ，なお高い水準を維持していた（E. Wolpert 1930, S. 41）．

第7章
都市当局と公共慈善財団の相補関係
―― 都市計画への土地提供と財政基盤の確保

はじめに

　慈善団体は中世以来，ヨーロッパの都市における慈善・救貧の重要な担い手であったが，その財政的基礎は基金，寄付および寄進や購入によって獲得した土地からの収入であった．慈善団体の活動は，19世紀に公的救貧が登場した後もそれと連携しながら一定の役割を果たし続け，ドイツではその広大な土地所有が新たな意義をもつことになった．19世紀以降の都市化の進展とともに人口が増大して，衛生問題，住宅問題などの都市問題が新たに発生し，そうした諸問題に対処しうる都市行政の性格転換と並んで，近代都市に相応しいさまざまな施設やインフラ整備のための用地を確保することが必要となったからである．

　ドイツの諸都市ではもともと市有地の割合が高く，「都市土地政策」という形でその拡大と合理的な管理が実施されて，この問題への対応がなされた[1]．土地政策は，国際的にも注目された都市政策であったが，もうひとつドイツの多くの都市に共通する特徴として，この都市土地政策に慈善団体ないし財団が深く関わっていたことを指摘できる．表7-1は，1900年ないし1900/1901年におけるドイツの主要都市における市有地と財団所有地の面積を示したものである．ベルリン，ハンブルク，ハノーファー，ドルトムントの財団所有地は僅かであるのに対して，アウクスブルク，ケルンでは，市有地を上回る財団所有地が，とくに市域外に存在したことが確認される．このなかで，フランクフルトは市有地も財団所有地も上位に位置していることが

---
1) 都市土地政策については，本書，第6章を参照．

表7-1 ドイツ諸都市における市有地と財団所有地(1900 ないし 1900/1901 年)

(単位:ha)

	市有地			財団所有地		
	市域内	市域外	合　計	市域内	市域外	合　計
アーヘン	1,499	71	1,570	127	1,011.0	1,138.0
アウクスブルク	981	134	1,115	11	3,352.0	3,363.0
ベルリン*	582	14,166	14,748	9	0.3	9.3
ブレスラウ	705	4,431	5,136	32	1,317.0	1,349.0
ケルン	584	2	586	1,005	2,403.0	3,408.0
ダンツィヒ	208	2,828	3,036	26	224.0	250.0
ドルトムント	334	1,206	1,540	64	34.0	98.0
フランクフルト	4,151	283	4,434	789	1,097.0	1,886.0
ゲルリッツ	145	30,793	30,938	20	3,609.0	3,629.0
ハンブルク	2,461	2,914	5,375	104	25.0	129.0
ハノーファー	1,487	690	2,177	17	37.0	54.0
ライプツィヒ	1,840	1,562	3,402	228	493.0	721.0
マグデブルク	1,362	1,316	2,678	288	305.0	593.0
ミュンヒェン	1,560	1,955	3,515	17	794.0	811.0
ニュルンベルク	439	48	487	26	471.0	497.0
シュトラースブルク	481	2,163	2,644	12	1,052.0	1,064.0
合　計	18,819	64,562	83,381	2,775	16,224.3	18,999.3

注:(1)　*ベルリンの数字は 1901 年の数字.Bd. 12, 1904, S. 15 による.
　　(2)　ウルムの数字はドイツ都市統計に記載されていないが,H. von Wagner (1903), S. 71-72 によれば市域外 1,181.92 ha,市域内 665.11 ha の合計 1,847.03 ha であり,1902/1903 年度までにさらに所有地は 249.17 ha 拡大した.しかし,「市および財団所有地」として一括されており,一体化していたことがわかる.
出典:Statistisches Jahrbuch deutscher Städte, 11 Jg. 1903, S. 14.

わかる.本章では,フランクフルトにおける 19 世紀以降の市当局と財団,とりわけ公共慈善財団の関係の変遷を辿ったうえで,当該期の都市土地政策や都市計画と財団の関係を明らかにしたい.

1. フランクフルトにおける公共慈善財団の成立

　フランクフルトでも,他の多くのヨーロッパ都市と同様に,慈善・救貧施設の起源は中世にまで遡ることができる.ヴァイスフラウエン修道院(Weißfrauenkloster)は 1227 年ないし 1228 年にフランクフルト市民によって,ザンクト・カタリーネン修道院(St. Katharinenkloster)はヴィッカー・フロッシュ(Wicker Frosch)によって 1353 年に設立された.両修道院の目的は身寄りのない女性(寡婦とその子女)の世話であり,その財産は寄進された土地からの賃貸料(Pacht)であったが,財政的基盤はザンクト・カタリーネン

修道院のほうが良好であった[2]．また，13世紀初頭には，貧民・病者や禄を購入した市民のための聖霊施療院（Heiliggeistspital）とレプラ施療院（いわゆるグートロイトホーフ）も存在しており，施設内救貧の中心的存在であると同時に，ペスト患者収容所，養老院，外来者宿泊所，孤児院，産院，精神病院，刑務所などの機能を併せもっていた[3]．

16世紀にフランクフルトも宗教改革を経験したが[4]，それに伴い一般慈善金庫（Der Allgemeine Almosenkasten）が1531年に設立された．中世末以来市の管理下にあった聖霊施療院が，限られた貧民と病人の世話に集中したのに対して，一般慈善金庫はフランクフルトおよびザクセンハウゼンに住む「在宅貧民（Hausarmen）」の支援を主要な任務とした．その組織は，プロテスタントの社会扶助に共通する原則に沿うものであった．ひとつは，財源・管理・慈善の公的集中化であり，6人の管理人（Pfleger）は市参事会（Senat）の管理のもとに置かれた．財源の基礎となったのは，15世紀以来のザンクト・ニコライ教会の土地や地代収入であったが，他の慈善財団や，1529年に世俗化した跣足修道院（Barfüßerkloster）の資金や，設立後に寄贈された市民の遺産や寄付金がこれに加わった．もうひとつの原則は，困窮者の個別の必要に応じた扶助の個人化であり，その仕事は，毎週のパン・貨幣，毎年の衣服・靴・燃料の在宅貧民への支給，無差別の病人看護，孤児・レプラ患者・精神疾患者の世話，婚資・奨学金の供与，少額の貸付けなど多岐にわたった．ヤーンズ（Sigrid Jahns）によれば，「総じてフランクフルトの一般慈善金庫は，都市社会政策の有効な手段に発展しただけでなく，『都市内外の重要な経済的要因，すなわち雇用主，消費者，土地所有者および信用供与者としての機能』を果たした」[5]．

宗教改革に際して，ザンクト・カタリーネン修道院は1533年にルター派

---

2) F. Bothe (1950), S. 7; T. Bauer (2003), S. 9, 14, 20-22, 26.
3) E. Orth (1991), S. 43. 聖霊施療院は1267年に設立されたという説（Stadtbund 1901, S. 82）があり，財団URL（後掲）もこれに従っている．これに対してコッホ（Rainer Koch）は，聖霊施療院長が1273年の文書に封蠟していると述べるにとどめている（R. Koch 2004, S. 5）.
4) 小倉欣一（2007），第9章を参照．
5) H. Gerber/ O. Ruppersberg/ L. Vogel (1931), S. III; S. Jahns (1991), S. 180-182; T. Bauer (2003), S. 30.

となり（reformiert），1543年に世俗化（säkularisiert）された．ヴァイスフラウエン修道院も1542年にルター派となり，1548年頃に世俗化された．これに伴い市参事会は修道院の財産管理を監督するようになったが，両修道院は独自の財産をもつ法人としての地位をその後も維持した[6]．フランクフルトは，30年戦争に際して1630年代にスウェーデン軍の進駐やペストの流行から大きな打撃を受けた．両修道院も家畜の略奪や収入の減少に苦しんだが，戦争後再出発し，老若の女性の世話だけでなく，一般慈善金庫への支援，孤児の世話，在宅貧民への慈善などの活動範囲の拡大や，他の救貧施設との連携といった新たな活動にも関わるようになった[7]．さらに，それまで一般慈善金庫の任務であった孤児の世話を専門に担当する施設として，フランクフルトのルター派教会主任牧師で敬虔主義者としても名高いシュペーナー（Philipp Jacob Spener）によって，孤児院（Waisenhaus）が1679年に設立された．孤児院は救貧院と労役所（毛織物製造所）を併設しており，収容者は子供を含めて就労の義務を負っていた[8]．

　18世紀末のフランス革命からナポレオン戦争を経て，フランクフルトは帝国自由都市からカール・フォン・ダルベルクの支配下（1806年侯国，1810年大公国）に入ったが，財団にとってもこの時期は大きな変動期であった．ダルベルクは，統治を開始するに際して救貧を国家行政の課題として要求し，財団の財産は保証したが，その収益を救貧目的に用いようとした．また，1807年に枢密顧問官エーベルシュタイン男爵（Karl Freiherr von Eberstein）は大公に対して，フランクフルトの慈善財団が相互の調整を欠いたまま並存しているため，3～4の財団から金を受け取っている乞食がいることを批判した．こうしてエーベルシュタインを委員長とする救貧委員会（Armenkommission）が救貧行政改革に着手し，①一般救貧制度の集中化，②ザンクト・カタリーネン修道院とヴァイスフラウエン修道院の統合，③修道女の共同生活から年金支払いへの移行を提言し，1809年7月1日には一般慈善金庫をはじめとする財団の委員会に代表を送り，毎月醵金をおこなうことを求めた[9]．

---

6) T. Bauer（2003），S. 31-33.
7) T. Bauer（2003），S. 35-37.
8) A. Schindling（1991），S. 258; T. Bauer（2004），S. 14-15.

これを受けてフォン・ダルベルクは1810年7月28日に，フランクフルト最初の一般財団条例を発布した．その主な内容は，以下の通りである．①財団が日常業務のために基礎財産に手をつけることを禁止し，新設の中央救貧委員会（General-Armen-Kommission）に年間剰余金を納めるべきとし，たとえば1811年にザンクト・カタリーネン修道院は1,400グルデン，ヴァイスフラウエン修道院は350グルデンを納入した．②市参事会は財団への上級監督権を保持し，各財団の管理局に代わって5人のメンバーからなる管理委員会（Verwaltungskommission）が設置された．③個々の財団に対しても，以下のような指示が出された．すなわち，孤児院は救貧院・労役所から分離されて，子供の教育・保護の機能が前面に出るようになった．聖霊施療院は，建物の新設を求められた．両修道院は，先の提言にもかかわらずこのときには統合されなかったが，共同生活から年金支払いへの移行が命令され，1811年から実施された．両修道院はそれぞれ13人の修道女を世話しており，ザンクト・カタリーネン修道院は550グルデン，ヴァイスフラウエン修道院は400グルデンの年金を与えるようになり，使用されなくなった建物は売却されたり，学校に転用されたりした[10]．

　1815年のウィーン会議で，フランクフルトはふたたび独立を獲得し自由都市になった．その際1810年財団条例と管理委員会は存続したが，市参事会は中央救貧委員会を廃止して，慈善財団監督のための代理人を任命した．また，1816年11月に市参事会は市民の寄付により養老院（Versorgungshaus）を設立して，翌年3月に発足した．その任務は当初は他の施設では世話を受けていない，年老いて衰弱した人々に仕事や食事を提供することであったが，後に施設に収容することが主要な任務となり，1827年には120人の入居者がいた．ザンクト・カタリーネン修道院は，30人の男性の世話を条件に養老院に年4,000グルデンを支払ったが，養老院にとって重要だったのは，銀行業者ミュリウス（Heinrich Mylius），およびとりわけフォン・ヴィーゼンヒ

　9）H. Gerber/ O. Ruppersberg/ L. Vogel（1931），S. 64-65; F. Bothe（1950），S. 101; T. Bauer（2003），S. 44-45; H.-O. Schembs（1981），S. 115-116.
　10）V. Steinohrt（1903），S. 6; F. Bothe（1950），S. 104; H.-O. Schembs（1981），S. 116; A. Schindling（1991），S. 258, 311; T. Bauer（2003），S. 45-46.

ュッテン男爵（Freiherr Ludwig Friedrich Wilhelm von Wiesenhütten）からの寄付と遺贈であった[11]．

　両修道院の統合は先送りとなったが，1817年に養老院の管理局メンバーであるシュタルク（Johann Martin Starck）が，同じ婦女子の世話を目的とする両修道院を統合することが管理費節約のためにも必要と提案し，1820年に実現した．しかし，上記のような年金額の格差が縮小されたとはいえ残ったため，1877年まで分離したままであった[12]．また，統合に伴い多くの建物が売却・転用され，1854年には統合施設の管理局は，ヴァイスフラウエン教会とザンクト・カタリーネン教会の所有権を市に移譲した[13]．

　1833年に発布された一般財団条例は，以下のような特徴をもっていた．第1に，「公共慈善財団」という名称がはじめて採用された．第2に，フォン・ダルベルク時代に集中化された後ふたたび分散化していたフランクフルトの救貧制度を，その方向で固定化した．第1条は，6大慈善財団の活動をまとめている．

　①一般慈善金庫：貧しい市民，居留民，その他の居住者の支援
　②聖霊施療院：施設の内外での病者の世話
　③孤児院：孤児の世話
　④ザンクト・カタリーネン＝ヴァイスフラウエン修道院：ルター派の困窮する市民の寡婦と子女の支援
　⑤養老院：食事と施設内居住のための老人の受入れおよび昼間の間の老人の雇用と給食
　⑥精神疾患者・レプラ患者収容施設

　これらの患者の受入れと世話，がそれである．第3に，財団側の要望に沿

---

11) F. Bothe (1950), S. 110; T. Bauer (2003), S. 46-48.
12) T. Bauer (2003), S. 48, 59. 年金の額はザンクト・カタリーネン修道院では500グルデンに減額されたのに対して，ヴァイスフラウエン修道院では500グルデンに増額された（F. Bothe 1950, S. 114, 116）.
13) F. Bothe (1950), S. 111, 132, T. Bauer (2003), S. 48-50. 受給者数は1845年にはザンクト・カタリーネン修道院24名，ヴァイスフラウエン修道院17名にまで増加した．

って市参事会は管理委員会を廃止し，旧来の管理局をふたたび設置した．しかし，財団は独立の法人格をもっていると財団側は考えていたのに対して，財団は都市の財産であると都市側は解釈していた．そして1866年のプロイセン併合以後，公共慈善財団の独立性は脅かされることになった[14]．

2. フランクフルトのプロイセン編入と公共慈善財団

　普墺戦争を経て親墺的とみなされたフランクフルトは，1866年にプロイセンに併合された[15]．1870年6月6日のライヒ扶助籍法は，都市自治体に居住者の扶助を義務づけたが，それまでフランクフルトでは救貧は民間の慈善団体と財団の仕事とみなされていたため，市当局にとってこれは新しい事態であった．これをきっかけとしてフランクフルトへの移住者が増大しはじめ，人口も1867年の7万5,000人から1875年に10万3,000人，1884年に15万4,000人へと急激に増大したが，財団の扶助対象者は市民権をもつ者に限られていたので，1869年11月12日の規約により，移住者の扶助が必要な場合には公的救貧に委ねられた．しかし資金は限られており（1870年に7,900グルデン），組織もノウハウももたない市の警察部（Polizeisektion）による救貧活動は，質的にも量的にも財団の活動と比べて見劣りするものであった．

　これに対して市参事会は，財団の救貧を妨害したり財団の資金を一般目的のために使用したりしたが，1833年12月9日の財団条例を根拠として，市当局の干渉を拒否する財団側からの激しい抵抗にあった．そして1869年2月26日の協定では財団の管理権が認められたものの，1873年4月9日のプロイセン法で1833年財団条例が無効となり，1875年10月5日および13日の新しい財団条例により，財団に対する都市当局の監督権が明記されること

---

14) C. Sartorius (1899), S. 25, 39-42; F. Bothe (1950), S. 128-129, 135-136; H. K. Weitensteiner (1976), S. 36-37; H.-O. Schembs (1981), S. 130; T. Bauer (2003), S. 50-52. 市はこの条例に基づく1833年12月9日の法律によって，困窮者の支援義務を原則として拒否したが，財団に対する財政的支援は続けており，1847年の市の支出の5.4%は救貧のために使われていた．

15) W. Forstmann (1991), S. 349-361.

になった．ただし，財団の財産管理は引き続き管理局（Pflegamt）が担当し，そのメンバーはキリスト教徒に限られ，市議会議員も1名までとされた．扶助対象についても，市議会はユダヤ教徒も含めることを求めたが，管理局はキリスト教徒の市民のみが権利をもつという従来の原則を維持した[16]．

1880年に警察部長で市参事会員のホルトホーフ（Carl Holthof）が，財団の資金をこれまで以上に市の増大する救貧費用のために使用することを企てると，同年第2代上級市長に就任したJ・ミーケルはこの考えを受け入れ，救貧・慈善行政そのものの再編に着手した．そして1883年1月26日に新たな救貧条例（Armenordnung）を発布するとともに，プロイセン扶助籍法を採用した．救貧条例は，救貧局を新設してフランクフルトにエルバーフェルト制度を導入したが，財団との関係でいえば，それは周辺農村からの人口流入による救貧負担の増大，および民間慈善団体の活動と市の救貧行政の連携の悪さへの対応として，都市救貧の枠内に公共慈善財団を組み込むことを意味するものであった．たしかに財団の財産管理は引き続き管理局に委ねられたが，財団の施設は公法的性格をもつとみなされ，財団の一定の余剰金を市の救貧委員会（Armenkommission）に納めることが定められた[17]．

財団側は独立性を制限されるとしてこうした動きに抵抗したが，F・アディケスが第3代上級市長に就任すると，当局の介入はさらに強まった．すなわち，市参事会の任命により，市参事会員3名と市議会議員3名からなる「財団委員会（Stiftungs-Deputation）」が，1898年1月14日に財団管理局の不動産取引を検査し，財団の財産管理に関する市当局の決議を準備することを任務として設置された．そして市参事会は，1898年5月24日の市議会で，土地の売買に際して市と財団管理局がより緊密に協力できるように，当時施行されていた1875年10月と1892年5月の財団条例の補充と修正を提案し

---

16) H. Gerber/ O. Ruppersberg/ L. Vogel (1931), S. 74-75; F. Bothe (1950), S. 125-132; H. K. Weitensteiner (1976), S. 32-33; H.-O. Schembs (1981), S. 137; B. Müller/ H.-O. Schembs (2006), S. 94-95.

17) H. Gerber/ O. Ruppersberg/ L. Vogel (1931), S. 75-77, 79; F. Bothe (1950), S. 135-137; H. K. Weitensteiner (1976), S. 39, 40-44; W. Forstmann (1991), S. 413-414; T. Bauer (2003), S. 60-62; 北村陽子 (1999), 79-81頁．総支出に占める救貧支出の比率をみる限り，1883/84年の8.79%から1889/90年の6.75%へと低下した（H. K. Weitensteiner 1976, S. 44）．

たのである．とりわけその第6条の修正が問題であり，従来財団の管理局メンバーには市議会議員1名までしか認められず，市参事会員や有給の官吏は管理局メンバーになれなかったのに対して，アディケスは市参事会員を送り込むことを企てた．財団側は独立性への干渉と受け止め抵抗したが，1899年12月29日にプロイセン政府によって「一般財団条例」が認可された．その6条では，市参事会員は財団管理局のメンバーないし長になることが可能になり，他のすべてのメンバーも市議会によって選出されることになった．さらに新たに付け加えられた10条aでは，公共慈善財団の土地取引・管理に市は細かい指示を出すことができるようになり，市の財団に対する影響力は格段に大きくなった[18]．

3. 都市土地政策と公共慈善財団

19世紀とくに後半以降，ドイツでは工業化の進展を前提として都市化が進み，都市行政の転換，都市インフラの整備，市域の拡大などの大きな変化が生じた．フランクフルトにおいても人口は1871年の8万9,700人から1910年の41万4,576人へと4.6倍になり，市域面積も1870年の7,005 haから1910年の1万3,477 haへと1.9倍に拡大し，この傾向は第一次世界大戦後も続いた[19]．こうした都市発展のなかで，住宅，道路，緑地，学校，病院その他の公共施設の建設のために広大な土地が必要とされた[20]．

1825年以来，市有地と建物を管理していたのは市有財産局であり，プロイセン領になって以後は歴代の上級市長が，不要な土地を売却して上記の目的のために必要な土地を取得する資金を調達しようとした．とくにアディケ

---

18) Magistratsbericht 1897/98, S.VIII; 1898/99, S.VIII; L. Vogel (1934), S. 36; H. Gerber/ O. Ruppersberg/ L. Vogel (1931), S. 79-81; F. Bothe (1950), S. 142-148; K. Maly (1992), S. 364-365; J. R. Köhler (1995), S. 204-205; B. Müller/ H.-O. Schembs (2006), S. 95; T. Bauer (2003), S. 67-68. 聖霊施療院，孤児院，養老院が鑑定を依頼したマールブルク大学教授ザルトリウス（Carl Sartorius）は，結論として「草案の諸規定は財団の歴史的・私法的に根拠づけられた独立性の地位を無にするものであり，そのことによって権利の法的な留保と矛盾する」と述べている（C. Sartorius 1899, S. 66）．
19) 馬場哲（2000），25頁．
20) B. Müller/ H.-O. Schembs (2006), S. 89.

スの時代には「都市土地政策」が実施され，「道路新設金庫」と「市有地特別金庫」を新たに設置して，土地の売買，未建設地の管理と利用（賃貸，地上権設定），市有林管理などの業務を遂行し，市有地面積を1894年の3,996.77 ha から1913年の6,370.19 ha へと約60%増大させた．ただしここで注意したいのは，既存の市有地がそのまま都市計画に活用できたわけではないことである．もちろん市有地は役所，学校，病院などの公共施設，交通施設，上下水道施設，公園，墓地の用地，さらに道路用地として利用されたが，フランクフルトでは土地所有が極端に分裂しており，それを買い集めて統合して売却し，その収入で別の土地を購入するという迂回路を取らざるをえないことも多かった．事実，市による土地購入の目的として「道路開削」や建築線指定のためのものと並んで，「市有地の統合・拡大・交換分合」が大きな位置を占めていたのである[21]．

さらに重要なのは，財団の所有地が市有地とは一応区別されるものの，私有地とも違うカテゴリーを構成していたことである．そのことは，市有地の統合・拡大・交換分合が購入の目的とされる場合，市有地だけでなく財団所有地が近接していることがその理由とされていることからもわかる．

たとえば，1901年8月3日付けの文書で，市有財産局はボルンハイム市区とプロインゲスハイム市区に位置するヘンス夫妻（Die Heinrich Henss'schen Eheleute）所有の約19 a の土地の購入を市参事会に提案しているが，その理由は，この地所が市有地と聖霊施療院の所有地に三方を囲まれており，その購入が市にとって望ましいことに求められている[22]．同年9月23日付けの同様の文書でも，ボルンハイム市区に所在するヨッケル（Philipp Jockel）の所有地約19 a の購入が，この地所が市有地とザンクト・カタリーネン＝ヴァイスフラウエン財団の地所によって囲まれていることを理由として提案されている[23]．1909年7月24日付けの市有財産局の文書でも，クーヴァルトの西側に位置する約4 ha の地所の購入を提案する理由として，この地区では市有地と財団所有地の間に不利な形で細長い土地が入り込んでおり，将

---

21) 本書，231-232頁．
22) ISG, MA U745/III, Bl. 101-102.
23) ISG, MA U745/III, Bl. 113-114.

来道路となることが予想される建築線としばしば交差するので，この地区の開発のためには市有地とすることが望ましいと指摘されており[24]，同年10月1日の文書でも，フランクフルト市域内のヘンスの所有するザールベルク＝アレーの北側の地所（約11 a）が売りに出されているが，この地所が市有地と財団所有地の間のラーツヴェークの東側に位置し，大部分は将来街路になるので市有地にしておくことが望ましいという理由で購入が提案されている[25]．財団所有地が，市有地に準ずるものとして市の土地政策，住宅政策，都市計画などに利用できるものと認識されていたことは明らかであろう．

　公共慈善財団の所有地が，市にとってそれ以上に重要な意味をもったのは，財団が宗教改革期以降，教会や修道院に寄進された多くのまとまった地所を所有しており，それをそのままあるいは購入して市有地として利用することが，都市計画の遂行にとって必要と考えられたからである．アディケスが財団への管理を強めた背景には，こうした事情があったのである．しかし，アディケスは，財団所有地を利用するだけでなく，財団に，土地の売却によって獲得した資金をふたたび土地購入に用いることを促した．これに対して財団側は，抵当権や有価証券よりも収益率が低かったため土地取引を好まなかったが，アディケスは，彼の計画的かつ大規模な土地政策に財団を引き込もうとした[26]．たとえば，ザンクト・カタリーネン＝ヴァイスフラウエン財団は，アディケスの指示で，東部郊外のビショッフスハイムとデルニヒハイムの未開発地を獲得し，それは1909年の同財団の所有地609 ha（21自治体）のうち67 haを占めていた[27]．

4．公共慈善財団の土地所有の推移と土地取引

　1875年11月の『フランクフルト公報（Frankfurter Communalblatt）』に掲載された，13大私的土地所有者のランキングは以下の通りであった．

---

24) ISG, MA U745/VIII, Bl. 39-41.
25) ISG, MA U745/VIII, Bl. 91-92.
26) B. Müller/ H.-O. Schembs (2006), S. 89; H.-O. Schembs (1981), S. 144, 146; F. Lerner/ L. Krämer/ H. Lohne (1989), S. 210; T. Bauer (2004), S. 56.
27) T. Bauer (2003), S. 69-70.

1. 聖霊施療院：1,500 モルゲン
2. ザンクト・カタリーネン＝ヴァイスフラウエン財団：1,400 モルゲン
3. ヘッセン・ルートヴィヒス鉄道会社：1,200 モルゲン
4. ベートマン家の世襲財産：900 モルゲン
5. クヴィストルプ社：900 モルゲン
6. アリス・フォン・ロートシルト：700 モルゲン
7. ギュンダーローデ家の世襲財産：550 モルゲン
8. 孤児院：400 モルゲン
9. ホルツハウゼン家の世襲財産：200 モルゲン
10. マイヤー・カール・フォン・ロートシルト伯爵：175 モルゲン
11. 農業経営者 H・P・フライアイゼン：175 モルゲン
12. 旧シュトラーレンベルク世襲領：145 モルゲン
13. 養老院：120 モルゲン[28]

 ヘッセン・ルートヴィヒス鉄道会社が3位に入っているが、それ以外は貴族の世襲財産と財団がほとんどを占め、とくに1位と2位を公共慈善財団が占めていることが目を引く．しかも、この時点では孤児院は8位であるが、それは2年前の1873年に約1,200モルゲンをヘッセン・ルートヴィヒス鉄道会社に売却した直後だったからであり、売却前には約2,000モルゲンでトップに立ち、上位3位まで財団が占めていたことになる．すでに3,000 ha（＝1万5,000モルゲン）を越える広大な市有林をもっていた市が最大の土地所有者ではあったが、財団の土地がその位置、大きさ、形状によっては都市建設を進めるうえで重要な意味をもったことは間違いない．財団側は都市当局による介入の強化に抵抗したものの、土地取引から大きな利益を得ることができ、後に1923年のインフレーションや1948年の通貨改革を乗り切るうえでも役立った[29]．

---

[28] T. Bauer (2003), S. 59; (2004), S. 49, Anm. 68. なお、1 フランクフルト・モルゲンは 20 a に相当する．

[29] B. Müller/ H.-O. Schembs (2006), S. 95. 1913年における一覧によれば、各財団の資産は、孤児院 1,783万6,000マルク（1903年 1,200万マルク）、聖霊施療院 1,515万3,000

以下，表7-2に基づいて，6大財団のうち精神疾患・レプラ病患者収容施設を除く5財団の，世紀転換期における主な活動および土地所有面積と評価額の推移をみておこう．

(1) 孤児院（Waisenhaus）

孤児院は，1810年にフォン・ダルベルクの改革によって救貧院・労役所から分離され，子供の教育・保護の機能が前面に出るようになった[30]．19世紀後半に入ると孤児院施設の廃止が検討されるようになり，1867年以降預かった子供たちを信頼できる家庭で養育させる形を取るようになったが，財団が養育した子供の数は徐々に増えて400人に達し，有能な子供には初等教育だけでなく技術・高等教育も受けさせた[31]．

1900年には新たに40人の子供が財団の世話を受けることになったため，年末の総数は233人に達し，アウアーバッハ，ベンズハイムなど近隣の施設に分散して収容されたが，徒弟は毎日曜日に遊びや歓談のためにフランクフルトの施設に集まり，好天のときには遠足を実施した．財団の財産状態は，以下の通りであった．1900年4月1日の資本勘定が906万1,844マルク，準備勘定159万628マルク，1901年4月1日の資本勘定が910万9,182マルク，準備勘定156万2,393マルク，土地所有については1901年に面積432.5 ha，評価額は444万9,655マルクであった[32]．

孤児院は1870年の時点ではフランクフルトで最大の私的土地所有者（約2,000モルゲン）であったが，1873年に後の中央駅周辺のグートロイトホーフ（1,208モルゲン）をヘッセン・ルートヴィヒス鉄道会社に売却した．この点は後に改めて取り上げるが，財団管理局は売却後直ちに代替地の獲得に乗り出し，まず1876年に後に小住宅建設用地となるヘラーホーフを購入し，続いて1888～1896年に郊外のプラウンハイムに168 ha以上の土地を購入した．

マルク（1901年625万マルク），ザンクト・カタリーネン＝ヴァイスフラウエン財団1,068万850マルク（1906年859万6,400マルク），養老院669万マルクと評価されている（ISG, MA V210/II, Bl. 67a）．

30) A. Schindling (1991), S. 258, 311.
31) B. Müller/ H.-O. Schembs (2006), S. 98.
32) Magistratsbericht 1900, S. 773-774.

表7-2 フランクフルト5大財団の所有地面積および評価額（1900～1915年）

年	孤児院 所有地面積(ha)	孤児院 評価額(万マルク)	聖霊施療院 所有地面積(ha)	聖霊施療院 評価額(万マルク)	ザンクト・カタリーネン＝ヴァイスフラウエン財団 所有地面積(ha)	ザンクト・カタリーネン＝ヴァイスフラウエン財団 評価額(万マルク)	一般慈善金庫 所有地面積(ha)	一般慈善金庫 評価額(万マルク)	養老院 所有地面積(ha)	養老院 評価額(万マルク)
1900	約450	—	605	229	—	—	284	—	—	—
1901	約433	445	632	253	—	—	297	91	16	79
1902	約535	—	624	261	—	—	304	109	15	75
1903	544	654	638	335	—	—	312	129	12	152
1904	558	657	639	346	498	185	322	154	—	—
1905	591	758	369	327	481	159	332	256	—	—
1906	617	833	372	337	477	146	333	257	8	129
1907	653	975	386	383	558	197	333	259	8	120
1908	651	977	428	436	598	225	346	288	—	—
1909	653	976	465	487	619	245	373	317	—	—
1910	715	1,270	490	550	654	277	382	333	—	—
1911	710	1,264	473	524	680	294	386	340	—	—
1912	709	1,262	478	544	687	301	385	348	—	—
1913	704	1,251	478	539	698	317	379	346	—	—
1914	703	1,250	488	—	700	336	—	—	—	—
1915	703	1,249	488	—	700	338	377	—	—	—

出典：Magistratsbericht 1899-1914.

しかし，地価が 3 年でモルゲン当たり 900 マルクから 3,000 マルクに上昇したため，孤児院は隣接していて，なおかつ以前の価格で提供されたエッシュボルンの土地の購入に関心を移し，こうしてプラウンハイムの所有地をさらに郊外に向けて拡大した．所有地は農場として整備されて賃貸に出され，大きな収入源となった[33]．

いくつか例を挙げると，1888 年 4 月 19 日に孤児院管理局は，プラウンハイムのノルデック・ツーア・ラーベナウ男爵（Freiherr von Nordeck zur Rabenau）が所有する地所（103.56 ha）を 40 万マルクで購入することを市有財産局に報告し，それに基づく 4 月 24 日の市参事会の提案が，6 月 5 日に市議会によって承認された[34]．また，1892 年 6 月 22 日に孤児院管理局は，プラウンハイム在住のオッターヴェーク（Anton Otterweg）が所有する，プラウンハイム，ハウゼン，エッシャースハイム，ニーダーウルゼル，エッシュボルンに跨る地所（44.2 ha）を 25 万マルクで購入することを市有財産局に報告し，それに基づく 7 月 12 日の市参事会の提案は，財務委員会の検討を経て，12 月 6 日に市議会の承認を得た[35]．以上から，財団の土地購入がすべて市参事会，市議会の承認を必要とする手続きを取っていることにも注意したい．

1900 年に仲介人ヘス（J. S. Hess）がブライヒ通り 12 番地の地所を売りに出したとき，孤児院管理局は直ちに手を挙げて 18 万 2,500 マルクで購入した．市が 1901 年にフランケンアレーに沿った鉄道路線と貨物置場の間の地所の開発に乗り出したときにも，財団はこの地区の所有地に関して，公益的住宅建設会社フランケンアレー会社と地上権契約を締結した．さらに孤児院は，20 世紀初頭に郊外の土地購入を引き続き積極的におこなった[36]．この結果，1910 年の大合併直前の 1910 年 3 月 31 日の自治体別構成をみると，プラウンハイム 175.70 ha，カルバッハ 115.11 ha，エッケンハイム 69.72 ha，シュヴァンハイム 68.34 ha，ベルゲン＝エンクハイム 59.12 ha 以下 19 自治体で合計 714.98 ha に達したが，フランクフルト市内は 29.13 ha にとどまってい

---

33) Magistratsbericht 1896/97, S. 510; 1898, S. 663-664; G. Vogt (1979) S. 93-94; T. Bauer (2004), S. 50.
34) ISG, MA V164/I, Bl. 7-14 ; Mitt. Prot. StVV, 1888, S. 172, 202, 209.
35) ISG, MA V164/I, Bl. 40-46; Mitt. Prot. StVV, 1892, S. 243, 379.
36) ISG, MA, V164/I, Bl. 147, 156, 180, 185, 192, 197, 209, 224.

ることがわかる[37]．こうして1913年秋に，約704 haの土地と資産の評価額は1,780万マルクに達しており，孤児院はふたたび最大の私的土地所有者となったのである[38]．

(2) 聖霊施療院（Hospital zum Heiligen Geist）

聖霊施療院は13世紀には存在し，市民や貧民の治療と施設内救貧をおこなっていたが，19世紀後半になると医療事情は大きく変わった．人口の増加とともに各市区に他の病院も設立され，1881年にはザクセンハウゼンに市営病院が設立された．また1883年の疾病保険の導入により，聖霊施療院は使用人や手工業職人への無償での医療を放棄しなければならなかったので，ふたたび自らの財産を利用し，市から多額の補助金を受けない病院になった．聖霊施療院のベッド数は300だったが，市民病院などの他の施設の設立にもかかわらず人口増加により手狭であったため，すでに1868年にマインクーア所領に施療院が建設されていた[39]．

1900年初の入院患者数は169人，1901年初が141人，1900年のうちに新規入院患者2,965人，退院患者2,889人，死亡114人となっている．患者は1日平均190.36人で，平均入院日数は23.9日である．延べの入院人数6万9,483人のうち無料医療は3万6,902人で53.1%を占めた．支出総額は17万3,503マルクであった．1901年3月31日の資産は，有価証券，抵当資本，地代資本の帳簿価格339万4,294マルクと，所有地の評価額592万6,952マルクを合わせて932万2,177マルクであり，土地所有が総資産の63.6%を占めていた．財団にとって土地所有がいかに重要であったかがわかるであろう．なお，一般財団条例の変更に対する異議申し立ては，州評議会（Provinzialrath）および県知事により却下され，1900年5月31日に市有財産局長のファレントラップと副局長ザイデルが，それぞれ聖霊施療院の管理局長と副局長に就任した[40]．

---

37) Magistratsbericht 1909, S. 432.
38) G. Vogt (1979), S. 94; T. Bauer (2004) S. 50, 57.
39) B. Müller/ H.-O. Schembs (2006), S. 96.
40) Magistratsbericht 1900, S. 765-769.

表7-2から，20世紀初頭の土地所有面積と評価額の推移をみると，1900年の時点で600 haを越える所有地をもち，その後も拡大していたが，1904年に約270 ha減らしていることがわかる．これは大量の土地を売却したからである．フランクフルト市内東部のリーダーホーフを含む所有地を市に売却したことについては，後に詳しく述べるが，ここでは化学企業カッセラ社にフェッヒェンハイムの所有地を売却したことに触れておこう．聖霊施療院は1897年にも引込線拡張のための用地をカッセラ社に売却していたが，1901年には工場拡張のために，フェッヒェンハイムにある37モルゲン（7.4 ha）の所有地を32万5,000マルクで売却した．それには工場の拡張とともに，隣接地も農場としては適さなくなったという判断もあった．そして新たな保養地獲得のために，売却資金でオーバーヘヒストシュタットのホーヘンヴァルト所領を購入することを決定したのである．ここで注意したいのは，それが聖霊施療院自身の判断によるものだったと考えられることである[41]．郊外での新たな土地購入は，市の指導に従ったというだけではなかったのである．実際聖霊施療院は，ホーヘンヴァルト所領をフォン・ギンギン男爵（Baron von Gingin）の所有地から獲得しただけでなく，タウヌスの別の所領をも購入や賃貸によって追加的に獲得していた[42]．

　こうして，1910年の大合併直前の3月31日時点の自治体別の構成をみると，フランクフルト市内は26.45 haとそれほど多くないが，オーバーヘヒストシュタット（101.77 ha）を中心とするホーエンヴァルトの保養施設135.2 ha，ヴィンデッケン63.54 ha，フェッヒェンハイム51.32 ha，ニーダーエアレンバッハ50.17 ha，デルニヒハイム45.97 haなど30自治体の合計で489.56 haにまで回復していた[43]．

---

41) ISG, MA, V195/II, Bl. 52-53, 91-93; Mitt. Prot. StVV, 1901, §373, S.224; §744, S. 374-375.

42) F. Lerner/ L. Krämer/ H. Lohne（1989），S. 210. 孤児院の所領にも妥当することであるが（G. Vogt 1979），S. 94. 第一次大戦期に聖霊施療院の所領で生産された牛乳・鶏卵などは，フランクフルトの食糧不足の緩和のために役立ったといわれている．

43) Magistratsbericht 1909, S. 427.

(3) ザンクト・カタリーネン＝ヴァイスフラウエン財団
(St. Katharinen- und Weißfrauenstift)

　ザンクト・カタリーネン修道院とヴァイスフラウエン修道院は，1807年に救貧委員会から目的が同じという理由で統合を提言され1820年に実施されたが，金庫は分離したままで，完全な統合は1877年まで先送りされた．その後1897年には，ダルムシュタットのシュタルク（Charlotte Emilie Starck）の遺産を18万マルク受け取ったことにより財産を増やすことができ，収容者の数は1872年以来5倍になった[44]．

　ザンクト・カタリーネン＝ヴァイスフラウエン財団は，他の財団よりも市からの独立性が強かった．すなわち同財団は，1833年の財団条例によって，財産がルター派信徒だけのために使われることになっていたため，市参事会によっても特別な地位を認められており，1883年の救貧条例に際しても，他の財団と違って余剰金を救貧局に納めることを免除されていた．前述のザルトリウスによる1899年の一般財団条例草案の鑑定に際しても，同財団は鑑定依頼に加わらず，ヴィースバーデンの地方委員会（Bezirksausschuß）に異議を申し立てるという別行動をとった．しかしこの申し立ても却下され，1899年の一般財団条例が発布されたことにより，同財団も徐々に市当局の管理を強く受けるようになった[45]．

　こうした経緯もあり，ザンクト・カタリーネン＝ヴァイスフラウエン財団の財産・活動が市参事会年次報告で記載されるようになったのは，他の財団よりも遅く1903年度からで，管理局のメンバーに他の財団のようにファレントラップやザイデルが加わることもなかった．同年度の活動をみると，修道女の籍は第一等級（年金900マルク）が17，第二等級（年金800マルク）が190で，合計207であった．資産は，資本勘定518万5,802マルク，準備基金27万2,776マルク，土地準備金35万7,763マルク，建設準備金6万3,619マルクで合計587万9,960マルクであった．これに対して1904年3月31日の所有地面積は498.14 haで，その評価額は184万9,917マルクであった[46]．

---

44) T. Bauer (2003) S. 31-33, 44-45, 48, 59, 71; B. Müller/ H.-O. Schembs (2006), S. 97-98.
45) F. Bothe (1950), S. 137, 145-148.
46) Magistratsbericht 1903, S. 808-809.

表7-2によれば，所有地面積は1907年以降大きく増えており，聖霊施療院のオストエンド地区の所有地売却後は孤児院に次いで大きく，1914年には700 haに達した．アディケスの方針に従って郊外の土地を購入していたことは，すでに触れた通りである．自治体別の分布を1910年の大合併直前の1910年3月31日の数字でみると，フランクフルト288.72 ha，ビショッフスハイム52.51 ha，クロンベルク51.19 ha，ペッターヴァイル43.86 ha，ボンマースハイム32.31 haなど21自治体に及んでいた[47]．レープシュトック所領やレーマーホーフはいうまでもなくフランクフルトに属するが，それらの土地の市への賃貸については後に改めて取り上げる．

(4) 一般慈善金庫 (Der Allgemeine Almosenkasten)

1833年の財団条例で，一般慈善金庫は公共慈善残団のひとつとなったが，管理局メンバー9人のうち6人で慈善部 (Spendesektion) を構成して，在宅救貧全体を監督することになった．しかし，先にみたように，1873年4月9日のプロイセン法で1833年財団条例が無効となり，1875年10月5日および13日の新しい財団条例により財団への都市当局の監督権が明記され，さらに1883年1月26日の救貧条例によって救貧行政が救貧局にまとめられる過程で，慈善部は廃止されることになった[48]．こうして一般慈善金庫の独立性は大きく掘り崩され，1883年救貧条例では維持された管理局による財団の財産管理にも，市当局の干渉が及び，1900年8月24日に市有財産局が，同年6月23日の市参事会決定に基づき，一般慈善金庫の土地所有管理と結びついた仕事の処理を引き受けた．また，出納・帳簿業務，有価証券の保管・管理業務は，独立の管理機関として残った管理局から市中央金庫に委譲された．管理局が市有財産局と同じ建物に移動したことや，管理者の一部の併任は，象徴的な出来事であり，新たに設立された管理局は第二市長のファレントラップ，市参事会員ザイデルら5人のメンバーから構成された．そしてこうした管理の統合の結果，一般慈善金庫の所有地と市有地の交換や，売却や地上権契約に基づく譲与などの土地利用の連携が，円滑に遂行されるよ

---

47) Magistratsbericht 1909, S. 435; Vgl. F. Bothe (1950), S. 148-149.
48) H.-O. Schembs (1981), S. 130, 143.

うになった[49]．1901年3月31日時点の資産は263万2,038マルク，準備基金が19万1,211マルク，所有地の評価額は108万7,036マルクであり，いずれも先述の3財団よりは少なかった[50]．

土地所有についても同様のことがいえるが，表7-2からわかるように，それでも1900年の約284haから1911年の約386haへと約100ha所有地を増やしている．他の財団と同じく1910年3月31日の自治体別分布をみると，ニーダーエアレンバッハ72.76ha，ドルテルヴァイル50.72ha，ベルカースハイム39.92ha，ボナメス34.18ha，エッシャースハイム30.57ha以下，32自治体に土地を所有していたが，郊外に多く，フランクフルト市内にはわずか7.77haしか所有していなかった．この時期の都市建設に一般慈善金庫の名もときどき登場するものの，先述の3財団と比べると目立たないのは，このことと関係している可能性がある[51]．

(5) 養老院（Versorgungshaus）

養老院は1816年に，市参事会と市民によって，すべてのキリスト教宗派を対象に，資産のないフランクフルト市民の養老・福祉施設の維持を目的として設立された．1821年に孤児院から市内のヴァイバーバウの地所を購入し，その後も1854年のハンメルスガッセ・ホーフなどの隣接地を買い足していたが，1859年にヴィーゼンヒュッテン男爵の寄進によって財産と所有地を大きく増やし，1871年にはブフラー（Johann Buchler）から，74年にはシュランプ（Johann Martin Schlamp）から10万マルクずつの寄付を受けた．土地の売買や，郊外の地所の一円化を進めていたことも知られている．しかし，表7-2からも明らかなように，所有地面積は他の財団よりもはるかに小さく，しかも減少傾向にあった．このため，本章が注目するフランクフルトの都市建設との関わりは小さかった[52]．

資産状況をみると，1900年4月1日の収容者（Pfleglinge）は147名（男性

---

49) H. Gerber/ O. Ruppersberg/ L. Vogel（1931），S. 81-82; G. Vogt（1979），S. 59-60; H.-O. Schembs（1981），143-144; B. Müller/ H.-O. Schembs（2006），S. 95.
50) Magistratsbericht 1900, S. 776-778.
51) Magistratsbericht 1909, S. 434.
52) B. Müller/ H.-O. Schembs（2006），S. 98-99; C. Enders（1924），S. 147-148.

62名，女性85名），1901年4月1日には145名（男性60名，女性85名）であった．1900/1901年の抵当，国家証券，賃貸料，寄付や贈与からなる収入は12万5,980マルクであったのに対して，支出は人件費を含めて10万4,032マルクであった．1901年3月31日時点の資産は，資本勘定363万4,768マルク，準備勘定8万7,610マルク，フランクフルトの村落の資本勘定2万5,161マルク，パッサヴァント夫人の遺産3,443マルク，シュランプ財団の財産10万7,834マルク，15.59 haの土地の評価額が79万1,158マルクであった[53]．

5. フランクフルトの都市建設と財団所有地

(1) 東河港——市による財団所有地の購入

　マイン川の改修と並行して，フランクフルトは1886年に西河港に港湾施設，埠頭・軌道施設，倉庫などを完成させ開業したが，拡張の余地が小さかったため，市は1890年代から約4キロ上流のオストエンド地区に東河港を建設することを計画し，市参事会は1897年に市有財産局市有地特別金庫を，オストエンドの港湾，鉄道，堤防施設ならびに市内周辺部の建設計画を目的として設置した．そして1901年に市土木局が，港湾施設の建設だけでなく，マイン川左岸地区を含めた一帯の交通・道路・橋梁の整備，さらに労働者・職員住宅の建設にまで及ぶ総合的な計画を作成し，1903年に専門家の同意を得た．計画が本格的に動き出したのは，1907年に土木局によって作成された「フランクフルト・アム・マイン市の東部における新商業・工業河港の建設に関する報告」に基づいて同年4月30日に市議会で計画が承認されてからであり，1908/09年の冬から係船池の掘削がホルツマン社の手で始まり，同時にハーナウ街道・東駅の移動や河港駅，さらに工場や商店の建設が進められ，1912年5月23日に下流河港（Unterhafen）がまず開港した[54]．

　本章にとって重要な事実は，そのための用地として財団の所有地が活用さ

---

[53] Magistratsbericht 1900, S. 770-772.
[54] V. Rödel (1986), S. 155-162; W. Forstmann (1991), S. 400-410; J. R. Köhler (1995), S. 187-195, 206-213; 森宜人 (2003).

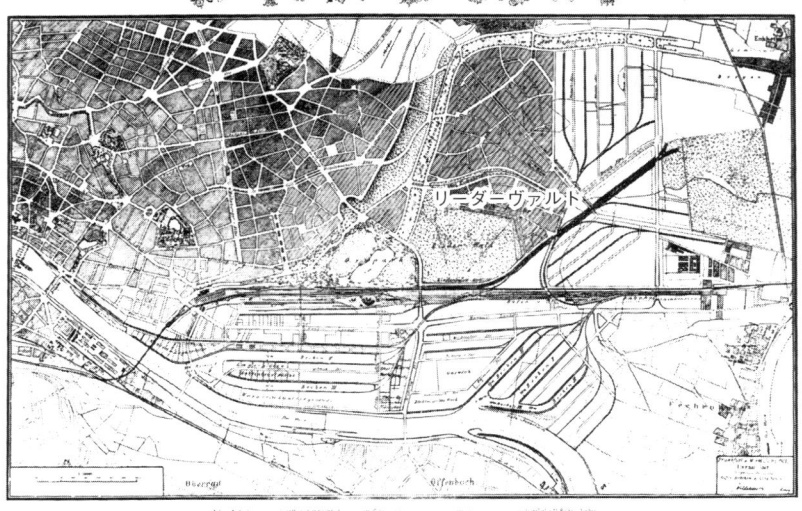

278　第 III 部　フランクフルトの都市計画とその社会政策的意義

図 7 - 1　東河港プロジェクト図（1911 年）

出典：V. Rödel (1986), S. 156.

れたことである．1899 年の市参事会年次報告によれば，聖霊施療院はフランクフルト市域内に合計約 288 ha の土地を所有しており，それはリーダーホーフ（約 165 ha）を中心とするリーダーヴァルト一帯の農場，耕地，森林からなっていた[55]（図 7 - 1）．1903 年 12 月 28 日付けの，市有財産局から市参事会宛ての文書によれば，交渉はかなり前から始まっており，聖霊施療院，ザンクト・カタリーネン = ヴァイスフラウエン財団，孤児院，養老院の所有地を合わせた 314.34 ha が専門家によって 973 万 5,684 マルクと評価されたが，そのうちの約 9 割に当たる 279.16 ha を所有する聖霊施療院が 736 万 872 マルク（1 a 当たり約 264 マルク）で市に売却する用意があることを表明した．市は，7.52 ha の市有地（45 万 1,107 マルク相当）を交換に聖霊施療院に売却することとし，差額の 690 万 9,762 マルクを 1904 年 4 月 1 日から 1914 年 4 月 1 日まで 10 年かけて支払うことで合意した[56]．

---

55) Magistratsbericht 1899, S. 682.
56) ISG, MA V195/III, Bl. 6.

市参事会は 1904 年 1 月 29 日に，オストエンド地区の市有地が 43.6 ha にすぎず，そのほか聖霊施療院以外の財団がこの地区に所有する土地もそれほど大きくないので，同地区で計画されている築堤，港湾，工業団地の建設のためには，大規模な土地を所有する聖霊施療院からの土地を上記の条件で購入し，市有地を売却することが必要であり，そのための権限を市有財産局に与えることを市議会に提案した[57]。2 月 11 日の市議会でこの提案が報告され，土木委員会で決定することが決議された[58]。

1904 年 3 月 29 日の市議会で，市参事会提案の承認が提案されて討議がおこなわれた。進歩党の B・ガイガーはこれだけ巨額の支出を市議会が認めるのは稀であるが，市参事会の提案を承認することは適正であるとしたうえで，土木委員会が書面の報告を用意していないことを批判した。また，民主党の M・マイからは，市参事会は東河港の計画を提示すべきであるという提案が出された。ガイガーの土木委員会批判に対しては進歩党のゼーガー（Georg Jacob Seeger）から，土木委員会の任務は価格が高すぎないかどうかを検討することだけなので書面の報告は必要ないという反論が出され，マイの提案に対しては第二市長のファレントラップが，計画ができたら提示するがまだ完成していないと応じた。そして市参事会の提案を，市議会として承認することが決議された[59]。これを受けて 4 月 5 日に市参事会で最終的に決議され，7 月 22 日に市有財産局と聖霊施療院の管理局との間で土地交換契約が締結された[60]。

こうしてオストエンド地区の開発のための用地が確保されたが，この取引やその条件が市の意向に沿ったもので，財団側がそれに従わざるをえなかっ

---

57) ISG, MA V195/III, Bl. 10. 他の財団の所有地は孤児院の 19 ha，ザンクト・カタリーネン = ヴァイスフラウエン財団の 14.6 ha，養老院の 1.5 ha であり，それ以外に若干の個人所有地があった。すでに 1898 年に，関係財団と市の共同で価格の見積りをおこなうことが，市と聖霊施療院の管理局の間で合意されていた。市参事会年次報告をみる限り，聖霊施療院以外の財団所有地がこのとき市に売却されたことは確認されないが，バウアー（Thomas Bauer）によれば，ザンクト・カタリーネン = ヴァイスフラウエン財団は 1904 年末に，16 ha 以上の地所をオストエンド地区の巨大計画のために市に売却した（T. Bauer 2003, S. 69）.
58) Mitt. Prot. StVV, 1904, §126, S. 92-94.
59) Mitt. Prot. StVV, 1904, §310, S. 211-212.
60) ISG, MA V195/III, Bl. 14a.

たことは，以下の事情から明らかである．第1に，工場や住宅の建設に時間がかかることを理由として支払期間が10年に及び，しかも無利子であったこと，第2に，35万6,000マルクと評価された聖霊施療院の所有地内にある建物が，農地として利用されるためのものであるという理由で補償の対象とならなかったことがそれに当たる[61]．また，財団管理局の局長は第二市長のファレントラップ，次長が市参事会員のザイデル，つまり市有財産局の幹部だったことも大きかった[62]．3月29日に市議会で土木委員会の報告に基づき討議がおこなわれたことは先にみたが，その際ガイガーが交渉や購入協定が実現したのはしばらく前（1899年）の財団条例によって抵抗を排除することが可能だったからであると述べていることも，このことを裏付けているといえよう[63]．

(2) レープシュトック飛行場——市による財団所有地の賃貸

1900年にツェッペリン伯が操舵可能な硬式飛行船の飛行に成功して以来，ドイツは飛行船の時代に入った．1909年7〜10月にはフランクフルトで国際飛行船博覧会が開催され，それを受けて同年11月にドイツ飛行船株式会社（Deutsche Luftschiffahrt Aktiengesellschaft: DELAG）が設立された[64]．都市間，とりわけ大都市と温泉都市の間の定期路線の就航の準備も始まり，デュッセルドルフ，ケルン，バーデン＝バーデンで動きが活発化した．こうしたなかで，上級市長アディケスが同社の監査役会委員長であったこともあり，フランクフルトでも対応が検討された．そして1910年5月26日に，西部のレープシュトックに飛行船格納庫を建設することが市参事会から市議会に緊急提案され[65]，5月31日の市議会で長時間にわたる審議が行われた．当初は1909年に市が購入した，シュヴァンハイムのゴルトシュタイン所領（約156 ha）が候補とされていた．その理由は，技術的制約から風向きに応じて飛行できるようにするための円形の格納庫の建設が必要とされたが，市内で

---

61) ISG, MA V195/III, Bl. 10.
62) Magistratsbericht 1904, S. XII, 812-813.
63) Mitt. Prot. StVV, 1904, §310. S. 211.
64) D. Rebentisch (1975a), S. 151; M. Kutscher (1995), S. 24-38.
65) K. Maly (1995), S. 152.

第 7 章　都市当局と公共慈善財団の相補関係　281

Centralbahnhof Frankfurt a/m.

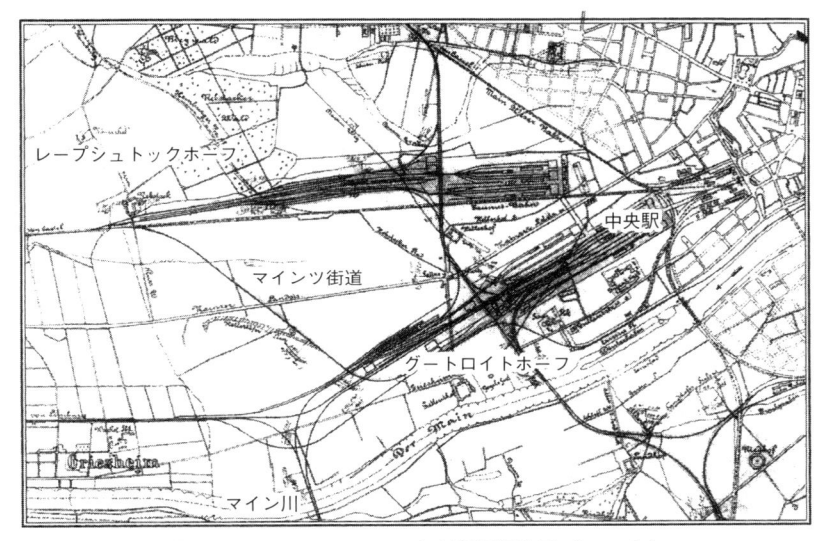

図 7-2　フランクフルト中央駅周辺地区（1881 年）
出典：ISG, MA V165.

はそのために十分広い土地が存在しなかったからである．ところが，一方向からのみ飛行可能な四角形の格納庫でも安全な離着陸が可能になり，必要な土地ははるかに小さくてすむことがわかった．このため市内により近い新たな候補地として，市内西郊のレープシュトックホーフが浮上した（図 7-2）[66]．

　ただし，この土地は市有地ではなく，ザンクト・カタリーネン゠ヴァイスフラウエン財団の所有地であった．このため，市はこの土地を 30 年期限で，最初の 10 年間は年額 4,800 マルク，次の 10 年間は年額 7,200 マルク，最後の 10 年間は年額 9,600 マルクで賃借りすることとし，財団の了解を得て市議会に提案した．ドイツ飛行船株式会社には最初の 20 年間は無償で使用させ，飛行場の建設と経営のための権利を与えるとされた．そして財団への補

---

66) Bericht über die Verhandlungen der StVV, 1910, S. 878, 882. レープシュトックホーフは，19 世紀初頭のフォン・ダルベルクの支配下ではザンクト・カタリーネン修道院の「最も重要な」所有地で，他の所領が永代借地だったのに対して，期限付きで借地に出されていた（F. Bothe 1950, S. 101）．

償金のほかに，道路，柵，市街鉄道接続のための費用が加わり，合計10万8,000マルクが必要とされたのである．この提案に対しては，提案が唐突すぎること，広大な土地を30年間も民間会社に貸すことへの懸念，財団への補償の少なさなどに対する疑問が出され，財務委員会での検討が提案された．これに対して，市参事会員メックバッハと同社の監査役会メンバーでもあったアディケスは，意図的に提案を遅らせたわけではなく，支出もそれほど巨額とはいえず，財団も歓迎しており，他の都市が動き出している以上，飛行船の将来性は完全には見通せないものの，飛行場の建設について決定を遅らせることはできないと反論した．議論は容易に収束しなかったが，低所得層にも配慮した安い入場料の設定，地元の飛行技術協会の入場許可，会社が利用しない時期における運動場としての利用などの実現を条件として，提案は最終的に承認された[67]．

　レープシュトック飛行場は1912年に開港して1945年まで使用され，現在のフランクフルト国際空港（1936年開港）に受け継がれたが，フランクフルトがドイツ航空交通の要衝になる起点として重要な意味をもつ出来事であり，ここでも財団の土地が有効に活用されたことが重要である[68]．市当局は購入という形をとらなかったが，他の財団よりも遅れたとはいえ，ザンクト・カタリーネン＝ヴァイスフラウエン財団の財産管理に対する監督権を次第に強めた結果，財団の土地利用のあり方にも大きな影響力を行使することができたのである．

　なお，レープシュトックホーフは，シュルトハイス未亡人に賃貸しされていた農場の一部であった．このため，契約内容の変更が必要となったが，その内容は，1910年12月13日付けの，ザンクト・カタリーネン＝ヴァイスフラウエン財団管理局のミッテンハイマー（Dr. Mittenheimer）からシュルトハイス未亡人（Frau Louis Schultheis Witwe）宛ての書簡写しから知ることができる．それは，以下のような内容であった．すでに予備交渉で告知したように，1910年10月1日に，飛行場建設のために38 haの土地を市に賃貸ししたので契約を解除する．残りの148.25 haの賃貸料は，1万8,400マルクで

---

67) Bericht über die Verhandlungen der StVV 1910. S. 878-893.
68) M. Kutscher (1995), S. 41, 66-67.

ある．契約解除に伴う補償金は，1 a 当たり 2.25 マルクで総額 8,546 マルクとなるが，それ以外に約 12 ha の土地の鋤返しのための費用 360 マルクが補償される．マインツ街道からの道や，飛行場を囲む道の維持は市の将来の問題であり，未亡人の農場経営のためのこれらの道の利用権は残る．飛行場の危険に伴う火災保険料の割増金は，市によって補償される．農地を鼠や害虫から守るのは，市の義務である．狩猟権も経営と調和する限り維持され，市が認めるならば放牧権も委譲されるであろう[69]．このように，財団による一方的な契約変更だったため，財団からの補償金や市による種々の便宜が講じられているのがわかるであろう．また，飛行場開設に伴って電力が利用できるようになったことも，シュルトハイス未亡人にとって有利であった[70]．

(3) グートロイトホーフ——以前の財団所有地の利用

グートロイトホーフには，1283 年に「グーデン・ルーデ (Guden Lude)」としてはじめて史料に現れるレプラ施療院と，壁に囲まれた農場が存在し，フランクフルト市壁の西側に位置してグーテン・ルーデ見張台 (後のガルスヴァルテ (Galluswarte)) に隣接していた．レプラ患者の減少とともに，グートロイトホーフは 1531 年に設立された一般慈善金庫に譲渡された．その後 1835 年に孤児院は，上級所有者である一般慈善金庫から 7 万グルデンで利用権を獲得したが，1869 年からフランクフルトにも適用されたプロイセン法により，上級所有権者は利用権者である孤児院に無償ですべての権利を譲渡しなければならなくなった．このため，1871 年に 7 万グルデン支払うことで，グートロイトホーフは孤児院の所有地となった．また，1872 年に孤児院は所有地をホルツハウゼン家およびギュンダーローデ家との土地交換によって一円化し，建物を 815 グルデンで改築した[71]．

---

69) ISG, Akten des St.Katharinen- u. Weissfrauenstifts, Akten und Bücher vor 1945, 561, Bl. 104. シュルトハイス (Louis Schultheis) は 1883 年からレープシュトックホーフを賃借りしていた．1900 年の借地契約では，フランクフルト市内の約 183 ha を中心として合計約 205 ha の土地をザンクト・カタリーネン＝ヴァイスフラウエン財団から借りており，1906 年に未亡人が受け継いでいた (ISG, Akten des St. Katharinen- u. Weissfrauenstifts, 561, Bl. 14, 26. Vgl. F. Bothe 1950, S. 137).

70) ISG, Akten des St. Katharinen- u. Weissfrauenstifts, Akten und Bücher vor 1945, 561, Bl. 111.

転機はそのすぐ後にやってきた．1873年に孤児院は，グートロイトホーフの建物と1,208モルゲン（= 241.6 ha）の土地をヘッセン゠ルートヴィヒス鉄道会社に215万グルデン（= 365万5,000マルク）で売却したからである．1873年4月23日付け市参事会宛ての孤児院管理局の文書によれば，契約内容は以下のようなものであった．グートロイトホーフの購入希望者は多かったが，同鉄道会社が最高値を提示し，地所の大部分を鉄道施設計画のために差し迫って必要としており，この計画は市にとっても望ましいことなので，53の地所を一括して売却することにした．また，農場と周辺の土地の評価額は30万グルデンで，毎年1万2,000グルデンの賃貸料を得ているが，合意された売却額は毎年少なくとも10万グルデンの利子収入を保証するので，この売却は財団にとって有利である．支払い条件については，市当局の承認と取引契約書の作成後直ちに15万グルデンの現金が支払われ，1874年2月22日に土地の譲渡が行われる．その後買手はさらに50万グルデンの現金を，1874年4月から1875年6月まで毎月1日に10万グルデンを現金で支払い，未払い分に対する利子がこれに加わる．売却に伴い1868年に締結された賃貸契約は解約されるが，借地人に対して20万グルデンの補償金を財団が支払う．市当局の承認が1873年6月1日までに下りない場合には契約は解除されるので，迅速な承認を希望する[72]．

　1873年4月25日の市参事会で承認された後，5月1日に市議会に提出され審議がおこなわれたが，規模が大きかったため，市議会と市参事会の混成委員会を立ち上げて問題を検討することになった[73]．そして5月21日付けで検討結果が市参事会と市議会に報告されたが，そこで委員会は孤児院と鉄道会社の契約を撤回して，市が代わりにそれを引き継いで1,208モルゲンの土地を購入し，そのうちの120モルゲンをモルゲン当たり3,500グルデンで鉄道会社に売却することを提案した．これは鉄道目的の土地利用を妨害するものではなかったが，まだ計画全体が見通せないので，宅地，農地，街路な

---

71) G. Vogt (1979), S. 93-94; W. Moritz (1981), S. 61, 63, 65, 70; T. Bauer (2004), S. 49. 1830年頃ザンクト・カタリーネン修道院もグートロイトホーフの購入を計画していた（F. Bothe 1950, S. 113）．
72) ISG, MA V165, Bl. 31-33.
73) Mitt. Prot. StVV, 1873, §254, S. 190-191; §260, S. 194; §262, S. 197-198.

どの多様な用途を留保するとともに，鉄道建設に伴う地価上昇によって購入資金の大部分を回収することを当て込んだものであった．孤児院はすでに決まっている購入条件を守り，ヘッセン・ルートヴィヒス鉄道会社が了解していれば反対しないと回答しており，鉄道会社との合意が成立していることも付け加えられた[74]．

しかし，6月10日の市議会で，詳細は不明ながら長時間の討議の後，混成委員会の提案は否決され，当初の予定通り孤児院の所有地はヘッセン・ルートヴィヒス鉄道会社に売却されることになった[75]．この売却によって孤児院は所有地を大きく減らしたが，毎年10万グルデンの利子を受け取ることになった．前の所有者である一般慈善金庫には4万3,000グルデンの分与金を支払うことになったが[76]，本来の活動領域でも扶養する孤児の数を増やすことができ，扶養額を20％引き上げることも問題なくできた．また，しばらくの間孤児扶養のための支出はこの利子でまかなうことができた．1880年から中央駅の建設が始まったが，孤児院はさらに20 haの土地を売却することによって売却益を獲得した[77]．このほか中央駅の建設に際しては，周辺の土地が収用されプロイセン政府によって補償金が支払われているが，市有地以外に，聖霊施療院，孤児院，ザンクト・カタリーネン＝ヴァイスフラウエン財団，養老院の所有地も収用の対象となった[78]．

フランクフルト中央駅は現在もドイツやヨーロッパの鉄道網の要衝をなしているが，以上から，その用地確保のために市や公共慈善財団の土地が提供されたことがわかる．とくに孤児院は大規模な所有地を売却して大きな利益を獲得するとともに，それを用いてプラウンハイムをはじめとする郊外に所有地を増やし，1907年にはふたたび最大の私的土地所有者となった（表7-2を参照）．

---

74) ISG, MA V165, Bl. 45-51.
75) Mitt. Prot. StVV, 1873, §354, S. 283.
76) Mitt. Prot. StVV, 1873, §416, S. 345.
77) G. Vogt (1979), S. 93-94; H.-O. Schembs (1981), S. 136; T. Bauer (2004), S. 49.
78) ISG, MA T563/II. 補償額は場所により1a当たり80～1,060マルクとかなりの幅があった．

(4) 住宅政策——地上権による財団所有地の利用

　①都市化の進展とともに住宅問題が発生し，さまざまな形態の住宅建設・住宅政策が実施されたことは改めていうまでもない．当該期フランクフルトの住宅政策については多くの研究があるが[79]，フランクフルトの住宅政策で特徴的だったのは，公益的住宅建設会社と地上権契約を締結して市有地を住宅用地として提供したことであり，財団の所有地がここでも一定の役割を果たした．すなわち，ドイツで最初の地上権契約は，ザンクト・カタリーネン゠ヴァイスフラウエン財団とフランクフルトの「小規模住宅建設株式会社」との間で1899年11月に締結されたものであり，財団が所有する市内西部のマインツ街道沿いの175.79aの土地を，1901年1月1日から80年期限で年額2,575.32マルクを年4回に分けて賃貸することになっていた．住宅建設計画は資金的困難に直面したが，カッセルのヘッセン゠ナッサウ州保険金庫から2回にわたり合計135万マルクの貸付を得ることができたため，1901～1909年に73棟348戸の小住宅が建設された[80]．財団の所有地ではあったが，アディケスの強い意向と財政的支援が背後にあったことは明らかであり，目的に応じて財団の土地が市有地に準ずるものと位置づけられていたことがこの事実からもうかがわれる．

　②フランケンアレー株式会社は，市と密接に連絡を取りながら成立したが，市と孤児院が西部工場地区のフランケンアレーに所有する21.75aの土地について，60年期限の地上権契約が締結された．同社の資本は，市が買戻権をもつ株式資本52万マルクに加えて，市が保証を引き受けた4％の利付き社債210万マルクからなっており，家賃水準にも市は影響力を行使した．設

---

79) F. Adler (1904), E. Cahn (1915), H. Kramer (1978), W. Steitz (1983), G. Kuhn (1998), 後藤俊明 (1995), 北村陽子 (1999) などを参照．

80) ISG, MA V226; Magistratsbericht 1898/99, S. XIV-XV; 1899, S. XXIV; F. Adler (1904), S. 98; E. Cahn (1915), S. 47; R. Leuchs (1950), S. 25, 28-29; H. Kramer (1978), S. 144-147, 151; 本書，第6章，注93．1900年11月29日に，小住宅建設株式会社から市参事会に提出されたこの地上権契約の案をみると，契約期間満了後の土地・建物の返還義務，抵当設定や譲渡が可能であることなど，地上権契約の基本的特徴を備えていることがわかるが，労働者向けの小住宅建設が目的であることが明記され，紛争の際の裁定者は市参事会となっているなど，市の主導のもとで締結されたものであることを容易に読み取ることができる (ISG, MA V226)．

立から経営にいたるまで市が強力な梃子入れをしたことがわかる．そして76棟545戸が建設され，そのうち154戸については市の官吏・労働者に優先的に賃貸された．これもまた，市が積極的に推進する住宅建設に，市の意向に沿う形で財団の土地が使われた事例である[81]．

③土地は個人にも提供された．すなわち，1903年に聖霊施療院が所有するノルトエンド地区の宅地が，フランクフルト市の官吏と教師に地上権が設定され，建設資金の90％が財団から年利3.5％で提供された[82]．地上権は，住宅建設会社だけでなく個人に提供されることも多く，官吏と教師はひとつのカテゴリーをなしており[83]，そうした返済能力があると考えられた個人に対して，財団が土地と建設資金を貸与していたことは興味深い事実である．

おわりに

孤児院，聖霊施療院，ザンクト・カタリーネン＝ヴァイスフラウエン財団は現在も独立の財団として存続しており，一般慈善金庫も機能は公的福祉に吸収されたが，財産管理は独自に続けている．養老院も，ヴィーゼンヒュッテン財団として活動を続けている．広大な土地所有や地上権による土地貸与も変わっておらず，慈善活動と土地所有の関係は，中世以来現在に至るまで連綿と続いているといえる[84]．

本章が取り上げたのはそのうちの一時期にすぎないが，それは官民の福祉事業の再編期であると同時に，近代都市フランクフルトがその名に相応しい

---

81) F. Adler (1904), S. 111-113; E. Cahn (1915), S. 41-43.
82) Magistratsbericht 1903, S. 797.
83) 本書，第6章，表6-7を参照．
84) ザンクト・カタリーネン＝ヴァイスフラウエン財団と孤児院は，今世紀に入って通史を刊行しており（T. Bauer 2003, 2004），各財団のウェブサイトからも沿革や現在の活動を知ることができる．URLは，孤児院（http://www.waisenhaus-frankfurt.org），聖霊施療院（http://www.hospital-zum-heiligen-geist.de），ザンクト・カタリーネン＝ヴァイスフラウエン財団（http://www.st-katharinen-und-weissfrauenstift.de），一般慈善金庫（http://www.frankfurt.de），養老院（http://www.wiesenhuettenstift.de）である．たとえば，ザンクト・カタリーネン＝ヴァイスフラウエン財団は現在もフランクフルト市内，タウヌス，マインタール，ヴェッテラウに約600 haの土地を所有しており，それが財団の経常収入を保証している．主要な収入源は地上権（99年）賃貸料であり，これに農地・菜園地の賃貸料と家賃収入が加わる．100年前の活動形態が受け継がれているのである．

形姿を整える時期でもあった．民間の慈善団体は都市行政との結びつきを強めて次第にその介入を受け，活動内容だけでなく財政的基盤である土地所有にまで市の意向が強く働くようになった．そして財団の所有地は，港湾施設，飛行場，中央駅の建設地として，市の都市建設計画に活用されたのである．そのほか財団は，これにも市の意向が絡むとはいえ，住宅会社と地上権契約を締結して，所有地を小住宅建設に役立たせた．また，財団の土地は，戦時には牛乳，鶏卵などを市民に提供して，食糧難を緩和する役割も果たした．他方，アディケスは財団の土地を利用しただけでなく，財団による所有地の拡大を促したが，財団側も消極的にではあれその方針を受け入れ，売却した土地に変わる土地を郊外に求めて土地所有規模を維持したが，そのことは本来の活動のための財政的基盤の強化や，二度の大戦後のインフレーションの克服に役立ち，今日まで財団が存続することを支えたのである．

　都市計画は，住宅政策にしても，エネルギー政策にしても，第5章で論じた都市交通の運賃政策にしても，社会政策的な意図と効果を含んでいた．本章が注目したのは，中世以来の慈善・福祉の担い手であった公共慈善財団が，広大な土地を所有していることを通じてフランクフルトの近代都市への脱皮と深く関わり，それに大きく貢献したことである．明治期の東京の開発にとっての，大名屋敷がもった意義と相通じる面もあるが[85]，たんなる過去の遺物の活用にとどまらず，本来の社会活動や財団自体の存続にも益するものだったことは，ドイツにおけるフィランスロピー活動の重要な特徴と思われる．

---

85) 持田信樹（1993），98-99頁．

第Ⅳ部

イギリスにおけるドイツ都市行政・都市政策認識

第8章
ホースフォールの活動と思想
——ドイツ的都市計画・都市行政の紹介と導入の試み

はじめに

　これまでフランクフルトを中心に述べてきたドイツの都市行政・都市政策は，同時代の諸外国でも注目され，イギリスもそうした国のひとつであった．たとえば，この時期にドイツの都市計画に注目した人物として，スコットランドの社会学者・都市計画家P・ゲデスを挙げることができる[1]．

　ゲデスは『進化する都市』(*Cities in Evolution*：1915年) で，2つの章をドイツの事情の観察・評価とイギリスとの比較に当てている．まず彼はドイツ都市計画について，「ドイツの技術者は，健康と住居の要求，さらにわれわれが長い間見落とし破壊してきた都市の快適さの要求さえ満たすために全力を尽くしている」と述べる．すなわち，駅や港だけでなく，市民や労働者への影響も考えて，「大都市の複雑な必要性に……応ずる試み」として都市計画が実施されていることを，ゲデスは評価するのである．また，〔上級〕市長が任期の長い専門職であることが，こうした大規模な事業を可能にしていることにも注目している．そしてイギリスにおける住宅運動や包括的な都市計画の復興が，ドイツからの刺激に負うていることを認めたうえで，その理

---

1) A. Sutcliffe (1981), p. 175. このほか，この時期ドイツの諸制度を積極的にイギリスに紹介した人物として，ドーソン (William Harbutt Dawson) がおり，ドイツについての著作を多く著している．本章との関連でいえば，W. H. Dawson (1916) が都市の行財政を包括的に扱っており，土地政策，都市計画，住宅政策も取り上げられている．フィルトハウト (Jörg Filthaut) は，ドーソンが1909年都市計画法の成立過程にも関係していたと述べているが，彼の記述をみても，ホースフォールやネトルフォールドと比べると，ドーソンが果たした役割はロイド゠ジョージ (David Lloyd George) と接点をもっていた程度で限定的であったと考えられる (J. Filthaut 1994, S. 82-97).

由を「ドイツの，より偉大な都市の伝統および遅れてはじまり急激でなかった旧技術の発展が，より十分な教育――技術，科学，文化のいずれも――と相まって，全体として英語圏よりも急速に，自然に，そして効果的に，産業の新技術のより高度な秩序に移行しつつある」ことに求めている[2]．

　もちろんドイツの都市計画にも限界はあった．そのデザインは最上のものではなく，計画の規模の大きさは市に財政的負担をかけ，地価高騰や土地投機を引き起こしている．このため，戸建て住宅に住めるのは富裕層だけであり，公園や広い街路を近隣にもつとはいえ，大衆の大部分は高層住宅に住むことを余儀なくされており，この点ではイギリスのほうが恵まれている．実際ドイツでも，ハムステッド田園郊外に類似した住宅が出来はじめている．そのうえでゲデスは次のようにいう．「ドイツから学べ，だって．もちろん，その通り．ドイツをまねろ，だって．それは違う．ドイツの計画，広い見通し，公的事業にもかかわらず，……わが国民が家を建てるのに一番学べるのは，レッチワースやハムステッド……からである」．「われわれは都市に住まなければならない．そして全体として田園都市や田園郊外に関して，われわれは既存のもので最善を尽くさねばならない」[3]．

　以上のようなゲデスの認識は，的確だったと考えられる．しかし，彼に先立ち，ドイツの都市計画・都市政策から学ぶことを強く主張し，イギリス最初の都市計画法である1909年住宅・都市計画等法（Housing and Town Planning etc. Act, 1909. 以下，1909年住宅・都市計画法，と記す）の成立に至る，イギリス都市計画運動・住宅改革運動において重要な役割を果たしたのが，マンチェスターのフィランスロピストのT・C・ホースフォールであった[4]．

　イギリス都市計画成立史の研究状況については第2章でも触れたが，ここ

---

2) P. Geddes (1915 = 1982), pp. 195, 198, 199, 222-223, 邦訳187-189, 205-206頁（ただし，訳文は邦訳書通りではない）．たとえば，デュッセルドルフやフランクフルトの新港では，港，倉庫，工場地区などだけでなく，並木通りや庭園や公園道路が建設されて港湾労働者の健康や娯楽も配慮されていることを，イギリスの実情を念頭に置いて賞賛している（P. Geddes 1915 = 1982, pp. 216-217, 邦訳200-201頁）．

3) P. Geddes (1915 = 1982), pp. 202-204, 206, 220, 邦訳192-193, 194, 203頁．ドイツの田園都市ヘレラウについては，山名淳（2006）を参照．

4) H. Meller (1990), pp. 169-170. メラー（Helen Meller）によれば，「1904年に一番影響力をもっていたのは，ゲデスではなく，T・C・ホースフォールだった」．

第 8 章　ホースフォールの活動と思想　293

では住宅政策史と関連づけて論点を広げたい．イギリス住宅政策史において，1900 年前後の時期は以下のように位置づけられている．近年フィランスロピー団体の住宅建設を再評価する動きがあるとはいえ，民間賃貸住宅の優位が続き，1890 年労働者階級住宅法（Housing of the Working Classes Act, 1890），とりわけその第 3 部に基づいて地方政府による市営住宅建設も始まってはいたが，国庫補助金はまだ導入されていなかった．このため，公的介入に多くの地方政府がなお躊躇していたこともあって，第一次世界大戦後と比べればきわめて限定的なものにとどまった[5]．他方都市計画史では，19 世紀末におけるモデル村落の先駆的建設に続いて，1903 年にレッチワース田園都市，1906 年にハムステッド田園郊外の建設が始まり，1907 年には田園都市協会が田園都市・都市計画協会へと名称を変更したというように，田園都市運動の延長上に，1909 年住宅・都市計画法の成立を展望する傾向が強くなっている[6]．市営住宅建設や田園都市・田園郊外の建設が，この時期の住宅政策・都市計画の重要な構成要素であったことはいうまでもない．

　しかし，この 2 つの動きは相互に関係していたのか，またそのことは 1909 年住宅・都市計画法の成立過程にどのように反映していたのかをさらに問う必要がある．実際，当面の時期には市営住宅建設とは異なる住宅政策路線や，田園都市・田園郊外とはいくぶん性格の異なる都市計画構想が存在し，ここに住宅政策と都市計画を架橋するひとつの鍵があったように思われる．すなわち，マンチェスターやバーミンガムといった，ロンドンと並んで深刻な住宅問題を抱えていた地方の大都市における住宅建設・住宅政策の実践のなかから都市計画を求める動きが出てきたことが，改めて注目されるべきなのである．

　そしてそうした動きの推進者と目されるのが，ホースフォールと第 9 章で

---

[5] E. Gauldie（1974），pp. 293-310; S. Merrett（1979），pp. 15-30; M. Swenarton（1981），pp. 27-34; S. Lowe/ D. Hughes（1991），pp. 13-32. わが国では，島浩二（1981），横山北斗（1998），54-71，89-98 頁などを参照．ヴォランタリー・セクターによる住宅建設を，この時期についても再評価しているものとして，P. Mulpass（2000），pp. 48-69 がある．
[6] W. Ashworth（1954 = 1987），pp. 167-190，邦訳 191-217 頁；A. Sutcliffe（1981），pp. 54-82; A. Sutcliffe（1990）; D. Hardy（1991）; pp. 37-60; S. V. Ward（1994），pp. 10-38; G. E. Cherry（1996），pp. 17-42.

取り上げるバーミンガムのJ・S・ネトルフォールドであった．イギリス都市計画運動を進める過程で，ホースフォールは主著『人々の住居と環境の改善——ドイツの範例——（*The Improvement of the Dwellings and Surroundings of the People: the Example of Germany*：1904年）』〔以下，『ドイツの範例』〕で，ドイツ流の都市計画・都市行政システムをイギリスに取り入れることを提唱し，ネトルフォールドは，ホースフォールの影響でドイツ流の都市計画にも注目しながら，市営住宅建設を批判して，住宅政策論議や都市計画法成立過程において独自の役割を果たした．彼らの主張がそのまま実現したわけではないが，20世紀初頭当時のイギリス住宅政策の展開や都市計画の成立過程をより立体的に理解するためにも，また当時のイギリスでドイツの住宅政策を中心とする都市政策や都市行政のあり方がどのように受け止められ，現実の運動に反映されていたのかを知るためにも，両者の活動と思想の分析は重要な意味をもつと思われる．

　ホースフォールにはじめて注目したのはレノルズ[7]（J. P. Reynolds）であるが，もっとも詳細な研究をおこなったのはハリスン（Michael Harrison）である．彼は学位論文で，ヴィクトリア後期～エドワード期のマンチェスターの社会改良を，ホースフォールの思想と活動に焦点を当てて，膨大な著作や書簡などを駆使して詳細に論じており[8]，このほかにホースフォールのドイツ都市計画・都市行政論とその影響に焦点を当てた論文も発表している[9]．本章もハリスンの業績に多くを負っているが，ホースフォールの著作に遡る必要を感じることも多く，ドイツの実態との突き合わせという視点も彼には弱い．またわが国では，文献紹介・翻訳で言及されることを別とすれば，ホースフォールについての立ち入った研究はないといってよい．以下，これらの先行研究とホースフォールの主な著作を利用しつつ，本書のこれまでの部分で明らかにしたドイツの実態とも対比しながら，彼の活動と思想を考察することにしたい．

---

7) J. P. Reynolds (1952).
8) M. Harrison (1987).
9) M. Harrison (1991). このほかフィリップス（William R. F. Phillips）が，アメリカとイギリスにおける都市計画家の専門職化へのドイツの影響を検討するなかでホースフォールに言及している（W. R. F. Phillips 1996）．

1. 19世紀末〜20世紀初頭のマンチェスター

(1) 産業構造の変化

　ホースフォールの活動と思想を検討する前に，その背景として同時代のマンチェスターの社会経済状態の特徴を簡単に跡づけておきたい．

　マンチェスターがイギリス産業革命の主導部門である綿工業の中心地であったことは，いまさら多言を要しない．しかし，19世紀末〜20世紀初頭の事情は産業革命期とはかなり違っていた．マンチェスター中心部のアンコーツ地区にはまだ綿工場が存在したが，綿工業の重心は郊外に移動し，ランカシャーやチェシャー北東部の諸都市で紡績や織布などの各工程が専門化して営まれるようになり，マンチェスターはその商業的中心地としての性格を強めていった[10]．

　マンチェスターの工業も多様化した．綿工業以外の部門が成長し，鉄鋼業やその他の金属工業，食品工業，運輸・通信業（1911年に2万7,000人以上），衣料工業（1911年に4万人以上）などが主な成長部門であった．とりわけ蒸気エンジン，ガス・エンジン，機関車，ボイラー，紡織機械，工作機械などを生産する機械工業の発展が目覚ましく，1901年のセンサスで，就業労働者17万5,000人のうち2万1,000人以上が機械工業に従事していた[11]．

　しかし，これらの工業でも19世紀末には企業の専門化と郊外への移転がはじまり，土地，労働力，鉄道などの交通手段を利用しやすかった市の東部と北東部が用地を提供した．バイヤー・ピーコック社やアシュベリー社のような鉄道車輛製造企業は，ゴートン地区に集中して「鉄道コミュニティ」が形成された[12]．さらに，1890年代までに，市街電車や電気照明の発展に刺激されて電機工業が成長してきた．世紀転換期には，世界最初の工業団地で

---

10) T. R. Marr (1904), pp. 10-11, 14; M. Harrison (1987), pp. 11, 22. マンチェスターは最高級糸の生産とその製織に専門化する傾向を強めたが，綿工業労働者の数は1860年には減少しており，1911年の就業労働者約35万人のうち，綿工業労働者（約3/4は女性）は2万人を上回る程度で，ボルトン，オルダムなどの周辺の都市の就業者数よりも少なかった（A. Kidd 2002, p. 109）．当該期のランカシャー綿工業の構造については，たとえばA. Marrison (1996), pp. 239-246を参照．

11) M. Harrison (1987), pp. 25-26; A. Kidd (2002), pp. 101, 109-111.

12) O. Ashmore (1969), pp. 205-207; (1987), p. 27; A. Kidd (2002), pp. 110.

あるトラフォード・パーク（Trafford Park）に，アメリカ企業の子会社で，1914年にはイギリスの四大電機会社に数えられたイギリス・ウェスティングハウス社やイギリス・ヒューストン社，さらにクロライド社やグラヴァー社などの多くの電機企業が集まった[13]．第一次大戦期までに，自動車工業や化学工業などの新興産業もマンチェスターに進出した[14]．

(2) 人口の増加と郊外化

　1841～1901年におけるマンチェスターとソルフォードの人口増加は，表8-1のとおりである．両自治体の合計の指数は1841年を100として，1871年に152，1901年に244であるが，マンチェスターの指数がそれぞれ145，224であるのに対して，ソルフォードの指数はそれぞれ178，315と高い．郊外の人口がより急速に増加し，中心部の人口が減少して「郊外化」が進展したことがうかがわれる[15]．実際，中心地区の人口は1851年には減少していたといわれるが，アンコーツ地区でも1871年には減少しており，セント・ジョージズ，ヒューム，チョールトン・アポン・メドロックの各地区でも，1901年までに人口は減少しはじめていた[16]．この結果，合併が始まる前の1881年には，マンチェスターの人口は1871年と比べて若干減少している．これに対して郊外のゴートンの人口は，1861年の9,897人から1891年の4万1,207人へと，30年間で4.16倍，チョールトン・カム・ハーディの人口も，1891年の4,741人から1911年の2万4,977人へと，20年間で5.25倍となっており，きわめて高い人口増加率が確認される[17]．

　こうした郊外への人口移動の波はマンチェスター周辺でもっとも活発であったが，ボードンやオールダーリーといったチェシャーにも及んだ．郊外への進出をまず牽引したのは上層中産階級であったが，エドワード期までに下層中産階級が模倣する形でそれに続いた．実質賃金の上昇，労働時間の短縮，

---

13) M. Harrison (1987), pp. 26-27; A. Kidd (2002), pp. 109-111.
14) M. Harrison (1987), pp. 30-32.
15) 松本康正 (1974) を参照．松本によれば，「都心」の人口は1851年の9万2,176人から1891年の3万8,060人へと58.7％減少した（78頁）．
16) M. Harrison (1987), pp. 11-12; A. Kidd (2002), p. 103.
17) M. Harrison (1987), p. 19.

表8-1 マンチェスターとソルフォードの人口増加（1841～1901年）

年	マンチェスター市	ソルフォード市	合　計
1841	242,983（100）	70,224（100）	313,207（100）
1851	303,382（125）	87,523（125）	390,905（125）
1861	338,722（139）	102,449（146）	441,171（141）
1871	351,189（145）	124,801（178）	475,990（152）
1881	341,414（141）	176,235（251）	517,649（165）
1881	462,303（190）		
1891	505,368（208）	198,139（282）	703,507（225）
1901	543,872（224）	220,957（315）	764,829（244）

注：(1)（　）内は1841年を100とした場合の指数．
　　(2)1881年上段までは1885年の合併前の市域（4,293エーカー）の人口．
　　　1881年下段は1885年の合併後の市域（5,933エーカー）の人口．
　　　1891年と1901年は1890年の合併後の市域（12,935エーカー）の人口．
出典：T. R. Marr（1904），p. 15．

ホワイト・カラーやサービス産業の成長，交通手段の改善，郊外に住むことの健康上の利点などが移動を促した主な要因であった[18]．

(3) 市域の拡張

　マンチェスターの人口は1880年代以降増加率を高めたが，それは市域の拡大によるところが大きかった（図8-1を参照）．1838年に自治都市となったときのマンチェスターの市域面積は4,293エーカーであったが，河川汚染法に基づいて，市内を通る川に他の自治体が未処理の下水を流すことを拒否する権利をマンチェスターが獲得したことにより，周辺自治体が1880年に合併をマンチェスターに求めるに至ったことから，合併問題が発生した[19]．こうして1882年に関係自治体からなる小委員会が任命され，ブラッドフォードとハーパリー，そして後からラショームおよびウィジントンの一部が加わり，1885年に面積1,640エーカー，人口4万1,222人がマンチェスターに合併された[20]．

---

[18] M. Harrison（1981），p. 108．またマー（T. R. Marr）によれば，人口変動を規定したのは綿，機械，化学などの基幹工業（the staple industries）であり，主として地域内で消費される建設，衣服，食品といった雑工業（the minor industries）は，人口変動に受動的に対応した（T. R. Marr 1904, pp. 12-13）．したがって，綿工業の郊外への移転がこうした地区毎に異なる人口変動を規定していたといえよう．

[19] S. D. Simon（1938），p. 120．

図 8-1 マンチェスターの市域拡張 (1838〜1931 年)
出典：A. Redford/ I. S. Russell (1940), p. 305 に基づき作成.

1888年の地方行政法は，地方行政庁（Local Government Board）の暫定的命令によってカウンティ・カウンシルやカウンティ・バラ・カウンシルの境界を変更する条項を含んでいた．マンチェスターでは一層の拡張のための小委員会が設置され，一部に強い抵抗もあったが，1890年に地方行政庁の命令によって，ニュートン・ヒース，クランプソール，ブラックリー，モストン，クレイトン，オープンショー，カークマンズヒュームおよびウェスト・ゴートンがマンチェスターに合併され，面積は7,002エーカー，人口10万人以上が付け加わった[21]．

その後1901年のカークマンズヒューム・レインおよび1903年のヒートン・パークという小規模な合併を別とすれば，大規模な合併が実施されなかったが，1904年の大合併は，地方税が引き上げられつつあったウィジントン，チョールトン・カム・ハーディ，ディズベリーの納税者の運動をきっかけとして始まった．さらにモス・サイドも加わり，合計6,246エーカーの拡張が実現し，マンチェスターの市域はこの時点で合計1万9,181エーカーとなった．次に合併を求めたのが，レーヴェンジュームとゴートンであった．ランカシャー・カウンティ・カウンシルが補償を求めたため，マンチェスターが合併を一度は取り下げたが，両自治体は合併を強く求め，1909年に合意に達した．このほか1913年にヒートン・ノリスの一部（45エーカー）が，1931年にウィゼンショー（5,000エーカー超）が合併された．後者はチェシャーに属しており，住民やチェシャー・カウンティ・カウンシルによる激しい反対があったが，市街地の拡大に伴う下水処理システムの整備の必要から，マンチェスターへの合併が実現し，それに伴いウィゼンショーはランカシャーに編入された[22]．

しかし，ここで注意したいのは，ソルフォードが，マンチェスターと密接な関係をもちながら，隣のストレットフォードとともに合併されなかったことである．ソルフォードは，マンチェスターとアーウェル川によって隔てら

---

20) T. R. Marr (1904), p. 15; S. D. Simon (1938), p. 121; A. Redford/ I. S. Russell (1940), pp. 314-318.
21) S. D. Simon (1938), pp. 121-122; A. Redford/ I. S. Russell (1940), pp. 319, 320-322.
22) S. D. Simon (1938), pp. 122-126; A. Redford/ I. S. Russell (1940), p. 322.

れていたが，マンチェスター教区に入っており，一部がマンチェスターの企業家の邸宅地区となっていた．合併の試みがなかった訳ではなく，1888年，1904～06年，1911年に可能性が検討されたが，ソルフォードが否定的だったため，実現には至らなかった．そして両都市が一体性をもちながら別々に行政をおこなう状態は，1926年にソルフォードが市に昇格したことによって決定的となった[23]．

2. ホースフォールのフィランスロピー活動と社会改良思想

(1) 初期のフィランスロピー活動

　ホースフォール（写真8-1）は，1841年5月23日にマンチェスターで生まれた．ホースフォール家はヨークシャーのハリファックス近郊のヨーマン出身で，家業は梳毛（後には綿）の毛羽立て機の製造であった．生来病気がちで学業を中断して長期の療養を余儀なくされたが，恩師マイクルジョン（John Miller Dow Meiklejohn）から自然や芸術の愛好や貧しい人々への責任感を教えられ，後のフィランスロピー活動のパターンを樹立した．また彼は，ドイツ生まれのユダヤ人でおじのセオドアズ（Tobias Theodores）からも強い影響を受け，そのことが後に「ドイツのホースフォール」と呼ばれることにつながった．ホースフォールは，健康を取り戻して1878年に結婚するまでに，おそらくはおじの仲介によってマンチェスター・ソルフォード衛生協会（Manchester and Salford Sanitary Association. 1852年設立．以下，衛生協会と略す）に加入していた[24]．

　ホースフォールの初期の代表的活動として，労働者のための美術館の設立を挙げることができる．これにはマイクルジョンからの影響とともに，ジョン・ラスキン（John Ruskin）の作品に傾倒し，「指導的階級」は貧しい都市住民には欠けている啓蒙機関を提供すべきであるというパターナリスティッ

---

[23] S. D. Simon (1938), pp. 126-128; A. Redford/ I. S. Russell (1940), p. 320.
[24] M. Harrison (1985), p. 121; (1987), pp. 84-89, 247. ホースフォールの実業家としての活動期間は短く，1870年にブリジウォーター街製作所（Bridgewater Street Works）のパートナーとなったが，1886年には引退しており，その後はフィランスロピー活動に大半の時間を捧げた．

写真8-1　トマス・コグラン・ホースフォール
出典：G. E. Cherry (1974), p. 27.

クな信念を強めたことも影響していた．ホースフォールは，1877年に『マンチェスターの美術館』というパンフレットを刊行して，美術館設立運動を開始した．マンチェスター文学クラブ（Manchester Literary Club）のメンバーのなかから1877年末に設立された美術館委員会（Art Museum Committee）における熱心な支持者が現れ，衛生協会やマンチェスター統計協会（Manchester Statistical Society. 1833年設立，以下統計協会と略す）もホースフォールの計画を支持した[25]．

ラスキンやウィリアム・モリス（William Morris）もホースフォールの構想

---
25) M. Harrison (1985), pp. 122-124; (1987), pp. 172-179; (1993), pp. 63-64.

に一定の理解を示したが，全面的なものではなかった．ラスキンは，ホースフォールが提案した美術館の展示方法に感心したが，煤煙や汚物や過重な労働が除去されない限り，こうした手段は一時的なものにすぎないと考えた．ホースフォールはこれに大筋で同意しつつ，美術館によって労働者が環境に対する「正しい不満」をもって，それを改良する欲求をもつことを望んだ．モリスは織物，壁紙などを提供したが，美術館を通じて労働者を教育しようとすることの重要性を認めつつも，労働者に芸術や生活の上品さに関心をもたせようとは思わないと述べた[26]．

ホースフォールの美術館計画は，1886年まで実現しなかった．その理由としては，まず資金不足が挙げられるが，美術館委員会の地位の不確実さも大きかった．というのは，それとは別にカウンシルが王立マンチェスター協会のギャラリーを買取る交渉をはじめ，1882年に合意に達したからである．このため委員会はカウンシルの公園委員会と交渉して，クウィーンズ公園内の建物にスペースを確保し，1884年から展示品を公開した．しかし，入場料や開館時間で2つの委員会の意見が対立し，コレクションは1886年にアンコーツ・ホールに移され，以後ここが美術館として恒常的に使われるようになった．すでに述べたように，アンコーツは1880年代まで「マンチェスターのベスナル・グリーン」と呼ばれた地区で，劣悪な住宅事情と高い死亡率と住民の貧困で知られていた．このため，多くのフィランスロピストを引きつけ，1890年代まで「社会事業の一大中心地」となった．マンチェスター美術館は，そうした試みのひとつであった[27]．

---

26) M. Harrison (1985), pp. 124-126; (1987), pp. 110-111, 179-183; (1993), p. 65. モリスは1884年までに，現在の社会をその基礎に触れることなく再建することは無駄と考えて社会主義運動に没入しつつあり，ホースフォールを自らの陣営に誘ったが，ホースフォールは反応しなかった．モリスはホースフォールに対して「善良な個人は，変化をもたらすに十分な数がいれば，あらゆる階級に属すことができるとあなたは考えるが，私は反対に，あらゆる変化の基礎は，これまで常にそうだったように，階級対立でなければならないと考える」と述べている．ここでは立ち入れないが，モリスの社会主義思想については，安川悦子 (1982)，名古忠行 (2002) を参照．

27) M. Harrison (1985), pp. 126-127, 137; (1987), pp. 134-136, 183-184; (1993), pp. 65-66. やや後の数字であるが，1901年にアンコーツ地区の面積は400エーカー，人口は4万5,015人であり，エーカー当たりの人口密度113人はマンチェスター全体の42人の2.7倍に達した．住宅事情や衛生状態も悪く，1901年の死亡率は28.32‰で，マンチェスタ

1886年の開館と同時に美術館は多くの人を引き寄せ，一段落した後も毎週平均2,000人以上の人々が訪れた．とりわけ，音楽，合唱，朗読などからなる水曜日の夜の催しには，250〜300人が恒常的に訪れた．いうまでもなく，美術館は多くの絵画，彫刻，工芸品を所蔵し展示していたが，単なる展示場ではなく，開館のときから地区住民の気晴らしのための施設としての役割を果たし，冬季には音楽会，朗読会，幻灯上映などが催された．しかし，美術館委員会はまもなく前者だけでは訪問者を満足させることができず，催しを週1回から2回にして後者に重心を置くことにした．この結果，大人も子供も主として娯楽のためにアンコーツ・ホールにやって来ることになり，主唱者の本来の意図とは異なる形で利用されるようになった．そこで1894年に，ホースフォールをはじめとする代表団は教育局（Education Department）を訪れて，教師引率の美術館見学を正課授業とすることを認めさせた．これは1895年の新教育規則に盛り込まれて，全国的な意義をもつことになり，訪問者の数は1890/91年の3万5,515人から1895/96年の7万7,000人以上に増えた．また，コレクションの学校への貸与もおこなわれたが，資金不足から制約を受けた[28]．

　資金不足の問題には，美術館も他のヴォランティア組織と同様にしばしば悩まされた．1886年に事業から引退していたホースフォールは，美術館の運営に多くの時間を割いたが，運営費用の大半を彼が拠出した[29]．ホースフォールは1894年の『マンチェスター・ガーディアン』への書簡で，住民に芸術を通じて自然の知識と自然に依存する健全な感情と思想を与えることの必要性と並んで，マンチェスターの富裕層が美術館に追加的に資金を提供することを求めており[30]，美術館の運営が必ずしも順調でなかったことがうかがわれる[31]．

　　—全体の21.6‰を大きく上回っており，1歳未満の乳児の死亡率は23.4%に達した（T. R. Marr 1904, pp. 17, 54-58; M. Harrison 1987, pp. 37-38; A. J. Kidd 1985, pp. 50-51）．
28) T. C. Horsfall（1894），pp. 9-11; M. Harrison（1985），pp. 129, 134, 136-137;（1987），pp. 186, 190-194;（1993），pp. 69-70．
29) M. Harrison（1985），pp. 126-137;（1987），pp. 183-186, 190-195．
30) T. C. Horsfall（1894），p. 8．
31) 美術館のその後の経緯について触れておけば，1895年にマンチェスターに，トインビー・ホールに倣った大学セツルメントを設立する提案がなされ，アンコーツ・ホ

このほかにも，ホースフォールは多様なフィランスロピー活動に関わった．「人民のコンサート」，「気晴らしのための夜間クラス」，「教会学校」の主催，そして地元の「労働者クラブ協会」の支援を挙げることができる[32]．また彼は，都市の物的環境の改善を目指して，煤煙に反対し，オープン・スペースや住宅改良を求めて精力的に活動し，都市生活のさまざまな問題が相互に関連していることに注意を喚起した．先にみたように，マンチェスターは，多くの地下住居や通気の悪いバック・トゥ・バック住宅にみられる劣悪な住宅事情，汚物の堆積，工場からの有毒ガスの排出，家庭と工場からの廃液による河川の汚染などのために，19世紀半ばにイギリスでもっとも非衛生的な都市といわれ，1850年代～70年代を通じて死亡率は30‰を超え，1865年には39‰を記録した．1852年に衛生協会が設立されたのも，こうした状況を背景としていた[33]．しかし，公衆衛生と住宅改良に対するカウンシル（コーポレーション）の腰は重かったため，衛生協会のメンバーは，マンチェスター・ソルフォード有毒気体除去協会（1876年），オープン・スペース確保のための委員会（1880年），マンチェスター・ソルフォード子供の休日基金（1883年）などの，そこから派生した団体を設立して活動を続け，ホースフォールはこれらの団体の活動にも強くコミットした[34]．

(2) ホースフォールの社会改良思想

ホースフォールは，活動の初期からパンフレットや講演の形で活発な言論

　　ールがその本拠地となった．そして1901年11月に，美術館と大学セツルメントは正式に合同した．しかし，1902年にT・R・マーがマンチェスターにやって来てからは，セツラーは地域の社会問題・環境問題に関心を向けるようになり，1900年代のうちに美術館の運営とセツルメントの活動の両立は困難になった．1909年にマーがセツルメントを脱退し，1915年に資金が枯渇したこともあり，翌1916年にホースフォールはついにセツルメントからの分離と市への譲渡が，事業の存続にとって最善の方法であると考えるに至った．1918年に美術館は，1912年以来常勤の学芸員を務めていたハインドショー（Bertha Hindshaw）とともにカウンシルの傘下に入り，ホースフォール博物館として1954年まで存続した（M. Harrison 1985, pp. 137-140; 1987, pp. 147-153, 195-197; 1993, pp. 70-71; M. E. Rose 1993, pp. 55-62）．

32) M. Harrison (1991), p. 300. 詳しくは M. Harrison (1987), pp. 202-245, 324-394 を参照．
33) A. Redford/ I. S. Russel (1940), p. 403; M. Harrison (1987), pp. 248-253; A. Kidd (2002), pp. 124-125, 127.
34) 詳しくは，M. Harrison (1987), pp. 254-270 を参照．

活動を展開しており，その関心は徐々に広がったが，根底にあるものは一貫していたといえる．それは，1883年の「教育や若干余暇と富をもつことによって，身体的，精神的，道徳的な健康（physical, mental and moral health）を維持するのに適した，すべての階級のための生活様式を樹立することに努力する義務」を「イングランドの教養のある階級」が課されているという認識にすでに端的に示されている[35]．すなわち，コミュニティ全体が「身体的，精神的，道徳的な健康」を維持できるように，時間的・金銭的な余裕をもつ中産階級がヴォランティア団体を拠点として努力するべきだと考えられたのである．ここにホースフォールのフィランスロピー活動の原点を見出すことができる[36]．

こうした活動の対象は，何よりも労働者階級であった．1884年2月7日の，衛生協会と統計協会の合同集会でおこなわれた講演「都市の最下層の状態を改善するために必要な手段」からも，そのことは明瞭である．ホースフォールはまず一般的な合意として，以下の2点を挙げる．(1)不衛生な住宅が健康的な住宅に置き換えられないならば，これらの階級の状態は改善されない．(2)快適な住宅が与えられたとしても，他の変化が同時に居住者にもたらされないならば，彼らの身体的・道徳的状態を改善する効果はあまりないであろう．したがって，都市の貧困問題・社会問題を解決するために住宅改良が必要であるが，それだけでは不十分であり，「パブの閉鎖，読み書き算盤と初歩的科学の教育，都市の任務の拡大，日曜日に博物館を開くこと」などの，「多少なりとも包括的なシステムが必要である」と考えられた．とくに問題なのは，居住地が階級毎に分離しているために，貧しい人々が完全に健全な生活が存在することにさえ気づかず，ギャンブル，飲酒，喫煙以外の楽しみを知らないことであった[37]．

---

[35] T. C. Horsfall (1883a), p. 25.

[36] ホースフォールは，1900年に「身体的な退化，精神的な退化，道徳的な退化のうちのひとつだけに苦しむ階級は存在しない．これら3種類のひとつに苦しむ階級は，必然的に他の2種類にも悩んでいる」(T. C. Horsfall 1900, p. 2) と述べて，三位一体的な捉え方を強調しており，1913年の時点でも，教育改革の必要を説くなかで「コミュニティの身体的，精神的，道徳的な健康とその効率性と幸福への関心」(T. C. Horsfall 1913, p. 60) をその基礎に据えている．

[37] T. C. Horsfall (1884), pp. 3-5, 9.

ホースフォールが美術館の設立や美術教育に努力したのも，こうした考え方に基づくものであった．すなわち，美への強い愛好と徳性（morality）との間には密接な関係があり，それは主として子供のときに獲得される[38]．したがって，子供たちに絵画などを通じて自然の美に触れる機会を与え，備えるべき思考と感情を培う必要があるが，そのために美術館や美術教育はきわめて有益な手段である．その場合，学校教育との連携が必要となるが，美術教育は家庭にとっても重要であり，美術館は労働者住宅の密集した地区に建設されるべきであるとされた[39]．

　またホースフォールは，多くの労働者が訪れられるように博物館，美術館，公園は日曜日にも開館すべきことを強調した．彼は 1896 年 10 月のリボン教区会議で「日曜日の正しい利用」という報告をおこなったが，日曜日の開館は教会での礼拝，日曜学校での奉仕，家庭での休息という従来の日曜日の使い方を変えるものではなく，「宗教的感情と思考を広げ深める」ことにも役立つと主張し，「日曜日の一部を，身体的，精神的，道徳的な健康にとってその所有と行使が必要な条件である知識の獲得と力の強化のために利用する」ことを認めるよう会議の出席者に求めた．ホースフォールは「教会の生活とフィランスロピー事業の活動のはるかに密接な結びつき」を目指していたのである[40]．

　他方ホースフォールは，人々の宗教的・道徳的訓練のための機構としての教会の役割を認めつつ，身体的・精神的な訓練をおこなうためには学校がもっとも効果的であり，体操，良い音楽，絵画などに親しむことを子供のうちに教えるべきであると主張した[41]．そして，遅れていたイギリスの教育制度全体に対しても，義務教育を 14 歳にまで引き上げること，宗派学校・公立学校を問わずすべての初等学校は地方教育局の監督と指導に服すること，すべての初等学校に公的資金を投入することなど，後の教育法の内容を先取りする提言をおこなっている[42]．

---

38) T. C. Horsfall (1883a), pp. 22, 25; (1883b), pp. 33-34.
39) T. C. Horsfall (1883b), p. 45; (1884), pp. 6-8; (1894), pp. 6, 8-9; (1910), pp. 12-13.
40) T. C. Horsfall (1883b), pp. 40-41; (1884), pp. 8-9, 25-29; (1894), pp. 3, 16, 18-19.
41) T. C. Horsfall (1884), pp. 10-15.
42) T. C. Horsfall (1897), pp. 2-3, 10-11. なお，ここでドイツとスイスで提案に近い教育

ところで，ホースフォールが住宅改良を社会改良思想の基軸としていたことは先にみた通りであるが，住宅政策についても次のように述べている．マンチェスターのカウンシルは不衛生住宅を除去し，密集を厳格に阻止すべきであるが，現行法での効果は疑わしいので，不衛生住宅を買い上げる権限が与えられることが望ましい．しかし，より根本的な改善策は不衛生住宅を未然に防止することであり，衛生協会やマンチェスター建築家協会（Manchester Society of Architects）が求めている建築条例の改善の要求に応えるべきである．また，自治体合併が実現したら周辺部の土地を購入する権限を獲得し，その一部は子供の遊び場や公共のオープン・スペースに使われるべきである[43]．

それとの関連で，ホースフォールが行政組織の問題を，すでにこの時期から重視していることも注目される．まず大都市圏全体はひとつの自治体（governing body）によって統治されるべきであるとして，限度はあるとしつつマンチェスターによる隣接自治体の合併を当然と考え，マンチェスターは，住民の過半数がマンチェスターで生計を立てている領域に地方税を課すべきであると述べている[44]．後にドイツの都市行政や都市計画に注目するようになる萌芽が，すでにこの時点で現れているとみることができる．そこで次に，ホースフォールの住宅問題に関わっていく経緯を追ってみたい．

3. 住宅改良運動・住宅政策への関与

(1) マンチェスターにおける住宅政策

1838年に自治都市となった後のマンチェスターで，最初の公衆衛生・住宅立法は，1844年のマンチェスター警察規制法（Manchester Police Regulation Act）であった．人口の過密に伴う最大の問題は，排水と塵処理であったが，この立法によりカウンシルは，被いのついたトイレと塵置き場のない住宅は

システムがみられるとして事例を紹介している点は，後の都市計画の場合と類似していて「ドイツのホースフォール」の特徴が現れている．
43) T. C. Horsfall (1884), pp. 17-19.
44) T. C. Horsfall (1884), pp. 16-17. ちなみに，1885年の合併が目前の時期であったが，ホースフォールはマンチェスター，ソルフォード，ラッショームなどを「われわれの都市（our town）」の一部と位置づけている．

今後建設できず，不十分な住宅の所有者も，カウンシルが満足するものを設置することを求める権限を獲得し，マンチェスター市域内ではバック・トゥ・バック住宅はこれ以降建設されなくなった[45]．1844年法施行後，カウンシルは建築・衛生規制委員会（Building and Sanitary Regulations Committee）を設置し，1851年までの6年間で法律が実施されているかどうか1万7,927戸の検査を実施した．この「リコンディショニング（Reconditioning）」という方法は，クリアランスよりも目立つものではなく費用もかからなかったが，衛生状態を多少なりとも改善することに貢献した[46]．また，カウンシルは1845年のマンチェスター改良法（Manchester Improvement Act）によって強制収用権を獲得し，通風を良くするための壁や物置の除去といった踏み込んだ措置を取ることが可能になったが，この目的のために地方税を課す権限はなく，必要な資金はガス事業の収益から調達されるほかなかった．さらに，カウンシルは各戸への給水や下水本管システムの導入を計画したが，不動産所有者の抵抗によって後退を余儀なくされた[47]．

しかし，1860年代に入り住宅政策を促す動きがふたたび現れた．とりわけ，1866年にマンチェスターで社会科学会議（Social Science Conference）が開催され，衛生協会の会員であるランサム（A. Ransome）とロイストン（W. Royston）が，マンチェスターとソルフォードの劣悪な衛生状態を報告し，コーポレーションの衛生部門の根本的再編と，衛生医務官の任命を求めたのは重要な出来事であった．建築・衛生規制委員会の委員長は，ランサムの報告が正当であることを認め，1865年に与えられていた権限にもとづく建築条例の制定に結実した．建築条例は，住宅（部屋の数や窓の大きさなど）と周囲の環境（街路の幅の規定や裏庭の設置の義務づけなど）の双方を改善しようとするものであり，長い直線街路に面して間口の狭い住宅が単調に並ぶいわゆる「条例街路」が出現したが，住宅の質や衛生状態は大きく改善された．また，1868年には1848年公衆衛生法にもとづいて，J・リー（John Leigh）が衛生医務

---

45) S. D. Simon（1938），pp. 286-287. バック・トゥ・バック住宅は，全国法では1925年まで禁止されなかった．
46) S. D. Simon（1938），pp. 287-290.
47) S. D. Simon（1938），pp. 289-290.

官 (Medical Officer of Health) に任命された．彼は地下住居問題に取り組み，1874年までに若干の例外を除いてすべての地下室を閉鎖させた[48]．

このほか1867年に，マンチェスター給水事業および改良法 (Manchester Waterworks and Improvement Act) により，人間の居住に不適な住宅を所有者への補償なしに閉鎖できる権限が与えられた．また，大きな成果はなかったとはいえ，1870年からは「職人・労働者住宅法（トレンズ法）」(1868年) が適用され，それまでの建築・衛生規制委員会に代わって，その仕事を引き継ぐ衛生委員会 (Health Committee) が設置された[49]．

これに対して衛生委員会は，他のイギリスの都市と同様に，スラム地区全体の整理と再建を認めた「職人・労働者住宅法（クロス法）」(1875年) を利用しなかった．衛生医務官リーは中心部ではより徹底した措置が必要と考えたが，地方行政庁の監督や許可が必要であり，不動産所有者の抵抗も強く，地価の高いマンチェスターではクリアランスに700～800万ポンドの費用がかかると見積もられたため，漸進的なリコンディショニング政策を継続することを決定した[50]．

外部からの圧力，衛生医務官リーの報告，1884～85年の「労働者階級住宅に関する王立委員会第一次報告」に帰結した1880年代初頭の全国的な論争，重い補償負担を若干軽減した1885年の労働者階級住宅法の成立などを受けて，カウンシルは不衛生住宅委員会 (Unhealthy Dwellings Committee) を設置した．こうした流れのなかで，新しい建築条例が衛生協会や衛生医務官から求められるようになった．そして1890年に条例が発布されたが，それは防湿層を各戸に義務づけ，1エーカー当たり40戸以上の密度で住宅が建設されることを阻止するものであった[51]．また，1890年の労働者階級住宅法にもとづき，いくつかの劣悪な地区の建物を解体し，オープン・スペース

---

48) E. D. Simon/ J. Inman (1935), pp. 7, 11; S. D. Simon (1938), pp. 290-292.
49) E. D. Simon/ J. Inman (1935), p. 14; S. D. Simon (1938), p. 292; A. Redford/ I. S. Russell (1940), pp. 410-411.
50) S. D. Simon (1938), pp. 292-294; A. Redford/ I. S. Russell (1940), pp. 412-415; M. Harrison (1987), pp. 271-273. cf. A. M. Gaskell (1974), p. 93.
51) E. D. Simon/ J. Inman (1935), p. 12; S. D. Simon (1938), pp. 294-295; A. Redford/ I. S. Russell (1940), pp. 416-420.

を確保しつつ，適切な住居や下宿を建設することを計画した再建スキームが1891年にカウンシルに示され，衛生委員会や地方行政庁の同意を得ることができた．こうして1892年にスキームの詳細が地方行政庁に提出され，15万ポンドの融資が認められた．オルダム通りなどにテネメントが建設され，1896年に完成した[52]．

　しかし，これで過密の問題が解消されたわけではなかった．1885～1904年に5,965の住宅（ほとんどはバック・トゥ・バック住宅）が1867年法にもとづいて閉鎖されたが，同じないし近くの敷地に立てられた住宅は2,782にすぎなかったからである．カウンシルのなかでも，住宅の閉鎖は過密を増やすだけだという議論が強くなる一方で，新築住宅の数も減少傾向にあったので，民間にだけ頼るわけにはいかないという認識が強まり，1894年には最初の市営住宅がアンコーツに建てられた．しかし，市の中心部での住宅建設は財政的に厳しく，ブロック住宅は人気がなかった．このためカウンシルは地価が低い郊外に着目し，1901年に北部のブラックリーに238（243）エーカーの地所を3万6,500ポンドで購入し，200戸の建設を計画するに至った．この提案に対しては，後述する「民衆の不衛生な住宅とその環境の改善のための市民協会（Citizens' Association for the Improvement of the Unwholesome Dwellings and Surroundings of the People）」（以下，市民協会と略す）がレイアウトを提案し，すべてを2階建4部屋住宅（two up and two down）にするのではなく，浴室付き3寝室住宅を中心とする案に変更されたが，資金的な理由から，最初の住宅棟が建設されたのは1905年になってからであった．労働者階級が移転するには家賃が高いという批判が出たが，健康的な環境を実現し，1913年までに600人が定住するとともに，死亡率は13.7‰という低い数字を記録した[53]．

(2) ホースフォールと住宅改良運動

　衛生協会にとって，市の中心地区の住宅改良も主要な関心事であり，すでに1861年に労働者階級のためのモデル住宅の建設が提唱されていた．また，

---

52) A. Redford and I. S. Russell (1940), pp. 422-423; M. Harrison (1981), p. 119.
53) S. D. Simon (1938), p. 295; M. Harrison (1987), pp. 112-113, 118-119.

ジャージー街住宅スキーム (1871 年) とソルフォード改良住宅会社 (1873 年) の促進者のなかにも，衛生協会のメンバーが含まれていた．ホースフォールは前者の支持者のひとりであり，貧しい家族のための安価な住宅が，アンコーツの改造工場のなかに提供されたが，成果は財政的にも社会的にも芳しいものではなく，2.5% の配当を出すことができた物件はわずかで，死亡率の顕著な低下を実現することもできなかった[54]．

そこで 1870 年代末に，衛生協会はマンチェスター建築家協会と協力しつつ，カウンシルがより効果をもつ建築条例を導入し，「職人・労働者住宅法 (クロス法)」を，マンチェスターに適用するよう働きかけたが，すでに述べたように採用されず，カウンシルは不衛生住宅の改修を徐々に進めるリコンディショニング政策を継続し，しかも追い出された人々のための住宅供給が追いつかず住宅問題がさらに深刻化した．このため，ホースフォールは，サメルソン (Samelson)，スコット (Scott)，ディッキンズ (Dickins) らとともに，他のフィランスロピー住宅事業であるマンチェスター・ソルフォード労働者住宅会社 (1883 年) に関わるようになり，ホールト・タウンにいくつかの 3 階建てのテネメントが建設されたが，会社はまもなくテナントとトラブルに陥った．家賃は週 2 シリング 6 ペンスであったが，多くのテナントは家賃を前払いすることを拒否したのである[55]．

こうしたなかでホースフォールは，生活改善のために住宅改良と並んで居住者の教育に期待を寄せるようになり，改良家たちは「5% のフィランスロピー」から「住宅管理」へと方向転換した．会社は古い物件を買い上げて，それらを見苦しくない水準になるまで改修し，ロンドンのオクタヴィア・ヒルによって実践された方法に従って女性住宅管理者に管理させたのである．スケルホーン (A. M. Skellhorn) が 1880 年代末に会社に雇用され，住宅の管理を任された．他方，ホースフォールやサメルソンは，こうしたモデル住宅の提供と並んで宣伝活動を続け，マンチェスターの労働者住宅の悲惨な実態を次々と明らかにした[56]．

---

54) M. Harrison (1987), pp. 270-271.
55) S. D. Simon (1938), pp. 292-293; M. Harrison (1987), pp. 271-273. cf. A. Redford/ I. S. Russell (1940), pp. 412-415; A. M. Gaskell (1974), p. 93.

他方，すでに述べたように 1885 年の労働者階級住宅法によって補償負担が軽減されたため，カウンシルはいくぶん能動的になり，不衛生住宅委員会を設置するとともに，1890 年に新しい住宅条例を導入し，1894 年には最初の市営住宅がアンコーツに建てられ，1901 年にはカウンシルはブラックリーに 200 戸の住宅を建設した[57]. しかし，この計画に影響力をもったのはもはや衛生協会ではなく市民協会であり，浴室付き寝室 3 つの住宅のタイプを中心として，採光に配慮したレイアウトを採用する提案をカウンシルに対しておこない，計画を変更させた．市民協会は，都市環境の将来に関する議論全体を広げ，衛生問題，借地制度，建築規制，輸送手段の改善，地方行政改革，そして都市拡張計画に取り組み，衛生協会に代わって影響力を獲得したが[58]，ホースフォールはその会長（President）を務め，書記（Secretary）のマー[59]とともに，この新たな運動の中心人物となっていた．

　ところで，住宅問題への関与と関連して注意しておきたいのが，ホースフォールの都市行政システムの改革への強い関心である．このことはすでに 1884 年のパンフレットにおいても看取できたが，彼は関心をさらに深め，マンチェスターにおける「非常に高い死亡率」，あるいは「身体的，精神的，道徳的活力の欠如」の原因は，「都市政府のシステム（system of municipal

---

56) M. Harrison (1981), p. 113; 1987, pp. 273-275.
57) S. D. Simon (1938), pp. 293-296; M. Harrison (1981), pp. 112-113, 118-119; (1987), pp. 276-277.
58) M. Harrison (1981), pp. 113-115, 116; (1987), pp. 247-248. 市民協会は 1901 年に「市民委員会」として設立趣意書が作成されたが，1902 年 5 月 15 日に規約が定められ，名称も「市民協会」に改められた（T. R. Marr 1904, pp. 108-109）．なお，協会は 1910 年に財政難から解散した（M. Harrison 1987, p. 287）．
59) T・R・マーは，エジンバラで P・ゲデスのアウトルック・タワーの経営に携わっていたが，そこから逃れる形で大学セツルメントの管理人としてマンチェスターにやってきた．そしてアンコーツのスラムに住み込んで，数年の内にマンチェスターの住宅問題の専門家になった．1902 年に設立された「市民協会」では書記を務め，会長ホースフォールとともに協会の中心人物として活躍し，「ドイツのホースフォール」に対して「市民のマー」と呼ばれた．そして 1905 年のマンチェスター・カウンシル選挙に独立の住宅改良候補として立候補して当選し，1906 年には不衛生住宅委員会委員長に就任した．マーは，市営住宅や都市計画に否定的なカウンシル議員が多いなかで，ブラックリーの市営住宅建設を進めた．しかし，それと並んで着手した積極的なリコンディショニング・スキームは，多くの困難にぶつかった（M. Harrison 1981, pp. 114, 116-117, 121-122, 143, 152; S. D. Simon 1938, p. 296-297; E. D. Simon/ J. Inman 1935, pp. 152-153）．

government)」のあり方と結びついており，都市の必要に無知な市民によって選ばれるメンバーからなるカウンシルは，執行機関としては弱体で，委員会の長や市長が無給で毎年変わり，職務にも習熟していないことが，「質の低い生活」をもたらしていると考えるようになった．こうした認識を全面的に展開したのが，1895年に統計協会でおこなった講演「マンチェスターの政府」である．そしてホースフォールは，こうした認識に基づいて，カウンシルによる土地の購入や，街路およびオープン・スペースの計画権の議会（Parliament）への要求，煤煙防止法の制定，自然史博物館や美術館などの健全な余暇を労働者のために日曜日にも開放すること，過度の飲酒の抑えるためのパブの改革などに必要を提唱し，「有給で永続的な市長の任命」がそのために必要であると主張したのである[60]．

こうした認識の背後には，都市エリートの郊外への転出に伴い，カウンシルのメンバーの質が低下しているという批判が出されていたという事情があった．商店主などの下層中産階級がカウンシルを支配し，地方税の引上げや市街鉄道，ガス供給，住宅建設のような都市サービスに消極的だったのであり，郊外に住むビジネス・エリートから批判を受けたのである．もっとも，こうした批判は市営の給水や船舶用運河の建設といった，当時のマンチェスターのカウンシルの事業を無視しており，必ずしも妥当なものではなかったが，フィランスロピー活動に関わる郊外の上層中産階級と，市政を担当する下層中産階級の分離は，決定的なものとなっていたのである[61]．

しかし，ホースフォールの講演はその場で多くの批判を受け，とくに市長を有給官吏にすることに対しては「危険な実験」，「最悪の事態」といった厳しい言葉が浴びせられた[62]．このためホースフォールは，以前からの関心である「身体的・精神的・道徳的要因」に加えて，社会改良への政治的・経済的圧力を強調して自説の説得力を高めようとした．そして1897年にドイ

---

60) T. C. Horsfall (1895), pp. 7, 11, 14, 46.
61) A. J. Kidd (1984), p. 54; M. Harrison (1987), pp. 64, 81-82. なお，ホースフォールも，1879年よりマンチェスターより10マイルほど南に位置するオールダーリー・エッジに住んでおり（M. Harrison 1987, pp. 93-94），1900年の居住地はマクルスフィールドであった（T. C. Horsfall 1900, p. 7）．
62) The Manchester Guardian, 4 November 1895.

ツを視察した後, 1895 年の講演の時点では, フランスと並んで一般的に言及されていたにすぎなかった都市計画のドイツ的方式の利点をより率直に主張するようになり, さらにそれを市民協会のための実態調査や, 自らも参加していたさまざまな住宅・田園郊外運動と結びつけた. すなわち彼は, 20世紀初頭に全国住宅改良評議会 (National Housing Reform Council) の指導的メンバー, あるいは評議会の国際住宅委員会の指導的メンバーとして, より広範な人々にドイツの事例を広める立場に立ったのである. そして 1904 年に刊行された『ドイツの範例』を契機として, ホースフォールは生成しつつあったイギリス都市計画運動の最前線に躍り出ることになった[63].

4. ホースフォールのドイツ都市計画・都市行政認識

(1) 『ドイツの範例』から都市計画運動へ

メインタイトルが示すように, この書物の主要な関心はイギリスの大都市における「人々の住居と環境の改善」に置かれていた[64]. ドイツにおいても住宅問題は存在したが, その特徴はイギリスのそれとは大きく異なっていた. すなわち, ドイツの労働者階級の住宅は多くの世帯を含んでいた (高層高密住宅であった) が, その環境はイギリスよりもはるかに「健康的 (wholesome)」であり,「快適さ (pleasantness)」の点で優れていた. ホースフォールは, その理由を, ドイツにおける都市行政がはるかに「効率的 (efficient)」であることに求め, イギリスの住宅問題, 都市問題そして国家的問題を克服するためにドイツのシステムから学ぶことを提唱したのである[65].

---

63) M. Harrison (1981), p. 115; (1987), pp. 277-278.
64) T. C. Horsfall (1900) でもドイツとの比較をまじえながら同様の論点がすでに示されていたが, 1902 年の衛生協会の設立 50 周年記念会議での講演では,「過密が, 直接・間接に膨大な量の身体的・精神的・道徳的弱さと病気の原因となっている」として, 従来からの問題意識を住宅問題と結びつけている. また, 「新しい住宅の供給は絶対に必要であるが, 健康な生活を可能にするために必要なことのほんの一部にすぎ」ず, 教育システムの改革, 都市行政システムの改革, パブ・システムの改革, 教会の改革が住宅問題の解決にとって必要であると述べ, ここでも持論の一環として住宅問題が位置づけられている (T. C. Horsfall 1902, pp. 1, 8-9, 13-14).
65) T. C. Horsfall (1904a), pp. 1-4.

ここで「効率的」がキーワードとなっていることに注意する必要がある.

　ホースフォールは，カウンシルが以下の課題を果たすことが必要であると考えた．第1に，身体的，精神的，道徳的な健康を維持するために，できる限り住民に好都合な住宅環境を提供すべきであり，そのためには，人々の住宅を適切に規制し監督することが条件となる．第2に，都市住民(Community)の健康と富の維持ないし拡大のために，できる限り効率的かつ経済的にこの課題を実行すべきである．たしかに大量の住宅を供給できるのは民間企業だけであると経験的にはいえるが，新しく健康的な住宅を十分に供給するためには，カウンシルによるコントロールと支援が必要なのである[66]．

　ホースフォールによれば，これらの課題の遂行はヨーロッパ大陸，とくにドイツで試みられており，次の2つの政策が特徴的であった．①カウンシルによって周到に準備された，都市周辺の土地のための建築計画，および，②住宅を建築しようとする住宅組合(cooperative building societies)や個人への低利での融資がそれである．そしてこうした建築計画の準備と実施のためには，カウンシルが，都市に隣接する地区を合併する，あるいはその地区を管轄する行政当局に協力を求める権限をもつことが必要であり，さらに安価で高速の交通手段(郊外鉄道，市街鉄道)を提供し，都市内外の土地を購入して市有地とし，個人が所有する土地についても建築計画を作成し実施するといった，さまざまな権限をカウンシルがもつことが必要であった[67]．こうした政策をカウンシルが実施するためには，地方税とは別の多額の資金が必要であるが，ホースフォールはそれをガス，水道，電気，市街鉄道の市営事業からの収益に求めようとした．したがって，ホースフォールは「都市社会主義」を擁護する立場をとった[68]．

　しかしながら，ホースフォールによれば，効率的でない政府にはそうした権限が直ちに与えられるべきではなかった[69]．行政課題は効率的かつ経済

---

66) T. C. Horsfall (1904a), pp. 5-8. 以下でみるように，本書では Council は市議会と訳さず，カウンシルとするが，その理由は，イギリスでは，ドイツのように市議会と市参事会という二元的構成をとらず，カウンシル議員のなかから市長や委員長といった執行部が選出されており，純粋に市議会とはいい切れないからである．

67) T. C. Horsfall (1904a), pp. 8-11, 31.

68) T. C. Horsfall (1904a), p. 11.

的に遂行されるべきである，と彼が考えていたことは先に触れたが，イギリスでは，効率的な都市行政をまず作り上げることが必要だったのである．それでは，当時のイギリスの都市行政はどのようなものだったのだろうか．イギリスでは，カウンシルのメンバー，すなわちカウンシル議員（Councillor）は地方税納税者によって3年任期で選ばれ，無給であった．さらにカウンシルは，オルダーマン（Alderman）（6年任期，無給），委員長（1年任期，無給，再任可）および市長（Mayor）（1年任期，無給，再任可）を選出した．しかしホースフォールは，こうしたシステムでは，カウンシルだけが対処できる膨大で面倒な職務を果たせないと考えた．カウンシルの仕事に時間を割ける人はもはや若くなく，活力も新しい知識を獲得する能力も欠いていた．とりわけ市長は任期中に多額の出費を求められるため，かなりの資産家である必要があり，市長に必要な新しい構想や知識を獲得する能力はあまり重視されなかった．また，カウンシル議員が職務を果たさなくても，無給の職を失うことを意味したにすぎない．イギリスのシステムでは，カウンシル議員に責任感をもたせることができないのである[70]．

これに対して，ドイツの都市行政システムはどうであろうか．ホースフォールは，イギリスのカウンシルが，ドイツにおける市議会と市参事会の機能を兼ね備えた行政体であることに適切な注意を払っていないので，適宜修正すると，市議会議員は地方税納税者によって三級選挙法のもとで選ばれ，無給である．選出された市議会議員は市長と，イギリスでは委員会委員長に託される職務を担当する一定数の市参事会員（ホースフォールはこれをAdjointと呼んでいる）を任命する．彼らは有給であり任期は長く，プロイセンでは12年，他の邦でも6〜9年に及び，再任するかどうかは市議会が決定した．ホースフォールによれば，このシステムはきわめて「効率的」であった．ともに長く務める同僚が納得できる政策を「注意深く考え抜く」からであった．また，このシステムはきわめて「経済的」でもあった．「有給の市長と市参事会員は，都市のあらゆる仕事を注意深く監督し，浪費を防ぐ」からであった．また，市長や市参事会員の仕事は非常に重要で名誉なこととみなされ，

---

69) T. C. Horsfall (1904a), p. 12.
70) T. C. Horsfall (1904a), pp. 13-15.

有能な人材が進んで比較的給料の安いこの官職に就任した[71]．

　次いでホースフォールは，都市住民の生活環境の改善という政策課題に即して，英独の都市行政システムを比較する．たしかにドイツの都市の住宅は全体として高層で過密であるが，ドイツのほとんどすべての都市当局はこの弊害の除去に大きなエネルギーを注ぎ，植樹された広い街路やオープン・スペースを創出した結果，すべての地区のあらゆる階級の都市住民が健康的な生活を送っていた．そして「都市住民の身体的条件を都市行政システムの効率性の指標とするならば」，「ドイツのシステムのほうがわれわれのシステムよりもはるかに優れている」という結論に達した[72]．

　こうした結論の背後には，以下のような危機意識があった．すなわち，イギリスの大都市住民の大部分の（身体的，精神的，道徳的な）退化（degeneration）が，スラムの影響のもとで進行しており，この事実は「わが民族（our race）」に近い将来大きな破滅をもたらすであろうと考えられたのである．1899年にマンチェスターでは，軍隊に入ろうとした約1万1,000人のうち実に8,000人が直ちに不合格となり，残りの3,000人のうち軍隊に送られたのはわずか1,000人で，2,000人は民兵（Militia）に送られたのである．しかし，ホースフォールによれば，体位の退化の主要な理由は住宅の過密ではなく，過度の飲酒，放蕩，賭け事でもなく，煤煙による空気の悪さでもなく，身体的訓練の欠如でもなかった．そうではなく，これらに対抗するものがないこと，つまり都市に「快適さ」が欠如していることであった[73]．

　そしてホースフォールは，ドイツでうまく機能しているシステム，すなわち市長と委員会委員長を長い任期で任命して給与を支払い，土地を自由に購入したり郊外の土地利用への影響を及ぼす権限を強めたりするシステムを，イギリスが採用しない理由はあるのだろうかと問い，コストを理由として賢明な納税者がこれに反対するとは考えられず，ドイツ的なシステムを導入することによってのみ，「わが民族の身体的・精神的破滅は阻止され，より完全で健康的な生活を，都市住民の大多数に可能にすることができる」と主張

---

71) T. C. Horsfall (1904a), pp. 22-23. cf. A. Sutcliffe (1981), pp. 24-25.
72) T. C. Horsfall (1904a), pp. 23-24.
73) T. C. Horsfall (1904a), pp. 19-21.

した[74]。

ところで,『ドイツの範例』はマーの『マンチェスターとソルフォードの住宅事情 (Housing Conditions in Manchester & Salford : 1904 年)』の別冊であった。後者は,詳細な調査を踏まえて,不衛生な住宅事情と貧困の蔓延を明るみに出すとともに,提案をおこなったものである。カウンシルに対する提案は,以下のとおりであった。①郊外を含めた包括的な住宅政策の実施 (＝都市拡張計画),②衛生部門の仕事の拡張,とりわけ査察官の増大,③ 1890 年と 1900 年の労働者階級住宅法によって認められた権限の活用,④都市住民への住宅供給に対するできる限りの支援,具体的には健康的な環境を確保し,裕福なフィランスロピストが労働者階級向け住宅の供給に参加することを促すような,街路やオープン・スペースを含む未開発地の計画の作成および住宅協同組合への低利の融資,⑤できるだけ多くの土地の購入とその賃貸,⑥未開発地への地方税の徴収権の獲得などを求めるとともに,地方行政における任期の長い有給専務職の割合を高め,ヴォランティアの市民と効果的に連携させる必要,そして社会改良に関心をもつ者に対しては,都市住民の福祉のためにあらゆる手段を尽くすことを訴えており,ホースフォールの主張と見事に呼応するものとなっている[75]。その意味で,この 2 つの著作は対をなして市民協会のマニフェストになっていたということもできよう。

ホースフォールの書物は,1895 年の講演と比べれば好意的に受け止められたが[76],『マンチェスター・ガーディアン』は,マーの調査がスラムの実

---

74) T. C. Horsfall (1904a), p. 32. なお,ホースフォールは 1910 年の講演においてもこれまでと同じ趣旨の社会改良思想を述べたのちに,そのために必要な手段は現在のカウンシルでは実現できず,そのためにはドイツやオーストリアのように有給の市長と委員会委員長をもつことが必要であるとの持論を繰り返しているが,ここではそれが不可能な場合,あらゆる階級,宗教,政党出身の男女からなる協会を作り,何が創出されるべき条件かを決定し,その創出をカウンシルに対して促し,またそれを支えるべきであるという提案をおこなっている。行政システム改革に対する抵抗は非常に強く,持論を後退させざるをえなかったことが推測される (T. C. Horsfall 1910, pp. 26-27)。
75) T. R. Marr (1904), pp. 3-9.
76) M. Harrison (1991), pp. 304-305. ハリスンによれば,『デイリー・ニューズ』はドイツ都市の最新の達成の記録としての価値を認め,『リヴァプール・デイリー・ポスト』もドイツの経験は示唆的であり,ホースフォールの書物が広く読まれ検討されることを希望した (M. Harrison 1987, p. 280; M. Harrison 1991, pp. 304-305)。

態を明るみに出したことを評価し，体系的な政策を実施する必要を認めつつも，カウンシルの効率性あるいは有給の専務職市長と部局長によるドイツ流の計画というホースフォールの主張に対しては，なお「この特別に急場しのぎの方法は……われわれには望ましくないようにみえる」と依然として否定的に捉えている[77]．しかし，1906年にエンサーは「この研究とプロパガンダの効果は今や非常に大きい．あらゆる党派の思慮深い人々がその影響を経験している」と述べており，反響が決して小さくなかったことを示唆している[78]．また，ホースフォールは全国住宅改良評議会の有力メンバーであったが，1904年にリーズで労働組合会議（Trade Union Congress）の開催中に，労働者全国住宅評議会（Workmen's National Housing Council）と連携して都市計画の採用を求める決議が出された[79]．こうして1909年住宅・都市計画法への道が開かれることになった[80]．

(2) ホースフォールのドイツ認識の特徴

本項では，ホースフォールのドイツ都市計画・都市行政認識の特徴と意義を5点にわたってまとめておこう．

①ドイツから何をどう学ぶか

ドイツにおける都市計画は，ラントの法的枠組みに基づき，都市政府によって計画・実施されていた．たしかにドイツでも，とくに救貧事業において名誉職が重要な役割を果たしており，市議会議員や市参事会員の一部も無給の名誉職であった．しかし，上級市長や第二市長，さらに市参事会員の残りの部分は有給の専務職によって占められており，19世紀末にかけて都市行政・都市政策における彼らの役割はますます大きくなっていった[81]．また，

---

77) The Manchester Guardian, 3 May 1904, pp. 6, 12. 経済学者アルフレッド・マーシャル（Alfred Marshall）もホースフォールへの私信で『ドイツの範例』を「弊害の多いドイツへのへつらい」であるとして苦言を呈している（M. Harrison 1991, p. 305）．
78) R. C. K. Ensor (1906), p. 182.
79) G. E. Cherry (1974), p. 42.
80) M. Harrison (1987), p. 282.
81) W. Hofmann (1984), S. 613-620.

都市計画家も都市行政の枠内で自らが設計した計画を実施するという形をとった．したがって，都市行政の専門職化や都市計画における行政の主導性は顕著であったといえる[82]．

これに対して，イギリスの都市行政は，19世紀末に至っても行政の中枢は名誉職からなるカウンシルによって担われており，さらにその周辺にフィランスロピーの世界が広がっていた．ホースフォール自身はカウンシル議員になったことはなく，一貫してフィランスロピストとして活動していたが，早くから，イギリスの都市行政は効率が悪く，経済性・効率性を高めるためには市長や委員会委員長に有給専務職を当てるなど，ドイツで広く実施されている都市行政システムを取り入れる必要があると主張していた．また，彼はそうした行政システムのもとでドイツで大規模に実施されている都市拡張計画と，都市政府による郊外の土地の購入を推奨した．たしかに彼の見解は否定的な反応を一方で受けたが，他方でネトルフォールドやトンプソンの支持を得て都市計画への関心を高め，1906年以降本格化する全国的な都市計画運動の一翼を担ったのである．

② フィランスロピーと都市計画

ホースフォールは，1870年代よりマンチェスター・ソルフォード衛生協会に加入し，美術館，煤煙除去，オープン・スペース，子供の休日野外活動などのマンチェスターの多様なフィランスロピー活動に関わり，そのために多額の私財を提供したが[83]，住宅問題に関心を移してフィランスロピー団体の住宅事業にも力をいれた．しかし，「毎年多額の資金がフィランスロピー活動に投入されている」が，「それを補完するのに必要な仕事がなされていない」と自発的な活動の不十分さと非効率性に気がつくようになった．そしてホースフォールがそれを担うべき主体と考えたのが行政機構であった．「行政システム（the system）が入念に設計され説明されれば，ほとんどの富

---

82) ドイツでは19世紀末から多くの大都市で，建設官（Baurat）に加えて都市建設官（Stadtbaurat）が採用され，シュトゥッベン（Josef Stübben）もケルンの都市拡張計画に官吏として関わった（A. Sutcliffe 1981, pp. 29, 34; W. Hofmann 1984, S. 616）．

83) 1919年に至ってもホースフォールはなお187の機関や事業に寄付をしていた（M. Harrison 1987, pp. 3, 129）．

裕層は喜んで彼らに課される租税を支払うであろう……と私は確信する」[84]と彼は述べている．ホースフォールは，マンチェスターの市域外に居住していたため行政に関わる資格がなく，「頑迷な商店主（hard-headed shopkeepers）」が支配するカウンシルに大きな不満をもっていたが，改善されるならば大きな役割を果たしうるものとして，行政に期待をかけてもいたのである．こうして，フィランスロピー団体の住宅事業と，行政による大規模な資金調達や公的な介入権に基づく都市計画との補完的な関係という構図が出てくることになるが，そのモデルとなったのがドイツであった．

すなわちホースフォールは，ドイツをモデルとして，都市当局による郊外の土地購入や都市（拡張）計画を強く要求し，公益的住宅建設会社あるいは民間の建設業者に市有地をリースすることを提唱しているが，明示的ではないもののマーの提言[85]と併せて判断する限り，ホースフォールも都市当局に求めたのは市営住宅の建設ではなく，フィランスロピストが労働者階級向け住宅の供給に参加するための条件を建築計画によって整えることや，住宅協同組合（co-operative building societies）に低利の融資を供与することを理想としていたと考えられる．これもまた，ドイツで実施されていたことであった．

なお，ホースフォールのフィランスロピー活動の主たる場は，会長を務めたが短命に終わった市民協会を別とすれば衛生協会であり，1910年に彼はこの協会を「もっとも賞賛すべき協会のひとつ」と評価している[86]．19世紀のマンチェスターにおけるフィランスロピー活動でもっとも名声が高く影響力をもっていたのは，1833年に設立されたマンチェスター・ソルフォード地区節約協会（Manchester and Salford District Provident Society）であり，その活動の基本方針は，非選別的な慈善を否定し，個別訪問を通じて「救済に値する貧民」と「救済に値しない貧民」を選別することであった．ホースフォールは地区節約協会にも関係していたが，積極的なメンバーだった形跡はない[87]．このことは，ホースフォールが当初より狭義の救貧事業・慈善活

---

84) T. C. Horsfall (1910), pp. 8-9.
85) T. R. Marr (1904), pp. 6-7.
86) T. C. Horsfall (1910), p. 3.

動よりも，貧民・労働者階級の生活環境の改善により大きな関心をもっていたことを示唆しており，それが住宅改良や都市計画にまで彼のフィランスロピー活動の範囲を広げることにつながったと考えられる[88]．

③都市行政と都市社会主義

ホースフォールは「都市社会主義」を擁護し，都市計画に関連する権限のほかに，カウンシルが，都市全体の健康と富の維持と強化に必要なあらゆる種類の仕事を，できる限り効率的かつ経済的におこなうための権限の必要を強調し，都市社会主義反対論はその意義を理解していないとして斥けた[89]．ここでホースフォールが念頭に置いているのは，1902年8月から10月にかけて『タイムズ』誌に掲載され，後に一書にまとめられた匿名の論説である．この記事のなかでその筆者は，大略以下のように述べている．

イギリス国内の自治体で，さまざまな分野での「自治体事業（municipal trading）」の拡大と，自治体による労働者の直接雇用の増大により，自治体の財政支出が増えて，自治体の負債や地方税額が大きく増大している．この結果，多くの民間企業（とくに電気関連企業）は，自治体の直接の競争にさらされるとともに，地方税負担の増大にあえいでいる．しかし，自治体の経営は民間と比べて「濫費」が多く，カウンシル議員が専門知識をもたないため「効率性」も低く，自治体官僚制を肥大させる．また，自治体労働者の増大は新たな労働組合の設立につながるとともに，選挙を「社会主義」の拡大のために利用することができる．そして，このようにきわめて批判的な都市社会主義認識を踏まえて，地方自治体の第1の義務は事業ではなく統治であって，共同体の真の福祉が他の方法では保障されない限り民間事業者の機能を奪うべきではないと主張した[90]．

---

87) A. J. Kidd (1984), p. 47; (1985), pp. 52-53; M. E. Rose (1985), pp. 105-107; M. Harrison (1987), pp. 137-138.

88) 住宅建設の領域におけるフィランスロピー活動については，J. N. Tarn (1973) が詳しく論じている．この「5％のフィランスロピー」と呼ばれたフィランスロピー団体による住宅事業と，救貧・慈善を中心とするフィランスロピー活動をどう関係づけるかは，なお立ち入って検討する必要があるが，本書の課題を超えている．なお，後者については，F. K. Prochaska (1990), 金澤周作 (2000) が参考になる．

89) T. C. Horsfall (1904a), p. 11.

この論説で興味深いのは，1890年労働者階級住宅法以降の市営住宅建設の動きもこの「都市社会主義」の文脈で取り上げ，その綱領の中心的な項目のひとつと捉えることによって，市営住宅の建設も負債や地方税の増大を導いており，何よりも住宅問題の解決に役だっていないと述べていることである[91]．周知のとおり，「都市社会主義」は1870年代にJ・チェンバレン（Joseph Chamberlain）が実施した，ガス・水道事業の市営化などのバーミンガムの市政改革で注目されるようになり，1890年代にロンドンでもS・ウェッブ（Sidney Webb）らのフェビアン社会主義者によって，「ロンドン・プログラム」にもとづき実施された[92]．しかし，1900年頃には「自由・財産連盟（Liberty and Property League）」や「産業自由連盟（Industrial Freedom League）」などの都市政府と競合する事業分野の民間企業家を中心とする団体が結成され，反都市社会主義キャンペーンを展開した[93]．『タイムズ』紙の論説はこうした反都市社会主義の動きと連動するものであり，「社会主義者」がカウンシルで優位に立っていたウェスト・ハム，バターシー，ポプラーなどが槍玉にあげられ，それに対する反論も公表されて激しい論争が繰り広げられた[94]．

　こうしたなかでホースフォールの考えは，都市社会主義の目的を既存の社会経済秩序の維持に求めていたこと，あるいは市営事業自体が目的というよりも，その収益を地方税以外の都市政策の財源とみなしていたことなどの点

---

90) Anonymous (1902b), pp. 1-38, 84-85.
91) Anonymous (1902b), pp. 72-73, 76-77. 筆者はいくつかの都市の例を挙げているが，マンチェスターは，「住宅改良についての多くの実際的な仕事が，自治体によって，比較的僅かな費用で，しかも独自の努力には最小限の干渉でおこなわれてきた都市の優れた例」（傍点は原文イタリック）と評価されている．
92) チェンバレンやウェッブの「都市社会主義」については，犬童一男（1968），岡真人（1975），安川悦子（1977），65-69頁，山下茂（1978），(4)116-122頁，(5)269-273頁，清水修二（1979），村田光義（1997），67-74頁などを参照．
93) J. Sheldrake (1989), pp. 3-4. 議会でも，都市事業に関する合同特別委員会が任命された．最初の委員会は報告書の作成に至らなかったが，委員会は1903年に再設置され，主たる問題である自治体企業の適切な制限には触れずに，地方政府の会計監査に関するいくつかの勧告をおこなった．そしてこれ以後議会は，都市事業の一層の拡張に対して敵対的になっていったといわれている．
94) たとえば，J. Burns (1902); Social-Democratic Federation (1902); J. J. Terrett (1902); S. Morse (1905) を参照．

でチェンバレンに近いが，土地の公有化が重要な目標とされている点では，同時代のフェビアンに近かったとみることができる．しかし，ホースフォールが社会主義者でなかったことは，ウィリアム・モリスが社会主義陣営に誘おうとしたが，ホースフォールはそれには応じなかったことからもうかがわれるし，「私は，マンチェスターの恐ろしい現実を理想の都市の特徴に転化させうる手段として，共産主義や共産主義的社会主義に期待できない」とはっきり述べていることからもわかる．もっとも，中央政府や都市その他の地方政府は，「身体的，精神的，道徳的健康の達成と維持に絶対に必要なある条件」を作り出すために，国の富の多くを無慈悲に取り立てるべきであるが，それは「粗野な社会主義（wild Socialism）」のようにではなく，「都市住民の富裕な部分」がおこなうようにすべきであるとも述べている[95]．

またホースフォールは，「都市社会主義」というとき，都市自治体の権限の増大，市営事業の拡大，土地の市有化，官吏・労働者の増大，都市専門官僚の形成を内容とするドイツの都市行政を念頭に置いており[96]，こうした認識は，第二帝政期ドイツの都市専門官僚の代表的存在であった，フランクフルト上級市長F・アディケスから影響を受けたものと考えられる．実際アディケスは，公益性の高い事業の市営化や住宅問題解決のために，都市政府がさまざまな措置を講ずる必要を認めたが，民間企業の活動を尊重して，市営住宅を建設することには慎重であった．また，住民の労働条件や健康維持のために都市政府は配慮すべきと考えたが，無償給付制の無制限の拡大には批判的であった．そして必要な資金をまず自発的な寄付によって調達することを重視し，増税には慎重であったが，累進的所得税には肯定的であった[97]．

④田園都市・田園郊外と都市計画

すでに触れたように，19世紀末〜20世紀初頭のイギリス都市計画運動において，田園都市・田園郊外運動が重要な位置を占めたことは疑う余地がな

---

95) T. C. Horsfall (1910), pp. 7-8.
96) 関野満夫 (1997), 11-19, 25-27頁.
97) 社会主義とは距離を置きつつ，「都市の社会的課題」を追求したF・アディケスの立場については，本書，第3章，116-119頁を参照.

い．ホースフォールが田園都市をどのように考えていたかは必ずしも明瞭でないが，レッチワースやボーンヴィルの創出が，イーリング・テナント会社のような小会社の設立を誘発して，快適な小住宅と健康的な環境のなかで住むことを多くの人々に広める効果をもつ「賞賛すべき事業」であり，事実これらの場所では死亡率が低く，子供の体格もマンチェスターより良いとしつつ，それは都市計画によって補完されるべきと主張している[98]．そして，そのためには大きな権限と高い能力をもつ都市政府が必要であると考えた．これは，田園都市や田園郊外，とりわけハワードによるオリジナルの田園都市構想が，大都市と連担して，農工結合，土地共有制度に基づく協同社会であるなどの点で，ホースフォールの構想とかなり異なるものであったことを示唆している．こうした試みが理念的にはともかく，散発的であったこともその限界の認識につながったといえよう．

　また彼は，1905年1月の田園都市協会（Garden City Association）の第6回年次総会[99]や，1907年10月25日の田園都市協会主催のコンファレンスに参加して自説を展開しているが，少なくとも1906年の時点でこの協会の会員ではなかった．これには彼が活動的なメンバーであった全国住宅改良評議会と田園都市協会が，多くのメンバーを重複させながら，都市計画運動の主導権をめぐって微妙な関係にあったことも影響していたかもしれない[100]．いずれにしても，彼やネトルフォールドの活動を想起するならば，イギリス都市計画運動が田園都市・田園郊外以外の多様な要素を含んでいたことを改

---

[98] T. C. Horsfall（1908），p. 17；1910，p. 20．ハリスンによれば，ハワードのスキームは多くの共感的関心を引き起こしたが，多くの人々によってユートピアとみなされ，地元の田園都市協会の書記でさえ，マンチェスターを田園都市に変えることはまったく不可能と考えていた（M. Harrison 1981, p. 113）．

[99] D. Hardy（1991），p. 40．

[100] やや後の話であるが，田園都市協会は1907年末に名称を「田園都市・都市計画協会（Garden Cities and Town Planning Council）」に，雑誌名も1908年に『田園都市』（*Garden City*）から『田園都市と都市計画』（*Garden City and Town Planning*）へと変更し，全国住宅改良評議会も1909年に会の名称を「全国住宅・都市計画評議会（National Housing and Town Planning Council）」に改めた（A. Sutcliffe 1981, pp. 78, 81）．そして1909年の住宅・都市計画法の成立後，全国住宅改良評議会の主要メンバーであるキャドベリー（George Cadbury）に対して，田園都市・都市計画協会の書記カルピン（Ewart Gladstone Culpin）が，住宅問題に専念して都市計画事業から手を引くように迫るという事件が起きている（A. Sutcliffe 1990, p. 258）．

めて強調しておく必要があろう．

⑤帝国主義と都市計画

　ホースフォールは1870年代から，マンチェスターにおける「都市生活の害悪」，すなわち「住民の退化」に関心をもち，統計協会や衛生協会などのフィランスロピー団体に参加していたが，その理由は，イギリスの産業的・商業的優位，さらにイギリス帝国が国民の肉体的・精神的強健さに基礎を置くべきであると考えていたからであった[101]．このことは，1884年や1895年の講演でもはっきり述べられている[102]．そして彼は，1899～1902年のボーア戦争に際して，危機感を強めることになった．マンチェスターで，軍隊に入ろうとした者の一部しか合格しなかったからである[103]．彼は，1904年に発表された身体的退化に関する省庁間委員会の調査にも証人として関わり，マンチェスターの大気汚染が住民の疾病と身体的退化の原因になっていると述べている[104]．こうして，イギリス人が健康と活力を回復し維持するためにも，都市政府が都市計画の権限と効率性を獲得することが必要と考え[105]，「われわれが，イギリスの都市の統治を，訓練を受けていないヴォランティアのカウンシル議員に委ねるというばかげたシステムを維持するならば，わが民族の破滅はまもなく完成するであろう」[106]と主張している．そして1908年には次のような警告を発している．「いまや，わが国民の非常に大きな部分が陰鬱で不健康な都市の影響によって弱体化しているときに，われわれは，住民がわれわれを数で凌駕し，身体と精神を鍛錬することによって，われわれよりもはるかに良く戦いの準備をしているドイツと，至るところで

---

101) M. Harrison (1987), p. 112.
102)「大きな絶えず増大する虚弱な都市住民と，小さな絶えず縮小する農村住民の持続的な結婚は，国民全体が身体的に虚弱で活力に乏しいという結果に終わるに違いない．それでは，強壮で活力ある兵士の支えによってのみ維持できる帝国と，帝国に劣らず，身体的・精神的強壮さと活力に立脚する工業的・商業的優位を維持することはできないであろう」(T. C. Horsfall 1884, p.30; cf. 1895, p. 10).
103) T. C. Horsfall (1904a), p. 19.
104) Report of the Inter-departmental Committee on Physical Deterioration, Vol.1, 1904, p. 20.
105) T. C. Horsfall (1904a), pp. 10-12.
106) T. C. Horsfall (1902), p. 13.

闘わなければならないであろう」[107].

ホースフォールにとって，ドイツは一面で学ぶことの多い範例であったが，他面で現実の脅威でもあったのであり[108]，彼の見解は「国民的効率（national efficiency）」の問題，あるいはイギリスとドイツの軍事的・経済的対立という時代の問題とも密接に関係していたことになる[109].

おわりに

最後に，ドイツとの比較を念頭に置いたホースフォールの所説の意義をまとめておきたい．

(1) イギリスからみたドイツの都市行政・都市政策の優れた特徴

まず，イギリスからみてドイツの都市行政・都市政策のいかなる特徴が注目されたのかという問題が挙げられる．ホースフォールは，周到に練られた建設計画の準備と遂行，およびその連動した周辺自治体の合併，都市近距離交通の整備，都市内外の土地購入，さらにこうした政策が「効率的かつ経済的」におこなわれる前提としての，市長や市参事会員の長い任期と有給専務職への転換に注目した．ホースフォールの議論の特徴は，都市拡張計画という手法に注目するだけでなく，それを実現するためには都市行政システムもドイツから学ぶべきだと考えた点にあり，その点でドイツに学ぼうとしたイギリス人のなかでも異彩を放った．

第3章でも述べたように，第二帝政期ドイツの都市政策と都市行政を考えるうえで，フランクフルト上級市長F・アディケスの活動と思想は，その到達点と限界を示すものと考えられるが[110]，ホースフォールにとってもアディケスは注目すべき存在であった．実際彼は，「アディケス氏の指導のもと

---

107) T. C. Horsfall (1908), p. 13.
108) M. Harrison (1987), p. 298. サトクリフは20世紀初頭の「国際都市計画運動」に関わった人々を，「完全にコスモポリタンな計画家」，「仲介者」，「外国をみる意欲をもちながら国内を拠点とする計画家」，「外国嫌い」の4つのタイプに分けているが，そのなかでホースフォールは「仲介者」に位置づけられている (A. Sutcliffe 1981, pp. 173, 176).
109) G. R. Searle (1971), pp. 29-30, 60-61, 67, 83.
110) アディケスについては，本書，第3章を参照．

でフランクフルトの市当局は，困難な住宅問題を効果的に処理するに際してドイツの大都市のなかで指導的な役割を果たして」おり，アディケスは「世界における都市政府のもっとも有能な権威の一人」であると評価している[111]．彼がフランクフルトの成功をアディケスのリーダーシップに帰したこと，フランクフルトの事例が，ドイツの都市行政と政策についての彼のイメージを形成するうえで大きく貢献したことは明らかである．このことは，ドイツの都市行政・都市政策の特徴を比較史的にみる場合，どこに注目すべきかを知るうえで貴重なヒントを与えてくれる．

　たしかに，ドイツの都市行政・都市政策が，三級選挙法という，一部の上層市民の利害を強く反映する選挙制度と関係していたことは否定できない．それが，イギリスやアメリカへの適用を困難にしたという指摘もなされている[112]．事実，ベルリンをはじめとするプロイセンのほとんどの都市は三級選挙法を採用していたが，フランクフルトの選挙制度は厳密には異なっていたし，他の多くの邦の選挙制度も三級選挙法にもとづくものではなかった[113]．したがって，ドイツの都市行政の利点を三級選挙法との関連だけを理由として否定することは一面的といえよう．

　たしかにホースフォールも1906年に，都市計画の採用にもかかわらずドイツの都市の住宅密度が高いことが，その効果に対する否定的見解を生み出していることに留意している．ドイツ，とりわけベルリンでそうしたことが起こるのは，街路が広く，建築区画も大きいため，地価が高騰し，このこと

---

111) T. C. Horsfall (1904a), p. 11. ホースフォールは，アディケス以外に，マンハイム上級市長ベック (Otto Beck)，ウルム上級市長ヴァーグナー，ウィーン市長リューガー (Karl Lueger) の名を挙げている (T. C. Horsfall 1910, p. 26).

112) M. Harrison (1991), p. 308; W. R. F. Phillips (1996), pp. 178-180.

113) W. Hofmann (1984), S. 606-612. フランクフルト市議会の選挙は三級選挙法ではなく，センサス選挙法 (Zensuswahlrecht) であった．これは，1866年のプロイセン併合前の制度を一部継承したものであり，プロイセンの公民権，成年男子，経済的独立といった条件に加えて，救貧を受けていないこと，自治体税を納めていること，3つの条件 (市内に住居をもっていること，2人以上の職人を雇って恒常的に営業を営んでいること，あるいは700グルデン以上の年間所得があること) のいずれかひとつを満たすことで政治的な権利が与えられるというものであった．したがって，この制度も制限的であったことに変わりはなく，フランクフルトの都市政策の先進性，あるいは自由主義左派や社会民主党の比較的早い市議会への進出を，直接に説明するものではない (W. Forstmann 1994, S. 357, 366; R. Roth 1996, S. 491; 北住炯一 1990, 251頁).

が建設費用がかさみ，家賃も高い大きな建物を生み出すためであり，それが三級選挙法という「非民主的な制度」と関係していることは，彼も認めている．しかし，ホースフォールは，ドイツ流の都市計画をイギリスにもち込んでも危険はないという立場をとり，「われわれが欲するものは，イギリスの住宅とドイツの計画の結合である」と結論している[114]．そして第一次大戦後の1920年の時点でも，「私は，ドイツの市議会（town councils）が，都市の成長をコントロールする計画を作る権力を生み出し行使することを発見した，最初のイギリス人である」という自負を彼はもち続けていた[115]．

(2) アディケスとホースフォールの都市政策思想の共通性

また，アディケスとホースフォールの都市政策思想には，共通するところが多いことにも注目したい．

第3章で述べたように，アディケスは住宅問題の解決のために都市拡張計画を策定し，公法的規制の導入を提唱し，フランクフルトの上級市長としてゾーン制建築条例，強制的土地区画整理，合併政策，都市交通の整備，土地課税，土地購入政策などの都市政策を実施した．ホースフォールはこれらの政策を非常に高く評価し，イギリスへのその導入を提唱した．

しかしながら，都市政策の無制限の拡大を支持していたわけではなく，公法的な規制や事業は，民間の経済活動を排除すべきではないという点でも，二人の見解は共通していた．アディケスは，市営住宅建設にそれほど積極的ではなかったが[116]，ホースフォールも，公法的規制は必要であるが，大量の住宅を建設できるのは民間企業だけであるという意見であり，市営住宅への評価は限定的であったとみて間違いない．

---

114) Midland Conference on the Better Planning of New Housing Areas under the Auspices of the National Housing Reform Council, held in the Council Chamber, at the Council House, Birmingham, Saturday, October 27th, 1906, Councillor J. S. Nettlefold (Chairman of the Housing Committee of the Birmingham City Council) Presiding, Birmingham 1906, pp. 12-13.
115) M. Harrison (1991), p. 309.
116) 本書，103, 115-116頁．フックス（Carl Johannes Fuchs），シュモラー（Gustav Schmoller），J・ミーケルも地方自治体による住宅建設には消極的であり，公益的住宅建設株式会社と労働者の協同組合の活動に期待した（後藤俊明 1995, 189-192頁）．

また，ホースフォールは効率的な都市行政の必要を認識しており，ドイツの都市に普及していた，都市行政への有給官吏の導入を提案した．アディケスも，有給官吏と名誉職官吏の共存が，あらゆる社会階級の協力を可能にすると論じ，ドイツの行政システムを積極的に肯定した．それゆえ，有給官吏と名誉職官吏の役割分担に関する，ホースフォールとアディケスの認識にも共通するものがあったと考えられる．

社会主義に対するスタンスにも，共通するものがあった．アディケスは，「新たな経済秩序の導入」という社会主義の目標には距離を置きつつも，社会政策をはじめとする多様な社会主義政策を推進し，協同組合，職業紹介所などの制度・施設を，それが社会主義思想から出てきたという理由だけで拒否することはなかった[117]．これに対してホースフォールも，独自の社会改良思想をもつフィランスロピストとしてさまざまな社会的活動に関わり，都市社会主義を擁護する一方で，社会主義運動には批判的であった．都市行政のトップに居続けたアディケスと，在野のフィランスロピストを貫いたホースフォールの立場の違い，あるいは英独両国の違いは無視できないが，急激な都市化の進展を背景とする都市労働者をめぐる諸問題の深刻化という課題への対応策には共通するものがあり，そうであるがゆえに，ホースフォールはアディケスの活動に注目したのであった．

(3) イギリス側の認識とドイツにおける実態の乖離

しかしながら，ホースフォールの認識はいうまでもなくドイツの実態そのものであったわけではない．ドイツの都市行政・都市政策には他の側面や要素があったことも忘れてはならない．たとえば，フランクフルトの自治体政治と自由主義に関する最近の研究によれば，フランクフルトの都市行政と都市政策の先進性は，アディケスやミーケルのような上級市長の精力的な活動と並んで，K・フレッシュのような自由主義左派ないし社会民主主義的立場に立つ市議会議員や，市参事会員の活動や思想によるところも大きかったことが明らかになっている[118]．また，アディケスのすべての政策が成功を収

---

117) 本書，117頁．
118) フレッシュについては，H. K. Weitensteiner (1976), U. Bartelsheim (1997), S. 298, J.

第8章　ホースフォールの活動と思想　331

めたわけでもなかった.「アディケス法」は確かに画期的なものであったが, 強制的な土地整理と交換分合は, 地主の抵抗により稀にしか実施されなかった[119]．

　もっとも先進的な都市行政を展開したと評価されたフランクフルトでさえそうであったとすれば, ホースフォールの認識とさらに乖離していた都市が存在しても不思議ではない. とりわけドイツ最大の都市であった首都ベルリンでは, ホープレヒト・プランや建築線法などの先駆的な試みがおこなわれながらも, 19世紀末に劣悪な住宅環境の代名詞であった高層高密住宅「ミーツカゼルネ（賃貸兵舎）」が次々と建設された[120]．また, ベルリンは第二帝政期に他の都市が競って実施していた周辺自治体の合併に失敗し, 1910/11年の時点では人口, 人口密度は飛び抜けて高かったにもかかわらず, 市域面積は20位に甘んじていた[121]．

　もちろん, ホースフォールもそのことを認識していなかったわけではなく[122], 1915年にはベルリンの住宅事情に関する論文を改めて書き, 地価の高さを背景とした高層高密住宅の多さ, 通風・日当たりの悪さ, 住民の身体的条件の悪さ, 風紀の乱れなどは認めている. しかし, ホースフォールがそもそも注目したのは, これらの問題が都市計画による広い街路やオープン・スペースでカバーされうるということにあり, すべての都市が建築計画をもつべきことをイギリスがドイツから学んだことの重要性を, ドイツがイギリスから田園都市, 田園郊外, モデル村落などを通じて学んだことの重要性とともに, 再度確認することを忘れていない[123]．

　ホースフォールは, イギリスにもドイツよりもすぐれた制度や構想が存在していたことを自覚しており, ドイツの制度をまるごと導入しようとしたわけではない. このことは, 戸建て住宅がなお支配的であり,「住宅内の人の

　　Palmowski（1999）, pp. 249-254, 北村陽子（1999）, 82-86頁を参照.
119)　本書, 119-120頁.
120)　相馬保夫（1995b, 63-76頁）. ただし, ミーツカゼルネの増加はベルリンに限定されるものではなく, フランクフルトでも19世紀末に激増した（北住炯一 1990, 215-219頁）.
121)　馬場哲（2004b）, 16-17頁.
122)　T. C. Horsfall（1904a）, p. 3.
123)　T. C. Horsfall（1915）. cf. M. Harrison（1987）, p. 286.

過密」の点ではイギリスのほうが良好な状態にあると考えていたことからもわかる[124]．その意味で，ドイツの都市計画・都市行政に関する彼の観察と，それに基づく提言は，多分に選択的であった．しかし，ホースフォールがドイツの都市行政における，市参事会と市議会の二元的構成を理解せず，イギリスのカウンシルにおける議会と委員会の関係に引きつけて理解しているため混乱を来していることも，指摘しておかなければならない．有給専務職のイギリスへの導入を強く主張したホースフォールが，この肝腎な点を正確に理解していなかったのは驚きである．執行機関としての市参事会が市議会のチェックを受けつつ独立して政策を立案・遂行したことが，この時期におけるドイツ都市行政の最大の特徴であり，ホースフォールが注目したのもまさにこの点だったはずだからである．

したがって，認識が実態を忠実に反映したものではなかったことには注意する必要があるが，ここで何よりも重視すべきことは，こうした認識が，ネトルフォールドの活動や田園都市運動などと共鳴しあいながら，1909年住宅・都市計画法成立に向けたイギリス都市計画運動に合流し，それを推し進める原動力となったことである．そこで，第9章では，ネトルフォールドの活動と思想を分析することにしたい．

---

124) T. C. Horsfall (1904a), pp. 2, 17.

第9章
ネトルフォールドの活動と思想
——市営住宅反対論とドイツ的都市計画の融合の試み

はじめに

　J・S・ネトルフォールドは，イギリス住宅政策史や都市計画史の研究においてしばしば言及される人物であるが，その位置づけは高いとはいえない．たとえばA・サトクリフは，バーミンガムではフラットが1920年代末まで受け入れられなかったという文脈のなかで，ネトルフォールドの「新しい戦略」を「中心部のスラム住宅の『補修（patching）』，および建設は民間企業によるが都市計画はコーポレーションによる，低密度郊外住宅への人口の長期的な運動」に基づいたものと捉える．そのうえで，フラット建設に反対したネトルフォールドの方法が安価な住宅の供給を減少させたことが，1914年のカウンシルでの住宅調査特別委員会報告によって明らかになったとして，彼の政策にはっきりと否定的な評価を与えている[1]．

　これに対しては異論もある．G・E・チェリーは，法律に基づく都市計画スキームを作成したバーミンガムでの実践が，イギリス都市計画成立史においてもった意義を論じた1975年の論文で，その中心的存在であったネトルフォールドの役割を強調しており，1994年の著書でも，ネトルフォールドの立場を，市営（公営）住宅建設に対する断固たる反対，郊外における有効な土地利用の重視，ドイツの都市計画への注目を柱とする首尾一貫した都市計画の要求と捉えたうえで，こうした彼の考えが後年忘れ去られたことに疑問を呈している[2]．M・J・ドーントン（Martin. J. Daunton）も，市営住宅反

---
1) A. Sutcliffe (1974), pp. 181, 188-189.
2) G. E. Cherry (1975), p. 31; (1994), pp. 103-105.

対論者としてのネトルフォールドに一層注目し，第一次世界大戦後に市営住宅建設が本格化したことをもって，後知恵的に彼の議論を異端扱いすることに異議を申し立て，地価の安い郊外における低密度住宅地の開発という，1909年住宅・都市計画法につながる視点を彼が打ち出していたことを評価している[3]．

著者の見方はチェリーに近いが，チェリーの主たる関心は，ネトルフォールド個人というよりもイギリス都市計画成立史におけるバーミンガムの位置に向けられている．そこで本章では，ネトルフォールドの活動と思想の意義と特徴を，ホースフォールとの対比を念頭に置きながら明らかにすることにしたい．この作業は，第8章と同様に，ドイツの都市行政・都市計画がイギリスでどのように認識されていたのかという著者の問題関心の一環にもとづくものでもある．

1. 住宅問題への関与とバーミンガム・カウンシル住宅委員会委員長への就任

ジョン・サットン・ネトルフォールド（写真9-1）は1866年5月にロンドンで生まれた．1878年にバーミンガムに移り，学校を卒業後ネトルフォールド社に入った．3年後に彼はモンマス州ロジャーストーンの製鋼所を引き受け，この頃アーサー・チェンバレン（Arthur Chamberlain）の長女と結婚した．アーサーはジョセフ・チェンバレンの弟である．その後ネトルフォールドはキノック社に移り，同社の取締役（managing director）を長年務めたが，彼はそれ以外にもトーマス・スミスのプレス社，ヘンリー・ホープ父子社の重役も長期にわたり務めた[4]．したがって，ネトルフォールドはバーミンガムの名士の一族に連なり，実業家としても成功を収めた人物ということができる[5]．

---

3) M. J. Daunton (1983), pp. 290-292.
4) Birmingham Post, 5. November 1930 の死亡記事による．
5) ブリッグズ（Asa Briggs）は「ネトルフォールドは，都市のチェンバレン的伝統のもっとも重要な守護者であった」と述べている（A. Briggs 1952, p. 143）．

写真9-1　ジョン・サットン・ネトルフォールド
出典：G. E. Cherry（1974），p. 41.

　ネトルフォールドが政治の世界に足を踏み入れたのは，1898年にエッジバストン＝ハーボーン行政区から選出されて，自由統一党所属のバーミンガム・カウンシル議員になったときであった[6]．最初の2年間は財務，市街鉄道，住宅，衛生，地所，浴場・公園の委員会に所属して都市問題を勉強し，都市経営の手法にビジネスの手法をもちこむことの必要性を感じた．その際

---

6) G. E. Cherry（1975），p. 5；（1994），pp. 102-103；C. Chinn（1999），p. 14. ネトルフォールドは13年間議員を務めたが，1911年の選挙で落選して市政から離れた後も在野で活動を続けた．

ネトルフォールドがとくに重視したことは，不必要な支出の増大は地方税の増大を当然もたらし，納税者の不満を招くということであった[7]．

ネトルフォールドが住宅問題に本格的に関わるようになったのは，1901年11月に住宅委員会（Housing Committee）がカウンシル内に新設され，その委員長に任命されたときからであった[8]．その経緯に入る前に，19世紀末におけるバーミンガムの住宅事情について簡単に触れておこう．1875年に職人・労働者住宅改良法（クロス法）が制定されると，市長ジョセフ・チェンバレンは改良委員会（Improvement Committee）を設置して，市の中心部で改良スキームによる大規模なスラム・クリアランスを実施した．その結果，多くの住民が退去させられたが，道路整備が中心だったため住宅建設は予定通り進展せず，中心部の住宅事情はかえって悪化した[9]．

ところが，1884年の職人住宅調査委員会報告の内容が，中心部における住宅不足，過密，不衛生住宅の存在を否定するものだったこともあり，1885年に改良委員会によって提案された，地方行政庁の融資を受けてダルトン（ジェイムズ・ワット）街にフラットを建設する計画は，採用されなかった．そして，ようやく1890年9月にライダー街に22戸の市営住宅が，1戸当たりの建設費182ポンド，週家賃5シリング6ペンスで，1891年にローレンス街に81戸の市営住宅が，1戸当たりの建設費172ポンド，週家賃5シリング～7シリング6ペンスで建設され，これがバーミンガムにおける市営住宅の嚆矢となった．しかし，1884年の家賃水準は3シリング6ペンスないしそれ以下であったから，この家賃は労働者階級には高すぎ，住宅問題の解決にはほど遠かった[10]．次に計画されたのが，1890年法に基づくスキームであり，これも改良委員会と衛生委員会の対立などにより紆余曲折があったが，1898年にミルク街に合計61戸の住宅・店舗を建設するスキームが認められ，1900年秋に総工費1万78ポンドを費やして完成した．週家賃は3～

---

[7] J. S. Nettlefold (1908a), pp. 5-6. 財政支出の抑制という観点は，都市計画の導入の必要を訴えるときにも強調された（J. S. Nettlefold 1907a, pp. 2-3）．
[8] G. E. Cherry (1975), p. 5; (1994), p. 102.
[9] J. T. Bunce (1885), pp. 455-484; A. Briggs (1952), pp. 77-82.
[10] J. T. Bunce (1885), pp. 500-506, C. A. Vince (1902), pp. 352-359; (1923), p. 182; A. Briggs (1952), pp. 83-84; C. Chinn (1999), pp. 8-9.

5シリングであった[11].

　ミルク街の住宅は，改良委員会を引き継いだ市有財産委員会（Estates Committee）の管轄下にあったが，居住に不適な住宅の閉鎖，補修，解体に関する自治体のすべての権限はまだ衛生委員会が保持していた．また，貧しい居住者が，建て直しを伴わない解体によって住居を奪われることのないように，この権限は注意深く行使されるべきであると考えられた．しかし，この時期に不衛生な住宅環境の実態が次々と明らかになるにつれて，住宅問題に対する世論の関心が高まった[12]．すなわち，1872年以来の初代衛生医務官（Medical Officer of Health）ヒル（Alfred Hill）が，毎年バーミンガムの劣悪な住宅事情を報告し，その後もバス（T. J. Bass），ファローズ（J. A. Fallows），ウォルターズ（J. Cuming Walters）らが中心部の住民の貧困の悲惨さや死亡率の高さを広く世に知らしめたのである[13]．たとえば，ウォルターズは，1901年に『バーミンガム・デイリー・ガゼット』に連載された記事のなかで，バーミンガムには4万のバック・トゥ・バック住宅があり，中心部の6地区（Ward）の死亡率は非常に高いので，地方政府は，1890年労働者階級住宅法で与えられた権限に基づいて，中心部のスラムを撤去し，その近隣に衛生的な低所得層のためのフラット・システムの市営住宅を建設すべきであると主張した（写真9-2）[14]．

　こうしたなかで，カウンシル内部で論争が始まり，ネトルフォールドは衛生委員会（Health Committee）委員長クック（Alderman Cook）と激しい議論を展開した．衛生委員会は1900年7月31日の報告で，新しい大規模な住宅スキームが必要になったと主張した．1891〜1899年の間に536の住宅が解体を命じられ，それを上回る数の住宅が，補修を実行できない持主によって閉鎖されたが，このような家賃の上昇と他の地区の密集につながる政策は，これ以上推奨できないと判断したからである．このため委員会は，1890年労働者階級住宅法第3部に基づいて，労働者住宅を建築する用地を調査し，

---

11) C. A. Vince (1902), pp. 359-363; (1923), pp. 182-183; A. Briggs (1952), pp. 84-85; C. Chinn (1999), p. 11.
12) C. A. Vince (1902), p. 183.
13) J. A. Fallows (1899), pp. 4-13; C. Chinn (1999), pp. 10-11, 13-14.
14) J. C. Walters (1901), pp. 40-42.

338　第IV部　イギリスにおけるドイツ都市行政・都市政策認識

写真 9-2　1890 年労働者階級住宅法施行前のバーミンガムの住宅
出典：J. S. Nettlefold（1908b），Photograph III.

　ボーズリー・グリーン街とヤードリー街の間の条件の良い地所（＝ボーズリー・グリーン地区（Bordesley Green Land），約 17 エーカー）を，6,200 ポンドで労働者住宅の建設のためにスモールウッド（Joseph Smallwood）より購入することを提案した．この提案は可決され，地所が財務委員会（Finance Cmmittee）の融資を得て購入された．しかし，計画の詳細を決めるのに時間がかかり，住宅法の執行には別の委員会が必要という意見が強まった[15]．
　住宅委員会の新設は 1901 年 3 月 5 日にカウンシルにおいてはじめて議論されたが[16]，設置が決まったのは 6 月 18 日の議会においてであった．その際，1890 年労働者階級住宅法に基づく権限と義務を，市有財産委員会と衛生委員会から住宅委員会に委譲することは問題ないとしても，公衆衛生法のうち住宅の補修と解体に関わる部分をも衛生委員会から住宅委員会に委譲すべきかどうかが問題となり，一般目的委員会（General Purposes Committee）

---

15) BCP, 1899/1900, pp. 626-631, 639-640; C. A. Vince (1923), pp. 184-185.
16) BCP, 1900/01, pp. 209-210.

にこの問題の検討が委ねられた[17]．この間，公衆衛生法と住宅法を併用する必要を訴えた衛生委員会の反論があったが[18]，検討の結果は10月22日の議会で報告され，将来権限を拡大させる可能性を残しながらも，当面は居住に不適切な住宅を扱う住宅法に基づく権限だけで，住宅委員会の目的は十分達成されるという見通しが示された．また，すでに始まっている住宅改良スキームのうち，ローレンス街とライダー街のスキームは，市有財産委員会の管轄に残し，ミルク街のスキームは，住宅委員会に委譲するのが良いという提案が出され，異論もあったが結局承認された[19]．そして11月9日に8名のメンバーが任命され，ネトルフォールドはその委員長に就任することになった[20]．

2. 住宅委員会の基本的立場

住宅委員会は，発足後1カ月も経たない1901年12月4日に最初の報告をおこなっているが[21]，委員会の基本的な考え方を知るうえで重要なのは，1902年3月4日の報告である．これは，死亡率が非常に高い市内の地区（アダム街，ラヴ小路，オキシジェン街など）の調査結果の報告であるが，そこでは当該地区が不衛生地区で住民の健康にとって有害であることを認めつつ，衛生医務官ヒルが提言したような1890年労働者階級住宅法第1部に基づく大規模な改良スキームの実施ではなく，同法第2部に基づく個別的・部分的な改良でも実質的な改善が可能であると主張している．その理由は，第1部に基づく改良スキームの手続きは時間と費用がかかり，地方税負担の増大をもたらすので賢明な策ではなく，しかも第2部に基づく部分的改良によってもほとんどの衛生上・道徳上の弊害は除去できるというものであった[22]．衛

---

17) BCP, 1900/01, pp. 573-574.
18) C. A. Vince (1923), pp. 185-186.
19) BCP, 1900/01, pp. 681-685.
20) BCP, 1901/02, p. 26; C. A. Vince (1923), pp. 181, 187.
21) BCP, 1901/02, pp. 79-81.
22) BCP, 1901/02, pp. 229-239. cf. J. S. Nettlefold (1905), pp. 17-18. ネトルフォールドも第2部が多くの難点をもち，使いにくいといわれていることを承知していた．しかし，第2部に基づく補修が家主の負担でおこなわれるのに対し，第1部ではスラム解体に際

生委員会が1901年6月18日に提出したボーズリー・グリーン地区全体の市営住宅建設スキームに対しても，住宅委員会は批判的な立場を取った．すなわち，同じ3月4日の報告で，市の財政状況を考えるならば市が大規模な住宅建設をおこなうことは不適切であり，私的所有者による良質な労働者階級向け住宅の供給を支援すべきで，そのために適切な賃借人に土地を貸す権限を住宅委員会に与えるようカウンシルに求めている[23]．

このときカウンシルは，ボーズリー・グリーン地区の改良スキームが適切でないことには同意しつつも，住宅委員会に1890年労働者階級住宅法第2部に基づく弊害の除去のための提案を作成するとともに，ポッター街に「フラット」を建設するスキームを提出するよう指示した[24]．後者についても，1901年6月18日の衛生委員会報告においてフラット建設の提案がなされていたのであるが，住宅委員会はその問題の検討をも指示されたのである．しかし，与えられた時間が2カ月と短かったため，1902年6月3日の住宅委員会報告は衛生委員会の提案に反対するという形を取り，その理由は，住宅委員会が推奨する「一般的政策」として提示された．重要なのでみておこう．委員会が問題視したのはカウンシルの強い関与と，地方税納税者への重い負担であり，それを理由として，資源の節約の要求と市営住宅建設に対する強い反対が表明された．そして，バーミンガムで近年安くて良質な住宅が建てられない理由として，以下の4つを挙げている．

①自治体による条例が効率を高めることなく建設費を高くしている．
②地価が上昇している．
③自治体による競争への危惧は民間企業（private enterprise）の活動にとって支障となる．
④市の中心部の住宅供給は，人口の郊外への流出がひとつの理由となって，

　　して家主に補償金が支払われ，地方税納税者の負担となることが問題視された（J. S. Nettlefold 1907b）．
23) BCP, 1901/02, pp. 239-240. cf. BCP, 1904/05, pp. 256-257. カウンシルは1902年3月11日に検討の結果，求められた権限を住宅委員会に与えた（BCP, 1904/05, pp. 257-258）．
24) BCP, 1901/02, pp. 241-243.

現在の需要を越えている.

　このように住宅委員会の立場は，多額の地方税を使う市営住宅建設に反対し，自治体は民間企業の活動への障害をできるだけ取り除くことに努力を傾注すべきであり，そのほうがはるかに多くの安価で良質の住宅の建設をもたらすであろうというものであった．もちろん，民間企業に対する注意深い管理は必要であるとされたが，自治体と民間企業が協力してこそ住宅問題は解決すると考えられたのである．また，バーミンガムのスラムの衛生状態の改良は1890年労働者階級住宅法第2部に基づく権限の行使によって実現されるという上述の立場も，同様の発想によるものであり，テナントだけでなく財産所有者＝家主にも利益のある活動が必要と考えられた．この報告に対しては修正動議が出されたが否決され，結局住宅委員会の報告がそのまま承認された[25]．バーミンガムのカウンシル内では，市営住宅建設推進派が少数派であったことがうかがわれる[26]．

　1903年10月20日にカウンシルに提出された報告では，市営住宅に反対する理由がさらに詳しく述べられている．

①自治体が個人よりも安く資金を借りることができるので，市営住宅建設は家賃を引き下げるが，結果的に他の方法よりも高くつく．
②市営住宅は地方税を用いるが，それでは十分な量の住宅を供給できないので，一部の者の利益のために多くの者に課税する結果を常にもたらすことになる．
③地方税の補助を受けたカウンシルが住宅建設・賃貸で競争すると，他の人々を建設業から追い出すことになり，需要に比して僅かな家しか供給されないという結果をもたらす．
④政府は家賃を支払う余裕のない人々に良質で安価な住宅を提供すべきで

---

25) BCP, 1901/02, pp. 702-715.
26) 1902年2月に『バーミンガム・デイリー・メール』に掲載された，ネトルフォールドとは別人と思われる匿名の著者による論説でも，市営住宅反対論が詳細に展開されている（Anonymous 1902a）．

あるが，それにふさわしい「リスペクタブルな貧民」は市営住宅に住もうとしないので，結局市営住宅には必ずしも援助を必要としない人が住むことになる．
⑤市営住宅建設は都市でもっとも貧しい階級への地方税の援助を受けた慈善の一形態といえるかもしれないが，地方税はコミュニティのあらゆる階級から強制的に徴収されるので，「貧困線」を越えたばかりの多くの人々を大きく圧迫することになり，それは市営住宅を必要とする人を減らすのではなく，増やすことになる．
⑥市営住宅建設が市の家賃を引き下げるとすれば，それは雇用主を補助する効果をもつだけである．家賃が下がると賃金がそれに応じて下がるからであり，多くの人がぎりぎりの生活を続けることになる．また，家賃の低下は不熟練労働者が都市にやってくることを誘発し，現在働いている者を深刻に侵害する[27]．

市営住宅建設に対して，ネトルフォールドは以下のような対案を出している[28]．

①居住に適さない市内の住宅は，できるかぎり速やかに補修されるべきである．自治体は援助できることをすべきであり，必要であれば，家主と借家人が家を清潔にし整頓することを強制すべきである．
②混雑した路地は街路に対して開放されるべきであり，残ったどの家にも適度な量の光と空気が入るように離れ屋は建て直されるべきである．
③人々の休息と余暇のために，オープン・スペースが可能な場所のすべてに提供されるべきである．
④現在家賃が週4ペンス以下の空き家が785もある．以上の提案がなお安価で良質の住宅の不足を生み出すのであれば，その時点で自治体は市営住宅建設を検討するべきである．
⑤一部の条例は，質を落とすことなく建設費用を下げるという観点からす

---

27) BCP, 1902/03, pp. 799-810. cf. J. S. Nettlefold (1905), Appendix 1.
28) BCP, 1901/02, pp. 799-807. cf. J. S. Nettlefold (1905), pp. 90-96.

でに修正されている．この方向でさらに何がなされうるかが検討されるかもしれない．
⑥他の都市で非常な成功を収めているオクタヴィア・ヒルの家賃徴収システムは，すぐにバーミンガムでも導入されるべきである．
⑦完全に近代化された市街鉄道システムの市への導入および市内と郊外を結ぶ安価な交通手段によって，労働者は市内で働き，土地が安く空気がきれいな農村に住むことができる[29]．そして今後数年間この政策が活発かつ慎重に遂行されるならば，コミュニティの貧しい部分がより快適で衛生的な環境のなかで住むことが可能になり，住民全体の条件が改善されるであろうという結論によって報告は締め括られている．

以上，1901年の設置から約2年間の住宅委員会の活動と，その基本的立場を辿ってきた．ネトルフォールドは設置以後1908年まで委員長を務めていたから，委員会内での彼のイニシアティブにはまず疑問の余地がない．しかし，ネトルフォールドはホースフォールと同様に，個人として多くの著作や講演記録を残している．そこで，次に彼の主な著作を検討して両者を付き合わせてみることにしよう．

3. ネトルフォールドの住宅政策思想

ネトルフォールドの初期の代表的著作として，『住宅政策』(*Housing Policy*：1905年) を挙げることができる．冒頭で本書の内容は住宅委員会と一切関わりなく，住宅問題に関する彼自身の理論的・実践的研究の成果であると述べられてはいるが，地方政府によって住宅が建設されれば問題は解決するとは考えないと旗色を鮮明にしている．ここで注目したいのは，彼が

---

[29] 当時バーミンガムでは，他の主要都市に遅れて市街鉄道の電化と市営化の過程が進行しつつあった．すなわち，1900年にカウンシルに市街鉄道委員会が新設され，難航の末1904年に最初の市営路線の開通を実現したのち，1907年には蒸気鉄道から電化への移行が完了した．そして1911年の大合併に伴って，カウンシルは郊外を含む市街鉄道システム全体を掌握し，路線総延長は110マイル，所有車輛数は465に達した（C. A. Vince 1923, pp. 101-118; A. Briggs 1952, pp. 95-96; W. B. Stephens 1964, p. 351）.

「住宅問題は単なる良好な衛生問題をはるかに超えるものである」と考えていることである．住宅事情は，道徳的，知的，社会的，産業的条件に規定されるので，住宅問題を解決するためにはこれらの問題すべてを考慮する必要があるというのである[30]．こうした認識はホースフォールにも通じるものであり，彼らのフィランスロピー活動を根底で支えていたということができる[31]．同書の構成は，第1章「序論」，第2章「バーミンガムの状態」，第3章「市営住宅建設への異論」，第4章「地方当局によってなされうること」，第5章「他の機関によってなされうること」，第6章「ドイツの範例」，第7章「住宅問題解決のための提案要旨」となる．

このうち第3章と第4章の基本的内容は，すでに紹介した住宅委員会の報告と基本的に一致しており[32]，住宅委員会の見解がネトルフォールドの主導のもとにまとめられたことが，ここからも裏付けられる．彼の基本的見解は総括に当たる第7章で示されているが，そこでは住宅問題解決のための提案が12項目にまとめられている[33]．

① 1890年労働者階級住宅法第2部に基づく権限が地方政府に委ねられれば，多くのことができる．
② バーミンガムのような大都市では，職人階級の将来の妻が家の管理を学ぶ機会はあまりないので，学校で家庭管理がもっと教えられるべきである．わが民族の将来の健康と繁栄のためには，それは技術教育よりもはるかに重要である．
③ 家庭管理を学ぶには遅すぎる者にとって，オクタヴィア・ヒルの家賃徴

---

30) J. S. Nettlefold (1905), pp. 7-8.
31) 本書，304-307頁．ホースフォールによれば，フィランスロピーとは，コミュニティ全体が「身体的，精神的，道徳的な健康」を維持できるように，中産階級がヴォランティア団体を拠点として努力することを意味した．
32) 『住宅政策』第3章の市営住宅反対論には，市営住宅が選挙の公正さに対して悪影響を及ぼす点が新たに指摘されている．第4章のカウンシルの権限では，市立学校の少年少女に「健康の法則」が教えられるべきこと，劣悪な住宅の居住者や家主には罰則が課されるべきこと，1899年の小住宅獲得法が，労働者が自身の住宅を買うために利用されるべきであることが，1903年10月20日の報告とは異なる論点である（逆に①②④がない）（J. S. Nettlefold 1905, pp. 38, 43-44）．
33) J. S. Nettlefold (1905), pp. 81-89.

収システムはすぐれた代替策である．
④指導が不可能な場合には懲罰的な力が必要である．不潔あるいは過密な住宅は，酔漢と同様にコミュニティの福祉に対する犯罪である．
⑤完全で近代的な市街鉄道システムの必要について改めて指摘する必要はない．
⑥必要な数のオープン・スペースがすべての新しい地区にも供給されることを確保する措置が取られるべきである．
⑦条例や他の公的規制が建設費を不必要に上昇させないための最大限の注意が必要であり，バーミンガムの住宅に関する条例は，効率を損なうことなく建設費を下げるようにすでに修正されている．
⑧ホースフォールの本を読んだ者は，もしイギリスの都市が都市拡張計画を採用し，土地を妥当な価格で購入したら，上述の理想の多くを容易に達成することにすぐに気づくであろう．
⑨土地増価税法は，地方政府による都市拡張計画の採用を大いに促進するであろう．
⑩新しい地区のパブの数は厳格に抑えられるべきである[34]．
⑪食料，衣服，住宅のような日常的に使うものの価格をコミュニティ全体について固定するのは，中央・地方政府の義務ではないし，その権限を越えている．〔＝市営住宅反対論〕
⑫住宅改良家リーヴァー（William H. Lever）やG・キャドベリーにただただ感謝するほかない．E・ハワードやT・アダムズ（Thomas Adams）ほかの著名なフィランスロピストの努力のおかげで，最初の田園都市の建設がレッチワースで始まった現在，このスキームに言及しない住宅問題解決のための提案は完全とはいえない[35]．

---

34)「飲酒が住宅問題の非常に大きな原因である」という認識は広く共有されていた．詳しくは，J. S. Nettlefold（1905），pp. 60-69 を参照．「スラム生活の条件は，飲酒がスラムの存在に大きく貢献しているのと同様に，飲酒への大きなインセンティブである」．
35) ネトルフォールドは，ピーボディ寄付基金やギネス・トラストなどを具体例として考えている（J. S. Nettlefold 1905, pp. 97-102）．フィランスロピストの住宅建設活動のなかでも彼がとくに注目し，後に自らも実践したのが，レッチワース田園都市でも採用された，借家人も出資するコ・パートナーシップ方式であった（BCP, 1905/06, pp. 604-605）．コ・パートナーシップ方式については，J. Birchall（1995）を参照．

最後にネトルフォールドは，以上の提案が住宅問題を完全に解決するとは思わないが，いくらかの実践と理論的研究を経てこの小さな本で主張された住宅政策が実施されれば，イギリスにおける不必要な苦難の多くをかなり緩和するであろう．イギリス国民が，重要で緊急な国内問題がこれ以上無視されることを拒否するときが来たと考える．帝国の心臓部が清潔で健康的でなければ，帝国のどこも，安全で健全で満足すべき状態ではない，と締め括っている．

　すでに確認した点以外で注目されるのは，第1に，②で家庭管理教育の必要を説くとともに，⑩でパブの抑制を訴えるなど，住宅問題の解決には「道徳的，知的，社会的」な側面も考慮されなければならないという視点が具体化されていることである．第2に，市営住宅建設に対しては否定的である反面（⑪），リーヴァー，キャドベリー，ハワードらの住宅事業もフィランスロピーに含めて，高く評価していることである．ネトルフォールドが，1906年以降本格化するイギリス都市計画運動において，ドイツ流の都市拡張計画と，フィランスロピストによるモデル村落・田園都市を橋渡しする役割を果たしたことが，すでに予示されているといえよう．

4. ネトルフォールドの住宅政策への評価

　これまでみてきたように，ネトルフォールドは，1901～1908年に住宅委員会委員長としてバーミンガムの住宅政策を主導したが，その大枠は，中心部では1890年労働者階級住宅法第2部に基づく部分的な補修を実施し，同法第1部に基づく大規模なスラムの解体や市営住宅の建設には反対するというものであった．しかし，こうした彼の政策に対しては当然批判があった．

　同法第3部が市営住宅建設に法的基礎を与えたことはすでに述べたが，バーミンガムにおいても，市営住宅建設を推し進めようとした人々は存在した．クックを委員長とする衛生委員会もそうであるが，1899年にバーミンガムのスラムの劣悪な状態を紹介して，カウンシルによる郊外開発や土地課税の強化などを提案し[36]，1902年にカウンシル議員となったファローズも同様

---

[36] J. A. Fallows (1899), pp. 13-14.

であった[37]．しかし，ファローズらによれば，ネトルフォールドをリーダーとする「理論的個人主義者（the theoretic individualist）」によって，衛生委員会の提案は否定され，住宅委員会に住宅政策は委ねられることになった．その基本的な考え方は，「すべての建設活動は民間企業に委ねられるべきであり，自治体の義務は補修の実施と絶望的に不衛生な住宅の解体だけである」というものであった．

1905年の時点でファローズは，衛生医務官ロバートソン（John Robertson）の報告も援用しながら，住宅委員会の成果に対して厳しい評価を与えている．すなわち，多額の資金が使われたにもかかわらず，補修後の住宅の状態は決して良好ではなく，上水道や水洗トイレの整備も遅れており，解体された住宅から追い出された住民は，他の過密住宅に移ったにすぎず，家賃は上昇している．ボーズリー・グリーンの敷地もまだ利用されていない．それはまさに大都市の必要に対応できない「つぎはぎの政策（policy of patches）」であり，結局バーミンガムの住宅事情は，3年前からあまり改善されていないことになる．そしてネトルフォールドは以下のように厳しく弾劾されている．「住宅委員会は，委員長が民間の強欲と公益を調和させるという不可能な課題を自らに課したために失敗した．ネトルフォールドは理論的個人主義者であるが，個人主義は破綻しており，現実的な政治家から役に立つ原則としては長らく放棄されている．」[38] こうしてファローズは，住宅建設を民間企業に任せていては，賃金の低い労働者に衛生的で家賃の低い住宅を供給することはできず，市営住宅こそがそれにふさわしいが，それは地価が安く，市街鉄道で中心部と結ばれた郊外に建設されるべきであるとして，郊外での市営住宅建設を提言したのである．

これに対してネトルフォールドの政策は，1902年に反「都市社会主義」キャンペーンを展開した『タイムズ』誌の論説で，市営住宅建設の代替策を模索している自治体に範を示すものと評価されている[39]．ネトルフォール

---

37) J. A. Fallows (1905), p. 3; J. A. Fallows/ F. Hughes (1905), p. 1. ファローズは，これを「進歩的な住宅政策（a progressive housing policy）」と表現している
38) J. A. Fallows/ F. Hughes (1905), pp. 1-3.
39) Anonymous (1902b), pp. 77-78.

ド自らも，1906年3月28日にタウン・ホールでおこなわれた講演「住宅改良」で，1902年1月から1906年3月までの期間における住宅委員会による事業の成果として，衛生医務官による申立て（representation）を受けた住宅2,832戸（居住可能になった住宅844戸，解体された住宅422戸，作業場に転換した住宅21戸，現在修繕中の住宅220戸，警告の失効の引き延ばしを交渉中の住宅1,325戸，閉鎖命令を受けた住宅778戸），開削された路地41，申立てなしに修繕された住宅265戸を挙げ，さらになすべきことは多いが，多くの困難を考えれば悪くない数字であると述べている[40]．また，「スラム改良と都市計画」（1907年）では，住宅委員会は過去5年間に2,105戸の不衛生住宅を取り扱い，管理費に4,105ポンド余，解体された建物の持主への補償に3,132ポンド余の地方税を支出して，1,439戸を居住可能にし，635戸を解体し，12エーカーの土地がオープン・スペースになったと述べ[41]，『現実的な住宅建設』（*Practical Housing*：1908年）でも，1890年労働者階級住宅法第1部の適用は地方税納税者に負担をかけるため財政的に難しく，第2部に基づく住宅修繕政策で既存の弊害はすべて除去できると改めて主張し，約1/4の不衛生住宅が過去6年間に完全に修復されたとして，自らの努力の成果を強調している[42]．

　ネトルフォールドの主張をそのまま受け入れてよいかどうかはともかく，次の点は指摘しておく必要がある．すなわち，1914年10月27日に，住宅調査特別委員会はたしかにカウンシルで「バーミンガムの貧困層の大部分は，衛生的にも道徳的にも有害な住宅条件のもとで生活している」と報告しているが，「実際ごく最近までバーミンガムに住宅不足はなかった」あるいは「調査の初期の段階で不足が深刻になりはじめた」とも述べており，その原因を1909年住宅・都市計画法の制定後に住宅の閉鎖・解体が迅速に実施さ

---

40) J. S. Nettlefold (1906a), pp. 7-8. またネトルフォールドは，住宅委員会が補修を強要して住宅所有者を破滅させたという批判に対しては，住宅委員会が責任をもつのは，すべての不衛生住宅をできるだけ速やかに徹底的に補修することであり，補修費をできるだけ低く抑えることにいかなる協力も惜しまないと反論している．

41) J. S. Nettlefold (1907a), p. 4.

42) J. S. Nettlefold (1908b), pp. 24, 37. 1911年までの10年間の活動の数字については，J. S. Nettlefold (1911), p. 1を参照．それによれば，居住可能になった住宅は2,819戸であった．

れるようになったことに求めている．また，市営住宅建設にもなお慎重な姿勢が取られている[43]．したがって，ネトルフォールドの政策が直接に批判されているわけではなく，サトクリフがネトルフォールドの政策に対して下した前述の評価は妥当とはいいがたい．

5. ホースフォールとドイツの「都市拡張計画」からの影響

　ネトルフォールドは，中心部にある旧来のスラムにある劣悪な住宅を個別に補修することをまず目指したが，それとともに郊外に新しいスラムができることを阻止することによって，より包括的な住宅政策を樹立しようと考えた．そしてその手段として注目したのが，ドイツ流の「都市拡張計画（Town Extension Plan）」であった[44]．すなわち，1905年4月4日の住宅委員会の報告は，前述の1902年3月4日の報告に沿って，ボーズリー・グリーンの敷地では衛生委員会が1901年6月18日に報告したような市営住宅建設スキームが実施されるべきではなく，テイラー（Henry Taylor）に土地を99年期限で賃貸する提案をおこなったというものであった．意見を求められた衛生医務官ロバートソンも計画を高く評価したが，借地の公開入札を求める修正動議が出されたため，ネトルフォールドらは当初の動議を撤回した[45]．ネトルフォールドは，この計画を「ドイツで非常にうまく進んでいる『都市拡張計画』に倣ったバーミンガムにおける小さな実験」と位置づけているが，動議は撤回されたとはいえ，そこで問題となったのは借地料が十分高くないこ

---

43) BCP, 1913/14, pp. 733, 742-745.
44) J. S. Nettlefold (1907b) はその簡潔な定式化である．ネトルフォールドはこの考えをその後も変えなかったが，後にこれを「二重政策（the two-fold policy）」と呼んでいる（J. S. Nettlefold 1914），pp. 250-251.
45) BCP, 1904/05, pp. 256-268. その後のボーズリー・グリーン地区の開発についてここで触れておこう．1907年1月15日に住宅委員会は，バーミンガムに1万人の会員をもつ「理想友愛協会（Ideal Benefit Society）」に109年期限で土地をリースするという提案をおこなった．これに対しても，衛生委員会の当初の計画を支持する議員，理想友愛協会の会員が自治体の援助を必要とする階級には属していないと主張する議員，より有利な計画を待つべきだと主張する議員などの反対があったが，結局30対23で可決され（BCP, 1906-1907, pp. 100-108），1908年3月25日にリースされた（C. A. Vince 1923, pp. 188-189）.

とであり，ドイツ流の都市拡張計画を実施すること自体に反対はなかったと述べている[46]．

ネトルフォールドがこの問題にはじめて言及したのは，『住宅政策』の第6章「ドイツの範例」であった．この章が，前年に刊行されたホースフォールによる同名の副題をもつ書物[47]に倣っていることは，その冒頭で，ここで概略を述べるシステムの詳細は「ホースフォール氏の興味深い本」で説明されていると述べていることからも明らかである．新しいスラムの創出を阻止するために，地方当局が条例によって，新たな市街化地区が子供のための運動場や，住民の健康を維持するために必要な休息の場所を組み込んで計画できることが望ましいが，実際には不可能である．ところが，いくつかのドイツの都市ではそれが達成されており，ドイツの都市のように大量の土地を所有していたならば，イギリスの都市でもそれは達成できるであろう．地方当局は地主として，建設が始まる前に「都市拡張計画」と呼ばれるにふさわしい完全な計画で未開発地を計画できるからである[48]．先にも示唆したように，1902年6月2日の住宅委員会報告に際してネトルフォールドは，コーポレーションによる土地購入に否定的な態度を取っていたが，ここでは非常に重視しており，ホースフォールの影響を読みとることができる．

ネトルフォールドは，この政策の採用から生じる利益として，新たなスラムの阻止のほかに，開発が地価の増加をもたらし，その利益が所有者の手に入ることを挙げている．しかし，開発される土地が私有地であれば，利益は，コミュニティではなく，土地所有者の手に入ることになる．こうした由々しい事態は，カウンシルができるかぎり多くの土地を買い取るというドイツ流の都市計画によって是正することができる[49]．

しかし，問題は地方政府が所有する土地をいかに利用するかであった．これには，市営住宅を自ら建てる方法と，他の人々が市有地に住宅を建設することを支援する方法が考えられるが，ネトルフォールドはすでに同書第3章

---

46) J. S. Nettlefold (1905), pp. 22-23.
47) T. C. Horsfall (1904a).
48) J. S. Nettlefold (1905), pp. 74-75. ホースフォールの貢献への評価は，その後も繰り返し表明されている (J. S. Nettlefold 1908b, p. 5).
49) J. S. Nettlefold (1905), pp. 75-76.

で開陳しているように，市営住宅建設には反対であり，ドイツでおこなわれているような公益的住宅建設会社・組合，あるいは民間の建設業者に土地をリースする形の支援がおこなわれるべきであると考えた．もちろんリースに際して条件を課すことは必要であり，リースされた土地で法外な利益が追求されてはならず，4%の配当で満足すべきである．この方法の利点は，市営住宅のように少数者の利益のために多数者に課税する危険がなく，コミュニティのはるかに多くの人々が利益を得ることができる点にある．そしてこのスキームの達成は，地価課税法によって大いに促進されるであろう[50]．

このように，ネトルフォールドは持論の市営住宅反対論を補強するために，ホースフォールの議論を援用していることがわかる．たしかに彼は，イギリスの法と習慣はドイツとはかなり違っているので，ドイツで実施されていることをそのまま模倣することは考えられないとしているが，ドイツでの情報が，イギリスで同様の政策を実施するうえでの困難を克服する方法を見いだせるかもしれないと，1905年5月24日のカウンシルでドイツへの代表団派遣が決定されたことに期待をかけている[51]．

6. 1905年夏のドイツ視察と1906年7月の住宅委員会報告

ドイツ視察団は，カウンシル議員フリーマン（Freeman），ラヴジー（Lovsey），ネトルフォールド，ウィットール（Whittall），衛生医務官ロバートソン，住宅委員会書記の6名により構成され，ドイツの諸都市が住宅問題にどのように対処しようとしているかを調査することが目的とされた．一行は1905年7月30日にバーミンガムを発ち，ベルリン，ニュルンベルク，ウルム，シュトゥットガルト，マンハイム，フランクフルト，ケルン，デュッセルドルフの8都市を訪問した．そして，ニュルンベルクを除く7都市を行政担当者の応対のもとに視察し，多くの情報と資料を収集して8月14日にバーミンガムに戻った[52]．その成果は，まず1905年10月24日に暫定報告

---

50) J. S. Nettlefold (1905), pp. 76-77, 79.
51) J. S. Nettlefold (1905), pp. 79-80.
52) BCP, 1904/05, pp. 700-701; J. S. Nettlefold (1906a), pp. 12-13. ドイツ視察の詳細な報

として提出された．この報告は簡潔ながら委員会の基本的観点を理解するうえできわめて重要であり，イギリスと比較しながら住宅問題を取り扱うために，ドイツの都市によって取られている手段の特徴を，以下のように指摘している[53]．

①都市拡張計画

ドイツのどの都市もいわゆる都市拡張計画を採用している．この方法の利点は，イギリスの都市における場当たり的な方法と比べて明らかである．都市拡張計画には，(i)市域全体を一般的な方法で扱う方法（ベルリン）と，(ii)個々の市区を個別に扱う方法（マンハイム，フランクフルト，ケルン）の2つがある．

②街路や公園などの費用

これらの土地拡張計画と関連した手続きはラント（State）毎の一般法によって規定されるが，それはさらに各都市の条例によって修正される．街路に必要な土地や街路建設の費用は，隣接する建設用地の所有者によって支払われる．ほとんどの場合，公園とオープン・スペースは自治体が購入する．拡張計画がいくつかの所有者の土地を切り取る場合，土地全体が，街路やオープン・スペースが提供されたのちに所有者の間で適切な割合で再分配される．

③土地購入政策

訪問したほとんどすべての都市で，当局による土地購入活動（都市土地政策）が積極的におこなわれており，公共善に役立つ限り獲得された土地の利用についてはいかなる制限もない．かなりの利益が土地購入政策から生み出されるが，これは決して唯一の目的ではない．ドイツの諸都市

告は，BCP, 1905/06, pp. 498-586 を参照．なおゲデスは『進化する都市』のなかで，「今までのところ，都市計画について徹底的におこなわれた地方自治体の調査はごくわずかなのだが，稀な例外として，1905年の『バーミンガム住宅委員会』の大陸訪問がある」と述べている（P. Geddes 1915 = 1982, p. 176, 邦訳 171-172 頁）．
53) BCP, 1904/05, pp. 701-705; G. E. Cherry (1975), pp. 7-8.

によって認識されている大原則は，住宅問題の解決に対する最大の障害と考えられている土地投機を阻止することであり，これとの関連で土地の売却に伴う「不労所得」に課税がおこなわれており，地価の増加率が大きいほど課税率が高くなる[54]．

④市営住宅建設

イギリスで知られているような市営住宅建設は，訪問したどの都市にも発見されない．いくつかの地方当局（フランクフルト）と国有鉄道の経営者によって低賃金雇用者用の住宅が建設されているにとどまる．

⑤労働者による住宅所有の奨励

いくつかの都市（ウルム）で当局は賃貸用ではなく，購入用の労働者住宅を建てており，労働者が彼ら自身の家を買うことを助けるためにあらゆる手段が採用されている．

⑥民間企業への公的支援

ほとんどの都市では，労働者住宅を供給するために民間企業を支援する政策が採用されており，非常に満足すべき結果を出している．

⑦住宅査察

ドイツでは既存の住宅の査察と改良のための措置は都市によって異なるが，そのための権限はイギリスにおけるほど大きくない．しかし，いくつかの都市（シュトゥットガルト，デュッセルドルフ）はそうした権限を拡大しようと努力しており，オクタヴィア・ヒルがロンドンで成功したような小住宅の管理のための協会が存在する都市（フランクフルト）もある．

⑧住宅のタイプ

フラットと戸建てのいずれが良いかについては激しい論争があるが，い

---

54) したがって，ネトルフォールドには市域内の土地の4/5を所有するウルムの事例はとりわけ印象的であった（BPC, 1905/06, pp. 518-519; J. S. Nettlefold 1906a, pp. 14-15）．

くつかの都市（ウルム）は人々が戸建てに住むように啓蒙している．ドイツではフラット・システムが圧倒的に支配的であり，すべての階層がこうした住宅に住んでいるが，テネメントの家賃はバーミンガムの戸建てのそれよりも決して安いとはいえない[55]．

このように報告は①②③⑤⑥を肯定的に評価しているが，④⑦⑧は否定的に言及されるか，あまり重視されていないかである．それゆえ，視察団は必ずしもドイツのシステムを全体として賞賛していたわけではなく，ホースフォールにも看取されたことであるが，その観点は選択的であったということができる．いうまでもなく視察団の最終目標は非常に実際的であり，バーミンガムにおける効果のある住宅政策と都市計画を策定し，提示することであった．実際，1906年7月3日に提出された住宅委員会の最終報告はより実際的なスタイルを取っていた．ネトルフォールド自身，「住宅委員会の動機は，独創性のないものまねではなく普遍的な着想を得ること (general inspiration)」と述べている[56]．はじめに住宅改良政策に関するカウンシル議会への提案がなされ，その後視察団が訪れたドイツの都市の情報が詳しく提示されている．提案は以下の3点からなっていた．

①オープン・スペースの創出

　既存のスラムの改良政策は，バーミンガムの貧困地区における小オープン・スペースと，遊び場の創出によって続けられるべきである．ドイツでは成功している都市計画は，そうしたオープン・スペースの創出に大きく役立つであろう．

②住宅査察によるテナントの習慣の改善

　住宅の改良は，必ずしもテナントの習慣の改善を実現しなかった．後者の改良を実現するために，住宅委員会は，家賃徴収のオクタヴィア・ヒル流のシステムを都市当局が採用することを強く推奨する．

---

55) BCP, 1904/05, pp. 701-705.
56) J. S. Nettlefold (1906a), p. 18.

③都市の周辺部における健康的な住宅の供給の奨励

　混雑して無秩序な地区を新たに創出することを防ぐため，未開発地区の適切なレイアウト，すなわち都市計画が絶対に必要である．その目的のために，都市当局が土地を購入する権限を獲得することが大事であり，そのことによって都市の健全な発展は間違いなく促進されるであろう．また，将来の地価上昇は地方税納税者に直接・間接に付加的利益をもたらすであろう．都市当局が購入した土地は，民間の個人や公益的住宅組合が低所得層のための低家賃住宅を建設することを支援するために用いることができ，こうした政策は，市の郊外の良質で安価な住宅に大きな刺激を与えることを可能にし，多くの人々の利益となるであろう．土地購入への公的投資は，他のことに資金を使うよりも住宅問題の解決にははるかに大きな効果をもつ．そして，こうした政策がもっともうまく機能していたのがドイツであった．

　ところで，こうした都市拡張計画・土地購入政策を実施するため必要な権限を獲得するためには，新しい立法が必要である．しかもそれは地方的な性格ではなく，全国的な性格をもつべきであり，バーミンガムのカウンシルの意見表明は，法案の議会通過に大きく資するであろう．また，住宅の居住者を徐々に所有者にすることが，もうひとつの重要なポイントである．たしかに，委員会は提案が住宅問題を解決できないかもしれないことを認めてはいたが，何かがなされるべきことの重要性を強調した[57]．

　さらに，ここで注目すべきは，「都市計画（Town Planning）」という用語がこの報告においてはじめて使用されたことである．彼自身は1906年10月27日のミッドランド会議でこの表現をはじめて用いたとしているが，同年7月の先の住宅委員会報告書ですでに用いられていることを確認できる[58]．ホースフォールの理解も同じであり，彼はアダムズへの手紙で「おそらくネトルフォールド氏が，1906年7月3日の講演ではじめて『都市計画』という用語を用いた」と書いている[59]．実際，彼は1904年の段階ではこの言葉

---

57) BCP, 1905/06, pp. 489-497; J. S. Nettlefold (1906b).
58) BCP, 1905/06, p. 490.

をまだ用いておらず（"Building Plan" ないし "Town Extension Plan"），ネトルフォールドも 1905 年の段階では "Town Extension Plan" を使っていた[60]．したがって，この言葉を「考案」したのかどうかはともかく，イギリスでこの言葉が普及するうえでネトルフォールドが決定的な役割を果たしたことは否定できない[61]．

ともあれ，以上の報告をおこなったうえで，ネトルフォールドはラヴジーの支持を得て，「カウンシルは，住宅委員会の今の報告で提示されたような住宅改良政策を承認し，それが実施できるのに必要な立法に賛成することを表明する」という提議をおこなった．そしてこの提案は賛成 30，反対 16 で可決された[62]．

7. ネトルフォールドの住宅政策・都市計画思想の特徴
　　――ホースフォールとの比較

以上の検討を踏まえて，本節ではネトルフォールドの住宅政策・都市計画思想の特徴を，ホースフォールと比較することによって明らかにしたい[63]．

(1) ドイツから何をどう学ぶか

ネトルフォールドは，住宅委員会委員長としてバーミンガムの住宅問題に取り組む過程で，ドイツ流の都市拡張計画，あるいは都市当局による土地購入を強く主張するようになった．それが，ホースフォールからの影響と，ドイツ視察から獲得した見聞に基づくものであったことは繰り返すまでもない．

---

59) T. Adams (1929), pp. 310-311. cf. J. S. Nettlefold (1908a), p. 8.
60) T. C. Horsfall (1904a), p. 9; 1904b, p. 7; J. S. Nettlefold (1905), p. 75.
61) J. P. Reynolds (1952), p. 58. なお，J・サルマンが 1890 年 1 月にオーストラリア科学振興協会の工学・建築学部門で発表した「都市をレイアウトする」という報告のなかで "Town Planning" という言葉を用いている．彼もパリや大陸で植樹された広い街路に感銘を受けたが，イギリスでそれを実現できないことに失望し，1885 年にオーストラリアに渡ったのである（J. Sullman 1921, p. 216）．
62) BCP, 1905/06, pp. 605-606.
63) 以下で述べるホースフォールの思想の特徴については，とくに注記しないかぎり，本書，319-327 頁による．

また，ホースフォールがマンチェスターの都市行政のラディカルな改革を訴えたように，ネトルフォールドもバーミンガムの都市行政改革の必要を感じていた．1908年に『バーミンガム・ガゼット』紙に掲載された論説「バーミンガムの都市業務」で彼は，バーミンガムの都市行政の問題点として，①一貫した都市政策の欠如，②政党政治の支配，③ビジネス的でない自治体事業，④委員会間の調整の欠如，⑤政策・事業の成功・失敗と無関係な委員会の構成を挙げ，これに対して，①市の事業の政党政治からの分離，②自治体支出の見直し，③貧民街の社会的条件の改善，④都市計画に基づく都市拡張という4つの提案をおこなっている．その背後にあったのは，自治体の資金が浪費されており，それが地方税負担を増大させているという認識であった[64]．

　ただし，経済性と効率性を高める必要を認めている点でホースフォールと共通しつつも，ネトルフォールドの場合は，政党政治からの都市行政の分離，つまり所属政党に関わりなく，都市行政の効率を高めるのに適切な人材を登用することが大事であると述べるにとどまり，ホースフォールが主張した有給専務職の市長や委員会委員長の採用といった，ドイツの都市行政システムの導入には踏み込んでいない．ドイツから学ぶべき手法は，都市計画に限定されていたともいえよう．ネトルフォールドは，現行の都市行政システムを前提としつつ，その無駄をできるだけなくすために，有能な人物の登用と委員会間の調整の強化によって問題は解決できると考えていたのである．

　ところで，ネトルフォールドの中心課題は，都市計画に基づく新たなスラムの創出を回避するための郊外の住宅地開発であり，その観点から，事実上バーミンガムの市域を越えている市街地を，自治体合併によって統一的な管理と組織のもとに置くことを強く求めていた．そのモデルとして念頭に置かれたのは，やはりドイツであった[65]．すなわち，バーミンガムは，1891年にソルトリー，ボルソール・ヒース，ハーボーンを合併したことにより，市域を1838年以来の8,420エーカーから1万2,639エーカーへと拡大した後，15年ほど新たな合併はなかったが，1907年1月のカウンシル議員ウォルト

---

64) J. S. Nettlefold (1908a), pp. 7-13.
65) J. S. Nettlefold (1908a), pp. 14-18.

ホール（Walthall）の提案と，1908年1月にクィントン教区がバーミンガムへの合併を打診してきたことをきっかけとして，大規模な合併計画が持ち上がった．そして同年11月に市域委員会（Boundary Committee）が設置され，都市計画実施との関係で市域拡張に積極的だったネトルフォールドが委員長に就任した．クィントン（教区：Civil Parish）（838エーカー）の合併は1909年に決まったが，同年2月に市域委員会は，アシュトン・マナー（バラ：Metropolitan Borough），アーディントン，ハンズワース，キングズ・ノートン，ノースフィールド（都市区：Urban District）およびヤードリー（農村区：Rural District）をさらに合併すべきであるとする報告書をカウンシルに提出して承認された．一部の自治体はこの計画に激しく抵抗したが，地方行政庁長官バーンズ（John Burns）の支援もあって，1911年に大バーミンガムが成立し，バーミンガムの市域面積は4万3,718エーカー，人口は84万202人（全国第2位）となった（図9-1）[66]．

(2) フィランスロピーと都市計画

ホースフォールはマンチェスターのさまざまなフィランスロピー活動に関わり，多額の資金を提供したが，その関心の中心は住宅問題であり，フィランスロピー団体の住宅建設にも力をいれた．しかし，こうした自助努力の不十分さと非効率性に次第に気がつき，大規模な資金調達や公的権限に基づく都市計画による補完が必要と考えるようになった．また，ホースフォールは，レッチワースやボーンヴィルの建設が快適な小住宅と健康的な環境のなかで住むことを多くの人々に広める効果をもつ「賞賛すべき事業」であると評価しつつ，それが都市計画によって補完されるべきと主張している[67]．ハワードによるオリジナルの田園都市構想には実現性という点で距離を置いていたとみることができる．

---

66) BCP, 1908/09, pp. 168-178; C. A. Vince (1923), pp. 27-39; A. Briggs (1952), pp. 141-157; W. B. Stephens (1964), pp. 2-3, 330-331; G. E. Cherry (1994), pp. 106-107. その後の推移を辿っておくと，1928年にペリー・バー都市区の一部が，1931年にはソリハル教区，ブロミッチ城教区，ミンワース教区，シェルドン教区の一部がバーミンガムの市域に加えられた．

67) T. C. Horsfall (1908), p. 17.

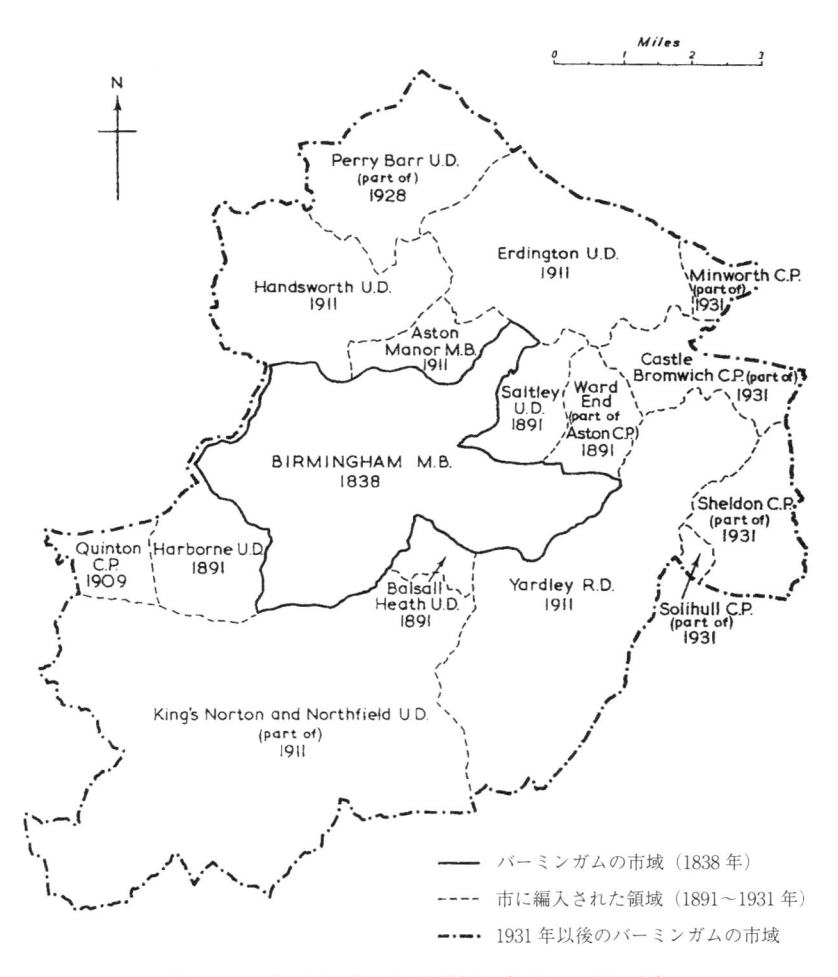

第 9 章　ネトルフォールドの活動と思想　359

図 9-1　バーミンガムの市域拡張（1838〜1931 年）
出典：W. B. Stephens（1964），p. 2.

これに対してネトルフォールドは、カウンシルの住宅委員会委員長でありながら市営住宅建設に対しては一貫して反対であり、他方でフィランスロピストの活動を高く評価した。オクタヴィア・ヒルの住宅管理方式（友愛訪問）を積極的に導入しようとしたこともそうであるが[68]、リーヴァー、キャドベリー、あるいはハワードらによるモデル村落や田園都市の建設も、フィランスロピー活動の一環として捉えており、田園都市に対する評価はホースフォールよりも高かった。

　またネトルフォールドは、「田園都市構想や田園郊外構想はイギリス人の心を捉えた。われわれはバーミンガムを田園都市にはできないが、田園郊外を作ることはできる」[69]と述べており、自ら1907年6月に設立されたハーボーン・テナント有限会社（Harborne Tenants Limited）の会長として、ムーア・プール地区でコ・パートナーシップ方式による住宅建設事業（54エーカー、494戸）に着手した[70]。これは、フィランスロピストとしてのネトルフォールドの個人的な事業であり、市の住宅政策とは直接関係をもたなかったが、都市計画の利点を例証することを意図したものであった[71]。したがって、ネトルフォールドは田園都市・田園郊外とドイツ流の都市計画の両立を目指していたと考えられる。実際、ネトルフォールドは田園都市協会の会員であると同時に、全国住宅改良評議会や自治体協会（Association of Municipal Corporation）のメンバーでもあり、両者をつなぐ役割を果たす位置に立って、イギリス都市計画運動において「ドイツのホースフォール」とは異なる実際的な役割を果たすことになった[72]。

---

68) ヒルの住宅管理方式についてここでは立ち入れないが、さしあたり P. Mulpass (2000), pp. 42-45, 58-61; 中島直子 (2005), 33-56 頁を参照。
69) J. S. Nettlefold (1906b), p. 1.
70) J. S. Nettlefold (1908b), pp. 103-104; (1914), pp. 98-102; A. Briggs (1952), pp. 161; G. E. Cherry (1975), pp. 14-16.
71) J. S. Nettlefold (1908c), p. 15.
72) A. Sutcliffe (1990), pp. 267-268. チェリーは「都市拡張路線を取って、ホースフォールやドイツの経験をイギリスの環境のなかで解釈した」点にネトルフォールドの貢献をみており、これは適切であるが、彼が住宅地のデザインやシビック・アートの優雅さを求めていなかったとしている点には疑問が残る（G. E. Cherry 1975, p. 14）。

(3) 都市行政と都市社会主義

　ホースフォールは都市社会主義を擁護し，都市計画に関連する権限のほかに，カウンシルが都市全体の健康と富の維持と強化に必要なあらゆる種類の仕事を，できるかぎり効率的かつ経済的におこなうための権限が必要であると主張しており，民間企業による住宅建設も監督・支援すべきであるとして，市営住宅に対しても，仕様や管理の悪さに不満を述べつつも，その建設に反対しているわけではない[73]．これに対して，ネトルフォールドは，都市社会主義に対して敵対的であった．カウンシルでの演説で彼は，一度ならず都市社会主義者と財産所有者の奇妙な連携と闘わなければならなかったと嘆いている[74]．ネトルフォールドはJ・チェンバレンとも縁のある人物であったが，都市社会主義者＝市営住宅論者と考え，それに強く反対したのである．この点で彼の立場はホースフォールの立場と異なっていた．実際ネトルフォールドは，1890年労働者階級住宅法第2部に基づく不衛生住宅の個別の補修，民間建築業者の擁護，フラット建設スキームの停止などをカウンシルに認めさせ，反都市社会主義陣営から高い評価を受けている[75]．

　もっとも，ネトルフォールドも「自治体は，あらゆる合法的な機会を捉えて，民間企業がより多くの良質な住宅を供給することを支援すると同時にそれを注意深く監督してきた」と述べており[76]，民間企業に活動の余地を保証しつつも，都市行政に新たな権限を付与することによって，住宅政策・都市計画を推進し，健康的な生活環境を創出しようとした点で二人の考えは一致していたとみてよい．ネトルフォールドのいう民間企業が，高い評価を与え自らも実践したフィランスロピー団体の住宅建設だけを指しているのか，いわゆる「投機的建設業者（speculative builder）」も含むものなのかは確定できないが，いずれにしても都市行政の権限と活動が拡大して民間の活動を圧迫することに対して，ネトルフォールドはホースフォールよりも拒否的であり，ここに都市社会主義に対する二人の態度が分岐する理由があった．

---

73) T. C. Horsfall (1904a), p. 17.
74) J. S. Nettlefold (1906b), p. 2.
75) Anonymous (1902b), pp. 77-78.
76) BCP, 1901/02, p. 713.

(4) 帝国主義と住宅政策・都市計画

　ホースフォールは1870年代から，マンチェスターにおける「都市生活の害悪」，すなわち「身体的な退化，精神的な退化，道徳的な退化」に関心をもち，マンチェスター統計協会やマンチェスター・ソルフォード衛生協会などのフィランスロピー活動に関与していたが，その背後にあったのは，イギリスの産業的・商業的優位，さらにイギリス帝国が国民の肉体的・精神的強健さに基礎を置くべきであるという思想であった[77]．地方当局に都市計画の権限が与えられるべきであると主張したのも，イギリス人が健康と活力を回復し維持するためにそれが必要と考えたからであった[78]．

　ネトルフォールドの認識も同様であり，「帝国の心臓部が清潔で健康的でなければ帝国のどこも，安全で健全で満足すべき状態ではない」[79]，あるいは「個人の住宅に国家の繁栄と帝国の強さは依存している」[80]といった発言から，彼が自らの政治活動を帝国の問題と結びつけて考えていたことは明らかである．ホースフォールやこの時代の多くの社会改良家とともに，ネトルフォールドの活動と思想もまた「国民的効率」あるいは「社会帝国主義(social imperialism)」という時代の問題と密接に関わっていたことはやはり確認しておく必要がある．彼にとって住宅問題とは，ホースフォールと同様に，単に衛生問題にとどまるものではなく，道徳的，知的，社会的，産業的な問題とも関わるものだったのである．

おわりに

　1906年7月3日のバーミンガムのカウンシルでの決議は，1904年からホースフォールを中心として始まっていた，郊外を含めた包括的な土地・住宅政策実施のための立法を求める運動[81]に，ネトルフォールドが合流することを意味しただけでなく，「都市計画」運動という名称を与えたことによって，大きな弾みをつけることになった．そして関係する団体や都市の間での

---

77) 本書，326-327頁．
78) T. C. Horsfall (1904a), pp. 10-12, 19.
79) J. S. Nettlefold (1905), p. 89.
80) Midland Conference, 1906, p. 3.
81) 本書，319頁．

第9章　ネトルフォールドの活動と思想　363

主導権争いも絡みながら，同年10月にマンチェスター，ロンドン，バーミンガムで相次いで会議が開かれた．

　まず10月11日にマンチェスターのタウン・ホールで多くの専門家を招集して会議が開かれ，「わが国の都市の住民の健康と福祉を守るために，議会の権限がタウン・カウンシルその他の地方当局に与えられ，都市拡張建設計画を用いて，市の境界内あるいは今後合併されるかもしれないすべての土地のレイアウトを管理できるようにすることが必要である」[82]という決議がなされた．

　10月19日にロンドンで開催された自治体協会の秋季総会で，マンチェスター市長はその模様を報告し，協会が決議に同意することを求めるとともに，協会評議会（Council）が政府に働きかけることを提案した．これには大都市近郊諸都市の強い反対があったが，評議会が決議の検討を開始することは認められた[83]．さらに10月27日には「新しい住宅地域のより良い計画に関するミッドランド会議（Midland conference on the better planning of new housing areas）」が，バーミンガムでネトルフォールドを議長として開催された．後援は全国住宅改良評議会であった．会議の冒頭でネトルフォールドは，都市計画法の必要性とドイツの都市計画から学ぶことの意義を強調するとともに，ホースフォールを「イギリスにおけるこの偉大な運動を鼓舞した人物」と賞賛して，マンチェスターが都市計画に関する地方当局の最初の会議を開催したことを認めつつ，バーミンガムがカウンシルで問題を議論した最初の都市であったことも強調した[84]．

　これに対してホースフォールは，現状を包括的な都市計画によって阻止できないかどうかを地方政府は検討するべきであると訴えて持論を展開するとともに，バーミンガムの住宅委員会の報告の公刊によって，都市計画がイギリスの地方政府や中央政府と直接に結びつけて考えられねばならない課題となったことを高く評価した[85]．そしてホースフォールの提案は，地方政

---

82) Cited in, Association of Municipal Corporation, Council Minutes 1906, p. 171.
83) Council Minutes 1906, pp. 171-176.
84) Midland Conference 1906, p. 4.
85) Midland Conference 1906, pp. 9-14.

府は都市計画権を中央政府に要求するべきであるという決議へと高められていった[86]．

こうしてイギリス都市計画運動は，1906年11月6日に全国住宅改良評議会の代表団が，ついで1907年8月7日には自治体協会の代表団が，首相キャンベル＝バナーマン（Henry Campbell-Bannerman）や地方行政庁長官J・バーンズと会見し，都市計画立法を要求するという次の段階に入った[87]．また，1907年5月19日の自治体協会評議会に，ネトルフォールドは独自の都市計画法案を提出した[88]．そして田園都市協会が準備して1907年10月25日にロンドンで開催されたギルドホール会議では，同協会の関係者と，全国住宅改良評議会などの団体や100以上の地方政府の代表が一堂に会し，イギリス都市計画運動は，田園都市運動とも合流してさらに勢いを増すことになった．

ここでは，会議の報告書の序文で，田園都市協会事務局長E・G・カルピンが，協会は田園都市・田園郊外の基本構想に固執するよりも「都市計画の根本原理に則った自治体の適切な見解をリアルに表現することに努めるほうが望ましい」と判断したと述べていることに注意したい[89]．1909年住宅・都市計画法制定に至る過程とその意義についての立ち入った検討は，今後の課題としたいが，ホースフォールやネトルフォールドのように，ドイツ流の都市計画の手法から学びつつ，市営住宅建設からは距離を置いて，フィランスロピー活動を介した行政と民間の協働のあり方を模索しながら，マンチェスターやバーミンガムといった地方の大都市で住宅建設事業・住宅政策を推進した人々が，田園都市運動とは異なる形でイギリス都市計画運動において独自な役割を果たしたことを，改めて強調しておきたい．

---

86) Midland Conference 1906, pp. 24-27.
87) Report of the Deputation, 1906, pp. 161-183; Association of Municipal Corporation, Council Minutes 1907, pp. 208-219.
88) Council Minutes 1907, pp. 115, 120. ネトルフォールドの都市計画法私案の内容は，J. S. Nettlefold (1908b), pp. 164-178 に紹介されている．
89) Town Planning in Theory and Practice, p. 5.

終　章
本書の総括と今後の課題

　本書で明らかにしたことをまとめ，そのうえで今後の課題を展望したい．
　第Ⅰ部「ドイツ近代都市史研究の展開と課題」，第1章「ドイツ近代都市史・都市化史研究の成立と展開——研究史と前提」では，「都市」あるいは「都市化」概念の多義性を検討したうえで，ドイツにおける近代都市史・都市化史研究が1970年代から1980年代にかけて急速に進展し，雑誌発刊や組織設立などの制度化にいたった過程を，都市化の時期区分や都市の諸類型といった問題を交えて概観した．また，1990年代における自治体給付行政論の深化と文化史への傾斜というその後の展開を確認したうえで，ヨーロッパ都市史全体との関連づけや現代，とりわけ第二次世界大戦後の都市史研究の必要性の提唱といった最近の動向を展望した．さらに補論で，日本におけるドイツ近代都市史研究の現在にいたる発展についても検討した．
　第2章「ドイツ都市計画の社会経済史——本書の基本的視角」では，本書の課題の柱となる論点・視角を，ドイツ全体の近代都市史に関わる内外の研究と関連づけながら設定した．まず1節では，都市化の進展をドイツ（プロイセン）および個別都市の人口の推移に基づいて確認したのち，工業化が都市化の重要な要因であることを認めつつ，大都市が工業化のみによって形成されたわけではないことを統計的に確認した．こうして形成された近代都市に対応する行政形態である自治体給付行政の成立および供給事業や都市交通の市営化の過程を2節で概観し，3節では，給付行政を支えた理念である「生存配慮」の含意について，この概念の提唱者であるE・フォルストホフにまで遡って検討した．自治体給付行政への転換は，都市行政の官僚制化，専門職化，政党政治化を伴ったが，4節では，都市専門官僚の頂点に立って自治体給付行政を牽引した上級市長の役割を強調した．

19世紀末から20世紀初頭におけるドイツの都市は，上級市長の主導のもとで社会政策的な意図・機能をもつ多様な政策を実施したが，それは，ヴァイマル期に基礎づけられ第二次大戦後に本格的に実施された「社会国家」を先取りする「社会都市」としての機能を都市が果たしたことを意味する．5節の課題はこの問題を検討することであるが，そこで重視されたのは，救貧などの狭義の「都市社会政策」よりも，「生存配慮」理念にもとづく中上層を含む都市住民全体に関わる「社会政策的都市政策」であった．本書では，そうした政策として住宅政策，土地政策，合併政策，交通政策を広義の都市計画を構成する政策として重視して，その特徴を6節で検討し，さらに7節でこうした諸政策自体がもつ社会政策的意義と並んで，都市当局と並ぶ「都市社会政策」の担い手であった慈善団体・財団の土地所有が，近代都市に相応しいインフラ整備のために活用されたことに注目し，そこにもうひとつの都市計画と社会政策との結びつきを見いだした．8節では，本書の主たる考察対象であるフランクフルト・アム・マインが，ベルリンやハンブルクに規模や政治的・経済的機能において及ばなかったとはいえ，アディケスをはじめとするすぐれた上級市長を輩出したことにも支えられて，19世紀末～20世紀初頭の時期にドイツ国内でも先進的な都市政策で注目されたことを指摘し，9節では，ドイツ，とくにフランクフルトの都市政策・都市計画が，国際的にも注目されていたことを重視して，イギリスにおいてそれがどのように認識され，また自国に生かそうとされたのかという，外側からドイツ都市政策・都市計画をみる視点を提示した．

第Ⅱ部「**フランクフルトの都市発展と都市政策**」では，フランクフルトの事例に即して，19世紀末～20世紀初頭における都市政策および都市化と工業化の具体的様相を検討した．**第3章「アディケスの都市政策と政策思想」**では，近代都市としてのフランクフルトを完成させるうえできわめて重要な役割を果たした，第3代上級市長F・アディケスの政策と思想を把握しようと試みた．アディケスは，同時期の他の上級市長と同様に法学の専門的教育を受けたのちに都市官僚の道に入り，ドルトムント第二市長，アルトナ上級市長を経て，1891年フランクフルト上級市長に就任し，以後21年間多彩な政策を精力的に推進した．狭義の都市計画では，ゾーン制建築条例や土

地区画整理法(「アディケス法」)などの先駆的な立法を制定し,後の章で詳しく検討する広義の都市計画(合併政策,土地政策,住宅政策,交通政策,インフラ整備)の領域においても,精力的に政策を推し進めた.社会政策の領域では,K・フレッシュを橋渡し役として,前任者J・ミーケルの政策を継承し,職業紹介所や商人裁判所などを設立した.アディケスの政策の背後にあった思想を講演や著作に基づいて検討すると,彼は「公法的な規制」によって不健全な土地投機を抑制し,健全な住宅建設を進めることが都市計画(都市建設)の基本であると考えていたが,民間の経済活動を圧迫することには慎重であった.またアディケスは,「個人的自由」を制限して労働者の社会的統合を達成しようとしたが,労働者の政治参加には否定的で,「新しい経済秩序の導入」にも距離を置いた.したがって,アディケスは「都市社会主義者」と呼ばれることもあるが,彼の目指した都市社会は社会民主党の目指すものとは違うものであった.

　ドイツにおける都市化の進展および都市計画にとって自治体合併政策がもった意義は本書の強調するところであるが,**第4章「工業化・都市化の進展と合併政策の展開」**では,中世以来商業・金融都市として発展したフランクフルトが,19世紀後半〜20世紀初頭に,他のドイツ諸都市と競争しながら自治体合併を数次にわたり実施するなかで,ドイツ有数の市域をもつ都市(1910年の時点ではドイツ最大)になるとともに,工業都市としての性格を兼ね備えていったことを明らかにした.すなわちフランクフルトは,1895年と1928年の合併に際して,前者ではボッケンハイム,後者ではヘヒスト,グリースハイム,フェッヒェンハイムのような工業がすでに発展していた自治体を合併することにより,工業都市としての性格を一挙に強めることになったのである.後者の場合には,1925年に設立されたIGファルベンの本社がフランクフルトに置かれることになったこととも密接に関連していた点も重要である.もちろん自治体合併の目的は多様であり,1910年の合併の場合には,ニッダ川の改修や将来の住宅地の確保という目的が前面に出ていて,それが1920年代末のE・マイによる社会的住宅建設事業の前提となったことも,フランクフルトの合併史にとって重要な出来事であった.なお,自治体合併は「ラントが高権をもつ行政行為」であったが,第二帝政期には当初

は周辺自治体，その後は大都市の主導性が前面に出たのに対して，ヴァイマル期になるとラントの主導性が強まり，合併の範囲や時期を大きく方向づけるようになったのであり，こうした流れはフランクフルトについても確認できる．

第III部「フランクフルトの都市計画とその社会政策的意義」では，上記の広義の都市計画に関連する諸政策の社会政策的意義を，同じくフランクフルトの事例について，一次史料を全面的に用いて検討した．**第5章「都市交通の市営化と運賃政策――生存配慮保障の視点から」**では交通政策を取り上げ，19世紀末～20世紀初頭の市営化と電化を受けて市街鉄道の運賃制度が改定され，労働者用週定期が導入された過程を，「生存配慮」概念を念頭に置きながら明らかにした．新しい運賃制度では，片道運賃でも対距離区間制運賃を維持しつつ，全体として運賃水準の引下げがはかられたが，社会政策的意図を良く表していたのが労働者用週定期の導入であった．この制度については市議会で議論が紛糾し，市参事会案のほか市議会の特別委員会で案が作成され，財政的観点と社会政策的観点のバランスが問題となったが，結局後者の観点がより強い特別委員会案が採用され，1904年から1918年まで基本的に維持された．ここで注意したいのは，それが「生存配慮」に関わる「社会政策的」運賃であって「社会扶助」ではなかったことである．すなわち，エネルギー供給や公共交通は，第一次世界大戦前から有償ながら自治体によって普遍的なサービスとしてすべての都市住民に提供されていたのであり，さらに割引などによって労働者をはじめとする低所得層への利用の拡大が目指されたのである．それは，なお「恩恵」とみなされていた「都市社会政策」とは区別される「社会政策的都市政策」であり，こうした施策がすでに第一次大戦前に実施されていたことは，ヴァイマル期以降の「社会国家」に先行する「社会都市」の歴史的特質を考えるうえで注目すべきことである．

第6章「都市土地政策の展開とその限界――「社会都市」から「社会国家」へ」では，この「社会都市」概念を念頭に置きながら19世紀末～20世紀初頭のフランクフルトにおける土地政策の実施過程，成果，限界を詳しく検討した．都市土地政策とは，都市自治体による土地の取得・利用・売却を主たる内容とするが，プロイセンでは，20世紀に入り住宅政策，交通政策を含

む広い意味での都市計画の前提条件の創出を目指すものと位置づけられ，ラント政府によって奨励された．フランクフルトでは，アディケスのもとですでに1890年代より市有財産局の市有地特別金庫を担い手として積極的な土地政策が展開され，市有地は1894年3,997 haから1915年の6,354 haへと約59％増大し，公共建築物，交通施設，上下水道施設などの都市インフラの整備に活用された．また，市域外の所有地は，将来の周辺自治体合併を有利に進めるための有利な手段となった．しかし，自ら土地投機を促進しかねないため，市は土地購入と比べて土地売却には慎重にならざるを得ず，それに代わる手段としての地上権の設定も住宅建設において一定の成果をあげるにとどまった．この結果，G・フォークトの上級市長就任後土地購入は抑制され，市有地の有効利用が課題となった．それとともに，都市レベルで土地・住宅政策を進めること（「社会都市」）の限界が次第に明らかになったため，第一次大戦を経て国家（ラント・ライヒ）レベルの法的整備がようやく実現し，ヴァイマル期に入ると都市自治体は，こうした新たな法的枠組（「社会国家」）のなかで社会的住宅建設の直接的担い手を引き受けることになった．

第7章「都市当局と公共慈善財団の相補関係——都市計画への土地提供と財政基盤の確保」では，フランクフルトで中世以来の慈善・救貧の重要な担い手であった慈善団体が所有する土地が，都市計画とどのように関連していたかを検討した．19世紀に入ると市当局は財団条例を発布して孤児院，聖霊施療院，ザンクト・カタリーネン＝ヴァイスフラウエン財団などの公共慈善財団に対する監督を開始したが，プロイセン領になると，ミーケルの時代に財団の活動は都市救貧の枠内に組み込まれ，アディケスの時代には，1899年の一般財団条例により財団に対する市当局の介入がさらに強化された．その動機として，財団が活動の原資として広大な土地を所有していたことが挙げられる．そして，そうした財団の所有地は，近代都市フランクフルトの形成にとって重要な意味をもった港湾施設，飛行場，中央駅の建設のために活用されるとともに，公益的住宅建設会社との地上権契約締結を通じて小住宅建設のためにも用立てられた．また，アディケスは財団の土地を利用しただけでなく，財団による所有地の拡大を促したが，財団側もその方針を消極的ながら受け入れ，売却した土地に代わる土地を郊外に求めて土地所有規模を

維持したが，そのことが今日まで財団が存続することを可能にした．

第IV部「イギリスにおけるドイツ都市行政・都市政策認識」では，ドイツの都市行政・都市政策にもっとも注目した国のひとつであるイギリスを取り上げ，イギリスでドイツの都市行政・都市政策がどのように認識されていたのかを，イギリス史の領域にかなり踏み込んで考察した．**第8章「ホースフォールの活動と思想――ドイツ的都市計画・都市行政の紹介と導入の試み」**では，マンチェスターのフィランスロピストであったT・C・ホースフォールの活動と思想を検討した．ホースフォールは，1870年代からマンチェスター・ソルフォード衛生協会のメンバーとして美術館運営や住宅改良などのさまざまなフィランスロピー活動に関与した．その根底にあったのは，コミュニティ全体が「身体的，精神的，道徳的な健康」を維持できるように，時間的・金銭的な余裕をもつ中産階級が，労働者のためにヴォランティア団体を拠点として努力するべきだという社会改良思想であった．さらに彼ははやくから都市行政システムの改革に強い関心を示し，マンチェスター市政の改革を求めたが，その過程で注目されたのがドイツの事例であった．こうして世紀転換期のドイツ視察を経て，1904年に『ドイツの範例』を出版し，ドイツ流の「効率的な」都市行政・都市政策のイギリスへの導入を主張した．とりわけ都市行政の専門職化や都市計画における行政の主導性，さらに合併による市域の拡大，自治体による土地購入，都市拡張計画の実施など，本書がドイツについて論じてきた問題にホースフォールが注目していた点が重要である．また，彼はアディケスを高く評価し，「都市社会主義」にも好意的だった．このほかホースフォールは，この時期全国住宅改良評議会の指導的メンバーとして，イギリス都市計画運動の最前線に立った．この運動においては田園都市・田園郊外運動が重要な位置を占めていたが，ホースフォールは，それとは別にマンチェスターの経験やドイツ流の都市計画の導入という要素をもち込むことで，1909年住宅・都市計画法の成立に独自の貢献をすることになったのである．

第9章「ネトルフォールドの活動と思想――市営住宅反対論とドイツ的都市計画の融合の試み」では，バーミンガムのカウンシル議員・住宅委員長を務めたJ・S・ネトルフォールドを取り上げた．ネトルフォールドは1901年

にカウンシルの住宅委員長に就任し，市営住宅建設に反対して，1890年労働者階級住宅法第2部に基づく個別的・部分的な改良を重視するとともに，自治体は民間企業の活動への障害をできるだけ取り除くべきであるという立場をとって，著作・講演でも同様の主張を展開した．さらに，ネトルフォールドは包括的な住宅政策の実施を志向して，ホースフォールの議論を援用した．そして1905年にドイツ諸都市を視察し，翌年ドイツ流の都市拡張計画と土地購入政策の採用をカウンシルに提言した．「都市計画」という用語がこれ以降イギリスで普及するうえでも，この提言は重要な意味をもった．ネトルフォールドの主張は，都市行政の効率化，自治体合併による市域拡大の支持，住宅政策や都市計画を帝国の問題と関わらせる点でホースフォールの主張と重なったが，ドイツの行政システムの導入には踏み込まず，「都市社会主義」に反対した点では違っていた．また，ネトルフォールドは，ホースフォールよりも田園都市を高く評価して，田園都市・田園郊外構想とドイツ流の都市計画の両立を目指していたと考えられ，そうした立場から1907年には独自の都市計画法案を作成して，ホースフォールらとともに都市計画運動の一翼を担った．

　本書では，いくつかの政策の帰結に言及する場合を除き，基本的には第一次大戦期までに対象時期を限定している．ドイツにおける近代都市の形成は1871〜1918年の第二帝政期，とくにその後半に加速して完成に向かったのであり，フランクフルトも例外ではなかった．この時期を，本書では「社会都市」という用語で理解したが，それは国家（ラント・ライヒ）が住宅や失業といった社会問題の政策的解決になお消極的であった時代に，労働者をはじめとする低所得層の生活環境にもっとも身近であった都市自治体が，財政的・行政的な自律性を相対的に保障されていたことも幸いして，「生存配慮」という理念のもとにヴァイマル期の「社会国家」を先取りする諸政策を，限界を伴いながらも実施したことを重視したからである．もちろん，1866年のプロイセン併合後，フランクフルトは自由都市から一地方都市に格下げされた結果，プロイセンの地方自治制度の制約のもとに置かれており，他の諸都市との連携・競争が大きく作用したことも無視できない要因であるが，自

由主義的な市民の代表（市議）と有能なスタッフ（市参事会員）の協力と刺激にも支えられて，アディケスをはじめとする歴代の上級市長は，ドイツ全体をリードする政策や制度を次々と打ち出していったのである．また，「社会都市」から「社会国家」へという政府レベルの権限関係・役割分担の変化が基底にあるとはいえ，「公共慈善財団」や「公益的住宅建設会社」のように，国家と都市自治体だけでなく，民間ないし半官半民の団体が独自の役割を果たしたことも忘れるべきではない．

ところで，ヴァイマル期における中央政府の役割の強化とそれに伴う都市自治体の財政的自律性の低下を重視して，断絶面を強調する見方が存在する．断絶面が存在したことは否定できず，本書が取り上げた諸政策のなかでも，住宅政策で，大戦前からの公益的住宅建設という形態では連続面をもちつつも，大戦期に深刻化した住宅不足を解消するために，国家資金の投入により大規模な社会的住宅建設がはじまったことはとくに重要である．それに伴い第二帝政期に限界がみえはじめていた都市土地政策の再編も実施され，国家主導財政政策のもとで住宅政策との一体性も強まった．しかし，ヴァイマル憲法の規定が直接自治体行政にもたらしたのは，自治体選挙にも普通選挙を導入したことにとどまった．それは大都市の市議会における労働者政党の影響力を強めたが，上級市長，第二市長といった首長は自治体制度法の規定に従って職にとどまる場合が多かった．フォークトは，第一次大戦を挟む1912〜1924年の激動の12年間フランクフルト上級市長を務めた．社会民主党も指導的なポストの人材確保に苦しみ，市議会では多数派を確保した大都市でさえ，上級市長などの幹部には他の政党の人物が選ばれることが多かった．したがって，全体として自治体行政のスタイルはほとんど変わらなかった．

たとえば，都市自治体は第一次大戦以前からの自治体合併による市域の拡張を継続した．1920年代には国家の主導性が高まったとはいえ，自治体合併の最後の高揚期であり，ベルリンをはじめ，ドルトムント，エッセン，ケルンといった西部の諸都市は競って市域を拡大したのである[1]．とはいえ，自治体合併が基本的にラントの枠内でのみ可能であり，ラント政府が農村郡

---

1) 馬場哲（2004b），20-25頁．

とのバランスも重視したため，この手法も限界に達しており，都市計画は地域計画へと進化することになった．フランクフルトの場合には，ヘッセン，バイエルン，バーデンとの境界に位置していたこともあり，ラントの境界を超える「ライン゠マイン地域」が構想されることになり，それは第二次大戦後のドイツ連邦共和国ヘッセン州の成立にもつながるものとなった[2]．

　第一次大戦後の英独関係にも触れておけば，両国は大戦に際して敵国として戦ったこともあり，戦前のような活発な交流はしばらく影を潜めることになった．しかし，アンウィンとマイは個人的な交流を続けており，マイのブレスラウやフランクフルトでの郊外住宅地建設活動には，ハワードやアンウィンの田園都市構想がなお色濃く反映していた[3]．また，アンウィンを中心として作成された1929年の大ロンドン計画の報告書の末尾には，大戦後のドイツにおける都市計画立法の展開が紹介されていた[4]．イギリスにおいても，1920年代に入ると市街地の拡大に伴い，地域計画ないし都市゠農村計画が検討されるようになり，英独両国の都市計画は共通する問題に直面することになった．ただし，なお合併による中心的都市の拡大という形を取ったドイツに対して，イギリスの場合には，複数の隣接自治体による合同都市計画委員会の設置という形が採用された．それは，合併による市域拡大が頻繁におこなわれなかったイギリスにおける地域計画のあり方を示している．したがって，こうした視点から第一次大戦後の英独両国の都市計画・地域計画の実態とその比較に立ち入ることが，筆者の次の課題となる．

---

2) D. Rebentisch (1975b), S. 321-332; 馬場哲 (2000), 37-41頁.
3) 馬場哲 (2015), 423-425頁.
4) Appendix No.2, Re-distribution of Land in Germany, in First Report of the Greater London Regional Planning Committee, December 1929, pp. 44-49.

文献目録

※ [ ] で表記されている項目は推定によるものである.

欧語文献
AfFGK= Archiv für Frankfurter Geschichte und Kunst
AfFGL = Archiv für Frankfurter Geschichte und Landeskunde
AfK = Archiv für Kommunalwissenschaften
AfS = Archiv für Sozialgeschichte
GG = Geschichte und Gesellschaft
ZSSD = Zeitschrift für Stadtgeschichte, Stadtsoziologie und Denkmalpflege（seit 1978: Die alte Stadt）

1．未公刊史料
Institut für Stadtgeschichte Frankfurt am Main（= ISG）
  Akten des St. Katharinen- u. Weissfrauenstifts, Akten und Bücher vor 1945, 561
  Magistratsakten（= MA）: R375/III, IV, V, VI; R1743/I; R1751; R1752; R1758; R1793/III; R1798/I-IV; T563/II; U477/III, IV; U745/III, IV, VIII, IX; U771/I, U796; U797; U852; V164/I, V165, V195/II, III; V210/II, V226.
  Akten des Rechnei-Amts: 138
  Akten der Stadtkämmerei vor 1926: 68, 69.
  Vorortakten Höchst（= VAH）: #1372, 1373, 1376, 1380, 1382, 1383, 1385, 1692, 1693, 1694, 1696.
Staatsarchiv Hamburg
  424-4, Personalakten Altona A15.

2．公刊史料・法律
An die Stadtverordneten-Versammlung. Bericht des Magistrates, die Verwaltung und den Stand der Gemeinde-Angelegenheiten（= Magistratsbericht）1891/92-1894/95, 1891/92-1918.
Association of Municipal Corporation, Council Minutes（= Council Minutes）1906, 1907.
Birmingham Council Proceedings（=BCP）, 1899/1900-1906/07, 1908/09, 1913/14.
Bericht über die Verhandlungen der Stadtverordneten-Versammlung der Stadt Frankfurt am Main（= Bericht über die Verhandlungen d. StVV）1910, 1911, 1919, 1926, 1927, 1928.
Bericht über die Gemeinde-Verwaltung der Stadt Altona in den Jahren 1863 bis 1900,（= BGVA）, Altona, 1. Teil, 1889; 3. Teil, 1906.

Bürgerliches Gesetzbuch vom 18. August 1896.
First Report of the Greater London Regional Planning Committee, December 1929.
Midland Conference on the Better Planning of New Housing Areas under the Auspices of the National Housing Reform Council, held in the Council Chamber, at the Council House, Birmingham, Saturday, October 27th, 1906, Councillor J. S. Nettlefold (Chairman of the Housing Committee of the Birmingham City Council) Presiding (= Midland Conference), Birmingham 1906.
Mitteilungen aus den Protokollen der Stadtverordneten-Versammlung der Stadt Frankfurt am Main (= Mitt. Prot. StVV) 1873, 1888, 1892, 1899, 1900, 1901, 1903, 1904, 1906, 1907, 1909.
Reichs=Gesetzblatt, Jg. 1919.
Report of the Deputation received by the Prime Minister (Sir Henry Campbell-Bannerman) and the President of the Local Government Board (The Right Hon. John Burns), in November 1906, from the National Housing Reform Council (= Report of the Deputation 1906), in H. R. Aldridge (1915).
Report of the Inter-Departmental Committee on Physical Deterioration, Vol. 1, 1904.
‚Stadtgebiet und Einwohnerzahl — ihre Entwicklung in den letzten 150 Jahren', Statistische Monatsberichte, 27. Jg., Heft 3/4, 1965.
Städtisches Verkehrsamt Frankfurt a.M. Strassenbahn-, Waldbahn- und Omnibusbetrieb, Bericht über das Geschäftsjahr (= Bericht des Verkehrsamts) vom 1. April 1927 bis 31. März 1928; vom 1. April 1928 bis 31. März 1929. Statistisches Handbuch der Stadt Frankfurt am Main, 1905/06-1918/19, 1906/07 bis 1926/27.
Statistik des Deutschen Reichs, Bd. 111, 1895.
Statistische Jahresübersichten der Stadt Frankfurt am Main, Ausgabe für das Jahr 1910/11, 1913/14, 1927/28.
Statistisches Handbuch der Stadt Frankfurt am Main, 1905/06-1918/19; 1906/07 bis 1926/27.
Statistisches Jahrbuch deutscher Städte, 7. Jg., 1898; 11. Jg., 1903; 12. Jg., 1904; 17. Jg., 1910; 19. Jg., 1913; 22. Jg., 1916; 25. Jg., 1930.
Statistisches Verkehrsamt Frankfurt a.M. Strassenbahn- Waldbahn- und Omnibusbetrieb, Bericht über da Geschäftsjahr 1927/28, 1928/29.
Town Planning in Theory and Practice: a Report of a Conference arranged by the Garden City Association, held at the Guildhall, London, on October 25th, 1907, under the Presidency of the Lord Mayor of London ; Papers and Speeches by Councillor Nettlefold … [et al.] (= Town planning in Theory and Practice), London [1908].

3．二次文献

Abercrombie, P. (1911), A Suggestion for an International Federation of Town

Planning. With a Note on the Newly-formed Association of French Landscape Designers, *Town Planning Review*, Vol. 2, No. 2, pp. 136-138.

Adams, T. (1929) ' The Origin of the Term "Town Planning" in England', *Journal of the Town Planning Institute*, Vol. 15, No. 11, pp. 310-311.

Adickes, E. u. a. (1929), Franz Adickes. Sein Leben und sein Werk, Frankfurt am Main.

Adickes, E. (1929), Franz Adickes als Mensch, in: E. Adickes u. a. (1929), S. 1-232.

Adickes, F. (1881), Die Vertheilung der Armenlasten in Deutschland und ihre Reform, in: Zeitschrift für die gesamte Staatswissenschaft, 37. Bd, S. 235-291, 419-431, 727-822.

Adickes, F. (1893a), Die unterschiedliche Behandlung der Bauordnungen für das Innere, die Aussenbezirke und die Umgebung von Städten. Referat auf der 18. Versammlung des „Deutschen Vereins für öffentliche Gesundheitspflege" zu Würzburg, Braunschweig.

Adickes, F. (1893b), Umlegung und Zonenenteignung als Mittel rationeller Stadterweiterung, in: Archiv für soziale Gesetzgebung, 6, S. 429-457.

Adickes, F. (1901a), Art. Städterweiterungen, in: Handwörterbuch der Staatswissenschaften, 2. Aufl., Bd. 6, S. 968-980.

Adickes, F. (1901b), Förderung des Baues kleiner Wohnungen durch die private Thätigkeit auf streng wirtschaftlicher Grundlage, in: Schriften des Vereins für Socialpolitik, 96, Neue Untersuchungen über die Wohnungsfrage, 2. Band, Leipzig, S. 273-302.

Adickes, F. (1901c), Die kleinen Wohnungen in Städten, ihre Beschaffung und Verbesserung, in: Deutsche Vierteljahrschrift für öffentliche Gesundheitspflege, Bd. 33, S. 133-208.

Adickes, F./Beutler, G. (1903), Die sozialen Aufgaben der deutschen Städte. Zwei Vorträge, erhalten auf dem ersten deutschen Städtetag zu Dresden am 2. September 1903, Leipzig.

Adler, F. (1904), Wohnungsverhältnisse und Wohnungspolitik der Stadt Frankfurt a. M. zu Beginn des 20. Jahrhunderts, Frankfurt am Main.

Aldridge, H. R. (1915), *The Case for Town Planning. A Practical Manual for the Use of Councillors, Officers, and Others Engaged in the Preparation of Town Planning Schemes*, London.

Ambrosius, G. (2003), Was war eigentlich „nationalsozialistisch" an den Regulierungsansätzen der dreißiger Jahre ?, in Abelshauser, W./ Hesse, J.-O./ Plumpe, W. (Hg.), Wirtschaftsordnung, Staat und Nationalsozialismus. Neue Forschungen zur Wirtschaftsgeschichte des Nationalsozialismus. Festschrift für Dietmar Petzina zum 65. Geburtstag, Essen, S. 41-60.

Anonymous (1902a), Notes on the Housing Question in Birmingham, including the

Case against Municipal House-building. Reprinted from the "*Birmingham Daily Mail*", February 1902.
Anonymous (1902b), Municipal Socialism. A Series of Articles. Reprinted from *The Times*, London.
Ashmore, O. (1969), *The Industrial Archaeology of Lancashire* (*The Industrial Archaeology of the British Isles*), Newton Abbot.
Ashworth, W. (1954), *The Genesis of Modern British Town Planning: A Study in Economic and Social History of the Nineteenth and Twentieth Centuries*, London. 〔邦訳：ウィリアム・アシュワース（下總薫監訳）(1987)『イギリス田園都市の社会史──近代都市計画の誕生──』御茶の水書房〕
Bangert, W. (1937), Baupolitik und Stadtgestaltung in Frankfurt a.M. Ein Beitrag zur Entwicklungsgeschichte des deutschen Städtebaues in den letzten 100 Jahren, Würzburg.
Bartelsheim, U. (1997), Bürgersinn und Parteiinteresse. Kommunalpolitik in Frankfurt am Main 1848-1914, Frankfurt am Main u. a.
Bauer, T. (2003), Das Alter leben. Die Geschichte des Frankfurter St. Katharinen- und Weißfrauenstifts, Frankfurt am Main.
Bauer, T. (2004), Für die Zukunft der Kinder. Die Geschichte der Frankfurter Stiftung Waisenhaus, Frankfurt am Main.
Becht, L. (2012), „In apokalyptischen Tagen Sachwalter einer besseren Zukunft". Der Oberbürgermeister Georg Voigt (1912-1924), in: E. Brockhoff/ L. Becht (2012), S. 195-178.
Berger-Thimme, D. (1976), Wohnungsfrage und Sozialstaat. Untersuchungen zu den Anfängen staatlicher Wohnungspolitik in Deutschland (1873-1918), Frankfurt am Main.
Berlage, H. (1937), Altona. Ein Stadtschicksal von den Anfängen bis zur Vereinigung mit Hamburg, Hamburg.
Berlepsch-Valendàs, B. D. A. (19-), Bodenpolitik und gemeindliche Wohnungsfürsorge der Stadt Ulm, München.
Birchall, J. (1995), 'Co-partnership Housing and the Garden City Movement', *Planning Perspectives*, Vol. 10, No. 4, pp. 329-358.
Bleicher, H. (1929), Franz Adickes als Kommunalpolitiker, in: E. Adickes u. a. (1929), S. 253-373.
Blotevogel, H. H. (1979), Methodische Probleme der Erfassung städtischer Funktionen und funktionaler Städtetypen anhand quantitativer Analysen der Berufsstatistik 1907, in: W. Ehbrecht (Hg.), Voraussetzungen und Methoden geschichtlicher Städteforschung, Köln-Wien, S. 217-269.
Blotevogel, H. H. (1990), Kommunale Leistungsverwaltung und Stadtentwicklung vom Vormärz bis zur Weimarer Republik, Köln-Wien.

Böhm, H. (1990), Stadtplanung und städtische Bodenpolitik; in: H. H. Blotevogel (1990), S. 139-158.
Böhm, H. (1995), Bodenpolitik deutscher Städte in der Zeit vor dem ersten Weltkrieg, in: J. Reulecke (1995), S. 19-55.
Böhm, H. (1997), Bodenpolitik deutscher Städte vor dem ersten Weltkrieg, in: K. H. Kaufhold (1997), S. 63-94.
Bothe, F. (1950), Geschichte des St. Katharinen- und Weißfrauenstifts zu Frankfurt am Main, Frankfurt am Main.
Brepohl, W. (1957), Industrievolk im Wandel von der agraren zur industriellen Daseinsform dargestellt am Ruhrgebiet, Tübingen.
Briggs, A. (1952), *History of Birmingham, Vol. 2, Borough and City 1865-1938*, London etc.
Brockhoff, E./Becht, L. (Hg.)(2012), Frankfurter Stadtoberhäupter. Vom 14. Jahrhundert bis 1946, in: AFGK, Bd. 73.
Buchmann, E. (1910), Die Entwicklung der Großen Berliner Straßenbahn und ihre Bedeutung für die Verkehrsentwicklung Berlins, Berlin.
Bunce, J. T. (1885), *History of the Corporation of Birmingham, Vol. 2 (1852-1884)*, Birmingham.
Burns, J. (1902), *Municipal Socialism. A Reply by Mr. John Burns, M. P., to "The Times"*, London.
Cahn, E. (1912), Die Wohnungsnot in Frankfurt am Main, ihre Ursachen und die zu ihrer Abhilfe in Frankfurt a.M. zu ergreifenden Maßregeln, in: Die Wohnungsnot in Frankfurt a. Main. ihre Ursachen und ihre Abhilfe, herausgegeben vom Institut für Gemeinwohl, dem Sozialen Museum, dem Verein für Förderung des Arbeiterwohnungswesens und verwandte Bestrebungen und dem Deutschen Verein für Wohnungsreform, Frankfurt am Main, S. 3-45.
Cahn, E. (1915), Die gemeinnützige Bautätigkeit in Frankfurt am Main. Eine Übersicht, 2. Aufl., Frankfurt am Main.
Cherry, G. E. (1974), *The Evolution of British Town Planning: a History of Town Planning in the United Kingdom during the 20th Century and of The Royal Town Planning Institute, 1917-74*, Leonard Hill, Leighton Buzzard.
Cherry, G. E. (1975), Factors in the Origins of Town Planning in Britain: The Example of Birmingham, 1905-1914, *Centre for Urban and Regional Studies Working Paper*, No. 36, University of Birmingham.
Cherry, G. E. (1994), *Birmingham. A Study in Geography, History and Planning*, Chichester etc.
Cherry, G. E. (1996), *Town Planning in Britain since 1900. The Rise and Fall of the Planning Ideal*, Oxford.
Chinn, C. (1999), *Homes for People. Council Housing and Urban Renewal in*

Birmingham, 1849-1999, Studley.
Christaller, W. (1933), Die zentralen Orte in Süddeutschland. Eine ökonomisch-geographische Untersuchung über die Gesetzmäßigkeit der Verbreitung und Entwicklung der Siedlungen mit städtischen Funktionen, Jena.〔邦訳：ヴァルター・クリスターラー（江沢譲爾訳）(1969)『都市の立地と発展』大明堂〕
Cron, L. (1900), Die Eingemeindung der Vororte. Skizze, Heidelberg.
Croon, H. (1960), Die gesellschaftlichen Auswirkungen des Gemeindewahlrechts in den Gemeinden und Kreisen des Rheinlands und Westfalens im 19. Jahrhundert, Köln-Opladen.
Croon, H. / Hofmann, W. / Unruh, G. C. von (1971), Kommunale Selbstverwaltung im Zeitalter der Industrialisierung, Stuttgart.
Damaschke, A. (1922), Die Bodenreform. Grundsätzliches und Geschichtliches zur Erkenntnis und Überwindung der sozialen Not, 19. Aufl., Jena.
Daunton, M. J. (1983), *House and Home in the Victorian City. Working-Class Housing 1850-1914*, London etc.
Dawson, W. H. (1916), *Municipal Life and Government in Germany*, London.
de Vries, J. (1984), *European Urbanization 1500-1800*, London.
Die Straßenbahn der Stadt Frankfurt am Main (Hg.) (1959), 60 Jahre städtische elektrische Straßenbahn in Frankfurt am Main, Frankfurt am Main.
Direktion der Straßenbahn und der Waldbahn (1922), Die Straßenbahn in Frankfurt am Main 1872-1922, Frankfurt am Main.
Dument, F./ Scherf, F./ Schütz, F. (Hg.) (1998), Mainz. Die Geschichte der Stadt, Mainz.
Ehbrecht, W. (Hg.) (1985), Lippstadt. Beiträge zur Stadtgeschichte, Lippstadt.
Enders, C. (1924), Das Versorgungshaus in Frankfurt am Main 1816-1924, Frankfurt am Main.
Engeli, C. (1971), Gustav Böss: Oberbürgermeister von Berlin 1921 bis 1930, Stuttgart.
Engeli, C. (1999), Die Großstadt um 1900. Wahrnehmung und Wirkungen in Literatur, Kunst Wissenschaft und Politik, in: C. Zimmermann/ J. Reulecke (1999), S. 21-51.
Engeli, C./Hofmann, W./ Matzerath, H. (Hg.) (1981), Probleme der Stadtgeschichtsschreibung: Materialien zu einem Kolloquium des Deutschen Instituts für Urbanistik am 29. und 30. April 1980, Berlin.
Engeli, C./Matzerath, H. (Hg.) (1989), Moderne Stadtgeschichtsforschung in Europa, USA und Japan: ein Handbuch, Stuttgart u.a.
Ensor, R. C. K. (1906), 'Workmen's homes in London and Manchester', *Independent Review*, Vol. 7, pp. 170-183.
Ensor, R. C. K. (1936), *England 1870-1914*, Oxford.

Evans, R. (1987), *Death in Hamburg. Society and Politics in the Cholera Years 1830-1910*, Oxford.
Eychmüller, F. (1915), Grundstücksmarkt und städtische Bodenpolitik in Ulm von 1870-1910, Berlin u. a.
Fallows, J. A. (1899), *The Housing of the Poor. Facts for Birmingham. Pamphlets on Economic Questions Issued by the Birmingham Socialist Centre, No. 1*, Birmingham.
Fallows, J. A. (1905), *Three Years in the Birmingham City Council*, Birmingham.
Fallows, J. A./ Hughes, F. (1905), *The Housing Question in Birmingham*, Birmingham.
Fehl, G. / J. Rodriguez-Lores, J. (Hg.)(1980), Städtebau um die Jahrhundertwende, Hamburg.
Fehl, G./ J. Rodriguez-Lores, J. (Hg.)(1983), Stadterweiterungen 1800-1975. Von den Anfängen des modernen Städtebaues in Deutschland, Hamburg.
Fehl, G. (1992), Privater und öffentlicher Städtebau. Zum Zusammenhang zwischen [Produktion von Stadt] und Form der Verstädterung in 19. Jahrhundert in Preußen, in: Die alte Stadt, Jg. 19, H. 4, S. 267-291.
Filthaut, J. (1994), Dawson und Deutschland. Das deutsche Vorbild und die Reformen im Bildungswesen, in der Stadtverwaltung und in der Sozialversicherung Großbritanniens 1880-1914, Frankfurt am Main.
Fischer, A. (1995), Kommunale Leistungsverwaltung im 19. Jahrhundert. Frankfurt am Main unter Mumm von Schwarzenstein 1868 bis 1880, Berlin.
Forsthoff, E. (1935), Von den Aufgaben der Verwaltungsrechtswissenschaft, in: Deutsches Recht, Jg. 5, S. 398-400.
Forsthoff, E. (1938), Die Verwaltung als Leistungsträger, Stuttgart und Berlin.
Forsthoff, E. (1958), Die Daseinsvorsorge und die Kommunen, Köln-Marienburg.
Forsthoff, E. (1959), Rechtsfragen der leistenden Verwaltung, Stuttgart.
Forstmann, W. (1991), Frankfurt am Main in Wilhelminischer Zeit 1866-1918, in: Frankfurter Historische Kommission (1991), S. 349-422.
Forstmann, W. (1994), Die Wirtschaftsgeschichte der Stadt Frankfurt am Main vom 16. bis ins 19. Jahrhundert, in: Die Stadt Frankfurt am Main: Wirtschaftschronik, Frankfurt am Main, S. 57-88.
Frankfurter Historische Kommission (Hg.)(1991), Frankfurt am Main. Die Geschichte der Stadt in neun Beiträgen, Sigmaringen.
Freitag, H-. G./ Engels, H-. W. (1982), Altona. Hamburgs schöne Schwester. Geschichte und Geschichten, Hamburg.
Gall, L. (2013), Franz Adickes. Oberbürgermeister und Universitätsgründer, Frankfurt am Main.
Gaskell, A. M. (1974), 'A Landscape of Small Houses', in A. Sutcliffe(1974), pp. 88-121.
Gassert, G. (1917), Die berufliche Struktur der deutschen Großstädte nach der

Berufszählung von 1907, Greifswald.

Gauldie, E. (1974), *Cruel Habitations. A History of Working-Class Housing 1780-1918*, London.

Geddes, P. (1915), *Cities in Evolution. An Introduction to the Town Planning and the Study of Civics*, London.〔邦訳：パトリック・ゲデス（西村一朗ほか訳）(1982)『進化する都市』鹿島出版会〕

Gemünd, W. (1914), Die Kommunen als Grundbesitzerinnen, Stuttgart.

Gerber, H./Ruppersberg, O./Vogel, L. (1931), Der Allgemeine Almosenkasten zu Frankfurt am Main 1531-1931, Frankfurt am Main.

Glettler, M./Haumann, H./Schramm, G. (Hg.)(1985), Zentrale Städte und ihr Umland. Wechselwirkungen während der Industrialisierungsperiode in Mitteleuropa, St. Katharinen.

Görnandt, R. (1914), Die Boden- und Wohnungspolitik der Stadt Ulm, Berlin.

Gratzhoff, W. H. C. (1918), Kommunale Wohnungspolitik. Zukünftige Aufgaben der Gemeinden zur Ergänzung der staatlichen Wohnungsfürsorge, Berlin.

Gretzschel, G. (1911), Kommunale Wohnungspolitik in Deutschland, in: Bericht über des IX. Internationalen Wohnungskongress. Wien, 30. Mai bis 3. Juni 1910, 1. Teil: Referate, Wien, S. 3-74.

Grossmann, H. (1903), Die kommunale Bedeutung des Straßenbahnwesens beleuchtet am Werdegang des Dresdner Straßenbahnen, Dresden.

Gröttrup, H. (1973), Die kommunale Leistungsverwaltung. Grundfragen zur gemeindlichen Daseinsvorsorge, Stuttgart.

Günther, A. (1913), Die kommunale Straßenbahnen Deutschlands, Jena.

Habersack, M. (2012), Es hat sich noch nie eine Stadt. „emporgeknausert"- Ludwig Landmann und Frankfurts Aufstieg zur Weltstadt, in: E. Brockhoff/ L. Becht (2012), S. 179-194.

Handelskammer zu Frankfurt am Main (1908), Geschichte der Handelskammer zu Frankfurt a. M., Frankfurt am Main.

Hanschel, H. (1977), Oberbürgermeister Hermann Luppe. Nürnberger Kommunalpolitik in der Weimarer Republik, Nürnberg.

Hardy, D. (1991), *From Garden Cities to New Towns. Campaigning for Town and Country Planning, 1899-1946*, London.

Harrison, M. (1981), 'Housing and town planning in Manchester before 1914', in A. Sufcliffe (ed.), *British Town Planning: the Formative Years*, Leicester-New York, pp. 106-153.

Harrison, M. (1985), 'Art and philanthropy: T. C. Horsfall and the Manchester Art Museum', in A. J. Kidd and K. W. Roberts (eds.), *City, Class and Culture. Studies of Social Policy and Cultural Production in Victorian Manchester*, Manchester, pp. 120-147.

Harrison, M. (1987), *Social Reform in late Victorian and Edwardian Manchester with Special Reference to T. C. Horsfall*, Unpublished Ph. D. Thesis, University of Manchester.

Harrison, M. (1991), 'Thomas Coglan Horsfall and "the Example of Germany"', *Planning Perspectives*, Vol. 6, No. 3, pp. 297-314.

Harrison, M. (1993), 'Art and Social Regeneration: The Ancoats Art Museum', *Manchester Region History Review*, Vol. 7, pp. 63-72.

Hartog, R. (1962), Stadterweiterungen im 19. Jahrhundert, Stuttgart.

Hasse (1918), Art. Eingemeindung, in: Handwörterbuch der Kommunalwissenschaften, Bd. 1, Jena, S. 570-578.

Hendlemeier, W. (1981), Handbuch der deutschen Straßenbahngeschichte, 1. Bd., München.

Henderson, S. R. (2013), *Building Culture. Ernst May and the New Frankfurt Initiative, 1926-1931*, New York.

Herzfeld, H. (1938), Johannes von Miquel. Sein Anteil am Ausbau des deutschen Reiches bis zur Jahrhundertwende, 2 Bde., Detmold.

Herzfeld, H. (1962), Aufgaben der Geschichtswissenschaft im Bereich der Kommunalwissenschaften, in: AfK, Jg. 1, S. 27-40.

Herzfeld, H./Engeli, C. (1975), Neue Forschungsansätze in der modernen Stadtgeschichte, in: AfK, Jg. 14, S. 1-12.

Hesse, J. J. (Hg.)(1989), Kommunalwissenschaften in der Bundesrepublik Deutschland, Baden-Baden.

Hirsch, P. (1918), Führer durch das Preußische Wohnungsgesetz und das Bürgschaftssicherungsgesetz vom 1. April 1918, Berlin.

Hofmann, W. (1964), Die Bielefelder Stadtverordneten. Ein Beitrag zur bürgerlichen Selbstverwaltung und sozialem Wandel 1850-1914, Lübeck-Hamburg 1964.

Hofmann, W. (1971), Oberbürgermeister und Stadterweiterungen, in: H. Croon u. a., Kommunale Selbstverwaltung im Zeitalter der Industrialisierung, Stuttgart, S. 59-85.

Hofmann, W. (1974), Zwischen Rathaus und Reichskanzlei: die Oberbürgermeister in der Kommunal- und Staatspolitik des Deutschen Reiches von 1890 bis 1933, Stuttgart.

Hofmann, W. (1981), Oberbürgermeister als politische Elite im Wilhelminischen Reich und in der Weimarer Republik, in: K. Schwabe (1981), S. 17-38.

Hofmann, W. (1984), Aufgaben und Struktur der Kommunalen Selbstverwaltung in der Zeit der Hochindustrialisierung, in: K.G.A. Jeserich, H. Pohl und G.-Ch. von Unruh (Hg.), Deutsche Verwaltungsgeschichte. Bd. 3 Das Deutsche Reich bis zum Ende der Monarchie, Stuttgart, S. 578-644.

Hofmann, H. (2012), Bürgerschaftliche Repräsentanz und kommunale Daseinsvor-

sorge. Studien zur neueren Stadtgeschichte, Stuttgart.
Hohenberg, P. H./ Lees, L. H. (1985), *The Making of Urban Europe*, Cambridge/Mass.
Holtfrerich, C.-L. (1999), Finanzplatz Frankfurt. Von der mittelalterlichen Messestadt zum europäischen Bankenzentrum, München.
Horsfall, T. C. (1883a), *The Study of Beauty*, London.
Horsfall, T. C. (1883b), *Art in Large Towns*, London.
Horsfall, T. C. (1884), *Means Needed for Improving the Condition of the Lowest Classes in Towns: a Paper Read before a Combined Meeting of the Sanitary Association, the Statistical Society, and Other Kindred Organisations at the Memorial Hall, Manchester, on February 7th, 1884*.
Horsfall, T. C. (1894), *The Relation of Art to the Welfare of the Inhabitants of English Towns*, Manchester.
Horsfall, T. C. (1895), *The Government of Manchester: a Paper Read to the Manchester Statistical Society, November 13th, 1895, with additions*, Manchester.
Horsfall, T. C. (1897), *Reforms Needed in Our System of Elementary Education*.
Horsfall, T. C. (1900), *Housing of the Labouring Classes, [Read in July, 1900, at a Conference of the Charity Organisation Society]*, Charity Organisation Society.
Horsfall, T. C. (1902), *The Housing Question: an Address Delivered at the Jubilee Conference of the Manchester and Salford Sanitary Association on April 24th, 1902*, Manchester.
Horsfall, T. C. (1904a), *The Improvement of the Dwellings and Surroundings of the People: the Example of Germany; Supplement to the Report of the Manchester and Salford Citizens' Association, etc.* Manchester.
Horsfall, T. C. (1904b), 'Housing: Lessons from Germany', *The Independent Review*, Vol. 4, No. 13, October 1904, pp. 1-15.
Horsfall, T. C. (1908), *The Relation of Town-Planning to the National Life: ... Read at a Conference on Town Planning and Co-partnership in Housing, Held in the Town Hall*, Wolverhampton.
Horsfall, T. C. (1910), *The Place of "Admiration, Hope & Love" in Town Life: Reply by T. C. Horsfall to an Address presented to him on 30th, June, 1910, by Nearly Three Hundred of His Fellow-citizens*, London.
Horsfall, T. C. (1913), *Reforms Needed in Our Education System*, Manchester.
Horsfall, T. C. (1915), ' Dwellings in Berlin: The King of Prussia's "Great Refusal"', *Town Planning Review*, Vol. 6, No. 1, pp. 10-19.
Ickstadt, J. (1982), Griesheim in alter und neuer Zeit, Frankfurt am Main.
Inama-Sternegg, K. Th. von (1905), Städtische Bodenpolitik in neuer und alter Zeit, Wien und Leipzig.
Ipsen, G. (1956), Stadt (6) Neuzeit, in: Handwörterbuch der Sozialwissenschaften, Bd. 9, Stuttgart u. a, S. 786-800.

Jäger, H. (1996), Verkehr und Stadtentwicklung in der Neuzeit, in: H. Matzerath (1996), S. 1-22.
Jahns, S. (1991), Frankfurt im Zeitalter der Reformation (um 1500-1555), in: Frankfurter Historische Kommission (1991), S. 151-204.
Jeserich, K. G. A. (1985), Kommunlverwaltung und Kommunalpolitik, in: K. G. A. Jeserich/ H. Pohl/ G.-C. von Unruh (Hg.), Deutsche Verwaltungsgeschichte, Bd. 4, Das Reich als Republik und in der Zeit des Nationalsozialismus, Stuttgart, S. 487-524.
Jochmann, W. (1986), Handelsmetropole des Deutschen Reiches, in: Ders. (Hg.), Hamburg. Geschichte der Stadt und ihrer Bewohner, Bd. 2, Hamburg, S. 15-129.
Kalckstein, W. von (1908), Kommunale Bodenpolitik, Leipzig.
Kaufhold, K. H. (1990), Straßenbahnen im deutschen Reich vor 1914. Wachstum, Verkehrsleistungen, wirtschaftliche Verhältnisse, in: D. Petzina/J. Reulecke (Hg.), Bevölkerung, Wirtschaft, Gesellschaft seit der Industrialisierung. Festschrift für Wolfgang Köllmann zum 65. Geburtstag, Dortmund, S. 219-238.
Kaufhold, K. H. (Hg.) (1997), Investitionen der Städte im 19. und 20. Jahrhundert, Köln-Weimar-Wien.
Kidd, A. J. (1984), 'Charity Organization and the Unemployed in Manchester c. 1870-1914', *Social History*, Vol. 9, No. 1, pp. 45-66.
Kidd, A. J. (1985), 'Outcast Manchester: Voluntary Charity, Poor Relief and the Casual Poor 1860-1915', in A. J. Kidd and K. W. Roberts (eds.), *City, Class and Culture. Studies of Social Policy and Cultural Production in Victorian Manchester*, Manchester, pp. 48-73.
Kidd, A. J. (2002), *Manchester*, 3rd ed., Manchester.
Klötzer, W. (1963), Franz Adickes, 1846-1915, in: Männer der deutschen Verwaltung: 23 bibliographische Essays, Köln, S. 245-259.
Klötzer, W. (1981), Franz Adickes. Frankfurter Oberbürgermeister 1891-1912, in: K. Schwabe (1981), S. 39-56.
Klötzer, W. (1991), Frankfurt am Main von der Französischen Revolution bis zur preußischen Okkupation 1789-1866, in: Frankfurter Historische Kommission (1991), S. 303-348.
Klötzer, W. (Hg.) (1994-1996), Frankfurter Biographie. Personengeschichtliches Lexikon, 2 Bde., Frankfurt am Main.
Klötzer, W. (2012), Der Haushaltssanierer und der Stadtentwickler. Zwei große Oberbürgermeister in wilhelminischer Zeit: Johannes Miquel und Franz Adickes. in: E. Brockhoff/ L. Becht (2012), S. 155-164.
Knoth, H. (1966), Jahre der Bedrängnis: Höchst: Erster Weltkrieg und Besatzungszeit (1914-1930), Höchster Geschichtshefte 10, Frankfurt a. M.-Höchst.
Koch, R. (1986), „Franz Adickes", in: G. Böhme (Hg.), Geistesgeschichte im Spiegel

einer Stadt Frankfurt am Main und seine großen Persönlichkeiten, Frankfurt am Main, S. 101-121.
Koch, R. (2004), Das Hospital zum Heiligen Geist : 700-jährige Geschichte inmitten der Stadt Frankfurt am Main. Vortrag anlässlich des 40-jährigen Jubiläums des Krankenhauses Nordwest am 1. November 2003, Frankfurt am Main.
Kocka, J. (1978), Stadtgeschichte, Mobilität und Schichtung, in: AfS, Bd. 18, S. 546-558.
Köhler, H. (1987), Berlin in der Weimarer Republik (1918-1932), in: W. Ribbe (1987), Bd. 2, S. 797-923.
Köhler, J. R. (1995), Städtebau und Stadtpolitik im Wilhelminischen Frankfurt. Eine Sozialgeschichte (Studien zur Frankfurter Geschichte 37), Frankfurt am Main.
Köllmann, W. (1960), Sozialgeschichte der Stadt Barmen im 19. Jahrhundert, Tübingen.
Krabbe, W. R. (1979), Munizipalsozialismus und Interventionsstaat. Die Ausbreitung der städtischen Leistungsverwaltung im Kaiserreich, in: Geschichte in Wissenschaft und Unterricht, Bd. 30〔ウォルフガング・クラッベ（1987）、関野満夫訳「都市社会主義と介入国家――第二帝政期ドイツにおける都市給付行政の拡大――」『公益事業研究』第 39 巻第 2 号, 51-71 頁〕).
Krabbe, W. R. (1980), Eingemeindungsprobleme vor dem Ersten Weltkrieg: Motive, Widerstände und Verfahrensweise, in: Die alte Stadt, Jg. 7, S. 368-387.
Krabbe, W. R. (1983), Die Entfaltung der kommunalen Leistungsverwaltung in deutschen Städten des späten 19. Jahrhunderts, in: H.-J. Teuteberg (1983), S. 373-391.
Krabbe, W. R. (1985), Kommunalpolitik und Industrialisierung. Die Entfaltung der städtischen Leistungsverwaltung im 19. und 20. Jahrhundert. Fallstudien zu Dortmund und Münster, Stuttgart u. a.
Krabbe, W. R. (1989), Die deutsche Stadt im 19. und 20. Jahrhundert, Göttingen.
Krabbe, W. R. (1990), Städtische Wirtschaftsbetriebe im Zeichen des „Munizipalsozialismus": Die Anfänge der Gas- und Elektrizitätswerke im 19. und frühen 20. Jahrhunderts, in: H. H. Blotevogel (1990), S. 117-135.
Kramer, H. (1978), Die Anfänge des sozialen Wohnungsbaus in Frankfurt am Main 1860-1914, in: AfFGL, Heft 56, S. 123-190.
Krämer, J. (2002), Integration der „Entbehrlichen"? Das Programm Soziale Stadt in der Tradition der sozialpolitischen Stadtpolitik -(k)eine Polemik, in: U.-W. Walther (2002), S. 195-210.
Krohn, H. u. a. (1989), Geschichte der Farbwerke Hoechst und der chemischen Industrie in Deutschland, 2. erweiterte Aufl., Offenbach.
Kropat, W.-A. (1971), Frankfurt zwischen Provinzialismus und Nationalismus. Die Eingliederung der „Freien Stadt" in den preußischen Staat (1866-1871), Studien zur Frankfurter Geschichte, Heft 4, Frankfurt am Main.

Kruschwitz, H. (1930), Deutsche Wohnungswirtschaft und Wohnungspolitik seit 1913, in: W. Zimmermann (Hg.), Beiträge zur städtischen Wohn- und Siedelwirtschaft. Schriften des Vereins für Socialpolitik, Bd. 177, München, S. 1-49.

Kuczynski, R. (1916), Das Wohnungswesen und die Gemeinden in Preußen. Zweiter Teil: Städtische Wohnungsfürsorge, Schriften des Verbandes deutscher Städtestatistiker, Heft 4, Breslau.

Kuhn, G. (1998), Wohnkultur und kommunale Wohnungspolitik in Frankfurt am Main 1880 bis 1930: Auf dem Wege zu einer pluralen Gesellschaft der Individuen, Bonn.

Kutscher, M. (1995), Geschichte der Luftfahrt in Frankfurt am Main. Von Aerobauten und Jumbo-Jets, Frankfurt am Main.

Ladd, B. (1990), *Urban Planning and Civic Order in Germany, 1860-1914*, Cambridge Mass.-London.

Landsberg, O. (1912), Eingemeindungsfragen, Breslau.

Landmann, L. (1929), Einleitung, in: E. Adickes u. a. (1929), S. 7-11.

Lang, K. (1992), Die Eingemeindungspolitik der Stadt Altona unter der Oberbürgermeister Adickes in den Jahren 1883 bis 1890. Wissenschafliche Hausarbeit zur Erlangung des akademischen Grades eines Magister Artium der Universität Hamburg, Hamburg (Staatsarchiv Hamburg, Handschriftensammlung 2186).

Langewiesche, D. (2014), Kommunaler Liberalismus im Kaiserreich. Bürgerdemokratie hinter den illiberalen Mauern der Daseinsvorsorge-Stadt, in: Lehnert, D. (2014), S. 39-72.

Laux, H.-D. (1983), Demographische Folgen des Verstädterungsprozesses. Zur Bevölkerungsstruktur und natürlichen Bevölkerungsentwicklung deutscher Städtetypen 1871-1914, in: H.-J. Teuteberg (1983), S. 65-93.

Lees, A./Lees, L. H. (2007), *Cities and the Making of Modern Europe, 1750-1914*, Cambridge.

Lehnert, D. (2014), Kommunalliberalismus um 1900 im europäischen Großstadtvergleich, in: D. Lehnert (2014), S. 7-36.

Lehnert, D. (Hg.)(2014), Kommunaler Liberalismus in Europa : Großstadtprofile um 1900, Köln-Weimar-Wien.

Lenger, F. (ed.)(2002), *Towards an Urban Nation. Germany since 1780*, Oxford-New York.

Lenger, F. (2006), Einleitung, in: F. Lenger./ K. Tenfelde (2006), S. 1-21.

Lenger, F. (2009), Stadt Geschichten. Deutschland, Europa und die USA seit 1800, Frankfurt am Main.

Lenger, F. (2012), *European Cities in the Modern Era. 1850-1914*, Leiden-Boston. Mass.

Lenger, F. (2013), Metropolen der Moderne - Eine europäische Stadtgeschichte seit

1850, München.
Lenger, F./ Tenfelde, K. (Hg.) (2006), Die europäische Stadt im 20. Jahrhundert: Wahrnehmung, Entwicklung, Erosion, Köln-Weimar-Wien.
Lenz, H./ Lerner, F. (1998), Hausen. Vom Mühlendorf zu einem modernen Stadtteil im Grünen, Frankfurt am Main.
Lerner, F. (1976), Bockenheim und der Bienenkorb, 3. erw., Frankfurt am Main.
Lerner, F./ Krämer, L./ Lohne, H. (1989), Das Hospital zum Heiligen Geist. Grundzüge seiner Entwicklung, Kelkheim.
Leuchs, R. (1950), 60 Jahre Aktienbaugesellschaft für kleine Wohnungen, Frankfurt a.M. : 1890-1950, Frankfurt am Main.
Lilla, J. (1999), Quellen zu den Krefelder Eingemeindungen unter besonderer Berücksichtigung der kommunalen Neugliederung 1929, Krefeld.
Loose, H.-D. (Hg.) (1982), Hamburg. Geschichte der Stadt und ihrer Bewohner, Bd. 1, Hamburg.
Lowe, S. /Hughes, D (eds.) (1991), *A New Century of Social Housing*, Leicester.
Ludwig, H. (1940), Geschichte des Dorfes und der Stadt Bockenheim, Frankfurt am Main.
Mager, W. (Hg.) (1984), Geschichte der Stadt Spenge, Spenge.
Malpass, P. (2000), *Housing Associations and Housing Policy. A Historical Perspective*, Basingstoke.
Maly, K. (1992), Die Macht der Honoratioren. Geschichte der Frankfurter Stadtverordnetenversammlung, Bd. 1, 1867-1900, Frankfurt am Main.
Maly, K. (1995), Das Regiment der Parteien. Geschichte der Frankfurter Stadtverordnetenversammlung, Bd. 2, 1901-1933, Frankfurt am Main.
Mangoldt, K. von (1904), Die städtische Bodenfrage. Eine Übersicht. Vortrag, gehalten in öffentlichen Versammlung des 4. Verbands=Tages Deutscher Mietervereine in Dresden, am 6. Sept. 1903, Göttingen.
Mangoldt, K. von (1908), Bodenspekulation oder gemeinnützige Bodenpolitik für Groß=Berlin? Ein Reformvorschlag, Berlin.
Marr, T. R. (1904), *Housing Conditions in Manchester & Salford. A Report prepared for the Citizens' Association for the Improvement of the Unwholesome Dwellings and Surroundings of the People, with the Aid of the Executive Committee*, Manchester and London.
Marrison, A. (1996), 'Indian summer, 1870-1914', in M. B. Rose (ed.), *The Lancashire Cotton Industry*, Preston, pp. 238-264.
Matzerath, H. (1980), Städtewachstum und Eingemeindungen im 19. Jahrhundert, in: J. Reulecke (1980), S. 67-89.
Matzerath, H. (Hg.) (1984), Städtewachstum und innerstädtische Strukturveränderungen. Probleme des Urbanisierungsprozesses im 19. und 20. Jahrhundert,

Stuttgart.
Matzerath, H. (1985), Urbanisierung in Preußen 1815-1914, 2 Teile, Stuttgart.
Matzerath, H. (1989a), Lokalgeschichte, Stadtgeschichte, Historische Urbanisierungsforschung?, in: GG, Jg. 15, S. 62-88.
Matzerath, H. (1989b), Stand und Leistung der modernen Stadtgeschichtsforschung, in: J. J. Hesse (1989), S. 23-43.
Matzerath, H. (Hg.) (1996), Stadt und Verkehr im Industriezeitalter, Köln-Weimar-Wien.
Matzerath, H. (2009), Geschichte der Stadt Köln, Bd. 12: Köln in der Zeit des Nationalsozialismus 1933-1945, Köln.
Matzerath, H./Ogura, K. (1975), Moderne Verstädterung in Deutschland und Japan, in: ZSSD, Bd. 2, S. 228-253.
Mayenschein, H. (1972), Altes und neues Niederrad, Frankfurt am Main.
Mckay, J. P. (1976), *Tramways and Trolley. The Rise of Urban Mass Transport in Europe*, Princeton.
Meller, H. (1990), *Patrick Geddes. Social Evolutionist and City Planner*, London and New York.
Merrett, S. (1979), *State Housing in Britain*, London.
Michelke, H./ Jeanmaire, C. (1972), 100 Jahre Frankfurter Straßenbahn 19. Mai 1872-1972. Mai 1972, Frankfurt am Main.
Mohr, Ch./ Müller, M. (1984), Funktionalität und Moderne. Das Neue Frankfurt und seine Bauten 1925-1933, Köln.
Moritz, W. (1981), Die bürgerlichen Fürsorgeanstalten der Reichsstadt Frankfurt a. M. im späten Mittelalter, Frankfurt am Main.
Morse, S. (1905), *Municipal Trading. An Address delivered by Sydney Morse, J. P., before the Battersea Municipal Alliance, 24th January, 1905*.
Müller, B. (1928), Die Eingemeindung, in: Stadtverwaltung Höchst am Main (Hg.), Höchst am Main. Die Stadt der Farben. Werden und Wirken bis zur Eingemeindung, Höchst am Main, S. 44-47.
Müller, B. (1937), Die chemische Industrie im Rhein-Main-Gebiet. Anfänge und Entwicklungslinien in: Frankfurter Wochenschau, Heft 27.
Müller, B./ Schembs, H.-O. (2006), Stiftungen in Frankfurt am Main. Geschichte und Wirkung. Frankfurt am Main.
Münsterberg, O. (1911), Die Bodenpolitik Danzigs, Danzig.
Nettlefold, J. S. (1905), *A Housing Policy*, Birmingham.
Nettlefold, J. S. (1906a), *A Housing Reform: Lecture delivered by John S. Nettlefold... in the Town Hall, Wednesday, March 28, 1906*.
[Nettlefold, J. S.] (1906b), *Speech made by the Chairman of the Housing Committee to the Birmingham City Council on Presentation of the Housing Committee's*

Report, 3rd July, 1906.
Nettlefold, J. S. [1907a], *Slum Reform and Town Planning: the Garden City Idea Applied to Existing Cities and Their Suburbs*.
Nettlefold, J. S. (1907b), *Housing Problem: Present Powers of Local Authorities*, reprinted from "The Local Government Officer and Contractor" Saturday, October 5th 1907.
Nettlefold, J. S. (1908a), *Birmingham Municipal Affairs. A Message to the Citizens. A Series of Special Articles by Councillor Nettlefold and a Leading Article by the Editor of the "Gazette"*, Birmingham, October 1908.
Nettlefold, J. S. (1908b), *Practical Housing*, Letchworth.
[Nettlefold, J. S.] [1908c], *Housing Reform in Birmingham. Prepared for the Informations for Visitors*, [Birmingham].
Nettlefold, J. S. (1911), *A Campaign for Lower Rates and a Better Birmingham*, Birmingham.
Nettlefold, J. S. (1914), *Practical Town Planning*, London.
Niederich, N. (1996), „Über Berg und Tal" Skizzen zur Stuttgarter Stadt- und Straßenbahnentwicklung, in: H. Matzerath (1996), S. 131-159.
Niederich, N. (1998), Stadtentwicklung und Nahverkehr. Stuttgart und seine Straßenbahnen 1868 bis 1918, Stuttgart.
Niess, U./Caroli, M. (Hg.)(2007-2008), Geschichte der Stadt Mannheim, 3 Bde., Heidelberg.
Niethammer, L. (1979), Ein langer Marsch durch die Institutionen. Zur Vorgeschichte der preußischen Wohnungsgesetzes von 1918, in: Ders. (Hg.), Wohnen im Wandel. Beiträge zur Geschichte des Alltags in der bürgerlichen Gesellschaft, Wuppertal, S. 363-384.
Niethammer, L. (1986), Stadtgeschichte in einer urbanisierten Gesellschaft, in: W. Schieder/V. Sellin (Hg.), Sozialgeschichte in Deutschland, Bd. 2, Göttingen, S. 113-136.
Nolte, P. (1988), Eingemeindung und kommunale Neugliederung in Deutschland und den USA bis 1930. Ein Beitrag zur vergleichenden Urbanisierungsgeschichte, in: AfK, Jg. 27, S. 14-42.
Nordmeyer, H. (1996), Durchbruch zur Moderne. Frankfurt um 1900. Ausstellung zum 150. Geburtstag von Franz Adickes, Frankfurt am Main.
Orth, E. (1991), Frankfurt am Main im Früh- und Hochmittelalter, in: Frankfurter Historische Kommission (1991), S. 9-52.
Palmowski, J. (1999), *Urban Liberalism in Imperial Germany. Frankfurt am Main, 1866-1914*, Oxford.
Pesl, D. (1910), Das Erbbaurecht. Geschichte und wirtschaftlich dargestellt, Leipzig.
Pfitzner, J. (1911), Die Entwicklung der kommunalen Schulden in Deutschland,

Leipzig.
Phillips, W. R. F. (1996), 'The "German Example" and the Professionalization of America and British City Planning at the Turn of the Century', *Planning Perspectives*, Vol. 11, No. 2, pp. 167-183.
Pierenkemper, T. (1994), Die Wirtschaft der Stadt Frankfurt am Main im 19. und 20. Jahrhundert, in: Die Stadt Frankfurt am Main: Wirtschaftschronik, Frankfurt am Main, S. 89-143.
Pohle, L. (1920), Die Wohnungsfrage. II, Die städtische Wohnungs- und Bodenpolitik, 2. Aufl., Berlin und Leipzig.
Prochaska, F. K. (1990), 'Philanthropy', in F. M. L. Thompson (ed.), *The Cambridge Social History of Britain 1750-1950, Vol. 3, Social Agencies and Institutions*, Cambridge etc, pp. 357-394.
Quiring, C./ Voigt, W./ Schmal, C./ Herrel, E. (Hg.)(2011), Ernst May 1886-1970, München-London-New York.
Raschen, H./Hoffmann, P. (1938), 75 Jahre Chemische Fabrik Griesheim-Elektron, Frankfurt am Main.
Rausch, W. (Hg.)(1983), Die Städte Mitteleuropas im 19. Jahrhundert, Linz.
Rausch, W. (Hg.)(1984), Die Städte Mitteleuropas im 20. Jahrhundert, Linz.
Rebentisch, D. (1975a), Ludwig Landmann, Frankfurter Oberbürgermeister in der Weimarer Republik, Wiesbaden.
Rebentisch, D. (1975b), Raumordnung und Regionalplanung im Rhein-Main-Gebiet, in: Hessisches Jahrbuch für Landesgeschichte, Bd. 25, S. 307-339.
Rebentisch, D. (1980), Industrialisierung, Bevölkerungswachstum und Eingemeindungen. Das Beispiel Frankfurt a. M. 1870-1914, in: J. Reulecke (1980), S. 90-113.
Rebentisch, D. (1999), Frankfurt am Main und die Gründung der I. G. Farben, in: W. Meissner/ D. Rebentisch/ W. Wang (Hg.), Der Poelzig-Bau. Vom I. G. Farben-Haus zur Goethe-Univeriisität, Frankfurt am Main, S. 81-96.
Redford, A. /Russell, I. S. (1940), *The History of Local Government in Manchester*, Vol. 2, Borough and City, London etc.
Reulecke, J. (1973), Die wirtschaftliche Entwicklung der Stadt Barmen von 1910 bis 1925, Neustadt a. d. Aisch.
Reulecke, J. (1977), Sozio-ökonomische Bedingungen und Folgen der Verstädterung in Deutschland, in: ZSSD, Jg. 4, S. 269-287.
Reulecke, J. (Hg.)(1980), Die deutsche Stadt im Industriezeitalter, 2. Aufl., Wuppertal.
Reulecke, J. (1981), Forschungsinteressen im Rahmen der modernen Stadtgeschichtsschreibung in: C. Engeli/ W. Hofmann/ H. Matzerath (1981), S. 24-30.
Reulecke, J. (1982), Stadtgeschichtsschreibung zwischen Ideologie und Kommerz. Ein Überblick, in: Geschichtsdidaktik 7, S. 1-18.

Reulecke, J. (1985), Geschichte der Urbanisierung in Deutschland, Frankfurt am Main.
Reulecke, J. (1989a), Bundesrepublik Deutschland, in: C. Engeli/ H. Matzerath (1989), S. 21-36.
Reulecke, J. (1989b), Verstädterung und Urbanisierung als Elemente soziokommunikativer Auseinandersetzungen im 19. Jahrhundert, in: J. J. Hesse (1989), S. 51-67.
Reulecke, J. (1993a), Fragestellungen und Methoden der Urbanisierungsgeschichtsforschung in Deutschland, in: F. Mayrhofer (Hg.), Stadtgeschichtsforschung. Aspekte, Tendenzen, Perspektive, Linz, S. 57-58.
Reulecke, J. (1993b), Stadtgeschichte, Urbanisierungsgeschichte, Regionalgeschichte — einige konzeptionelle Bemerkungen, in: H.-J. Priamus/ R. Himmelmann (Hg.), Stadt und Region — Region und Stadt. Stadtgeschichte — Urbanisierungsgeschichte — Regionalgeschichte, Essen, S. 13-25.
Reulecke, J. (Hg.)(1995), Die Stadt als Dienstleistungszentrum. Beiträge zur Geschichte der „Sozialstadt" in Deutschland im 19. und frühen 20. Jahrhundert, St. Katharinen.
Reulecke, J. (1996), Vorgeschichte und Entstehung des Sozialstaates in Deutschland bis ca. 1930. Ein Überblick, in: J.-C. Kaiser/ M. Greschat (Hg.), Sozialer Protestantismus und Sozialstaat. Diakonie und Wohlfahrtspflege in Deutschland 1890 bis 1938, Stuttgart-Berlin-Köln, S. 57-71.
Reulecke, J./Huck, G. (1981), Urban History Research in Germany, *Urban History Yearbook 1981*, S. 39-54.
Reuter, H.-G. (1978), Stadtgeschichtsschreibung im Wandel, in: AfK, Jg. 17, S. 68-83.
Reynolds, J. P. (1952), 'Thomas Coglan Horsfall and the town planning movement in England', *Town Planning Review*, Vol. 22, No. 1, pp. 52-66.
Ribbe, W. (Hg.)(1987), Geschichte Berlins, 2 Bde., München.
Ritter, G. A. (1989), Der Sozialstaat. Entstehung und Entwicklung im internationalen Vergleich, (Historische Zeitschrift: Beiheft, N. F. Bd. 11), München〔邦訳：G・A・リッター（木谷勤ほか訳）(1993)『社会国家——その成立と発展——』晃洋書房〕.
Robert-Tornow, N. (1916), Verwaltungsrechtliche Wege städtischer Bodenpolitik und ihre wirtschaftliche Bedeutung, Königsberg.
Rodriguez-Lores, J./Fehl, G. (Hg.)(1985), Städtebaureform 1865-1900. Von Licht, Luft und Ordnung in der Stadt der Gründerzeit, 2 Teile, Hamburg 1985.
Rodriguez-Lores, J./Fehl, G. (Hg.)(1988), Die Kleinwohnungsfrage. Zu den Ursprüngen des sozialen Wohnungsbaus in Europa, Hamburg.
Rödel, V. (1986), Fabrikarchitektur in Frankfurt am Main 1774-1924. Die Geschichte der Industrialisierung der Stadt Frankfurt am Main im 19. Jahrhundert,

Darmstadt.
Rößler, H. (1903), Die Aufgaben von Reich und Staat in der Wohnungsfrage, in: Verein Reichs-Wohnungsgesetz (Hg.), Vorträge von A. Damaschke und H. Rößler, Der Kampf gegen die Wohungsnot, Frankfurt am Main, S. 7-23.
Rolling, J. (1980), Das Problem der „Politisierung" der kommunalen Selbstverwaltung in Frankfurt am Main 1900-1918, in: AfFGL, Heft. 57, S. 179-182.
Rose, M. E. (1985), 'Culture, Philanthropy and the Manchester Middle Class', in A. J. Kidd/K. W. Roberts (eds.), *City, Class and Culture. Studies of Social Policy and Cultural Production in Victorian Manchester*, Manchester, pp. 103-119.
Rose, M. E. (1993), 'The Manchester University Settlement in Ancoats, 1895-1909', *Manchester Region History Review*, Vol. 7, pp. 55-62.
Roth, R. (1991), Gewerkschaftskartell und Sozialpolitik in Frankfurt am Main. Arbeiterbewegung vor dem Ersten Weltkrieg zwischen Restauration und liberaler Erneuerung, Studien zur Frankfurter Geschichte 31, Frankfurt am Main.
Roth, R. (1996), Stadt und Bürgertum in Frankfurt am Main. Ein besonderer Weg von der ständischen zur modernen Bürgergesellschaft 1760-1914, München.
Roth, R. (1997), „... dass man uns nicht statt des halben Eis wohl gar eine leere Schale hinwirft ..." Wirtschaftliche, soziale, politische und kulturelle Aspekte von Investitionen am Beispiel der Stadt Frankfuer am Main 1836 bis 1936, in: K. H. Kaufhold (1997), S. 95-122.
Roth, R. (2007), Leopold Sonnemann und seine Stadt. Kommunalliberalismus am Beispiel von Frankfurt am Main, in: Jahrbuch zur Liberalismus-Forschung, 19. Jg, S. 85-100.
Roth, R. (2009), Frankfurt am Main als Erinnerungsort des Liberalismus, in: Jahrbuch zur Liberalismus-Forschung, 21. Jg, S. 7-27.
Roth, R. (2012), Von der freien Republik zur preußischen Provinziastadt. Die Bürgermeister Carl Constanz Victor und Daniel Heinrich Mumm, in: E. Brockhoff/ L. Becht (2012), S. 143-154.
Roth, R. (2013), Die Herausbildung einer modernen bürgerlichen Gesellschaft. Geschichte der Stadt Frankfurt am Main, Bd. 3, Ostfildern.
Roth, R. (2014), Bürgergesellschaft und moderner Liberalismus. Frankfurt am Main im späten 19. und frühen 20. Jahrhundert, in: D. Lehnert (2014), S. 147-168.
Rubesamen, H. E. (1970), Ein farbiges Jahrhundert-Cassella, München.
Saldern, A. von (1979), Kommunalpolitik und Arbeiterwohnungsbau im Deutschen Kaiserreich, in: L. Niethammer (1979), S. 344-362.
Saldern, A. von (1988), Kommunale Wohnungs- und Bodenpolitik in Preußen 1890-1914, in: J. Rodriguez-Lores / G. Fehl (1988), S. 74-94.
Saldern, A. von (2012), Radio und Stadt in der Zwischenkriegszeit. Urbane Ver-

ankerung, mediale Regionalisierung, virtuelle Raumentgrenzung, in: C. Zimmermann (2012), S. 97-130.

Sartorius, C. (1899), Die öffentlichen milden Stiftungen zu Frankfurt a.M. und ihr rechtliches Verhältniss zur Stadtgemeinde, Marburg.

Schäfer, R. (1981), Höchst am Main, Frankfurt am Main.

Schäfer, R. (1986), Chronik von Höchst am Main, Frankfurt am Main.

Schembs, H.-O. (Hg.) (1981), Der Allgemeine Almosenkasten in Frankfurt am Main 1531-1981, Frankfurt am Main.

Schindling, A. (1991), Wachstum und Wandel vom Konfessionellen Zeitalter bis zum Zeitalter Ludwig XIV. Frankfurt am Main 1555-1685, in: Frankfurter Historische Kommission (1991), S. 205-260.

Schönert-Röhlk, F. (1986), Die räumliche Verteilung der chemischen Industrie im 19. Jahrhundert, in: H. Pohl (Hg.), Gewerbe- und Industrielandschaften vom spätmittelalter bis ins 20. Jahrhundert, Stuttgart, S. 417-455.

Schomann, H. (1983), Der Frankfurter Hauptbahnhof. 150 Jahre Eisenbahngeschichte und Stadtentwicklung (1838-1988), Stuttgart.

Schott, D. (1999), Die Vernetzung der Stadt. Kommunale Energiepolitik, öffentlicher Nahverkehr und die „Produktion" der modernen Stadt Darmstadt-Mannheim-Mainz 1880-1918, Darmstadt.

Schott, D. (2013), Stadt in der Geschichtswissenschaft, in: H. A. Mieg/ Ch. Heyl (Hg.), Stadt. Ein interdisziplinares Handbuch, Stuttgart-Weimar, S. 120-147.

Schott, D. (2014), Europäische Urbanisierung (1000-2000). Eine umwelthistorische Einführung, Köln-Weimar-Wien.

Schott, D./ Klein, S. (Hg.) (1998), Mit der Train ins nächsten Jahrtausend. Geschichte, Gegenwart und Zukunft der elektrischen Straßenbahn, Essen.

Schott, D./ Luckin, B./ Massard-Guilbaud, G. (eds.) (2005), *Resources of the City. Contributions to an Environmental History of Modern Europe*, Aldershot 2005.

Schott, D./ Scroblies, H. (1987), Die ursprüngliche Vernetzung. Die Industrialisierung der Städte durch Infrastrukturtechnologien und ihre Auswirkungen auf Stadtentwicklung und Städtebau. Eine Forschungsskizze, in: Das alte Stadt, 14, S. 72-99.

Schott, D./ Toyka-Seid, M. (Hg.) (2008), Die europäische Stadt und ihre Umwelt, Darmstadt.

Schreiber, W. (2008), Gemeineigentum versus Privateigentum. Ein Vergleich der Bodenpolitik der Städte Frankfurt am Main, Amsterdam und Zürich im 20. Jahrhundert, Diss. Frankfurt am Main.

Schröder, B./ Stoob, H. (Hg.) (1986), Bibliographie zur deutschen historischen Städteforschung, Teil 1, Köln.

Schröder, W. H. (Hg.) (1979), Moderne Stadtgeschichte, Stuttgart.

Schulz-Kleessen, W-E. (1985), Die Frankfurter Zonenbauordnung von 1891 als Steuerungsinstrument. Soziale und politische Hintergründe, in: J. Rodriguez-Lores/ G. Fehl (1985), Bd. 2, S. 315-342.

Schüssler, H. (1953), Höchst. Stadt der Farben, Frankfurt am Main.

Schwabe, K. (Hg.)(1981), Oberbürgermeister. Büdinger Forschungen zur Sozialgeschichte, Boppard am Rhein.

Schwippe, H. J. (1996), Öffentlicher Personen-Nahverkehr, Stadtentwicklung und Dezentralisierung. Berlin 1860-1910, in: H. Matzerath (1996), S. 161-202.

Searle, G. R. (1971), *The Quest for National Efficiency: A Study in British Politics and Political Thought, 1899-1914*, Oxford.

Sheldrake, J. (1989), *Municipal Socialism*, Aldershot etc.

Simon, S. D. (1938), *A Century of City Government. Manchester 1838-1938*, London.

Simon, E. D./ Inman, J. (1935), *The Rebuilding of Manchester*, London-New York-Toronto.

Social-Democratic Federation [1902], *"The Times" and Municipal Socialism. Mr. Moberley Bell and Alderman Ivey and the Industrial Freedom League. Reprint from the "Daily News"*, with Introduction by W. Thorne.

Sombart, W. (1955), Das Wirtschaftsleben im Zeitalter des Hochkapitalismus. Erster Halbband. Die Grundlagen - Der Aufbau, Berlin.

Stadtbund der Frankfurter Vereine für Armenpflege und Wohlthätigkeit (Hg.) (1901), Die private Fürsorge in Frankfurt am Main. Ein Hand- und Nachschlagebuch, Frankfurt am Main.

Starke, H. (2006), Geschichte der Stadt Dresden Bd. 3: Von der Reichsgründung bis zur Gegenwart (1871-2006), Stuttgart.

Steinohrt, V. (1903), Die Entwicklung des Armenwesens in Frankfurt am Main, Frankfurt am Main.

Steitz, W. (1982), Kommunale Wirtschaftspolitik im zweiten deutschen Kaiserreich. Das Fallbeispiel Frankfurt am Main, in: F. Blaich (Hg.), Die Rolle des Staates für die wirtschaftliche Entwicklung, Schriften des Vereins für Socialpolitik : Gesellschaft für Wirtschafts- und Sozialwissenschaften, n. F. ; Bd. 125, Berlin, S. 167-201.

Steitz, W. (1983), Kommunale Wohnungspolitik im Kaiserreich am Beispiel der Stadt Frankfurt am Main, in: H. J. Teuteberg (1983), S. 393-428.

Stephens, W. B. (ed.)(1964), *A History of the County of Warwick, Vol. 7, The City of Birmingham*, London.

Stoob, H. (Hg.)(1985), Die Stadt. Gestalt und Wandel bis zum industriellen Zeitalter, Köln/Wien, 2. Aufl.

Strauß, U. (2005), Soziale Stadt - Stadtteile mit besonderem Entwicklungsbedarf. Studienarbeit, Norderstedt.

Subbe-da-Luz, H. (1984), Franz Adickes — Bodenreformer und Universitätsgründner, in: Das Rathaus, 37. Jg., S. 641-645.

Sulman, J. (1921), 'The Laying Out of Towns, A Paper read before Section of the Australian Association for the Advancement of Science, at Melbourne University, in January 1890', in Do., *An Introduction to the Study of Town Planning in Australia*, Sydney, pp. 214-216.

Sutcliffe, A. (1974), 'A Century of the Flats in Birmingham 1875-1973', in Do. (ed.), Multi-Storey Living: The British Working Class Experiences, London, pp. 181-206.

Sutcliffe, A. (1980), Zur Entfaltung von Stadtplanung vor 1914: Verbindungslinien zwischen Deutschland und Großbritannien, in: G. Fehl/ J. Rodríguez-Lores, (1980), S. 238-270.

Sutcliffe, A. (1981), Towards the Planned City: Germany, Britain, the United States and France 1780-1914, Oxford.

Sutcliffe, A. (1983), Urban Planning in Europe and North America before 1914: International Aspects of a Prophetic Movement, in: H. J. Teuteberg (1983), S. 441-474.

Sutcliffe, A. (1990), 'From town-country to town planning: changing priorities in the British garden city movement, 1899-1914', *Planning Perspectives*, Vol. 5, No. 3, pp. 257-269.

Sutcliffe, A. (1996), Die Bedeutung der Innovation in der Mechanisierung städtischer Verkehrssysteme in Europa zwischen 1860 und 1914, in: H. Matzerath (1996), S. 231-241.

Swenarton, M. (1981), *Homes Fit for Heroes. The Politics and Architecture of Early State Housing in Britain*, London.

Tarn, J. N. (1973), *Five Per Cent Philanthropy. An Account of Housing in Urban Areas between 1840 and 1914*, Cambridge.

Terrett, J. J. [1902], *"Municipal Socialism" in West Ham. A Reply to "The Times", and others*, London.

Teuteberg, H.-J. (Hg.)(1983), Urbanisierung im 19. und 20. Jahrhundert. Historische und geographische Aspekte, Köln.

Teuteberg, H.-J. (Hg.)(1985), Homo Habitans. Zur Sozialgeschichte des ländlichen und städtischen Wohnens in der Neuzeit, Münster.

Teuteberg, H.-J. (Hg.)(1986), Stadtwachstum, Industrialisierung, sozialer Wandel. Beiträge zur Erforschung der Urbanisierung im 19. und 20. Jahrhundert, Berlin.

Thernstrom, S./ Sennet, R. (eds.)(1969), *Nineteenth-Century Cities. Essays in the New Urban History*, New Haven/London.

Thompson, W. (1903), *The Housing Handbook*, 2nd. ed., London.

Thompson, W. (1907), *Housing Up-To-Date (Companion Volume to the Housing*

Handbook), London.
Tilly, R. (1986), Wohnungsbauinvestitionen während des Urbanisierungsprozesses im Deutschen Reich 1870-1913, in: H.-J. Teuteberg (1986), S. 61-99.
Tilly, R./Wellenreuther, T. (1985), Bevölkerungswanderung und Wohnungsbauzyklen in deutschen Großstädten im 19. Jahrhundert, in: H.-J. Teuteberg (1985), S. 273-300.
Timm, C. (1987), Altona-Altstadt und -Nord, Hamburg.
Tolxdorff, L. A. (1961), Der Aufstieg Mannheims im Bilde seiner Eingemeindungen (1895-1930), Stuttgart.
Varrentrapp, A. (1915), Drei Oberbürgermeister von Frankfurt am Main, Frankfurt am Main.
Vince, C. A. (1902), *History of the Corporation of Birmingham, Vol. 3 (1885-1899)*, Birmingham.
Vince, C. A. (1923), *History of the Corporation of Birmingham, Vol. 4 (1900-1915)*, Birmingham.
Vogel, L. (1934), Geschichte der ehemaligen Stadtkämmerei Frankfurt am Main, 1825-1926, Frankfurt am Main.
Vogelsang, R., (1988), Geschichte der Stadt Bielefeld: Von der Mitte des 19. Jahrhunderts bis zum Ende des Ersten Weltkriegs, Bielefeld.
Vogt, G. (1979), Stiftung Waisenhaus Frankfurt am Main 1679-1979, Frankfurt am Main.
Wagner, H. von (1903), Die Tätigkeit der Stadt Ulm a. D. auf dem Gebiet der Wohnungsfürsorge für Arbeiter und Bedienstete (Häuser zum Eigenerwerb), Ulm.
Walther, U.-W. (Hg.)(2002), Soziale Stadt – Zwischenbilanz. Ein Programm auf dem Weg zur Sozialen Stadt?, Opladen.
Walters, J. C. (1901), *Scenes in Slum-Land: Together with Six Articles on the Remedies, and Reports of Liberal Actions and Comments Thereon*, Birmingham.
Ward, S. V. (1994), *Planning and Urban Change*, London.
Weiland, A. (1985), Die Frankfurter Zonenbauordnung von 1891 – eine „fortschrittliche" Bauordnung? Versuche einer Entmystifizierung, in: J. Rodriguez-Lores/ G. Fehl (1985), Bd. 2, S. 343-388.
Weis, W. (1907), Die Gemarkungs-, Boden-, Bau- und Wohnungspolitik der Stadt Mannheim seit 1892, Karlsruhe.
Weiß, L. (1904), Die Tarife der deutschen Straßenbahnen. ihre Technik und wirtschaftliche Bedeutung, Karlsruhe.
Weitensteiner, H. K. (1976), Karl Flesch - Kommunale Sozialpolitik in Frankfurt am Main, Frankfurt am Main.
Winterfeld, L. von (1977), Geschichte der freien Reichs- und Hansestadt Dortmund,

6. Aufl., Dortmund.
Wischermann, C. (1993), 'Germany', in: R. Rodger (ed.), *European Urban History. Prospect and Retrospect*, Leicester/London, pp. 159-169.
Wolf, S. (1987), Liberalismus in Frankfurt am Main. Vom Ende der Freien Stadt bis zum Ersten Weltkrieg (1866-1914), Frankfurt am Main.
Wolpert, E. (1930), Städtische Bodenpolitik mit besonderer Berücksichtigung der Verhältnisse in Frankfurt a. M. in: Manuskript im Institut für Stadtgeschichte Frankfurt am Main, S 6a/131.
Wüstenrot Stiftung Deutscher Eigenheimverein (1996-1999), Geschichte des Wohnens, 5 Bde., Stuttgart.
Yago, G. (1984), *The Decline of Transit. Urban Transportation in German and US Cities, 1900-1970*, Cambridge u. a.
Zimmermann, C. (1999), Städtische Medien auf dem Land. Zeitung und Kino von 1900 bis zu den 1930er Jahren, in: C. Zimmermann/ J. Reulecke (1999), S. 141-164.
Zimmermann, C./ Reulecke, J. (Hg.) (1999), Die Stadt als Moloch? Das Land als Kraftquelle? Wahrnehmungen und Wirkungen der Großstädte um 1900, Basel-Boston-Berin.
Zimmermann, C. (Hg.) (2012), Stadt und Medien : vom Mittelalter bis zur Gegenwart, Köln-Weimar-Wien.

邦語文献

東秀紀・風見正三・橘裕子・村上暁信 (2001)『「明日の田園都市」への誘い——ハワードの構想に発したその歴史と未来——』彰国社.
石田頼房 (1991)「19世紀イギリスの工業村——田園都市理論の先駆け・実験場としての工業村:3つの典型例——」『総合都市研究』第42号, 121-149頁.
居城弘 (2001)『ドイツ金融史研究——ドイツ型金融システムとライヒスバンク——』ミネルヴァ書房.
稲垣隆也 (1998)「19世紀後期ベルリンにおける都市内移動——ライフサイクルと職住関係の観点からの考察——」『一橋論叢』第120巻第6号, 885-906頁.
稲垣隆也 (2002)「20世紀初頭ベルリンにおける郊外住宅地の発展と土地所有者層」『社会経済史学』第67巻第5号, 589-603頁.
稲垣隆也 (2004)「帝政末期におけるプロイセンの都市住宅監督政策——シャルロッテンブルクCharlottenburg市を事例に——」『一橋論叢』第132巻第6号, 966-986頁.
今井勝人・馬場哲編 (2004)『都市化の比較史——日本とドイツ——』日本経済評論社.
犬童一男 (1968)「ロンドンにおける都市社会主義——その比較論的位置づけの試み——」『思想』第534号, 91-109頁.

ヴェーバー，マックス，清水幾太郎訳（1972）『社会学の根本概念』岩波文庫．
大場茂明（1992）「近代ドイツにおける都市計画概念の発展とその都市形成への影響」『人文研究』（大阪市立大学文学部）第44巻第9分冊，679-703頁．〔大場茂明（2003），所収〕
大場茂明（1993）「近代ドイツにおける自治体土地政策の展開――工業都市デュースブルクを事例として――」『人文地理』第45巻第5号，441-464頁．〔大場茂明（2003），所収〕
大場茂明（1994）「近代ドイツにおける非営利的住宅施策の展開――工業都市エッセンを事例として――」『経済地理学年報』第40巻第2号，126-138頁．〔大場茂明（2003），所収〕
大場茂明（1995）「戦間期ドイツにおける住宅政策の展開――ルール工業都市群を事例として――」『人文研究』第47巻第5号，339-362頁．〔大場茂明（2003），所収〕
大場茂明（2003）『近代ドイツの市街地形成――公的介入の生成と展開――』ミネルヴァ書房．
大村謙二郎（1984）『ドイツにおける19世紀後半の都市拡張への対処と近代都市計画の成立』東京大学博士学位論文．
岡真人（1975）「S・ウェッブにおける「都市社会主義」――「ロンドン・プログラム」を中心に――」『一橋論叢』第73巻第6号，522-528頁．
岡村東洋光（2004）「ジョーゼフ・ラウントリーのガーデン・ビレッジ構想」『経済学史学会年報』第46号，31-47頁．
小倉欣一（1995）「中世都市フランクフルト領域政策」『史観』（早稲田大学史学会）第132冊，4-16頁．〔小倉欣一（2007），所収〕
小倉欣一（2007）『ドイツ中世都市の自由と平和――フランクフルトの歴史から――』勁草書房．
小倉欣一・大澤武男（1994）『都市フランクフルトの歴史――カール大帝から1200年――』中公新書．
小野浩（2010）「大正期における東京市電の経営――市有化から関東大震災まで――」老川慶喜編『両大戦間期の都市交通と運輸』日本経済評論社，29-63頁．
加来祥男（1986）『ドイツ化学工業史序説』ミネルヴァ書房．
加来祥男（1991）「エルバーフェルト制度の成立――ドイツ救貧制度史の一駒――」『甲南経済学論集』第31巻第4号，353-379頁．
加来祥男（1994）「エルバーフェルト制度1853-1861年」『経済学研究』（北海道大学）第43巻第4号，35-46頁．
加来祥男（1996-1997）「エルバーフェルト制度の展開（1）（2）」『経済学研究』（九州大学）第63巻第3号，1-23頁；第64巻第3・4号，21-45頁．
加来祥男（2009）「第1次世界大戦期ドイツの応召兵士の家族支援（4）」『経済学研究』（九州大学）第76巻第1号，1-25頁．
加藤房雄（2001）「プロイセン都市近郊農村史とベルリン――テルトウ郡の鉄道建設

――と世襲財産所領――」『土地制度史学』第 43 巻第 4 号，51-67 頁．
加藤房雄（2002）「ベルリン圏の都市化と近郊ゲマインデの自治―― 19 世紀末〜 20 世紀初頭期テルトゥ郡の実態に即して――」『社会経済史学』第 68 巻第 1 号，3-24 頁．
角松生史（2000）「「現存在」への「事前の配慮」―― E・フォルストホフ，"Daseinsvorsorge" 論の一側面――」碓井光明・小早川光郎・水野忠恒・中里実編『公法学の法と政策（下）――金子宏先生古稀祝賀論文集――』有斐閣，265-287 頁．
金澤周作（2000）「近代英国におけるフィランスロピー」『史林』第 83 巻第 1 号，39-70 頁．
川越修（1988）『ベルリン 王都の近代――初期工業化・1848 年革命――』ミネルヴァ書房．
川越修（1995）『性に病む社会――ドイツ ある近代の軌跡――』山川出版社．
菊池威（2004）『田園都市を解く――レッチワースの行財政に学ぶ――』技報堂出版．
北住炯一（1990）『近代ドイツ官僚国家と自治――社会国家への道――』成文堂．
北村昌史（1992）「19 世紀中葉ドイツの住宅改革運動」『西洋史学』第 166 号，104-122 頁．〔北村昌史（2007），所収〕
北村昌史（1993）「19 世紀ドイツにおける住宅改革構想の変遷――労働諸階級福祉中央協会の機関誌を題材に――」『史林』第 76 巻第 6 号，894-929 頁．〔北村昌史（2007），所収〕
北村昌史（1994）「1840 年代ベルリンの都市社会とファミリエンホイザー」『西洋史学』第 175 号，162-180 頁．〔北村昌史（2007），所収〕
北村昌史（2001）「「トロイアの木馬」と市民社会―― 1820 〜 31 年ベルリン行政と住宅問題――」『史林』第 84 巻第 1 号，32-65 頁．〔北村昌史（2007），所収〕
北村昌史（2007）『ドイツ住宅改革運動―― 19 世紀の都市化と市民社会――』京都大学学術出版会．
北村昌史（2009）「ブルーノ・タウトとベルリンの住環境―― 1920 年代後半のジードルンク建設を中心に――」『史林』第 92 巻第 1 号，70-96 頁．
北村昌史（2014）「近現代ヨーロッパにおける都市と住宅をめぐって」『西洋史学』第 253 号，50-62 頁．
北村昌史（2015）「ブルーノ・タウトのジードルングの社会史――「森のジードルング」を手掛かりとして――」中野隆生（2015），221-246 頁．
北村陽子（1999）「第二帝政期フランクフルトにおける住宅政策と家族扶助」『史林』第 82 巻第 4 号，561-592 頁．
北村陽子（2006）「第一次世界大戦期ドイツにおける戦時扶助体制と女性動員――フランクフルト・アム・マインの事例――」『西洋史学』第 221 号，23-43 頁．
工藤章（1999）『現代ドイツ化学企業史―― IG ファルベンの成立・展開・解体――』ミネルヴァ書房．
小坂直人（1993）「ドイツ電力産業と公私混合企業―― RWE とドルトムント市の対立を中心に――」『公益事業研究』第 44 巻第 3 号，41-72 頁．

小坂直人（1995）「都市電気事業から広域電気事業へ——ハンス・ポールの所説を中心に——」『北海学園大学経済論集』第 43 巻第 1 号，91-108 頁．
後藤俊明（1986）「ヴィルヘルム期ドイツにおける都市自治体と公的住宅建設——住宅経済に対する公的干渉の端緒——」『商学研究』（愛知学院大学）第 32 巻第 1 号，157-193 頁．
後藤俊明（1995）「1920 年代後半ドイツにおける社会的住宅建設の展開——フランクフルト・アム・マインの事例を中心に——」『商学研究』（愛知学院大学）第 39 巻第 1 号，67-180 頁．〔後藤俊明（1999），所収〕
後藤俊明（1999）『ドイツ住宅問題の政治社会史——ヴァイマル社会国家と中間層——』未來社．
斎藤光格（1998）「ケルンにおける都市緑地の発展」『帝京史学』第 13 号，1-43 頁．
佐久間弘展（1999）『ドイツ手工業・同職組合の研究—— 14 〜 17 世紀ニュルンベルクを中心に——』創文社．
桜井健吾（2001）『近代ドイツの人口と経済—— 1800 〜 1914 年——』ミネルヴァ書房．
櫻井良樹（2013）「関東大震災以前における東京市内交通機関をめぐる公益性の議論」鈴木勇一郎・髙嶋修一・松本洋幸編『近代都市の装置と統治—— 1910 〜 30 年代——』日本経済評論社，13-44 頁．
塩川舞（2015）「1880 〜 1910 年代の河川交通と工業化——フランクフルト・アム・マインを事例に——」『交通史研究』第 87 号，22-42 頁．
塩野宏（1989）「紹介：エルンスト・フォルストホフ『給付行政の法律問題』」（Ernst Forsthoff, Rechtsfrage der leistenden Verwaltung, 1959）『公法と私法』（行政法研究，第 2 巻），有斐閣，291-300 頁（初出は『国家学会雑誌』第 73 巻第 11・12 号，1960 年，940-962 頁）．
塩野宏（1962）『オットー・マイヤー行政法学の構造』有斐閣．
芝村篤樹（1989）『関一——都市思想のパイオニア——』松籟社．
芝村篤樹（1998）『日本近代都市の成立—— 1920・30 年代の大阪——』松籟社．
島浩二（1981）「19 世紀末イギリスにおける住宅政策の展開——「土地問題」とのかかわりあいにおいて——」『阪南論集　社会科学編』第 16 巻第 2 巻，25-38 頁．
清水修二（1979）「シドニー・ウェッブと財政民主主義——都市社会主義から産業国有化まで——」島恭彦・池上惇編『財政民主主義の理論と思想——「安価な政府」と公務労働——』青木書店，第 4 章．
白川耕一（2015）「もっと空間を，もっと緑を—— 1930 〜 50 年代のドイツ都市構想の連続性——」中野隆生（2015），431-448 頁．
関野満夫（1985）「ドイツ都市財政と公営企業——第 1 次大戦前のベルリン市財政を中心に——」『公益事業研究』第 37 巻第 2 号，127-150 頁．〔関野満夫（1997），所収〕
関野満夫（1986）「ドイツにおける都市専門官僚の形成に関する覚書」『財政学研究』第 11 号，62-75 頁．〔関野満夫（1997），所収〕

関野満夫 (1989-1990)「ドイツ都市社会主義の研究 (1)(2)」『経済学論纂』(中央大学) 第30巻第5・6号, 79-136頁; 第31巻第1・2号, 319-360頁.〔関野満夫 (1997), 所収〕

関野満夫 (1992)「第二帝政期ドイツの都市行財政と土地経営——ウルム市を事例に——」『経済学論纂』(中央大学) 第33巻第3号, 65-78頁.〔関野満夫 (1997), 所収〕

関野満夫 (1997)『ドイツ都市経営の財政史』中央大学出版部.

相馬保夫 (1995a)「「賃貸兵舎」から「新しい住まい」へ——都市計画・住宅建設のパラダイム転換: 1920年代ベルリン——」田中邦夫編『パラダイム論の諸相』鹿児島大学法文学部, 179-215頁.

相馬保夫 (1995b)「ヴァイマル期ベルリンにおける都市計画・住宅建設と労働者文化」小沢弘明・佐伯哲朗・相馬保夫・土屋好古『労働者文化と労働運動——ヨーロッパの歴史的経験——』木鐸社, 59-150頁.

武田公子 (1995)『ドイツ政府間財政関係史論——第二帝政期からヴァイマル期ゲマインデ財政を中心に——』勁草書房.

武田公子 (2003)『ドイツ自治体の行財政改革——分権化と経営主義化——』法律文化社.

田中英司 (2001)『ドイツ借地・借家法の比較研究——存続保障・保護をめぐって——』成文堂.

棚橋信明 (1995)「19世紀中葉におけるケルン市議会選挙と市民層」『史林』第78巻第1号, 1-32頁.

棚橋信明 (1996)「19世紀中葉におけるケルン市の行政と財政」『史学雑誌』第105編第2号, 215-242頁.

棚橋信明 (2000)「19世紀中葉におけるライン橋の建設問題とケルン市議会」『愛知女子短期大学研究紀要　人文編』第33号, 11-30頁.

棚橋信明 (2006)「近代都市ケルンの領域拡張と人口増加—— 19世紀中葉から20世紀初めまで——」『横浜国立大学教育人間学部紀要3　社会科学』第8号, 15-37頁.

棚橋信明 (2007)「近代都市ケルンにおける人口の自然動態—— 19世紀中葉以降の出生率と死亡率の変動に関する考察——」『横浜国立大学教育人間学部紀要3　社会科学』第9号, 31-60頁.

棚橋信明 (2008)「近代ドイツの諸都市における人口の自然動態—— 19世紀中葉以降の出生率と死亡率の変動に関する統計の整理——」『横浜国立大学教育人間学部紀要3　社会科学』第10号, 71-93頁.

田野慶子 (1999)「ワイマル期ドイツにおける都市電力業——ボン, デュッセルドルフ市の事例を中心に——」『和洋女子大学紀要　文系編』第39集, 46_a-31_a.〔田野慶子 (2003), 所収〕

田野慶子 (2003)『ドイツ資本主義とエネルギー産業——工業化過程における石炭業・電力業——』東京大学出版会.

田野慶子（2009）「ドイツ電力業における市場規制の展開——1935年のエネルギー産業法の成立過程を中心に——」雨宮昭彦・J・シュトレープ編『管理された市場経済の生成——介入的自由主義の比較経済史——』日本経済評論社，75-103頁.

辻英史（2007）「19世紀後半ドイツ都市における「共和主義」理念と公的救貧事業の展開」『立正史学』第101号，90-61頁.

辻英史（2008）「社会改革のための合意形成——アドルフ・ダマシュケとドイツ土地改革者同盟の挑戦——」川越修・辻英史編『社会国家を生きる——20世紀ドイツにおける国家・共同性・個人——』法政大学出版局，37-72頁.

椿建也（2013）『イギリス住宅政策史研究1914～45年——公営住宅の到来と郊外化の進展——』勁草書房.

寺尾誠（1974）「都市空間と都市形成——ルール工業地帯の場合——」『社会経済史学』第39巻第6号，589-631頁.

中島直子（2005）『オクタヴィア・ヒルのオープン・スペース運動——その思想と活動——』古今書院.

中野隆生編（2015）『20世紀の都市と住宅——ヨーロッパと日本——』山川出版社.

永山（柳沢）のどか（2004）「1920年代ドイツの住宅建設における「公益性」——建設業者バウヒュッテの活動——」『社会経済史学』第70巻第3号，307-329頁.〔永山のどか（2012），所収〕

永山（柳沢）のどか（2007）「1920年代ドイツにおける非営利住宅建設と借家市場——ゾーリンゲン・ヴェーガーホーフ団地の場合——」『歴史と経済』第50巻第1号，32-47頁.〔永山のどか（2012），所収〕

永山（柳沢）のどか（2008）「1920年代ドイツにおける新築借家入居と社会階層間格差——ゾーリンゲン・ヴェーガーホーフ団地の世帯モデルの事例——」『社会経済史学』第74巻第2号，171-193頁.〔永山のどか（2012），所収〕

永山のどか（2012）『ドイツ住宅問題の社会経済史的研究——福祉国家と非営利住宅建設——』日本経済評論社.

永山のどか（2015）「第二次大戦後西ドイツの住宅事情と住宅供給——ゾーリンゲン市の事例——」中野隆生（2015），279-309頁.

名古忠行（2002）「ユートピア思想と社会主義——ウィリアム・モリス——」『イギリス社会民主主義の研究——ユートピアと福祉国家——』法律文化社.

名和田是彦（1984）「マックス・ウェーバー法理論の基礎的枠組について——「専有」理論，「行政」理論及び法規範論——」『社会科学研究』第36巻1号，201-218頁.

西圭介（2013）「世紀転換期のドイツにおける都市化と自転車の普及——ビーレフェルト郡の事例を手がかりに——」『経済学論叢』（同志社大学）第64巻第4号，1229-1249頁.

西山八重子（2002）『イギリス田園都市の社会学』ミネルヴァ書房.

西山康雄（1992）『アンウィンの住宅地計画を読む——成熟社会の住環境を求めて——』彰国社.

馬場哲（1996）「ドイツにおける近代都市史・都市化史研究について」『経済学論集』

（東京大学）第 62 巻第 3 号, 63-86 頁.
馬場哲（1997）「北西ドイツ・ラーヴェンスベルク地方における「プロト工業化」──領邦国家と都市商人──」『経済学論集』（東京大学）第 62 巻第 4 号, 2-35 頁.
馬場哲（1998）「都市化と交通」『岩波講座世界歴史 22　産業と革新──資本主義の発展と変容──』岩波書店, 179-199 頁.
馬場哲（1999）「地域工業化と工業都市の誕生──北西ドイツ・ラーヴェンスベルク地方と都市ビーレフェルトの事例研究 (1)(2)──」『経済学論集』（東京大学）第 64 巻第 4 号, 2-29 頁；第 65 巻第 1 号, 32-70 頁.
馬場哲（2000）「フランクフルトのヘヒスト合併──大都市の拡張と地域の再編──」『社会経済史学』第 66 巻第 1 号, 23-42 頁.
馬場哲（2002a）「都市交通の整備と自治体合併政策──フランクフルトとヘヒスト：1889～1952 年──」『経済学論集』（東京大学）第 67 巻第 4 号, 98-112 頁.
馬場哲（2002b）「ヨーロッパ近代都市史──ドイツを中心として──」社会経済史学会編『社会経済史学会創立 70 周年記念　社会経済史学の課題と展望』有斐閣, 480-490 頁.
馬場哲（2003）「19 世紀後半～20 世紀初頭におけるフランクフルト・アム・マインの工業化と自治体合併」篠塚信義・石坂昭雄・高橋秀行編『地域工業化の比較史的分析』北海道大学図書刊行会, 369-398 頁.
馬場哲（2004a）「第二帝政期ドイツの上級市長──F・アディケスの都市政策と政策思想──」今井勝人・馬場哲編『都市化の比較史──日本とドイツ──』日本経済評論社, 121-154 頁.
馬場哲（2004b），「ドイツにおける自治体合併政策の展開（1854～1930 年）」『経済学論集』（東京大学）第 70 巻第 3 号, 2-28 頁.
馬場哲（2006）「19 世紀末～20 世紀初頭のイギリスにおけるドイツ都市計画・都市行政認識とその背景──マンチェスターの T・C・ホースフォールの場合(1)(2)──」『経済学論集』（東京大学），第 72 巻第 2 号, 2-17 頁；第 72 巻 3 号, 69-81 頁.
馬場哲（2007）「20 世紀初頭におけるバーミンガムの住宅政策とイギリス都市計画運動──J・S・ネトルフォールドの活動と思想──」『社会経済史学』第 72 巻第 6 号, 651-672 頁.
馬場哲（2009a）「19 世紀末～20 世紀初頭のフランクフルト・アム・マインにおける土地政策の展開──ドイツ「社会都市」の歴史的意義──」『経済学論集』（東京大学）第 75 巻第 1 号, 2-34 頁.
馬場哲（2009b）「ドイツ「社会都市」論の可能性──「社会国家」との関係とその比較史的射程──」『社会経済史学』第 75 巻第 1 号, 47-55 頁.
馬場哲（2011）「『生存配慮』と『社会政策的都市政策』── 19 世紀末～20 世紀初頭ドイツの都市公共交通を素材として──」『歴史と経済』第 53 巻第 3 号, 13-21 頁.

馬場哲（2012）「19世紀末～20世紀初頭のドイツにおけるフィランスロピーと都市建設——フランクフルト・アム・マインの公共慈善財団を事例として——」『経済学論集』（東京大学）第78巻第1号, 41-62頁.

馬場哲（2013）「20世紀初頭ドイツにおける都市交通の市営化と運賃制度の改定——フランクフルトにおける「社会政策的」運賃の導入——」『経済学論集』（東京大学），第79巻第2号, 2-26頁.

馬場哲（2015）「20世紀初頭のドイツにおける都市計画と住宅政策——フランクフルト・アム・マインの社会的住宅建設を事例として——」中野隆生（2015），411-430頁.

藤田幸一郎（1988）『都市と市民社会——近代ドイツ都市史——』青木書店.

藤田幸一郎（1991）「ヨーロッパ近代都市社会史研究の成果と課題——ドイツ——」『歴史評論』第500号, 213-220頁.

穂鷹知美（2004）『都市と緑——近代ドイツの緑化文化——』山川出版社.

松本康正（1974）「マンチェスタ地域における郊外化」『社会経済史学』第39巻第6号, 664-681頁.

三成賢次（1997）『法・地域・都市——近代ドイツ地方自治の歴史的展開——』敬文堂.

村田光義（1997）「ジョゼフ・チェンバレンの社会政策（1）」『政経研究』（日本大学）第34巻第1号, 49-106頁.

持田信樹（1993）『都市財政の研究』東京大学出版会.

森宜人（2003）「ドイツ近代都市における自治体給付行政とその諸問題——フランクフルト・アム・マインにおけるオストエンド・プロジェクトを事例に——」『一橋論叢』第129巻第2号, 159-174頁.

森宜人（2004）「フランクフルト国際電気技術博覧会とその帰結——近代ドイツにおける都市電力ネットワーク形成の一モデル——」『社会経済史学』第69巻第5号, 533-552頁.〔森宜人（2009a），所収〕

森宜人（2005）「ヴァイマル期ドイツにおける都市の電化プロセス——フランクフルト・アム・マインを事例として——」『社会経済史学』第71巻第2号, 175-196頁.〔森宜人（2009a），所収〕

森宜人（2007）「黎明期の都市電化——第二帝政期フランクフルトを事例として——」土肥恒之編『地域の比較社会史——ヨーロッパとロシア——』日本エディタースクール出版部, 137-169頁.〔森宜人（2009a），所収〕

森宜人（2008）「広域発電網確立期における都市電力業——ヴァイマル期フランクフルト・アム・マインを中心に——」『歴史と経済』第50巻第2号, 17-31頁.〔森宜人（2009a），所収〕

森宜人（2009a）『ドイツ近代都市社会経済史』日本経済評論社.

森宜人（2009b）「世紀転換期ドイツにおける都市政策理念—— 1903年ドイツ都市博覧会を中心に——」『西洋史学』第232号, 23-43頁.

森宜人（2011a）「「社会都市」における失業保険の展開——第二帝政期ドイツを事例

として──」『歴史と経済』第 53 巻第 3 号，3-12 頁．
森宜人（2011b）「ヴィルヘルム期ドイツにおける都市失業保険──大ベルリン連合を事例として──」『社会経済史学』第 77 巻第 1 号，71-91 頁．
森宜人（2014）「戦時失業扶助と「社会都市」──第一次大戦期ハンブルクを事例として──」『社会経済史学』第 80 巻第 1 号，37-58 頁．
森田直子（2001）「近代ドイツの市民層と市民社会──最近の研究動向──」『史学雑誌』第 110 編第 1 号，100-116 頁．
安川悦子（1977）「ジョゼフ・チェンバレンにおける「改革」と「帝国」」『社会思想史研究』第 1 号，61-89 頁．
安川悦子（1982）「ウィリアム・モリスにおける「社会主義思想」の展開」『イギリス労働運動と社会主義──「社会主義の復活──」とその時代の思想史的研究』御茶の水書房，245-271 頁．
山口博教（2001）「国際債券市場としてのフランクフルト証券取引所──生成・展開過程と歴史特性──」『北星論集』（北星学園大学経済学部）第 39 号，53-73 頁．
山下茂（1978）「英国における地方公営企業の発展と没落（4）（5）」『地方財務』第 286 号，111-127 頁；第 287 号，259-273 頁．
山名淳（2006）『夢幻のドイツ田園都市──教育共同体ヘレラウの挑戦──』ミネルヴァ書房．
山本通（2007）「B・シーボーム・ラウントリーと住宅問題」『商経論叢』第 43 巻第 2 号，1-55 頁．
横山北斗（1998）『福祉国家の住宅政策──イギリスの 150 年──』ドメス出版．
ロイレッケ，ユルゲン，辻英史訳（2004）「都市化から都市社会化へ」今井勝人・馬場哲（2004），3-26 頁．
渡辺俊一（1976）「イギリス都市計画の関連法の系譜（上）（中）（下）」『地域開発』第 145 号，53-59 頁；第 146 号，43-50 頁；第 147 号，45-60 頁．〔渡辺俊一（1985）『比較都市計画序説──イギリス・アメリカの土地利用規制──』三省堂，所収〕

図表一覧

第1章
図1-1　ドイツ帝国の機能的都市類型（1907年）………………………… 26-27

第2章
表2-1　1816〜1910年における都市人口と都市数の増加 ………………… 44-45
表2-2　ドイツ諸都市の人口増加（1816〜1910年）………………………46
表2-3　1895年のプロイセンにおけるゲマインデの規模別就業構造 ………48
表2-4　ドイツにおける都市規模別市営事業の分布（1908年）……………53
表2-5　フランクフルトの市域拡張（1877〜1928年）……………………80
図2-1　フランクフルトの市域拡張（1877〜1928年）……………………81

第3章
表3-1　フランクフルト市街鉄道の発達（1890〜1920年）……………… 109
写真3-1　フランツ・アディケス…………………………………………92

第4章
図4-1　1910年の合併関連地図 ……………………………………… 138-139
写真4-1　ボッケンハイム市街と市街鉄道（1905年）…………………… 132
写真4-2　グリースハイム・エレクトロン社（19世紀末）……………… 141
写真4-3　ヘヒスト社（1927年）…………………………………………… 147

第5章
表5-1　フランクフルト市営市街鉄道の定期購入枚数…………………… 189
表5-2　フランクフルト市街鉄道の経営指標（1890〜1918年）………… 190
表5-3　車輌キロ当たりの利用収入の推移（1890〜1918年）…………… 191
表5-4　フランクフルト市営市街鉄道における福利厚生費の推移
　　　　（1903〜1912年）……………………………………………… 191
図5-1　市街電車の導入（1898年）……………………………………… 166
図5-2　フランクフルト市街と市街鉄道路線図（1911年）………… 196-197

第6章
表6-1　ドイツにおける市有地面積の上位10都市
　　　　（1896/1897年〜1912/1913年）………………………………… 210
表6-2　フランクフルトにおける市有地の内訳（1894〜1915年）…… 218-219
表6-3　フランクフルトにおける市有地の拡大（1894〜1915年）……… 221

表 6-4　市有の宅地・農地（1901 ～ 1915 年）……………………………… 222
　表 6-5　フランクフルトにおける市有地と財団所有地の推移
　　　　　（1894 ～ 1926 年）………………………………………………… 223
　表 6-6　フランクフルト市の土地取引（1893 ～ 1915 年）………………… 226-227
　表 6-7　フランクフルト市が締結した地上権契約（1900 ～ 1913 年）…… 238-239
　表 6-8　市有地特別金庫の所有地評価額構成（1911 ～ 1912 年）………… 249
　図 6-1　フランクフルトの市区区分（1910 年）……………………………… 220

第 7 章
　表 7-1　ドイツ諸都市における市有地と財団所有地
　　　　　（1900 ないし 1900/1901 年）……………………………………… 258
　表 7-2　フランクフルト 5 大財団の所有地面積および評価額
　　　　　（1900 ～ 1915 年）………………………………………………… 270
　図 7-1　東河港プロジェクト図（1911 年）…………………………………… 278
　図 7-2　フランクフルト中央駅周辺地区（1881 年）………………………… 281

第 8 章
　表 8-1　マンチェスターとソルフォードの人口増加（1841 ～ 1901 年）…… 297
　図 8-1　マンチェスターの市域拡張（1838 ～ 1931 年）…………………… 298
　写真 8-1　トマス・コグラン・ホースフォール……………………………… 301

第 9 章
　図 9-1　バーミンガムの市域拡張（1838 ～ 1931 年）……………………… 359
　写真 9-1　ジョン・サットン・ネトルフォールド…………………………… 335
　写真 9-2　1890 年労働者階級住宅法施行前のバーミンガムの住宅 ……… 338

あとがき

　本書は，序章，終章を除き著者がこれまでに発表してきた以下の論文（括弧内は対応する章）を基礎としている．新たに参照した文献・資料はかなりの数にのぼり，組み替えや加筆を多かれ少なかれ施しているため，原型をほとんど残していないものもあるが，本書には部分的に取り込むにとどめ，独立の論文として参照を求めているものもある．

「ドイツにおける近代都市史・都市化史研究について」『経済学論集』（東京大学）第62巻第3号，63-86頁，1996年．（第1章）

「都市化と交通」『岩波講座世界歴史22　産業と革新──資本主義の発展と変容──』岩波書店，179-199頁，1998年．（第2章）

「フランクフルトのヘヒスト合併──大都市の拡張と地域の再編──」『社会経済史学』第66巻第1号，23-42頁，2000年．（第4章）

「ヨーロッパ近代都市史──ドイツを中心として──」社会経済史学会編『社会経済史学会創立70周年記念　社会経済史学の課題と展望』有斐閣，480-490頁，2002年．（第1章）

「19世紀後半～20世紀初頭におけるフランクフルト・アム・マインの工業化と自治体合併」篠塚信義・石坂昭雄・高橋秀行編『地域工業化の比較史的分析』北海道大学図書刊行会，369-398頁，2003年．（第4章）

「第二帝政期ドイツの上級市長── F・アディケスの都市政策と政策思想──」今井勝人・馬場哲編『都市化の比較史──日本とドイツ──』日本経済評論社，121-154頁，2004年．（第3章）

「ドイツにおける自治体合併政策の展開（1854～1930年）」『経済学論集』（東京大学）第70巻第3号，2-28頁，2004年．（第2, 4章）

「19世紀末～20世紀初頭のイギリスにおけるドイツ都市計画・都市行政

認識とその背景——マンチェスターの T・C・ホースフォールの場合（1）（2）——」『経済学論集』（東京大学），第 72 巻第 2 号，2-17 頁；第 72 巻 3 号，69-81 頁，2006 年．（第 8 章）

「20 世紀初頭におけるバーミンガムの住宅政策とイギリス都市計画運動—— J・S・ネトルフォールドの活動と思想——」『社会経済史学』第 72 巻第 6 号，651-672 頁，2007 年．（第 9 章）

「19 世紀末〜20 世紀初頭のフランクフルト・アム・マインにおける土地政策の展開——ドイツ「社会都市」の歴史的意義——」『経済学論集』（東京大学）第 75 巻第 1 号，2-34 頁，2009 年．（第 6 章）

「「生存配慮」と「社会政策的都市政策」—— 19 世紀末〜20 世紀初頭ドイツの都市公共交通を素材として——」『歴史と経済』第 53 巻第 3 号，13-21 頁，2011 年．（第 2 章）

「19 世紀末〜20 世紀初頭のドイツにおけるフィランスロピーと都市建設——フランクフルト・アム・マインの公共慈善財団を事例として——」『経済学論集』（東京大学）第 78 巻第 1 号，41-62 頁，2012 年．（第 7 章）

「20 世紀初頭ドイツにおける都市交通の市営化と運賃制度の改定——フランクフルトにおける「社会政策的」運賃の導入——」『経済学論集』（東京大学），第 79 巻第 2 号，2-26 頁，2013 年．（第 5 章）

「20 世紀初頭のドイツにおける都市計画と住宅政策——フランクフルト・アム・マインの社会的住宅建設を事例として——」中野隆生編『20 世紀の都市と住宅——ヨーロッパと日本——』山川出版社，411-430 頁，2015 年．（第 4 章）

都市への関心は前著『ドイツ農村工業史——プロト工業化・地域・世界市場——』（東京大学出版会，1993 年）のなかにも現れているが，都市史，なかでも近代都市史を本格的に研究しようと思ったのは，北西ドイツ・ラーヴェンスベルク地方におけるプロト工業化から地域工業化，そして工業都市ビーレフェルトの誕生に至る過程を研究したときであった．ドイツの研究状況をサーヴェイしたのち，フランクフルトを研究対象都市に定め，主たる研究領

域として，当時比較的盛んであった公衆衛生や救貧ではなく，重要性に比して遅れていた都市交通史にまず着目したが，1997年から1998年にかけてフランクフルト都市史研究所に通い史料に接するうちに，都市史の面白さと奥の深さにはまってしまい，20年経ってしまった．

　交通，自治体合併，上級市長を中心に自治体給付行政の枠組みで研究をまとめようとすれば10年ほどで区切りをつけられたかもしれない．しかし，2003年のイギリス滞在によって回り道をすることになった．元来のイギリス志向に加えて，日本では，前後の時代と比べて1900年頃のイギリス都市史の研究が遅れており，知りたいことは自分で調べるしかないという事情があったからである．レスターを選んだのは，フランクフルト滞在中に知り合ったD・ショット教授（現在ダルムシュタット工科大学）が当時レスター大学都市史研究センターに在職されていたことが大きいが，J・サースクらのレスター学派についての知識も働いたのかもしれない．ローマ時代に遡る，そして現在は多民族都市として知られるレスターらしく，インド人夫妻の所有する100年前に建てられた赤レンガのテラス・ハウスに居住して，ロンドンとは違うイギリス地方都市の良さを体験することができた．たしかに回り道だったかもしれないが，イギリスとの比較や英独関係を調べたことで得たものの大きさは計り知れない．土地政策に関心をもったのも，イギリス側からドイツを見た結果ということができる．

　その後自分の研究のなかに社会政策との接点を見出そうと思うようになったのは，以下に挙げる研究会に参加するなかで，様々なタイプの社会政策史研究に触れたことが大きいが，いわゆるグローバリゼーションのなかで日本社会・国際社会が統合というよりも分裂の度を深め，しかもそれを肯定する言説が幅を利かせている状況への違和感・危機感が自分のなかで次第に強くなってきたからである．ただ，この結果問題関心はますます拡散し，論文の数は増えつつも，それらをどのようにまとめるべきかで悩む時期もあったが，いまどうにか区切りをつけることができ安堵している．

＊　　　　　　　　　　＊

　近代都市史研究に踏み込むうえで，1988年に参加を許された篠塚信義先生，

石坂昭雄先生，故高橋秀行先生，安元稔先生，佐村明知先生をはじめとする錚々たるメンバーからなる「地域工業化研究会」が，1990年代に入ってプロト工業化から地域工業化へと重心を移しつつあり，そのなかで自分の新たなテーマを模索したことが大きなきっかけとなった．斎藤修先生からは，この研究会での報告を機縁として原稿執筆の機会を何度かいただいた．都市史研究で言えば，1995年に発足した加来祥男先生，今井勝人先生を中心とする「都市化研究会」は，日本との比較や都市経済への多様なアプローチを意識しながら，自分の研究を進める貴重な場を与えていただいた．この研究会の活動の一環として，J・ロイレッケ教授をはじめとするドイツの代表的な近代都市史研究者との国際交流が実現したこともありがたかった．フランクフルト史研究の先達である小倉欣一先生からも折に触れてご教示をいただいた．また，若いドイツ史研究者と語らって2001年から始めた「ドイツ近代都市史研究会」では，辻英史，森宜人，北村陽子，永山のどかの諸氏の成長を目の当たりにできるとともに，私自身若い世代の新鮮な問題意識から大いに学ぶことができた．2007年から始まった政治経済学・経済史学会都市経済史フォーラムでは，岩間俊彦，高嶋修一，名武なつ紀らの自分より若い世代の諸氏とあらためて日本，イギリス，ドイツの比較という視点から「都市の現代化とガバナンス」という新たなテーマに取り組んでおり，都市史研究の射程を少しでも広げることができればと願っている．自分のテーマと社会政策やイギリス史との関わりを考えるうえで，政治経済学・経済史学会社会福祉フォーラムやイギリス史研究会などにオブザーバーとして参加させていただき，多彩な方々と交流できたことも大いに役立った．とくにレスターが縁で知己を得た佐藤清隆氏からいただいたご厚情には感謝している．このほか，最近では一堂に会することもなくなってしまったが，かつて『西洋経済史学』の刊行に結集した小野塚知二，石原俊時，矢後和彦，雨宮昭彦，山井敏章，三ツ石郁夫，須藤功の諸氏をはじめとする同世代の西洋経済史研究者との交流は，日本における西洋経済史研究はどうあるべきかという根本問題を考え続けるうえで依然として欠かせないものである．

　すでに述べたことと重なるが，本書に関わる研究を開始してから私は3回の在外研究に恵まれた．1997～1998年のフランクフルト滞在では，D・レ

ーベンティッシュ，K・シュナイダー，L・ベヒトの諸氏をはじめとするフランクフルト都市史研究所の方々に文字通りお世話になった．それは一次史料の体系的利用をはじめて経験する貴重で楽しい機会であった．その後も2年に一度ほど訪れるが，多くの所員の方々に覚えていただいているのは嬉しく，古巣に戻ったような気分になる．2003年のレスター大学滞在に際しては，前述のショット教授に加えてR・ロジャー教授（現在エディンバラ大学）に大変お世話になり，イギリス近代都市史研究の最先端の状況を肌で感じることができた．2014年には，L・ハナー教授，J・ハンター教授のご厚意でロンドン・スクール・オブ・エコノミクス（LSE）に半年間受け入れていただき，LSE図書館をはじめとするロンドンの諸機関を自由に使うことができ，今後の研究の準備だけでなく，本書の執筆・再構成にとっても大きな弾みとなった．ロンドンという巨大複合都市の奥深さを垣間見ることもできた．そのための拠点を提供して下さった杉山伸也先生・ヘレン先生ご夫妻にも感謝したい．以上にお名前を挙げることのできなかった方を含めて，多くの方々との交流がなければ，本書をまとめることは不可能であったと思っている．

　本書に関わる研究の遂行のために，科学研究費補助金（1998〜1999年度：課題番号10630081；1998〜2000年度：課題番号10430017；2000〜2001年度：課題番号12630080；2004〜2005年度：課題番号16610003；2007〜2008年度：課題番号19530303；2009〜2011年度：課題番号21530332；2013〜2015年度：課題番号25285105），国際交流基金，東京大学経済学研究科助成金，住宅団体連合寄付金，諸井基金などの研究助成を受けることができた．本書の刊行に対しても平成27年度東京大学経済学研究科助成金を受けることができた．関係各位にお礼申し上げる．

　出版に際しては，前著と同様に東京大学出版会の黒田拓也氏のご配慮をいただき，完成にいたる細々とした作業は，編集部の大矢宗樹氏に大変お世話になった．厚くお礼申し上げる．

　最後に，休日も当然のごとく大学に出かける生活を長年許容し，私を支えてくれた家族に感謝したい．何もわからないままフランクフルトに連れてこられた娘の史織を保育園に送り届けたあと，都市史研究所に日参していた日々をいま思い出す．妻の依利子には文献目録の作成作業を手伝ってもらっ

た．本書の研究に従事した 20 年間は，海外生活を含めて家族との 20 年間でもあったことにあらためて気づいている．

　2016 年 1 月

馬　場　　哲

人名索引

ア 行

アバークロンビー（Patrick Abercrombie） 82
アシュワース（William Ashworth） 83
アッシュ（Bruno Asch） 150, 152, 153
アディケス（Franz Adickes） 2, 41, 59, 61, 62, 66, 75, 79, 81, 82, 85, 89-104, 106, 107, 110-120, 122, 132, 133, 136, 137, 161, 174, 205, 206, 213-216, 221, 233, 234, 240, 242, 243, 245, 247, 251-254, 264, 265, 267, 275, 280, 282, 288, 324, 327-330, 366, 367, 369, 370, 372
アンウィン（Raymond Unwin） 82, 84, 373
稲垣隆也 38, 41
イプセン（Gunther Ipsen） 12
ヴァーグナー（Heinrich von Wagner） 206
ヴィッシャーマン（Clemens Wischermann） 17
ヴェーバー（Max Weber） 17, 25, 54
ウェッブ（Sidney Webb） 323
エネン（Edith Ennen） 13
エンゲリ（Christian Engeli） 14, 15, 22, 33
大場茂明 38, 39, 42, 206
大村謙二郎 39, 113

カ 行

加来祥男 39
ガッセルト（Gottlieb Gassert） 25
加藤房雄 41
川越修 37, 39-41
北住炯一 37, 39
北村昌史 38, 41, 42, 67
北村陽子 38, 39
キャドベリー（George Cadbury） 325, 345, 346, 360
クヴァルク（Max Quarck） 116, 182, 186, 187, 243
クラッベ（Wolfgang R. Krabbe） 10, 24, 25, 30, 34, 63
クレマー（Jürgen Krämer） 64, 65, 167
クローン（Helmuth Croon） 12
ゲデス（Patrick Geddes） 111, 291, 292, 312, 352
ゲミュント（Wih Gemünd） 206, 211, 212, 250
ケルマン（Wolfgang Köllmann） 12, 13
小坂直人 40
後藤俊明 38, 254
コンツェ（Werner Conze） 12

サ 行

ザイデル（Philipp August Seidel） 215, 272, 275, 280
斎藤光格 40
桜井健吾 41
サトクリフ（Anthony Sutcliffe） 84, 327, 333, 349
ザルダーン（Adelheid von Saldern） 32, 67
シュタイン（Heinrich Friedrich Karl vom Stein） 56

人名索引　415

シュトゥープ（Heinz Stoob）　13, 15
ショット（Dieter Schott）　31-35
白川耕一　42
関野満夫　37, 39-41, 206, 211
関一　90
相馬保夫　38
ゾンネマン（Leopold Sonnemann）　120, 182
ゾンバルト（Werner Sombart）　17, 25, 50

タ　行

武田公子　41
棚橋信明　40, 41
田野慶子　40
ダマシュケ（Adolf Damaschke）　241, 253
ダルベルク（Karl von Dalberg）　78, 123, 260-262, 269, 281
チェリー（Gordon E. Cherry）　83, 333, 334, 360
チェンバレン（Joseph Chamberlain）　323, 324, 334, 336, 361
ツィンマーマン（Clemens Zimmermann）　32-35
辻英史　39
トイテベルク（Hans-Jürgen Teuteberg）　9, 16
ドーソン（William Harbutt Dawson）　291
トンプソン（William Thompson）　83, 320

ナ　行

永山（柳沢）のどか　38, 42
ニートハンマー（Lutz Niethammer）　8, 9, 254
西圭介　40
ネトルフォールド（John Sutton Nettlefold）　3, 83, 84, 205, 291, 294, 320, 325, 332-337, 339, 341-351, 354-358, 360-364, 370, 371

ハ　行

パルモウスキー（Jan Palmowski）　89, 120
バーンズ（John Burns）　358, 364
馬場哲　38-41
ハワード（Ebenezer Howard）　82-84, 325, 345, 346, 358, 360, 373
ヒル（Octavia Hill）　82, 311, 343, 344, 353, 354, 360
ヒン（Paul Hin）　107, 108, 177, 183, 186, 193, 201
ファレントラップ（Adolf Varrentrapp）　62, 79, 215, 230, 272, 275, 279, 280
フェール（Gerhardt Fehl）　10, 66
フォークト（Georg Voigt）　61, 137, 247, 369, 372
フォルストホフ（Ernst Forsthoff）　30, 54-57, 65, 118, 166, 167, 365
藤田幸一郎　36, 39, 41
プラーニッツ（Hans Planitz）　13
フレッシュ（Karl Flesch）　62, 79, 112, 120, 176, 330, 331, 367
ブレポール（Wilhelm Brepohl）　12
ブレンターノ（Lujo Brentano）　117
ブローテフォーゲル（Hans Heinrich Blotevogel）　25
ベッカー, H（Hermann Heinrich Becker）　60, 93
ベッカー, W（Wilhelm von Becker）　60, 93
ヘルツフェルト（Hans Herzfeld）　13, 15
ベルンハルト（Christoph Bernhardt）　32
ホースフォール（Thomas Coglan Horsfall）　3, 82-84, 90, 205, 291-295, 300-307, 310-332, 343-345, 349-351, 354-358, 360-364, 370, 371
穂鷹知美　40

ホフマン（Wolfgang Hofmann）　12, 32, 61

マ 行

マー（T. R. Marr）　297, 304, 312, 318, 321
マートン（Wilhelm Merton）　90, 120
マイ（Ernst May）　62, 105, 137, 217, 252, 255, 367, 373
マシュケ（Erich Maschke）　13
マッツァラート（Horst Matzerath）　10, 18, 19, 21, 22, 24, 25
ミーケル（Johaness Miquel）　59, 61, 79, 81, 98, 99, 101, 103, 111, 112, 131, 213, 264, 329, 330, 367, 369
三成賢次　37
ミュラー（Bruno Müller）　150-152, 154, 158, 159
ムム（Daniel Heinrich Mumm von Schwarzenstein）　61, 98, 101, 212, 213
モリス（William Morris）　301, 302, 324
森宜人　39, 40, 42
森田直子　41

ラ 行

ライフ（Heinz Reif）　32
ラウントリー，S（Seebohm Rowntree）　84
ラウントリー，J（Joseph Rowntree）　84
ラスキン（John Ruskin）　300, 302
ラントマン（Ludwig Landmann）　61, 62, 137, 149, 152, 153, 156, 157, 159, 161
リーヴァー（William H. Lever）　345, 346, 360
リッター（Gerhard A. Ritter）　62
ルッペ（Hermann Luppe）　61, 62, 79, 120
レーリヒ（Fritz Rörig）　13
レスラー，F・E（Friedrich Ernst Rößler）　129
レスラー，H（Heinrich Rößler）　118, 120, 245, 246, 253
レンガー（Friedrich Lenger）　10, 32, 35, 36
ロイレッケ（Jürgen Reulecke）　7-12, 18-21, 23-25, 31-33, 43, 62, 63, 207
ロドリゲス＝ロレス（Juan Rodrigues-Lores）　66

事項索引

ア　行

アディケス法（土地区画整理法）（Lex Adickes）　59, 66, 68, 79, 81, 100, 114, 205, 208, 231, 254, 331, 366
アルトナ（Altona）　29, 69, 70, 81, 90, 93-98, 102, 209, 366
IGファルベン（I. G. Farbenindustrie AG）　146, 149, 157-160, 367
イギリス都市計画運動　85, 324, 325, 332, 346, 360, 364, 370, 371
一般慈善金庫（Der Allgemeine Almosenkasten）　233, 259, 260, 270, 275, 276, 283, 285, 287
ヴァイスフラウエン修道院（Weißfrauenkloster）　258, 260-262, 274
ヴィースバーデン（Wiesbaden）　26, 28, 29, 79, 97, 145, 151, 152, 155, 156, 170, 187, 236, 274
ウルム（Ulm）　39, 68, 70, 103, 104, 205-207, 209, 211, 242, 251, 328, 351, 353
エッケンハイム（Eckenheim）　80, 224, 234, 235, 271
エッシャースハイム（Eschersheim）　80, 101, 107, 108, 177, 194, 195, 218, 224, 271, 276
エッセン（Essen）　26, 29, 47, 171, 372
エルバーフェルト制度（Elberfelder System）　39, 63, 93, 112, 264
オーバーラート（Oberrad）　80, 102, 133, 218
オープン・スペース（Open Space）　65, 66, 304, 307, 309, 313, 318, 320, 331, 342, 345, 352, 354
オストエンド（Ostend）　110, 111, 122, 232, 275, 277, 279
オッフェンバッハ（Offenbach）　70, 126, 133, 141, 147, 162, 177, 194

カ　行

カウンシル（Council）　3, 83, 302, 304, 307-313, 315, 316, 318-323, 326, 332, 333, 335-338, 340, 341, 344, 346, 348, 351, 354, 356, 357, 361, 363
化学工業　125, 126, 296
カッセラ社（Leopold Cassella & Co.）　147-149, 159, 273
カッセル（Kassel）　26, 28, 29, 79, 128, 151
救貧局（Armenamt）　112, 264, 274
給付行政（Leistungsverwaltung）　25, 37, 57, 63, 165, 208
強制的土地区画整理　329
均一制運賃（Einheitstarif）　168, 172-174, 182, 183, 200, 202
『近代都市史情報（Informationen zur modernen Stadtgeschichte）』　14
ギンハイム（Ginnheim）　80, 107, 108, 134, 136, 137, 195, 218, 224, 234, 235
空間的転回（spatial turn）　32
グートロイトホーフ（Gutleuthof）　234, 235, 252, 259, 269, 283, 284
グリースハイム（Griesheim）　80, 129, 140, 142, 149, 150, 152, 156, 158-160, 218, 234, 367
グリースハイム・エレクトロン社（Chemische Fabrik Griesheim-

418   事項索引

Elektron)　141, 142, 146, 159
ゲルリッツ（Görlitz）　208-210, 258
ケルン（Köln）　1, 14, 20, 26, 28, 29, 38-41, 46, 47, 60, 61, 93, 157, 169, 208, 209, 237, 257, 258, 280, 351, 372
建築線法（Fluchtliniengesetz）　66, 68, 208, 231, 254
公益性　106, 117, 165, 166, 169, 191, 195
公益的住宅建設会社（Gemeinnützige Baugesellschaft）　68, 69, 103, 105, 115, 206, 209, 211, 237, 241, 243-246, 250, 286, 321, 351, 369, 372
郊外鉄道（Vorortbahn）　66, 72, 106, 114, 173, 177, 178, 184, 194
公共慈善財団（öffentliche milde Stiftungen）　77, 85, 193, 207, 233, 258, 262-265, 267, 268, 288, 369, 372
公衆衛生学会（Verein für die öffentliche Gesundheitspflege）　60, 81, 100, 240
構造史（Strukturgeschichte）　12
講壇社会主義（Kathedersozialismus）　53, 251
購入政策の優越（das Ueberwiegen der Ankaufspolitik）　249, 250
公法的な規制　113-116, 367
国民的効率（national efficiency）　327, 362
孤児院（Waisenhaus）　233, 260, 261, 265, 268-271, 273, 278, 279, 283-285, 287, 369

サ　行

ザクセンハウゼン（Sachsenhausen）　99, 107, 126, 169, 218, 231, 259, 272
三級選挙法（Dreiklassenwahlrecht）　118, 316, 328
ザンクト・カタリーネン＝ヴァイスフラウエン財団（St.Katharinen- und Weißfrauenstift）　102, 104, 243, 246, 266-270, 274, 278, 279, 281-283, 285-287, 369
ザンクト・カタリーネン＝ヴァイスフラウエン修道院（St.Katharinen- und Weißfrauenkloster）　262
ザンクト・カタリーネン修道院（St. Katharinenkloster）　258-262, 274, 281
市営化（Kommunalisierung）　31, 51-53, 57, 73, 106, 165, 166, 169, 171, 188, 189, 191, 192, 200, 201, 245, 323, 324, 365
市営住宅（municipal house）　68, 117, 255, 293, 294, 321, 323, 329, 333, 340-342, 344-347, 349-351, 353, 361, 364, 371
市街鉄道（Straßenbahn）　40, 72-75, 106-108, 135, 167-173, 175, 177, 178, 181-184, 186-189, 192, 193, 195, 198-202, 315, 343, 345, 347
市街（路面）電車　34, 52, 53, 72, 73, 105, 165, 295
『自治体学雑誌（Archiv für Kommunalwissenschaften）』　13, 15
自治体給付行政（kommunale Leistungsverwaltung）　30, 31, 33, 35, 40, 43, 51, 53, 54, 57, 73, 77, 167, 365
市民ゲマインデ（Bürgergemeinde）　24, 25
社会国家（Sozialstaat）　2, 37, 39, 43, 56, 62, 63, 65, 76, 77, 205, 207, 255, 366, 368, 371, 372
社会政策学会（Verein für Sozialpolitik）　53, 60, 81
社会政策的都市政策（Sozialpolitische Stadtpolitik）　43, 64, 65, 167, 366, 368
社会的住宅建設（Sozialer Wohnungsbau）　67, 137, 255, 367, 372
社会都市（Sozialstadt）　2, 31, 39, 43, 56, 62-65, 76, 77, 85, 205, 207, 210, 255, 366, 368, 371, 372
── プログラム　63-65

事項索引　419

社会扶助（Sozialhilfe）　57, 76, 167, 202, 368
シュヴァンハイム（Schwanheim）　80, 107, 150-152, 156, 158, 218, 234, 271, 280
収益性　106, 107, 117, 133, 165, 166, 169, 176, 177, 181, 188, 189, 191, 195, 201
市有財産局（Stadtkämmerei）　212-214, 216, 222, 224-229, 232, 236, 243, 247, 265, 266, 272, 275, 279, 280
住民ゲマインデ（Einwohnergemeinde）　24, 25
シュタイン都市条例　→都市条例
シュトゥットガルト（Stuttgart）　26, 28, 29, 169, 351, 353
シュトラースブルク（Straßburg）　26, 28, 29, 49, 60, 171, 172, 186, 210, 258
シュトラースブルク制度（Straßburger System）　39, 63
職人・労働者住宅法（トレンズ法）（Artisans' and Labourers' Dwellings Act, Torrens Act）（1868年）　309
職人・労働者住宅改良法（クロス法）（Artisans' and Labourers' Dwellings Improvement Act, Cross Act）（1875年）　309, 311, 336
新都市史（New Urban History）　16
森林鉄道（Waldbahn）　107, 173, 177
生存配慮（Daseinsvorsorge）　2, 30, 31, 33, 50, 54-57, 63, 65, 76, 85, 118, 165-167, 202, 365, 366, 368, 371
聖霊施療院（Heiliggeistspital）　233, 259, 261, 265, 266, 268, 270, 272, 273, 275, 278-280, 285, 287, 369
ゼックバッハ（Seckbach）　80, 102, 133, 134, 218, 224, 233, 234
全国住宅改良評議会（National Housing Reform Council）　314, 360, 363, 370
センサス選挙法（Zensuswahlrecht）　118, 328
ゾーン制　1, 79, 95, 98, 99, 214
　　——建築条例　66, 68, 94, 111, 208, 329, 366
ゾッセンハイム（Sossenheim）　80, 150-152, 156
ソルフォード（Salford）　296, 297, 299, 300, 304, 307, 308, 311, 318, 320, 321, 362, 370

タ　行

対距離区間制運賃（Teilstreckentarif）　168, 169, 171-173, 200, 202
治安・財産行政（Hoheits- und Vermögensverwaltung）　25, 37, 51
地域計画（Regional Planning）　373
地域史（Regionalgeschichte）　11, 19
地上権（Erbbaurecht）　68, 104, 105, 115, 206, 216, 240-247, 251-254, 275, 286, 288, 369
地方行政庁（Local Government Board）　299, 309, 336
帝国（Empire）　326, 346, 362
　　——主義（Imperialism）　326, 362
デュースブルク（Duisburg）　26, 28, 29, 206
デュッセルドルフ（Düsseldorf）　25, 26, 28, 29, 46, 54, 60, 93, 169, 209, 280, 292, 351, 353
田園郊外（Garden Suburb）　83, 84, 292, 293, 314, 324, 325, 331, 360, 364, 370, 371
田園都市（Garden City）　82-84, 292, 293, 324, 325, 331, 332, 345, 346, 358, 360, 364, 370, 371
ドイツ都市会議（Deutscher Städtetag）　60, 61
ドイツ都市学研究所（Deutsches Institut für Urbanistik）　14
『ドイツの範例（The Improvement of the Dwellings and Surroundings of the People: the Example of Germany）』　3, 83, 294, 314, 318, 319, 344, 350, 370

420　事項索引

東京　191, 288
都市化（＝V: Verstädterung）　9, 22, 23, 44, 50
都市拡張（Stadterweiterung）　113
　　――計画（Town Extension Plan）　345, 346, 349, 350, 352, 355, 371
都市間競争　60, 80
都市計画（Town Planning）　113, 355, 371
1909年住宅・――等法（Housing and Town Planning etc. Act, 1909）　83, 292, 293, 319, 332, 334, 348, 364, 370
都市建設（Städtebau）　113
都市史・都市化研究学会（Gesellschaft für Stadtgeschichte und Urbanisierungsforschung e.V.: GSU）　32
都市社会化（＝U: Urbanisierung）　9, 22, 23, 44, 74, 75
都市社会主義（Munizipalsozialismus, Municipal Socialism）　24, 30, 31, 53, 62, 116, 119, 315, 322-324, 347, 361, 367, 370, 371
都市社会政策（Städtische Sozialpolitik）　43, 64, 65, 76, 77, 167, 188, 202
都市条例（Städteordnung）
　　1794年の一般ラント法　70
　　1808年のシュタイン――　30, 51, 58, 70
　　1831年のプロイセン修正――　70
都市成長（Städtewachstum）　9, 50
都市土地政策（Städtische Bodenpolitik）　68, 77, 205-208, 212, 214, 248, 249, 250-253, 257, 266, 368, 372
都市の社会的課題　116-118
土地区画整理法　→アディケス法
土地政策　95, 210, 211
土地増価税（Wertzuwachssteuer）　81, 103, 114, 345
ドルトムント（Dortmund）　28, 29, 47, 60, 90, 92, 93, 257, 258, 366, 372
ドレスデン（Dresden）　20, 26, 28, 29, 46, 72, 116, 169, 172, 176, 184

ナ　行

ニーダーウルゼル（Niederursel）　80
ニーダーラート（Niederrad）　80, 102, 107, 133, 134, 218, 234
ニート（Nied）　80, 151, 153, 154, 156
日常史（Alltagsgeschichte）　18, 20
ニッダ川（Nidda）　134-137, 367
ニュルンベルク（Nürnberg）　26, 28, 29, 46, 60, 61, 79, 258, 351
ネットワーク化（Vernetzung）　31, 34, 35, 40
乗合馬車（Omnibus）　72, 106, 165

ハ　行

バーミンガム（Birmingham）　3, 84, 205, 293, 294, 323, 333-337, 340, 341, 343-349, 351, 354-360, 362-364, 370
ハウゼン（Hausen）　80, 134, 136, 137, 218, 271
馬車鉄道（Pferdebahn）　72-74, 105, 106, 165, 176, 179, 192
バック・トゥ・バック住宅（back-to-back houses）　304, 308, 310, 337
ハノーファー（Hannover）　14, 25, 26, 28, 29, 91, 184, 210, 257, 258
ハムステッド（Hampstead）　83, 292, 293
ハンブルク（Hamburg）　19, 25, 26, 28, 29, 46, 49, 53, 70, 78, 79, 81, 94-97, 168-171, 176, 184, 257, 258, 366
ビーレフェルト（Bielefeld）　19, 40, 47, 121
東河港（Osthafen）　103, 110, 160, 216, 232, 277, 279
　　――プロジェクト　111, 233, 235, 252
フィランスロピー（Philanthropy）　77, 288, 293, 300, 304-306, 311, 313, 320-322, 326, 344, 346, 358, 360-362, 364, 370

事項索引　421

フィランスロピスト（Philanthropist）
　3, 82, 292, 302, 318, 320, 321, 330, 345,
　346, 360, 370
フェッヒェンハイム（Fechenheim）　80,
　146-148, 150, 156, 158-160, 233, 273,
　367
副定期（Nebenkarte）　175, 181-183,
　185, 201
プラウンハイム（Praunheim）　80, 107,
　136, 137, 218, 252, 269, 271, 285
フランクフルト市街鉄道　109
フランクフルト中央駅　285
ブレスラウ（Breslau）　27-29, 46, 47,
　60, 168, 169, 171, 183, 210, 258, 373
プロイセン（Preußen）　22-24, 30, 37,
　43-45, 47, 48, 51, 58-61, 66-68, 71, 78,
　79, 89-91, 94-98, 100, 110, 112, 114,
　118, 124, 127, 130-132, 142, 147, 151-
　153, 155, 157, 159, 161, 162, 208, 209,
　212, 215, 217, 254, 263, 283, 316, 328,
　365, 368, 371
プロインゲスハイム（Preungesheim）
　80, 107, 136, 218, 266
プロト工業化（Proto-Industrialization,
　Protoindustrialisierung）　22, 46,
　121
ヘッセン・ルートヴィヒス鉄道会社
　（Hessische Ludwigsbahn）　268,
　269, 284, 285
ヘッデルンハイム（Heddernheim）　80,
　137
ヘヒスト（Höchst）　80, 142, 143, 149-
　160, 367
ヘヒスト社（Farbwerke Höchst）　143-
　146, 148
ベルカースハイム（Berkersheim）　80,
　107, 136, 276
ベルリン（Berlin）　19, 25, 26, 28, 29, 37,
　38, 40, 41, 46, 47, 49, 50, 53, 58-61, 72,
　74, 78-81, 92, 125, 157, 159, 168, 169,
　171, 176, 184, 205, 209, 210, 237, 249,
　257, 258, 328, 331, 351, 352, 366, 372
ボーズリー・グリーン（Bordesley Green）
　337, 338, 340, 347, 349
ボーンヴィル（Bournville）　84, 325, 358
ボッケンハイム（Bockenheim）　80, 101,
　104, 108, 128-132, 140, 169, 180, 218,
　234, 367
ボナメス（Bonames）　80
ボルンハイム（Bornheim）　80, 101, 127,
　128, 132, 169, 218, 229, 231, 232, 266

マ 行

マイン川（Main）　107, 110, 111, 135,
　140, 143, 147, 152, 154, 158, 277
マインツ（Mainz）　20, 110, 234, 235,
　244, 283
マンチェスター（Manchester）　3, 84,
　292-297, 299-304, 307-309, 311-313,
　317, 318, 320, 321, 323-326, 357, 358,
　362-364, 370
マンハイム（Mannheim）　19, 26, 28, 29,
　70, 170, 172, 186, 205, 328, 351, 352
ミーツカゼルネ（Mietskaserne）　78,
　95, 99, 128, 207, 331
ミュンヒェン（München）　25, 26, 28,
　29, 46, 74, 79, 91, 169, 210, 258
民法典（Bürgerliches Gesetzbuch）　216,
　237, 240, 241, 243, 253, 254
　1899年の――　104
モデル村落（model village）　293, 331,
　346, 360

ヤ・ラ行

養老院（Versorgungshaus）　261, 265,
　268-270, 276, 278, 279, 285, 287
ライプツィヒ（Leipzig）　26, 28, 29, 40,
　46, 79, 123, 169, 171, 210, 258
ライン＝ヴェストファーレン電力株式会社
　（RWE）（Rheinisch-Westfälisches

Elektrizitätswerk) 40, 52
リコンディショニング（Reconditioning） 308, 309, 312
レーデルハイム（Rödelheim） 80, 136, 176, 177, 180, 218
レープシュトック飛行場（Flugplatz am Rebstock） 160, 280, 282
レープシュトックホーフ（Rebstockhof） 282, 283
レオポルト・カッセラ社（Leopold Cassella & Co.） 145
歴史的社会科学（Historische Sozialwissenschaft） 14, 15, 18
レッチワース（Letchworth） 83, 292, 293, 325, 345, 358
労働者階級住宅法（Housing of the Working Classes Act）
　1885年の―― 309, 312
　1890年―― 293, 309, 323, 337-341, 344, 346, 348, 361, 371
　1890年と1900年の―― 318
労働者用週定期（Arbeiter-Wochenkarten） 176-178, 180, 186, 189-191, 198-201, 368
労働者用定期（Arbeiterkarten） 181, 184, 185, 202
ロンドン（London） 46, 293, 311, 323, 353, 363, 364, 373.

アルファベット

1794年の一般ラント法　→都市条例
1808年のシュタイン都市条例　→都市条例
1831年のプロイセン修正都市条例　→都市条例
1885年の労働者階級住宅法　→労働者階級住宅法
1890年と1900年の労働者階級住宅法　→労働者階級住宅法
1890年労働者階級住宅法　→労働者階級住宅法
1899年の民法典　→民法典
1909年住宅・都市計画等法　→都市計画
U（Urbanisierung）　→都市社会化
V（Verstädterung）　→都市化

著者略歴
1955 年　東京生まれ
1979 年　東京大学経済学部卒業
　　　　東京大学大学院経済学研究科博士課程修了，経済学博士
現　在　東京大学大学院経済学研究科教授・研究科長
　　　　社会経済史学会代表理事

主要著書
『ドイツ農村工業史――プロト工業化・地域・世界市場――』（東京大学出版会，1993 年）
『西洋経済史学』（共編，東京大学出版会，2001 年）
『都市化の比較史――日本とドイツ――』（共編，日本経済評論社，2004 年）
『エレメンタル欧米経済史』（共著，晃洋書房，2012 年）

ドイツ都市計画の社会経済史

2016 年 3 月 30 日　初　版

［検印廃止］

著　者　馬場　哲
　　　　ばば　さとし

発行所　一般財団法人　東京大学出版会
　　　　代表者　古田元夫
　　　　153-0041 東京都目黒区駒場4-5-29
　　　　http://www.utp.or.jp/
　　　　電話 03-6407-1069　Fax 03-6407-1991
　　　　振替 00160-6-59964

組　版　有限会社プログレス
印刷所　株式会社ヒライ
製本所　誠製本株式会社

© 2016 Satoshi Baba
ISBN 978-4-13-046117-7　Printed in Japan

JCOPY〈(社)出版者著作権管理機構　委託出版物〉
本書の無断複写は著作権法上での例外を除き禁じられています．複写される場合は，そのつど事前に，(社)出版者著作権管理機構（電話 03-3513-6969，FAX 03-3513-6979, e-mail: info@jcopy.or.jp）の許諾を得てください．

工藤章・田嶋信雄 編	**日独関係史 一八九〇―一九四五 全3巻** Ⅰ 総説／東アジアにおける邂逅 Ⅱ 枢軸形成の多元的力学 Ⅲ 体制変動の社会的衝撃	5600円 5600円 5600円
工藤章・田嶋信雄 編	戦後日独関係史	8800円
浅田進史 著	ドイツ統治下の青島 経済的自由主義と植民地社会秩序	7200円
大沢真理 著	イギリス社会政策史 救貧法と福祉国家	6800円
W・アーベルスハウザー 著 雨宮昭彦・浅田進史 訳	経済文化の闘争 資本主義の多様性を考える	3800円
雨宮昭彦 著	競争秩序のポリティクス［オンデマンド版］ ドイツ経済政策思想の源流	5800円
飯田芳弘 著	想像のドイツ帝国 統一の時代における国民形成と連邦国家建設	8000円
古内博行 著	現代ドイツ経済の歴史	3800円

ここに表示された価格は本体価格です．ご購入の際には消費税が加算されますのでご了承ください．